이동통신 알고리즘

강 경 인 저

오성 미디어

머 리 말

1837년 모르스(Morse) 전신기 발명과 함께 시작된 전기통신은 현재 사용자들의 다양한 서비스 요구와 성능이 우수한 통신장비의 개발에 따라 여러 가지 형태로 발전하게 되었다. 한편, 1895년 검파기와 안테나를 활용해 전자기파를 통한 통신을 개시한 것이 무선통신의 시초가 되었다. 이어서 우리가 현재 사용하고 있는 유선통신, 무선통신, 컴퓨터통신, 이동통신, 위성통신, 이동 애드 혹 네트워크 등의 다양한 통신 서비스들이 상호 작용을 통해 급속도로 발전하게 되었다.

요즘 특히 통신 분야에서의 키워드는 이동 또는 모바일이 분명할 것이다. 아마도 사용자들의 편의성에 기인했다고 보는 것이 올바른 판단일 것이다. 사람들은 언제, 어디서나, 누구와도 편리하게 서로 정보를 주고받을 수 있는 이동통신의 매력에 푹 빠지게 된 것이다. 초등학생뿐만 아니라 노인들을 포함한 모든 사람들이 휴대폰을 사용하는 것이 일반화되어지고 있다.

이 책은 이동통신 분야에서 사용되어지고 있는 다양한 알고리즘들을 학습하고 분석함으로써 알고리즘에 대한 기본적인 이해와 함께 추가적으로 논리적인 사고력과 창의력을 배양하는데 목적을 두고 저술되었다.

이 책은 총 3부로 구성되어져 있다. 먼저, 1부에서는 이동통신시스템과 알고리즘을 위해 선행되어져야 하는 기본적인 정보통신시스템과 통신알고리즘 개요에 대해 설명한다. 한편, 2부에서는 본격적으로 이동통신시스템 구성과 기본적인 기술 사항과 이동통신의 대표적 알고리즘인 채널할당 알고리즘과 위치관리 알고리즘에 대해 학습한다. 마지막으로, 3부에서는 요즘 중요성이 급격하게 대두되고 있는 이동 애드 혹 네트워크에 대한 기본적인 구성요소와 라우팅(routing) 프로토콜, 트래픽(traffic) 관리, QoS(Quality of Service) 서비스와 유선네트워크와의 상호연결에 대해 학습한다. 추가로 부록 이동 애드 혹 네트워크 프로그램 예제를 통하여 학습에 도움이 되고자 한다.

부족하나마 이 책을 통해서 학습하는 독자들의 무궁한 발전을 기원하며, 이 책의 출판을 위해 노력해주신 오성미디어 오성결 사장님과 모든 분들에게 고마움을 보내고 출판의 기쁨을 함께 나누고자 한다.

2010년 어느날 저자

목 차

제 1 부

서 론

제1장 정보통신시스템

1.1 정보통신의 정의

요즘 우리들 주위를 둘러보면 다양한 형태의 정보통신을 만나게 된다. 아마도 일상생활에서 정보통신 없이는 사회생활이 거의 불가능하다고 할 수 있다. 현재, 여러분에게 정보통신의 대표주자인 휴대폰이 없다면 과연 생활이 어떻게 변하게 될까 상상만 해도 불편하기 그지없는 심심한 하루하루가 될지도 모른다. 이렇듯 우리생활 속에는 이미 정보통신이 알게 모르게 깊숙이 자리 잡게 되었으며 다른 사람들과 밀접한 상호관계를 유지하는 밑거름이 되었다.

정보통신을 한마디로 정의하면 어떻게 될까 자신이 생각하는 정보통신이란 무엇일까 정보통신이 나에게 미치는 영향은 어떤 것이 있을까 궁금함이 자꾸만 더해진다.

정보통신은 말 그대로 정보를 주고받는 것을 말한다. 넓은 의미로는 일상적으로 하는 대화나 손짓, 몸짓도 정보통신이라 할 수 있겠지만 우리가 배우고자 하는 정보통신은 기계적인 것을 이용해서 즉 통신 터미널(communication terminal)을 통해서 정보를 주고받는 것을 의미한다. 그렇다면 정보란 무엇일까 정보란 우리에게 유익함, 편리함과 일상의 즐거움 등을 줄 수 있는 것들이라 할 수 있겠다. 이러한 정보는 문자(text), 소리(sound), 영상(image) 등으로 구성되어져 있다. 따라서 정보통신을 좀 더 구체적으로 정의해 보면 다양한 정보 미디어 즉 문자, 소리, 정지영상(still image)과 동영상(moving image) 등으로 이루어진 정보를 송신 원(transmitter source)에서 수신 원(receiver source)으로 전송매체(transmission medium)를 통해서 정확하고 신속하게 또한 편리하게 주고받는 것을 말한다. 그렇다면 정보통신시스템은 무엇을 말하는 것일까 정보통신시스템은 정보통신을 하기 위해 필요한 각종 기계적인 장치 즉 하드웨어 장치와 하드웨어 장치를 구동시키는 소프트웨어 등을 포함하는 모든 것들을 말한다.

따라서 정보통신시스템을 배운다는 의미는 정보통신을 위해 필요한 하드웨어와 소프트웨어뿐만 아니라 정보의 전송을 위한 운영 절차 등 모든 제반 여건을 배운다는 것을 말한다.

1.2 정보통신의 역사

정보통신의 역사를 배우기에 앞서서 역사를 배우는 목적에 대해 살펴보자. 대부분의 책들이 어떤 내용을 설명할 때 먼저 소개와 역사를 설명한다. 그렇다면 우리가 역사를 배우는 목적이 무엇일까

역사란 과거에 일어난 사건들을 기술한 것이고 역사를 통해서 단순히 몇 년도에 무슨 일이 일어났는지를 알아보는 것이 아니라 과거에 일어났던 사건을 통해 현재를 사는 우리들에게 교훈적인 것들을 전달하여 현재를 좀 더 알차게 살 수 있는 계기를 마련한다.

한편, 우리가 배우는 정보통신의 역사도 이와 유사한 의미해서 배운다고 할 수 있다. 과거에 사용되어졌던 정보통신시스템을 배우는 목적은 과거의 정보통신시스템이 개발되어질 당시에 어떤 필요성에 의해 개발되어졌고 또한 사용 중에 어떠한 단점이 발생하였으며 그러한 단점을 극복한 또 다른 정보통신시스템이 어떻게 개발되어졌는지를 분석하여 즉 과거의 정보통신시스템의 장점과 단점을 철저하게 분석하여 현재의 정보통신시스템을 좀 더 효율적으로 만드는데 그 목적이 있다 하겠다. 따라서 정보통신시스템을 학습하는 사람들은 과거의 정보통신시스템에 대한 개발 동기 및 필요성, 장점과 단점을 철저히 분석 이해하고 새롭고 효율적인 시스템을 개발하는데 집중해야 할 것이다. 또한, 개별 정보통신시스템의 사용에 따른 불편함을 지나치지 말고 불편함을 해결할 수 있는 창의적인 아이디어를 사용하여 새로운 정보통신시스템을 개발하는 계기를 만들어야 한다.

과거의 정보통신시스템들을 살펴보면서 각각의 장점과 단점을 개략적으로 분석해 보자.

정보통신의 역사는 1837년경에 모르스(Morse) 전신기 발명과 함께 시작되었다. 모르스 전신기는 전기신호의 조합에 의하여 문자를 표시하는 방법으로서 통신하고자 하는 송신기와 수신기 사이에 전기신호 조합에 대한 코드 표를 공유함으로써 정보를 전달하였다. 모르스 전신기의 사용과 함께 정보통신은 본격적으로 시작되었으며 급속하게 발전하였다. 전기신호는 빛의 속도와 같은 속도로 정보를 전달할 수 있으므로 이전의 통신방법과는 비교할 수 없는 신속한 통신방법이었다. 하지만 모르스 코드에 익숙하지 않은 사람들이 사용하기에는 너무 어렵

고 또한 수신하는 사람의 부재 시에는 정보수신이 불가능하였다. 즉 기록통신이 아니어서 일반적인 사용적인 사서는 많은 문제점의 해결이 필요하였다.

이러한 모르스 전신기의 단점들을 해결할 수 있는 시스템이 바로 텔렉스(telex)이다. 텔렉스는 사용자들이 문자를 쉽게 쓰고 받을 수 있는 타이프라이터와 문자를 전기신호로 또는 전기신호를 문자로 변환시킬 수 있는 컨버터(converter)를 도입한 시스템이다. 텔렉스의 등장으로 인해서 기록통신이 가능하여 졌으며 전문가가 아닌 일반인들의 사용도 가능하여져서 널리 사용하게 되었다. 현재의 시각에서 보면 모르스 전신기와 텔렉스는 문자통신이라 할 수 있다. 따라서 현재의 음성통신에 비해 정보전달 전송 량이 적고 또한 모르스 전신기에 비해서는 텔렉스가 사용하기에 편해졌다고 하나 여전히 일반인들이 사용하기에는 어려움이 많았다. 따라서 이러한 문제점들을 해결할 수 있는 시스템의 개발이 절실히 필요했다.

이러한 사회적 필요성으로 인해 음성통신의 대표 주자인 전화기가 1876년에 미국의 벨(Bell)에 의해서 개발되었다. 그 당시의 전화기는 우리가 현재 사용하고 있는 전화 시스템과 기본적인 구조는 거의 유사하였다. 전화기의 송화기 즉 컨버터에 의해서 사람들의 음성을 전기신호로 변환하여 송신하고, 수화기에 의해 수신된 전기신호는 사람들이 들을 수 있는 음성으로 바꾸어 줌으로써 송신자와 수신자가 신속하게 정보를 전달할 수 있도록 하였다. 전화기는 전문가가 아닌 일반인들도 누구나 쉽고 편리하게 사용할 수 있다는 장점을 가지고 있었다. 하지만 현재의 통신시스템 관점에서 살펴보면 텔렉스가 기록통신이 가능했던 것과는 달리 전화는 송신자의 정보 전송 시 수신자가 부재인 경우 통신은 불가능하였으며 즉 기록통신은 어려웠다. 현재의 전화시스템은 수신자의 부재 시 자동응답기능을 통해서 송신자의 메시지를 저장할 수도 있으며 텔렉스와 마찬가지로 문자통신도 가능한 다양한 형태의 전화시스템이 되었다. 아마도 음성통신 위주의 전화기에 텔렉스의 장점을 결합한 것이 오늘날의 전화시스템을 가능하게 한 요인이 되었을 것이다. 우리도 과거의 시스템들의 장점과 단점을 철저하게 분석함으로써 오늘날의 다양한 정보통신시스템의 개발과 개선이 가능하도록 하는 계기가 되어야 할 것이다. 유선전화에 이어 사용의 편리성과 이동성을 위한 코드리스 전화가 개발되었고 결국 사용자의 이동성을 보장해 주는 이동통신의 등장을 가능하게 하였다.

모르스 전신기, 텔렉스와 전화에 이어 완전히 새로운 통신환경을 제공하는 것이 바로 각종 컴퓨터와 터미널 등을 활용한 통신이다. 그 중에서 대표적인 것이 우리가 정보처리용으로 사용하던 개인용 컴퓨터(personal computer)에 신호변환 장치인 모뎀을 붙여 통신을 가능하게 한 컴퓨터통신이다. 초기에 컴퓨터통신은 문자통신 위주로 이루어졌으며 점차 음성과 영상통신으로 확장되었다. 즉 컴퓨터상에서 이전의 텔렉스와 전화에서 하던 모든 통신 형태를 할 수 있게 되었으며 컴퓨터 통신 시대에 접어들면서 대량의 데이터를 가공 처리하여 짧은 시간에 먼 거리까지 정확하게 데이터를 주고받을 수 있게 되었다.

컴퓨터의 역사는 1946년 세계 최초의 컴퓨터 에니악(ENIAC : Electronic Numerical Integrator And Calculator)으로부터 시작되었다. 에니악은 18,000 여개의 진공관(vacuum tube)으로 구성된 지금으로서는 상상하기 어려운 크기와 무게를 가지고 있었다. 진공관은 현재에도 백열전구나 CRT(Cathode Ray Tube) 즉 브라운관 및 전자레인지의 전자기파 발생장치 등에서 흔히 볼 수 있다. 진공관이란 높은 진공 속에서 금속을 가열할 때 방출되는 전자를 전기장으로 제어하여 정류(rectification), 증폭(amplification) 등의 특성을 얻을 수 있는 유리관을 말한다.

이 후에는 진공관을 대신에 트랜지스터(transistor), 집적회로(IC : Integrated Circuit), 고집적회로(LSI : Large Scale Integrated Circuit), 초고집적회로(VLSI : Very Large Scale Integrated Circuit), 극 초고집적회로(ULSI : Ultra Large Scale Integrated Circuit) 순으로 개발되어 오늘날 컴퓨터시스템의 다양한 성능향상과 함께 소형화에 기여하였다.

한편, 우리가 현재 사용하는 통신을 위한 최초의 컴퓨터 통신 시스템은 1958년에 미국에 의해 개발된 군사용 SAGE (Semi-Automatic Ground Environment)이고, 1961년에 민간용으로 SABRE(Semi-Automatic Business Research Environment)가 등장하였다.

1960년대 말에는 미국의 ARPA(The Advanced Research Projects Agency)라는 단체를 중심으로 ARPANet이 개발되어졌으며 오늘날 우리들이 사용하는 인터넷의 기원이 되는 시스템이다. 1974년에는 DARPA(The Defence Advanced Research Projects Agency)에서 TCP(Transmission Control Protocol)와 IP(Internet Protocol)를 개발하여 운영체제가 다른 컴퓨터들 간의 통신이 가능하게 하였다. 1975년에는 상업용 통신네트워크인 TELNet과 TYMNet 시스템이 개발되었다. 1980년대에는 ARPANet을 군사용인 MILNet과 민간용인 ARPANet으로 분리하였다. 미국 과학 재단(NSF : National Science Foundation)이 개발한 NSFNet이 TCP/IP(Transmission Control Protocol/Internet Protocol)를 채택함으로써 컴퓨터통신은 세계로 급속하게

발전하였다.

현재의 컴퓨터통신은 언제 어디서나 누구와도 문자, 음성, 정지영상, 동영상 등 모든 미디어정보들을 신속하고 정확하게 또한 편리하게 주고받을 수 있는 것을 가능하게 하였고 필요한 정보를 빠르게 검색하고 상품을 쇼핑하며 온라인 은행업무, 온라인 교육 강좌 등 오프라인 상에서 할 수 있는 모든 일들을 가능하게 하였다. 한편, 휴대폰에서도 문자통신, 음성통신뿐만 아니라 영상통신도 가능하게 되었으며 이동 인터넷도 편리하게 사용할 수 있게 되었다.

앞으로의 통신환경은 모든 통신도구들이 결합되어 사용되어지고 또한 정보처리 분야와도 밀접하게 관련되어 발전하여 편리한 정보화시대를 활짝 열게 될 것이다.

1.3 주파수와 전자기파 개념

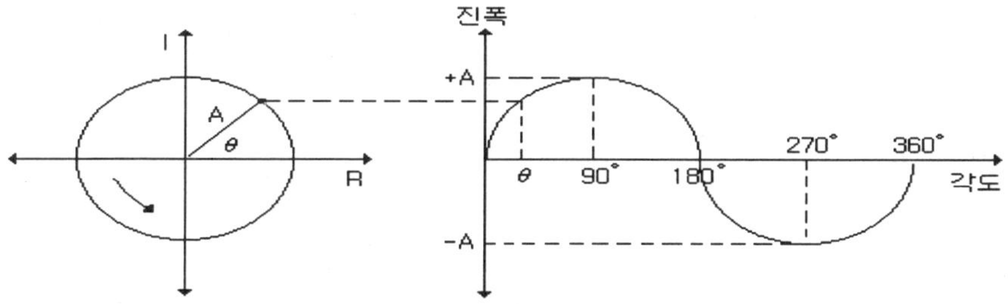

그림 1.1 사인파의 구성

그림 1.1에서는 사인파의 구성 원리를 표현하였다. 사인파는 파형을 수학적으로 분석하기 위해 가장 보편적으로 이용된 삼각함수이다. 왜냐하면 사인파는 파동 형태로 표현되며, 다양한 수학적 표현이 용이하기 때문이다. 대표적인 교류로써 정현파라고도 표현되며 크기, 위상, 및 주기를 갖는다. 이때 크기를 진폭이라고 하며 일반적으로 최대 진폭을 지칭한다. 또한 위상은 사인파가 시작에서부터 얼마나 이동했는지의 여부를 나타낸다. 한 번 변화하기 시작해서 다시 원상태가 되기까지를 1 사이클(cycle)이라고 하는데, 그때까지 소요된 시간을 주기라고 하며, 이의 역수인 주파수는 1초 동안의 회전수로써 그 단위로 헤르츠(Hz)를 사용한다. 사인파의 기본적인 형태는 다음과 같다.

$A\sin(\omega t+\Theta)$

이때 ω는 각속도 또는 각주파수라고 부르며, 360도의 라디안 표기법인 2π에 주파수 f를 곱한 값으로서 사인파가 얼마나 빨리 회전하는가를 나타낸다. 따라서 ω는 $2\pi f$가 된다.

1.3.1 정현파

정현파(sine wave)는 시간에 따라 전압의 크기가 변하는 교류전압을 표기할 때 일반적으로 사용하며 일반적인 형식은 다음과 같다.

$v(t)=V_m\sin(\omega t+\alpha)$, $\quad (-1\le\sin\omega t\le 1)$

여기서, V_m : 정현파 교류 전압의 최대 값

$\omega=2\pi f\ (rad/\sec)$: 각속도(angular velocity)

각주파수(angular frequency)

$f=\frac{1}{T}$: 주파수(frequency), T : 주기(period), α : 위상(phasor)

1.3.2 용어

정현파를 표현하는 수식에 대한 설명은 다음과 같다.

① 1 사이클(cycle) : 전압이 변화하다 다시 원상태로 될 때까지의 기간이다.

② 주파수(frequency) : 1[sec] 동안의 반복되는 사이클 수를 말한다.

③ 정현파에서는 공간각에 관계없이 1 사이클의 각을 2π [rad]로 정의하고 이것을 기준으로 표시되는 각을 전기 각(electrical angle)이라고 한다.

④ 주파수가 f [Hz]인 경우, 1[sec] 동안에 변화하는 전기 각은 $2\pi f$ [rad]이며, 이는 각속도(angular velocity) 또는 각주파수(angular frequency)라 부르고 ω로 표시한다.

⑤ $\omega=2\pi f\,[rad]$, $\quad f=\frac{1}{T}\ [Hz]$, $\quad T=\frac{1}{f}\ [\sec]$

⑥ 주기 T : 2π [rad] 변화하는데(1 cycle 동안) 걸리는 시간

⑦ 파장 λ : 주기적 변화를 거리의 관점에서 고찰할 때, 1 사이클의 주파수에 해당하는 길이를 파장, 즉 1주기 간에 정현파 교류가 전파되는 거리를 파장

(wave length)이라 하고 λ로 표시한다. 파장은 빛의 속도에 비례하고 주파수에 반비례한다.

⑧ 위상 α : 사인파의 시작 위치를 나타낸다.

한편, 우리가 통신에서 정보를 전달하기 위해 사용하는 전파 또는 전자기파는 기본적으로 여러 가지 종류의 주파수를 가지는 정현파들의 모임이라고 할 수 있다. 전파는 3000GHz 이하 주파수의 전자기파(전자파)로서 전자파는 주파수가 높아짐에 따라 성질이 크게 변화하므로 유사한 성질을 갖는 주파수 범위를 묶어 주파수대로 정하여 각각 명칭을 붙이고 있다. 전파의 주파수대는 장파, 중파, 중단파, 단파, 초단파, 극초단파, 마이크로파, 밀리파, 준밀리파 등으로 구분한다. 지상 약 100Km에 있는 전리층과 약 200Km에 있는 전리층이 반사경의 역할을 하기 때문에 둥근 지구상에서 지구 반대편까지 무선통신이 가능하게 된다. HF(High Frequency), MF(Medium Frequency), LF(Low Frequency), VLF(Very Low Frequency) 등은 전리층에서 반사가 되므로 원거리 통신에 사용되며 VHF(Very High Frequency), UHF(Ultra High Frequency), SHF(Super High Frequency) 등은 전리층을 뚫고 지나갈 수 있으므로 위성통신 등에 사용된다. 아마추어 무선에서는 1.9MHz부터 23GHz까지의 주파수와 송신전력이 지정되어 있다. 표 1.1은 전파의 주파수 대역에 대한 용도를 표시한다.

표 1.1 전파의 주파수 대역과 용도

<table>
<tr><th>명 칭</th><th>기 호</th><th>주파수 범위</th><th>용 도</th></tr>
<tr><td rowspan="2">장 파</td><td>VLF</td><td>3 - 30KHz</td><td rowspan="3">선박 무선통신
중파방송
기상통보</td></tr>
<tr><td>LF</td><td>30 - 300KHz</td></tr>
<tr><td>중 파</td><td>MF</td><td>300 - 3,000KHz</td></tr>
<tr><td>단 파</td><td>HF</td><td>3 - 30MHz</td><td>단파방송, 국제통신, 선박전신</td></tr>
<tr><td>초단파</td><td>VHF</td><td>30 - 300MHz</td><td>비상용 무선, 항공관제, 내항선박, FM 방송</td></tr>
<tr><td rowspan="4">극초단파</td><td>UHF</td><td>300 - 3,000MHz</td><td>TV 방송, 이동무선</td></tr>
<tr><td>SHF</td><td>3 - 30GHz</td><td>마이크로파 회선, 전력회사</td></tr>
<tr><td rowspan="2">EHF</td><td>30 - 300GHz</td><td rowspan="2">빌딩간 통신, 구내 무선</td></tr>
<tr><td>300 - 3,000GHz</td></tr>
</table>

1.4 정보통신시스템 구성

정보통신시스템은 가장 기본적으로 송신 원(transmitter source), 수신 원

(receiver source)과 전송매체(transmission media)로 구성되어져 있다. 일반적으로 하나의 통신 터미널(communication terminal) 관점에서 고려하면 송신 원과 수신 원은 하나의 통신 터미널 안에서 쌍으로 존재한다.

전송 매체는 트위스티드 페어 케이블(twisted pair cable), 동축 케이블(coaxial cable), 광케이블(optical cable) 등과 같은 유선전송매체와 라디오파(radio wave), 마이크로파(microwave)와 통신위성 마이크로파(communication satellite microwave) 등과 같은 무선전송매체로 나뉘어 진다.

정보통신시스템을 좀 더 체계적으로 분류해 보면 정보처리시스템과 정보전송시스템으로 분류할 수 있다. 일반적으로 정보처리시스템은 정보를 목적에 맞게 처리하거나 저장하고 하면 정보전송시스템은 정보처리시스템에 의해서 저장되고 처리되어진 정보를 신속하고 정확하게 전송하는 기능을 담당한다. 정보처리시스템은 기억장치 및 입출력 장치 등으로 이루어지며 정보전송시스템은 데이터 단말 장치(DTE : Data Terminal Equipment), 데이터 전송 장치(DCE : Data Circuitterminating Equipment)와 통신제어장치(CCE : Communication Control Equipment) 등으로 이루어진다.

정보통신시스템에 포함되는 이동통신시스템도 정보처리시스템과 정보전송시스템으로 구성되어지며 세부적으로는 이동 터미널(mobile terminal), 기지국(BS : Base Station), 이동 교환국(MSC : Mobile Switching Center)과 주 컴퓨터(main computer) 등으로 구성되어진다.

1.5 통신 프로토콜

통신 프로토콜이란 말 그대로 송신 원과 수신 원 사이에 정보를 주고받기 위해서 지켜야 하는 약속 즉 약속된 절차에 대한 표현이다. 모든 통신 터미널들은 상호 간의 정확한 통신을 위해서 기본적으로 필요한 정보의 형식을 맞추기 위한 절차들이 필요하다. 이러한 절차들은 통신의 형태에 따라 다양하게 발전하였고 우리가 가장 익숙하게 접할 수 있는 대표적 프로토콜에는 OSI(Open System Interconnection) 7 계층과 TCP/IP(Transmission Control Protocol/Internet Protocol) 등이 있다.

다양한 통신을 지원하기 위해 많은 프로토콜들이 개별적으로 개발되어 발전되어져 왔으며 일부는 통합되어지고 또한 수정되어지며 독립적으로 발전되고 한편으로는 일반화를 위한 표준화 작업이 진행되었다.

표준화 작업의 과정에서 오늘날 대부분의 통신 프로토콜들이 즐겨 사용하는 계층 프로토콜(hierarchical protocol)의 개념이 개발되었다. 이러한 계층 프로토콜은 통신의 형태를 기능과 목적에 맞추어 계층화함으로써 복잡한 통신 형태를 어느 정도 체계화하고 단순화 하는데 기여하였다. 계층 프로토콜에 의해 복잡한 네트워크를 논리적으로 분석함으로써 여러 개의 계층으로 분리하여 표준화된 인터페이스와 대칭적인 기능 등을 제공하여 왔다.

가장 일반적인 표준 프로토콜인 OSI 7 계층 구조는 물리계층(physical layer), 데이터 링크 계층(data link layer), 네트워크 계층(network layer), rk 계층(transport layer), 세X 계층(session layer), 표현 계층(presentation layer), 응용 계층(applintatio layer) 등으로 이루어져 있다.

1.6 트래픽과 라우팅 개념

트래픽(traffic)의 사전적 의미는 차도에서의 차의 통행량 또는 통신망에서 통신 터미널들의 통신 정보량을 의미한다. 일반적으로 통신에서의 트래픽 관리란 통신 정보량을 적절하게 제어하여 정보를 신속하게 송신 원에서 수신 원으로 전달하는 것에 목적이 있다. 이러한 트래픽 관리를 위한 필수적인 사항이 바로 라우팅 즉 경로 설정이다. 경로 설정이란 현재의 시간에서 한 지점에서 다른 지점으로 어느 경로를 이용하면 정보가 가장 신속하게 전달되어질 수 있는 지를 결정하는 것이다.

통신을 위한 송신 원과 수신 원 사이의 가장 간단한 연결 방식은 점 대 점(point to point) 형태를 사용하는 것이다.

점 대 점 방식은 통신 터미널 사이의 전송 거리가 대체적으로 가깝고 통신 터미널 수가 많지 않은 경우에는 효율적이나 반대의 환경에서는 많은 링크(link)와 입출력 포트로 인해 비효율적일 수 있다. 이러한 비효율을 개선하고자 하는 방식이 점 대 다중점(point to multi-point)을 사용하는 것이다. 그러나 점 대 다중점 방식은 일반적으로 같은 시간에 한 쌍의 통신 터미널만이 정보를 송수신할 수 있다는 치명적 단점을 가지고 있다. 따라서 이러한 단점을 해결할 수 있는 방식이 바로 다중화기(multiplexer)를 사용하는 것이다.

한편 점 대 점 방식의 비효율을 해결하는 다른 방식이 통신 터미널들을 공통의 통신 네트워크(communication network)에 연결하여 사용하는 것이다. 이 방식은 통신 터미널들은 교환기 기능을 수행하는 통신 노드(communication node)를 통해 네트워크에 접속한다. 우리가 일반적으로 사용하는 PSTN(Public Switched Telephone Network), 컴퓨터네트워크와 이동 통신 등 대부분의 통신형태가 교환 방식을 사용하고 있다.

정보통신은 일반적으로 교환통신방식과 방송통신방식으로 나뉘어 진다. 교환통신방식은 회선 교환방식, 메시지 교환방식과 패킷 교환방식으로 나뉘어 진다.

방송통신방식은 교환노드 없이 통신 터미널들이 통신 매체를 공유하여 데이터를 송수신하는 방식으로 MAC(Medium Access Control) 기술을 이용하여 데이터를 선택하여 수신한다. 데이터 전송율과 거리에 따라 패킷 라디오, 인공위성과 로컬 네트워크로 나뉘어 진다.

여러 가지 통신망 중에서 패킷 교환방식에서의 트래픽 관리와 라우팅을 살펴보기로 하자. 데이터를 신속하게 통신하기 위한 라우팅 즉 경로 설정은 여러 경로들 중에서 가장 신속하게 데이터를 전송할 수 있는 경로를 선택하는 과정이다. 경로 배정의 가장 간단한 성능 기준은 최단 경로(shortest 경로)이다. 여기서 최단 경로란 송신 원에서 수신 원까지 중간에 존재하는 통신 노드들 중에서 가장 적은 통신 노드들을 통하여 데이터를 전송하는 것을 말한다. 물론 가장 적은 통신 노드를 통하여 데이터를 전송하는 것이 항상 가장 빠르다고 장담할 수 는 없지만 특별한 경우를 제외하고는 대부분 가장 빠른 경로가 될 것이다.

트래픽 관리는 전송되어지는 데이터를 제어하여 신속하고 정확하게 전송하는 것에 목적을 둔다. 트래픽 관리는 일반적으로 데이터 흐름 제어(flow control)와 과잉 밀집 제어(congestion control) 등이 있다.

흐름 제어(flow control)란 송수신 통신 터미널 사이의 데이터 처리 속도 차이에 따라 수신 원의 메모리 부족으로 데이터 손실이 발생하지 않도록 송신 원의 데이터 전송 속도를 제어하는 것을 말한다. 흐름 제어 방식은 stop and wait 방식과 sliding window 방식이 있다.

과잉밀집 제어(congestion control)란 통신 노드들 중에서 특정한 노드에 데이터 전송이 집중되어 데이터 패킷의 지연 시간(delay time)이 너무 많이 걸려 특정 노드의 메모리 부족으로 데이터 손실이 발생하기 않도록 하는 기법을 말한다.

제2장 통신 알고리즘

2.1 알고리즘 개요

정보통신 분야뿐만 아니라 여러 가지 학문 분야를 공부하다 보면 알고리즘이라는 말이 상당히 많이 나온다. 일반적인 경우 알고리즘을 다소 복잡한 수학적인 공식을 통해 나타내기도 한다. 물론 아주 간단한 수학적인 공식을 통해 나타내는 경우도 있다. 그러나 대부분의 경우 이러한 수학적 공식은 상당히 깊이가 있어 수학적 지식 없이는 이해하기가 어려운 것으로 보여 지기도 한다. 그렇지만 이러한 수학적 공식에는 우리가 미처 이해하지 못한 오해와 진실이 숨어있다.

우리들 대부분은 초등학교 때부터 수학을 배우면서 수학 공식을 단순히 암기해야 하는 것으로 알고 또한 그렇게 행하여 왔다. 그 이유로 인해 수학을 떠 올리면 공식 암기, 지겨운 과목, 싫은 과목이라는 생각이 든다. 그렇지만 실제로는 학자들이 수학적 공식을 만든 근본적인 이유는 어떤 내용을 단순히 말로만 표현하고 설명하기에는 너무 내용이 길고 사용이 불편하고 이해하기 어렵다는 이유로 사람들이 간단히 사용하고 이해하기 쉽도록 하기 위해서 수학적 도구를 사용하여 표현하게 되었다. 따라서 수학은 수학 공식을 이해하고 분석함으로써 논리적이고 창의적인 사고를 가능하게 하고 수학 공식을 활용해서 어떤 문제를 해결하는 방법을 제공한다.

간단한 수학적 공식의 예를 들어보자. 우리가 전기회로를 배우는 과정에서 가장 먼저 만나게 되는 옴의 법칙(ohm's laws)이라는 것이 있다. 옴의 법칙을 단순히 수학적으로 표현하면 전류 = (전압 / 저항) 즉 전류는 단순히 전압 또는 전위차를 저항으로 나눈 것이라고 표현할 수 있다. 옴의 법칙을 이해하고 분석하지 못한 상태에서의 수학적인 의미는 옴의 법칙을 충분히 설명하지 못한다. 실제 옴의 법칙을 수학적 공식이 아니라 단순히 말로서 표현해 보면 옴의 법칙은 실험법칙으로서 어떤 소자에 흐르는 전류는 그 소자에 걸리는 전압 또는 전위차에 비례하고 그 소자의 저항에 반비례한다. 서로 비례한다는 것은 한쪽이 커질 때 다른 한쪽도 같이 커지고 작아 질 때는 같이 작아지고 서로 반비례한다는 것은 커질 때는 작아지고 작아 질 때는 커진다는 것을 의미한다. 따라서 전류의 크기를 조절하는 인자는 두 가지 즉 소자에 걸리는 전위차와 소자의 저항이 되는 것이다. 모든 전기회로의 기능은 전류의 크기와 흐르는 방향에 의해서 결정됨으로 결국 전기회로의 기능은 소자의 전위차와 저항에 의해 제어된다는 것이다. 이와 같이 아무리 간단한 수학적 공식이라도 그 속에는 여러 가지 뜻이 담겨져 있을 수 있다. 옴의 법칙은 설명한 바와 같이 아주 많은 의미를 내포하고 있다. 따라서 옴의 법칙을 진정으로 이해하고 분석하는 것은 단순히 수학적 공식을 암기하는 것이 아니라 수학적 공식에 내포된 의미를 완전히 이해하는 것이라 할 수 있다.

알고리즘의 아주 간단한 사전적 의미는 연산, 연산방식, 셈법, 풀이법을 의미한다. 따라서 초등학교 때 배우는 사칙연산을 하는 방법을 설명한 것도 알고리즘이 될 수 있다. 그렇지만 정보통신 분야에서 우리가 배우고자 하는 알고리즘은 대부분 컴퓨터 프로그램 또는 통신 프로그램과 컴퓨터 하드웨어 또는 통신 하드웨어와 관련된 내용일 것이다.

우리는 일반적으로 새로운 통신시스템 개발을 위해 알고리즘 작성, 프로그램 작성, 하드웨어 제작 순으로 작업을 진행한다. 따라서 알고리즘은 어떠한 프로그램을 작성하기 위해 특정한 목적을 위해 사전에 작성되어지는 일반적인 글 또는 수식으로써 표현되어지는 형태를 갖는다. 알고리즘이 작성되면 각자 자신 있는 또는 목적에 맞는 다양한 컴퓨터 언어를 통해 프로그램을 작성하면 된다.

위에서 설명한 일반적인 알고리즘에 대해 정리하면 다음과 같다.

① 일상생활에서 일어나는 문제를 해결하기 위한 절차나 방법을 말한다. 일반적으로 수학과 컴퓨터 및 통신 분야 등 다양한 분야에서 사용되어지는 용어이다.

② 수학에서 사용하는 알고리즘은 덧셈을 하는 과정을 단계적으로 분류하여 설명해 놓은 것을 말한다. 예를 들면 123에 321을 더하는 덧셈을 모르는 사람에게 설명하기 위해서 하나하나 단계를 거쳐서 결과 444를 도출해 내는 과정을 말한다. 추가하여 결과를 도출해 내는 과정인 알고리즘을 컴퓨터에서 사용가능한 컴퓨터 언어로 표현하는 것을 프로그램이라 한다.

③ 컴퓨터나 통신 등에서 사용되는 알고리즘은 필요한 결과물을 얻기 위해 여러 가지 단계로 나누어 체계적으로 수행하는 과정을 말한다.

④ 알고리즘과 수학의 만남은 알고리즘과 수학의 공식을 상호연결해서 설명할 수도 있다. 어떤 결과를 도출하기 위한 단계적 과정들을 함축적으로 표현해 놓은 것을 수학적인 공식이라고 할 수 있다. 따라서 우리는 수학공식을 단순히 암기하여 사용할 것이 아니라 수학공식 안에 숨어있는 문제 해결의 단계적 과정들을 이해하게 되면 자연히 문제의 결과를 얻을 수 있다.

⑤ 회로 이론에서 유명한 옴의 법칙을 수학적 공식 I = V/R과 이것을 소자에 흐르는 전류는 소자에 걸리는 전위차에 비례하고 소자의 저항에 반비례한다고 생각하는 차이점을 잘 이해하면 될 것 같다.

2.2 알고리즘과 프로그램의 상호 관계

알고리즘에 대한 또 다른 표현 방법인 프로그램은 다양한 형식을 사용하여 표현한다. 알고리즘은 일반적인 표현의 방법이지만 프로그램은 특정한 형식의 표현을 사용하고 있다. 프로그램의 종류는 실제로 굉장히 많다. 우리가 컴퓨터에서 일반적으로 가장 많이 사용하는 C 언어도 프로그램이다.

통신프로그램이던지 아니면 일반적인 프로그램인지 상관없이 누구나 프로그램을 작성하려고 한다면 알고리즘에 대한 기본 개념과 내용을 이해하고 있어야 한다. 우리가 처음 알고리즘을 통해 프로그램을 작성하는 경우는 제대로 작성된 알고리즘의 토대위에서 프로그램을 작성하는 것이 아니라 단지 실행만 가능한 프로그램 작성에 집중한다. 하지만 같은 결과를 가지는 프로그램이라고 할지라도 공학적인 측면 즉 시스템 측면에서 살펴보면 상당한 차이를 발견할 수 있다. 우리가 좋은 프로그램을 작성하기 위해서는 좋은 알고리즘에 대한 작성이 필요하다. 좋은 프로그램을 또는 좋은 알고리즘을 평가 할 때 우리는 일반적으로 데이터의 메모리 사용량과 데이터 처리 속도 문제를 많이 고려한다. 이와 같이 좋은 알고리즘과 프로그램이 되기 위해서는 단순히 실행만 가능한 프로그램 형태가 아니라 여러 가지 성능을 고려하는 철저한 분석이 선행되어져야 한다. 또한 프로그램이 실제로 작성된 후 어디에 사용되어지며 또한 필요한 시기에 수정이 용이한지에 대한 필요성도 생각해야 한다. 추가적으로 모든 프로그램 작성 후 하드웨어와의 상관관계 등도 고려해야 한다.

정보통신을 학습하다 보면 똑같은 수행 결과를 얻는 다양한 방법들을 만나게 된다. 이러한 다양한 방법들이 바꾸어 말하면 다양한 알고리즘이 되어질 수 있고 또한 다양한 프로그램으로 동작할 수 도 있다. 따라서 현재의 시대를 살아가면서 새로운 것들을 개발하고자 하는 모든 행위를 알고리즘 개발이라고 생각할 수 있다. 현재의 시스템에 대한 정확한 분석과 이해를 통해 더 향상된 시스템 개발에 대한 사고들이 결국 새로운 알고리즘 개발로 표현될 수 있는 것이다.

제2부

이 동 통 신

제3장 이동통신시스템

3.1 이동통신 배경

인간은 끊임없이 편리한 의사소통방법을 추구해왔으며 현대정보통신 사회에서 사람들은 고품질의 다양한 서비스를 요구함으로써 정보에 대한 욕구를 충족하고자한다. 이러한 욕구를 충족하기 위해서 많은 통신시스템 중 하나가 복잡하고 다양한 사회 속에서 이동 중에 정보의 교류를 가능하게 하는 이동 통신 분야라고 할 수 있다. 이동통신은 근래에 들어 제2의 이동통신 혁명이라 할 만큼 눈부신 발전을 하였다. 역사적으로 이동통신은 통신 전반의 기술적인 발전과 더불어 꾸준히 발전하여 왔으며 1960년대와 70년대에 벨(Bell)연구소에서 셀룰러(cellular)개념을 소개한 이후로 고도의 신뢰성과 소형화 그리고 하드웨어의 발전과 더불어 현대 이동통신의 본격적인 개발이 이루어졌다. 셀룰러 이동통신은 전체 서비스 지역을 다수의 무선 기지국으로 분할하여 소규모의 서비스 지역인 셀들로 구성하고 이러한 무선 기지국들을 교환시스템으로 집중제어하여 가입자가 각 셀 간을 이동하면서도 통화를 계속 할 수 있도록 하는 방식이다.

보다 편리하고 다양함을 추구하는 인간의 욕구는 통신서비스에 있어서 장소와 시간에 구애됨이 없이 음성 및 데이터서비스(data service)가 가능한 통신을 요구하게 되었으며, 이에 따라 이동통신 서비스가 등장하였다. 제 1세대인 아날로그 셀룰러 시스템(analog cellular system)이 등장한 이후 폭발적인 이동통신에 대한 서비스 수요의 증가와 디지털(digital) 신호처리 발전에 힘입어 제 2세대인 디지털 이동 통신시스템이 도입되었다. 이어서, 디지털 셀룰러보다 가격이 저렴하면서 다양한 서비스 형태를 제공해주는 개인 휴대통신 서비스 시대를 맞이하게 되었다.

우리나라에서는 1994년 12월 PCS(Personal Communication Service)기술 개발 정책 방향 확정 통보라는 정보통신부 문서에서 처음으로 PCS에 대한 서비스 정의와 특징에 대해 기술하고 있다.

여기에서는 PCS를 일반적으로 기존의 이동전화 서비스 단점을 극복하고 보행

자 중심의 차세대 이동통신 서비스를 표현한다. 라고 정의하고 있다.

한편 미국연방통신위원회 FCC(Federal Communication Committee)에서는 PCS를 "개인과 상업용의 서비스를 제공하고 경쟁적인 여러 네트워크를 통합할 수 있는 이동 네트워크와 보조적인 고정 네트워크를 총괄할 수 있는 무선통신"으로 정의함은 물론, PSTN(Public Switched Telephone Network)의 제한성으로부터 개인을 개방시키고, 집이나 사무실로부터 떨어져 있어도 통화할 수 있도록 하는 광범위한 새로운 무선서비스까지 포함시켜서 정의하고 있다. 이처럼 PCS는 특정한 무선기술 혹은 시스템을 지칭하는 좁은 의미의 기술개념에서 발전하여 하나의 진보된 서비스개념으로 간주하게 되었다.

PCS 네트워크에서 MSC(Mobile Switching Center)는 무선 접속을 통한 가입자 액세스, 이동 호(arc) 처리, 이동가입자의 위치등록 및 위치추적과 같은 이동성 관리, 핸드오버(hand over)처리와 이밖에 다양한 부가서비스의 기능을 제공해 주고 있다. 개인휴대통신 교환기는 가입자의 호 요구에 따른 교환기능을 수행하기 위해서, 본 가입자 HLR(Home Location Register)와 정보교환을 한다. HLR은 자신의 네트워크 내에 등록된 모든 이동 가입자에 대한 가입자 정보와 위치정보를 저장하고 관리하는 일종의 데이터베이스 관리시스템이다.

반면에 VLR(Visitor Location Register)는 개인휴대통신 교환기내에 위치하며, 자신이 관리하고 있는 지역 내에 위치하고 있는 가입자에 대한 정보를 저장하고 있으며, 새로운 가입자가 자신의 지역 내에 들어오면 가입자 데이터를 HLR과 같도록 해준다. 이동가입자가 위치관련 데이터베이스의 변경 없이 자유롭게 움직일 수 있는 영역을 위치영역(LA : Location Area)이라 하며, 위치영역은 여러 개의 셀(cell)로 구성되어 있다. 이동가입자가 자신의 현재 위치를 신고하거나 이동에 의해서 위치영역이 변하는 경우, 위치등록이라고 하는 자신의 위치정보를 갱신하게 된다.

위치정보의 관리는 데이터베이스를 이용하며, 이동가입자의 위치변경에 따른 위치등록과 호 설정을 위한 위치추적을 수행한다.

위치정보 및 가입자의 정보 관리를 위해서, 일반적으로는, HLR과 VLR을 이용하는 2 계층 구조의 중앙 집중 형 정보관리기법을 사용하고 있다. 이와 같은 중앙 집중 형은 이동가입자의 다양한 이동성과 호 설정 요구 시, 중앙에 위치한 HLR로 과다한 위치정보의 갱신/문의에 대한 신호 메시지 유입을 가져오며, HLR에서 모든 이동가입자에 대한 정보를 갖고 있기 때문에, 대용량 데이터베이스가 필요하게 되고 많은 양의 데이터베이스 검색을 수행해야 하는 문제점들이 발생하게 된다.

분산구조방식에서는, 교환기마다 VLR을, 그리고 전체 개인 휴대통신네트워크의 중앙에 HLR을 두는 대신, 두 데이터베이스를 결합시킨 위치등록기(LR : Location Register)라는 새로운 데이터베이스를 갖도록 하였으며, 이 LR은 위치정보와 가입자 정보도 함께 관리한다.

분산구조방식에서의 LR은 자신의 영역으로 이동해온(또는 계속 위치하고 있었던) 이동가입자의 위치정보와, 이 이동가입자에 대한 정보도 갖고 있다. HLR과 같이 중앙에서 전체적으로 위치정보 또는 가입자 서비스정보를 관리하는 기능이 없으므로, 각 개인 휴대통신 시스템에 있는 LR이 전체 개인 휴대통신네트워크의 이동가입자에 대한 네트워크 주소도 갖는다.

따라서 각각의 개인 휴대통신네트워크의 LR에서는 자신의 교환기를 홈 교환기로 하고 있지만, 현재 타 교환기로 이동한 이동 가입자의 최종위치정보와, 현재 자신의 교환기에 위치하고 있는 이동가입자의 위치정보와 가입자 정보, 그리고 전체 개인 휴대통신 교환기의 이동가입자에 대한 본 교환기 주소도 함께 갖고 있다.

이와 같은 특성 때문에, 분산구조에서는 항상 본 교환기에 대한 중계 의존도가 높으며 본 교환기로의 위치정보를 질의하는 신호 트래픽이 밀집되는 결과를 갖게 된다. 반면에, 처리과정이 단순하여 쉽게 구현할 수 있는 장점이 있다.

한편, 계층구조방식에서는, 최하위 계층에 각각의 개인 휴대통신 시스템의 데이터베이스인 LR들이 있으며, 바로 상위계층(DIRectory_node : DIR_node_LR)에서는 하위계층의 여러 LR들을 묶도록 하였다. 그리고 상위계층에서는, 자신의 영역에 현재 위치하고 있는 이동가입자에 대한 위치정보만을 관리한다.

상위계층에서는 또 다시 여러 개의 DIR_node_LR들을 묶어 차 상위 DIR_node_LR을 구성하며, 이 과정을 반복하여 나무형태를 갖도록 하였다.

LR에서는 자신의 영역 내에 현재 위치하고 있는 이동가입자의 위치정보와 이 가입자에 대한 가입자 정보를 갖고 있다.

상위계층(DIR_node_LR)에서는 자신이 관할하고 있는 LR들의 영역 내에 현재 위치하고 있는 이동가입자의 위치정보만을 갖고 있다. 또한 최 상위 계층(ROOT_node_LR)에서는 전체 개인 휴대통신네트워크에 속한 모든 이동가입자의 최종 위치정보와 가입자 정보를 관리한다.

이와 같이, 최하위계층의 LR과 최 상위계층의 ROOT_node_LR에 가입자 위치 정보와 서비스정보를 관리하도록 하고, 중간의 상위계층에서는 자신의 영역에 위치하는 이동가입자의 최종위치정보만을 관리하도록 하여, 최 상위계층으로 모든 신호 트래픽이 집중되는 것을 완화시키고, 이전 방문 교환기와 최종 방문 교환기간의 이동가입자 정보 전달단계도 가능한 한 줄인다.

셀룰러 시스템은 고속으로 이동하는 차량을 대상으로 개발된 시스템으로서, 고속 이동시에도 통화의 연속성을 보장하는 고급의 서비스이나, 이용가격이 비교적 고가이다. 반면에, 코드리스 폰(cordless phone)은 유선 서비스에 국한되어, 일정거리 이상으로 떨어지면 발/착신을 할 수 없게 된다. 이와 같이 이동통신은 고속이동시에도 통신이 되는 시스템과, 일정거리(100m 정도)내에서만 이동성이 보장되는 시스템으로 구분된다. 이러한 이동통신 서비스의 양극단의 중간에서, 기존의 코드리스 폰보다 휴대가 간편하고 사용범위가 넓으며, 저속이동시 연속적인 통신서비스를 제공하고, 셀룰러 차량전화보다 사용요금이 저렴하여, 누구나 이용할 수 있는 보편적인 서비스를 제공하고자 하는 목적으로 등장한 것이 PCS 이다.

PCS는 일종의 서비스의 개념이며, 특정 기술표준이나 통신시스템을 지칭하는 용어는 아니다. 즉, PCS는 개인의 휴대단말기로 이동 중 무선접속에 의한 통신(단말기의 이동성 보장)과 개인번호를 이용하여, 어느 단말기에서도 네트워크의 접속이 가능한 통신(개인의 이동성 보장)으로서, 일반 대중을 대상으로 저렴한 가격으로 통신의 이동성을 보장하는 서비스이다. 이와 같은 PCS를 디지털 셀룰러 서비스와 비교하면 표 3.1과 같다.

PCS는 언제, 어디서나, 누구와도 통신이 가능한 편리한 서비스로서, 자유롭게 이동하면서(10km/h 이하) 사용하는 생활 속의 통신서비스이며, 휴대용, 개인화, 지능화를 지향하면서 저렴한 사용료에 의한 대중통신으로 특징 지워지는 서비스이다.

표 3.1 디지털 셀룰러통신과 개인 휴대통신의 비교

Item	digital cellular system	PCS
Subscriber	restricted	general
Cost	high	low
Terminal size	small size	pocket size
Tx power	0.5-10W	0.01-0.1W
Mobility speed	fast	slow
Coverage	wide area(urban, rural)	zonal(office, home)
Cost of facility and channel	high	low

PCS서비스의 개념을 지향하는 시스템으로는 CT-2(Cordless Telephone 2nd generation), DECT(Digital European Cordless Phone) DCS-1800(Digital Celluar System at 1,800MHz), PHS(Personal Handy Phone System), WACS(Wireless Access Communications System), UPT(Universal Personal Telecommunication) 및 IMT-2000(International Mobile Telecommunications System-2000) 등을 들 수 있다.

현재 우리나라를 비롯한 미국, 일본, 유럽 등지에서는 PCS를 개발하여 상용 서비스 중에 있으며, 이러한 다양한 PCS 시스템을 통합하여 범세계적인 이동통신 시스템을 구축하려는 움직임도 아울러 나타나고 있다.

유럽지역의 UMTS(Universal Mobile Telecommunication)와 국제통신연합 ITU (International Telecommunication Union)를 중심으로 하여 추진되고 있는 차세대 공중 육상 이동통신 시스템인 IMT-2000이 바로 그것이다. UMTS는 유럽의 통신 표준화 기구인 ETSI(European Telecommunications Standards Institute)가 주관이 되어 연구되고 있는 시스템으로서, 그 첫 번째 목표는 저속, 중속 비트 전송율의 음성 및 데이터 서비스를 전 세계적으로 확장하는 것이며, 이를 위해서, 공중인터페이스 기술, 지능네트워크의 구현, 공중교환 전화네트워크(PSTN) / 종합정보통신네트워크(ISDN : Integrated Service Digital Network)의 병합, ISDN과의 호환성 및 위성과의 접속 등에 관한 연구가 활발히 진행 중이다. ITU를 중심으로 하여 추진되고 있는 IMT-2000(International Mobile Telecommunication)은 1992년의 세계무선 주관청 회의 WARC(World Administration Radio Conference)에서 PCS에 대한 범세계적인 주파수할당에 관한 협의를 마친바 있으며, 기존의 지상 고정 네트워크와 ISDN, 그리고 이동통신네트워크 및 위성통신네트워크를 총 네트워크라 하여 연결하는 종합통신 서비스로서, 양질의 음성 서비스와 각종 정보 서비스, 그리고 영상 서비스 등을 제공하는 것을 목표로 하고 있다.

3.2 무선통신네트워크

이동통신시스템의 설계 목표는 한정된 주파수 자원으로 양질의 서비스를 많은 수의 가입자들에게 제공하는데 있다고 할 수 있다. 특히 도심지역의 경우, 무선매체의 편의성으로 인해 그 수요가 급속하게 증가하고 있어 주어진 주파수 대역폭과 기지국 시설들의 효과적인 사용을 위한 셀룰러 시스템들의 중요성은 향후 계속해서 증가될 것이다.

다중계층셀룰러 시스템은 매크로(macro)와 마이크로(micro) 셀룰러 시스템의 장단점을 효과적으로 결합한 발전된 기술로써 여러 가입자의 이동성에 대처하기 위한 향상된 수용력을 이루어낸다. 이러한 시스템에서 빠른 속도의 이동 국들은 빈번한 핸드오버를 방지하기 위해 매크로 셀에 연결이 된다. 그리고 낮은 이동속도의 이동 국들은 작은 셀 반경이지만 높은 용량으로 양질의 서비스를 제공하는 마이크로 셀에 연결이 된다.

이러한 다중계층셀룰러 시스템에서 가장 중요하게 고려해야 할 사항은 마이크로와 매크로 셀의 구성적 특징들이다. 마이크로 셀은 매크로 셀 보다 넓은 대역폭을 사용하여 더 높은 비트 율 전송용량을 가지게 된다. 그리고 매크로 셀의 경우 좁은 대역폭을 사용함으로써 비용절감과 효과를 가져다준다. 그러나 마이크로 셀 시스템을 도입하는 경우 기지국의 수가 늘어나게 되므로 통화를 제어하는 부분의 복잡도가 증가하게 되는데 대표적인 것이 호출등록 비용의 증가로 나타난다.

하나의 매크로 셀이 여러 개의 마이크로 셀을 커버하고 있는 경우, 같은 크기의 영역에 있는 이동 국을 호출하기 위해서는 마이크로 셀 수와 비례하는 호출 채널이 필요하게 된다. 다중계층셀룰러 시스템은 이동국의 이동속도에 따라 2가지로 분류되고 이동속도가 낮은 가입자는 마이크로 셀로 발신을 하고 매크로 셀로 페이징(paging) 하여 호출등록비용을 절감시키는 셀룰러 시스템을 적응적 분할 알고리즘에 사용했다.

매크로와 마이크로 셀 시스템들에 같은 무선전송 계획을 다중계층셀룰러 시스템 상에서 고려했었다. 이러한 시스템의 문제점은 트래픽이 순간적이며 공간적으로 변화될 차세대 무선멀티미디어 서비스를 제공하기는 어렵다. 그러므로 적응성 있는 무선시스템 관리방법이 요구된다. 더욱이 위성통신 시스템의 등장으로 다양한 형태의 서비스 매체들이 등장하므로 더욱 유연성 있는 트래픽 관리가 요구된다. 그리고 상용화 중인 중앙 집중적 시스템의 경우, 매우 복잡한 제어가 필요함으로써 과부하의 위험성이 항상 존재한다. 특히, 서비스 지역이 매우 광범위한 경우에 중앙 집중적 제어는 거의 불가능하다.

3.2.1 개인이동 통신네트워크의 정의

어떤 대상에 대하여 알아보고자 할 때는 우선 그 대상의 역사적 배경과 발전방향을 살펴봄으로서 용어에 대한 정의를 하는 것이 일반적인 방법일 것이다. 우리나라에서 PCS라는 용어가 논의되기 시작한 것은 1990년 7월 미국의 FCC(Federal Communications Commission)가 PCS에 관한 규칙 제정 공고를 한 시점을 전후하여 비롯되었던 것으로 생각된다.

물론 그 전에도 유럽의 PCN(Personal Communication Network)이란 용어가 소개되기도 하였으며 PCS와 PCN이 비슷한 형태로써 알려졌다. 초기에 PCS는 Personal Communication Service 또는 Personal Communication System으로 알려졌으며 마이크로 셀과 지능네트워크에 의한 단말기 이동성과 개인이동 통신을 제공할 수 있는 개인통신의 실현 수단으로 알려져 왔다. 그 후 1993년 9월 미국 FCC에서 PCS를 '다양한 경쟁 네트워크와 접속할 수 있으며, 개인 및 업무에 서비스를 제공할 수 있는 이동 및 보조적인 고정통신을 포함하는 무선통신'으로 정의함에 따라 적어도 미국에서는 PCS가 상당히 포괄적인 내용의 서비스로 이해될 수 있었다.

유럽에서 PCS라는 용어 대신 제2세대 이동통신인 GSM 1800MHz 대역에서 서비스하는 PCS1800 이라는 시스템을 공동으로 개발하여 PCN(Personal Communication Network)으로 부르고 있으며 PCN이 개인통신을 만족할 수 없음에 따라 개인통신이 가능한 UMTS(Universal Mobile Telecommunication System)을 개발 중에 있다.

한편 국제전기통신연합(ITU)의 유선통신과 표준화를 담당하고 있는 ITU-T에서는 용어에 대한 권고안 초안에서 PCS를 '단말 이동성', '개인이동성 및 서비스프로파일 관리(서비스 이동성이라고 함)의 일부 결합이 가능한 집합체'로 정의하고 있으며 미국에서 논의되는 PCS는 ITU(International Telecommunication Union) 문서에서 이를 US(United State)-PCS로 구별하여 표시하고 있다. 따라서 미국에서는 주파수 경매에 의한 PCS 사업권을 획득한 사업자는 이 주파수 대역에서 CT-2(Cordless Telephone-2) 수준의 서비스도 사업경영에 맞으면 제공할 수 있게 되었다. 물론 비싼 입찰에 의해 확보한 사업권을 CT-2와 같은 서비스로 낭비할 사업자는 없지만 몇 가지 전파 사용요건만 맞으면 기술 수준이나 서비스 수준에 관계없이 다양한 서비스를 제공할 수 있게 되었다는 의미이다. 미국에서는 다음 4가지 원칙을 주파수 경매를 포함한 PCS 관련 법규를 제정하는 목표로서 선정하여 PCS 관련법규를 제정하는데 적용하였으며 이에 따라 이 법규들은 최소한의 규제로서 새로이 개발되는 시스템과 서비스를 제공할 수 있도록 하고 있다.

PCS에 관한 논의를 하면서 또 한 가지 중요한 점은 PCS는 마이크로 셀 기술을 이용하고, 소형 경량의 단말기를 사용함으로서 네트워크 기술과 운영에 깊이 의존하게 된다는 점이다. 이는 일본에서 PHS(Personal Handy phone System) 사업자를 지정할 때 전국 네트워크를 갖고 있는 NTT(Nippon Telegram and Telephone)와 신규사업자가 공정한 경쟁을 할 수 없으므로 NTT의 경우에 자회사를 분리하여 PHS 사업을 하도록 함으로서 공정한 네트워크 접속 조건 아래서 사업을 하도록 한 것을 보아도 알 수 있다. 따라서 PCS라는 이름으로 제공할 수 있다고 하는 많은 서비스들은 네트워크 기능과 운영기술이 충분히 확보된 이후에 가능한 것이다.

지금까지 PCS와 관련된 배경을 중심으로 PCS란 무엇인가에 대하여 논하였다. 우선 PCS란 용어에 대한 정의는 ITU, 우리나라, 미국 등 저마다 다르게 정의하고 있으며, 둘째 미국에서 논의되는 PCS 조차도 단말기 이동성과 개인이동성이 보장되며 서비스 이동성이 제공되는 궁극적인 개인통신이 아니라 PCS라는 이름으로 다양한 주파수 대역에서 음성통신, 코드리스, 무선 랜, 양방향 페이징 등의 서비스가 각각 이루어질 것이다.

무선통신 기술이 발전함에 따라 사람들은 개인통신의 꿈을 갖게 되었으며 이를 이루기 위해 미국, 유럽, 일본 등의 통신 선진국들은 저마다 환경과 능력아래에서 시나리오를 작성하고 있으며 FPLMTS(Future Public Land Mobile Telecommunication)가 그 대안으로 떠오르고 있다.

3.2.2 이동통신시스템의 구성

셀룰러 이동전화 시스템은 크게 휴대용 이동전화 단말기, 무선기지국 그리고 이동전화 교환국(MTSO : Mobile Telephone Switching Office 또는 MSC : Mobile Switching Center)으로 구성된다.

① 이동전화 단말기 : 무선 송수신기, 안테나 및 제어장치로 구성된다.

② 무선기지국 : 단말기와 이동전화 교환국을 연결하는 기능을 가지고 있는 기지국 무선 송수신기, 안테나, 제어장치, 데이터 터미널 및, 전원장치 등으로 구성되어 있다.

③ 이동전화 교환국 : 각 기지국에서 발생되는 착발신되는 호를 처리하고 모든 기지국이 효율적으로 운용될 수 있도록 하는 중앙통제기능과 함께 공중전화 네트워크의 교환기와도 연결할 수 있는 기능을 가지고 있다. 이러한 이동전화 교환국은 제어 부, 통화로 부, 및 주변기기로 구성되어 있으며 통화가 완료된 호에 대한 요금 자료수집 기능도 갖고 있다.

④ 연결 : 단말기, 기지국 그리고 이동전화 교환국은 서로 통화회선과 데이터링크로 연결되어 있으며 각 단말기가 통화할 때는 한 쌍의 송수신 무선채널을 사용하지만 이 무선채널은 어떤 특정 주파수의 채널로 고정되어 있지 않고 통화 중에도 단말기의 이동에 따라 다른 무선채널로 통화 채널을 변경하게 되므로 그 지역에 할당된 채널이면 어떤 채널로든지 통화가 가능하다. 또 이동전화 시스템 측면에서 보면 할당된 전 채널이 동시에 단말기와 연결되어 통화상태로 될 수도 있다.

이동전화 교환국은 셀룰러 시스템의 심장부로서 제어 부는 전체 시스템을 조정, 통제하고 관리하는 기능을 갖고 있다. 셀룰러 교환기는 이동전화 가입자 상호간 또는 일반전화 가입자와 이동전화 가입자간의 통화가 이루어지도록 통화회선을 연결하며, 교환기와 기지국간은 데이터링크를 이용하여 각종 신호정보를 주고받는다.

단말기와 기지국간의 음성과 신호정보는 무선채널을 통해 전송되며 기지국과 이동전화 교환국간의 음성과 신호정보 전송을 위해서는 고정된 통화회선과 데이터링크를 사용한다.

1) 초기동작

가입자가 이동전화 단말기를 동작시키면 단말기는 자동적으로 수신 상태가 되어 333개 채널(운용 대역폭이 10MHz의 경우) 중에서 신호채널로 지정된 21개의 설정 채널(set-up channel)을 차례로 탐색한다. 이 때 21개의 설정채널 중 가장 전파세기가 큰 채널을 선택하여 그 채널 주파수에 동조한다. 주변에 있는 기지국에는 모두 다른 설정채널이 할당되어 있기 때문에 가장 강한 설정채널에 동조시켜 고정된다는 것은 단말기가 가장 가까운 기지국을 선택한다는 것을 의미한다.

이러한 상태는 통화중은 아니지만 언제라도 잣기를 호출하면 응답할 수 있는 상태인 동시에 가입자가 통화를 하려고 할 때 곧바로 신호를 전송할 수 있는 준비를 갖춘 상태이며 가입자 의도와는 상관없이 자동적으로 단말기의 통화준비가 완료되어 있는 상태이다.

2) 발신 및 착신 호 처리과정

(1) 이동전화 상대자 상호간 통화하는 경우

이동전화 가입자 A가 통화하고자 하는 상대방 단말기 B의 번호를 단말기 A에 입력하고 SND(SEND) 버튼을 누르면 단말기 A는 미리 선택하고 있는 설정채널을 통해 기지국 A로 정보(발신 단말기 A의 번호와 착신단말기 B의 번호)를 송출한다.

기지국 A는 수신한 발신신호의 정보를 데이터 링크를 통해 이동 전화 교신국 A로 송신한다.

기지국 A는 음성채널이 비어있는 경우 이동전하 교환국 A의 지시를 받아 통화 가능한 음성채널을 단말기 A에 지정한 후 해당 음성채널을 작동시키고 감시톤(SAT, Supervisory Audio Tone, 6KHz)을 송출한다.

단말기 A는 감시 톤을 수신하여 음성채널에 동조한 후 채널 동조 확인 응답으로 감시 톤을 역전송하여 기지국 A가 단말기 A의 음성채널 동조를 확인할 수 있게 한다.

이동전화 교환국 A는 호출하고자 하는 단말기 B의 번호를 관리하고 있는 해당 이동전화 교환국 B로 호출신호를 넘겨주어(만약 단말기 B가 이동전화 교환국 B의 영역을 벗어나서 다른 지역에 있더라도 사전에 위치등록이라는 기능을 이용하여 다른 이동 전화 교환국 C의 관할영역에 있다는 것을 알기 때문에 이 경우에는 호를 교환국 C에 넘겨줌) 단말기 B를 호출하고 단말기 B는 기지국 B를 통하여 이동전화 교환국 B에 호출에 대한 응답을 보고한다.

기지국 B는 음성채널이 비어있는 경우 이동전화 B의 지시를 받아 통화 가능한 음성채널을 단말기 B에 지정한 후 해당 음성 채널을 작동시키고 감시 톤을 송출한다.

단말기 B는 감시 톤을 수신하여 음성채널에 동조한 후 채널 동조 확인 응답으로 감시 톤을 역전송하여 기지국 B가 단말기 B의 음성채널 동조를 확인할 수 있게 한다.

기지국 B는 단말기 B의 음성채널 동조를 확인한 후 단말기 B에 경종을 지시하고 단말기 B는 경종을 발생시키면서 기지국 B로 신호 톤(Signaling Tone, 10KHz)을 송출하여 단말기 B의 경종상태를 확인할 수 있게 한다.

단말기 B의 가입자가 SND 버튼을 누르면 신호 톤 송출이 중단되어 기지국 B는 이동전화 교환국 B로 단말기 B가 응답하였음을 보고하고 이동전화 교환국 B와 이동전화 교환국 A가 연결된 상태에서 통화가 이루어지게 된다.

(2) 이동전화 가입자가 PSTN 가입자에게 전화 하는 경우

이동전화 단말기 A에서 이동전화 교환국 A까지의 호 처리 절차는 (1)의 경우 같다.

이동전화 교환국 A에서 호출신호를 일반 유선전화국의 시외 전화 교환기로 넘겨준다.

이를 넘겨받은 시외전화 교환기는 해당 시내전화 교환기로 호출 신호를 넘겨주고 시내전화 교환기는 해당번호의 가입자에게 호출신호를 보내고 호출신호를 듣고 가입자가 수화기를 들면 통화가 연결된다.

(3) PSTN 가입자가 이동전화 가입자에게 전화하는 경우

PSTN 가입자가 이동전화번호를 누른다.

일반 유선전화의 신호를 받은 일반 유선전화국의 시내전화 교환기는 이동전화 식별번호에 따라 호출신호를 시외전화 교환기로 넘겨준다.

시외전화 교환기는 이동전화 교환국으로 호출신호를 넘겨주며 호출신호를 받은 이동전화 교환국에서 기지국, 이동전화 단말기기 연결절차는 (1)의 경우와 같다.

3) 통화종료

이동전화 가입자간 통화를 끝내고 통화종료 표시를 행하면 단말기는 특정 신호 톤(10KHz)을 일정시간(1.8초)동안 기지국으로 송출한 후 단말기의 송신회로를 차단시킨다. 기지국은 단말기로부터의 통화종료신호를 접수한 후 해당 음성채널을 유휴(idle)상태로 복구시키고 교환국으로 그 상태송신회지한다. 단말기는 다시 수신대기 상태로 되기 위하여 가장 강한 설정채널에 동조되어 기지국에서 송신되는 메시지를 수신한다.

4) 통화채널 전환과정

통화가 지속되는 동안에도 이동전화 가입자는 계속 이동하기 때문에 특정 기지국의 서비스 구역을 벗어나게 되므로 통화중인 음성채널의 전파세력이 약해진다. 그러면 그 기지국은 교환국에 통화채널 전환을 요구하게 되고 가입자는 통화채널 전환이 이루어진 것을 거의 감지할 수 없는 상황에서 전파세력이 충분한 새로운 기지국의 음성채널로 통화 채널이 전환된다.

3.2.3 무선통신의 발전방향

최근 들어 기술의 급속한 발전에 따라 단말기의 소형·경량화가 이루어지고 이에 따른 개인이동통신서비스의 보급이 급속히 확대되고 있으나, 아직까지 개인통신 서비스는 음성통신을 위주로 국가별, 지역별로 한정된 영역 내에서 제공되고 있다. 그러나 향후에는 기존 유선통신과 점차로 통합되면서 FPLMTS(Future Public and Mobile Telecommunication)를 지향하여 발전되어갈 네트워크이다.

이러한 개인통신의 발전방향은 다음의 네 가지 주요한 흐름으로 정리할 수 있다.

첫째, 시스템의 통합 측면으로 현재 이동전화네트워크, 개인통신네트워크 등 목적에 따라 개별 구축된 단일모드시스템이 향후에는 유무선 이동통신네트워크가 통합된 멀티모드시스템으로 구성되어 시스템간의 공유개념이 자리 잡게 될 것이다.

다음으로는 무선접속의 고속·광대역화를 들 수 있다. 전송속도는 현재의 13Kbps 수준의 저속에서 Mbps대의 고속으로, 주파수대는 900MHz 대의 UHF 대역에서 GHz 대역으로 발전할 것이며 채널당 대역폭도 훨씬 광대역화 될 것이다.

세 번째는 셀 구조의 계층화로 고정 할당된 단일계층의 매크로 셀은 분산 자율 할당된 마이크로/매크로 셀의 계층적 구조로 대처될 것이다.

마지막으로 단말기의 고도화를 생각할 수 있다. 현재의 단말기는 음성 및 저속데이터를 전달하는 중형의 단일모드 형으로 단말기 위주의 수를 사용하고 있으나 향후에는 멀티미디어까지 전달 가능한 초소형의 멀티모드 단말기가 보급되고 번호체계도 개인번호 위주의 번호체계를 기본으로 할 것이다. 이러한 흐름을 종합하여 볼 때 최종단계의 개인통신서비스는 유무선 통합 네트워크가 통합된 멀티모드 시스템에 의한 고속 광대역의 멀티미디어 개인통신 서비스 형태로 발전될 것임을 예측할 수 있다.

3.3 PCS 네트워크의 구성요소

개인 휴대 통신네트워크의 기능은 무선기능, 교환기능, 그리고 네트워크 기능으로 나눌 수 있다. 무선기능에는 휴대단말기인 이동 국, 기지국 제어기 및 기지국이 있으며, 교환 및 네트워크 기능에는 호의 교환과 타 네트워크와의 연동 역할을 하는 개인 휴대통신 교환기와, 이동서비스와 관련된 VLR 및 HLR로 구성된다. 기지국은 무선 단말기와의 무선 인터페이스를 수행하고, 기지국 제어기는 무선 제어의 기능을 수행하고 무선자원을 관리하며 개인 휴대통신 교환기는 타 개인 휴대통신 교환기와의 연동은 물론, ISDN(Integrated Service Digital Network), CSPDN(Circuit Switched Public Data Network), PSPDN(Packet Switched Public Data Network)과 연동하여서 호를 처리한다. 기본적인 교환기능과 핸드오버와 같은 특별기능도 수행하며, 다양한 ISDN 부가 서비스도 수행하며 본 가입자 위치등록기 이동 가입자에 대한 정보를 반영구적으로 저장한다. 반영구적인 데이터 외에도 이동 가입자의 현재 위치와 같은 일시적인 데이터도 저장한다. 하나의 공중 육상이동통신네트워크(PLMN : Public Land Mobile Network)에는 여러 개의 HLR이 있을 수 있지만, 한 가입자는 한 개의 HLR에 등록되어 있어야 한다. 또한 방문 가입자 위치등록기는 이동 가입자의 현재 위치 정보를 저장한다. 관할 영역에 있는 이동 가입자를 서비스하기 위해 필요한 정보는 HLR로부터 다운로드(download) 된다. 이동 가입자의 위치가 변경된 경우 이를 HLR에 통보한다.

인터페이스 Um(User-mobile station)은 기지국과 단말기간의 무선 인터페이스이다. 무선 인터페이스는 계층 1에서 무선 주파수를 사용하며, 계층 2와 3에서는 ISDN의 프로토콜(protocol)을 기반으로 하여 D채널에서의 링크 액세스 절차인 LAPD(Link Access Procedure on D channel)를 사용하였다. 공중 인터페이스(air interface)에서의 각 무선 주파수 채널은 타임 슬롯(time slot)으로 나누어서, 이동 가입자의 정보를 전송한다.

인터페이스 Abis는 기지국과 기지국 제어기간의 인터페이스이다. 기지국과 기지국 제어기간의 접속은, 계층 3에서는 ISDN 신호를 기반으로 하여 사용하고, 계층 2에서는 ISDN 신호를 그대로 사용한다. 계층 1에서의 물리적 인터페이스는 E1 중계선을 사용한다. E1 중계선에서는 각각 64Kbps를 가지는 채널을 4개의 타임 슬롯으로 제공하며, 이 타임 슬롯을 통해 제어 신호를 전달한다.

인터페이스 A는 교환기와 BS간의 인터페이스이다. A 인터페이스에서는 ISDN의 호 제어신호를 전달하기 위해, ITU-T의 공통선 신호방식의 하위 3개 계층을 사용한다. 이 인터페이스를 통하여 전달된 정보는 기지국 제어의 관리, 호 처리, 그리고 이동성 관리에 사용한다. 신호 연결 제어 부(SCCP : Signalling Connection Control Part)와 메시지 전달 부(MTP : Message Transfer Part)는 데이터 전달을 위하여 제공된다.

인터페이스 B, C, D, E, F 등은 비호 관련 신호들로서 이동성 응용 부(MAP : Mobile Application Part)에 속한다. 비호 관련 신호들은 이동성 관리, 보안, 부가서비스의 활성화/비활성화 등과 같이, 호에 관련된 신호가 아닌 것들을 말한다.

MAP는 공통선 신호방식의 3개 계층인 MTP1, 2, 3와 SCCP, 그리고 트랜잭션 기능 응용 부(TCAP : Transaction Capability Application Part)를 사용하며, 이들 프로토콜은 주로 데이터베이스에 대한 질의와 응답에 관한 것이다.

인터페이스 B는 교환기가 VLR간의 인터페이스로서, 교환기가 자신의 영역 안에 위치하는 가입자의 정보를 요구하거나, 가입자 서비스 정보의 변경, 그리고 특정 부가 서비스를 활성화시킬 때 사용한다.

인터페이스 C는 교환기와 HLR간 인터페이스로서, 교환기의 경로 배정 정보를 필요로 할 경우와 위치 정보 등록할 경우에 사용한다.

인터페이스 D는 VLR과 HLR간 인터페이스로서, 가입자의 위치 정보 교환과 가입자 관리를 위하여 사용한다. 가입자가 특정한 서비스 정보를 요구하거나,

서비스 내용을 변경할 경우에도 VLR과 HLR간에 데이터 교환이 발생한다.

인터페이스 E는 교환기간 인터페이스로서, 통화 중 상태에서 이동 가입자가 타교환기 영역으로 이동한 경우, 호를 계속 유지하기 위하여 교환기간의 정보 교환에 사용한다.

인터페이스 F는 교환기와 장비 식별 등록기간의 인터페이스로서, 이동 가입자의 장비를 검증하기 위하여 데이터 교환 시, 사용한다.

3.4 PCS 기능 및 서비스

3.4.1 이동성 고유 기능

1) 위치등록

가입자가 현재의 위치영역을 벗어나 새로운 위치영역으로 진입하였을 때, 새로운 위치정보를 저장하는 절차이다.

2) 핸드오버/핸드오프

이동가입자가 통화 중에 호 개시 셀로부터 이웃한 셀로 이동하였을 때, 그 호를 계속 유지시키기 위해서는 이동가입자가 현재 위치하고 있는 셀을 관장하는 무선기지국으로부터 통화 채널을 재 할당받아야 한다. 이와 같이, 통화 채널을 변경하는 과정을 핸드오버(hand over) 또는 핸드오프(hand off)라 한다.

3) 인증 및 암호화

인증(authentication)은 이동가입자에 대한 서비스를 제공하기 전에, 해당 가입자가 LR 위치 영역에서 서비스가 허용된 가입자인지를 확인하는 기능이며, 암호화(ciphering/encrypting)는, 제3자의 불법 도청을 방지하기 위해서 수행하는 기능이다. 인증 절차는 단말기에 대한 단말기 인증과, 부가서비스 등급이나 단말기의 사용 중지 등 서비스 제공 여부를 확인하는 가입자 인증으로 구분된다.

4) 호출

이동 가입자는 고정 유선네트워크의 가입자와는 달리, 항상 착신 가입자의 위치가 변한다. 이동가입자로 호가 착신되었을 때, 등록된 이동가입자의 위치로 호출(paging)을 요구하여, 이동 가입자에게 착신호가 요구되고 있다는 것을 알리는 기능이다.

3.4.2 부가 서비스 및 부가 기능

기존 고정 유선네트워크에서 유선 가입자에게 제공되는 부가서비스와 부가기능 중, 개인 휴대통신 가입자에게 동일하게 적용되는 것은 다음과 같다.

- 3인 통화(3-way calling)
- 회의 통화(conference calling)
- 악의 호 추적(malicious call tracing)
- 통화중대기(calling waiting)
- 통화중대기 거부(cancel call waiting)
- 착신통화 전환(call forwarding)
- 통화 중 착신통화 전환(call forwarding on subscriber busy)
- 무응답 착신통화 전환(call forwarding on no answer)
- 호 전환(call transfer)
- 호 보류(call hold)
- 착신 거부(do not disturb)
- 호 재시도(registered call)
- 가입자에 의한 호 제한(call restriction by user)
- 가입자 키(subscriber key)
- 발신 번호 표시(calling line Id. presentation)
- 발신 번호 표시 제한(calling line Id. restriction)
- 접속 번호 표시(connected line Id. presentation)
- 접속 번호 표시 제한(connected line Id. restriction)
- 요금 부과 안내(advice of charge)
- 사용자간 신호(user-to-user signalling)
- 특수 번호 서비스(special number service)
- 발신 금지(origination call barring)
- 착신 금지(terminating call barring)
- 운용자에 의한 호 제한(call restriction by operator)

· 우선 통화(priority call)
· 가입자 호 감시(subscriber observation)
· 녹음 안내 서비스(announcement service)
· 자동 응답 서비스(auto-answer service)
· 가로채기(offering)

3.4.3 이동 가입자 고유의 부가서비스와 부가기능

기존 고정네트워크의 유선가입자에게는 제공되지 않고 개인 휴대통신 가입자에게만 적용되는 부가서비스 및 부가 기능은 아래와 같다.
· 단문메시지 서비스(short message service)
· 음성 사서함 서비스(voice mail service)
· 메시지 대기 표시(message waiting notification)
· 비상 호(emergency call)
· 차량 메시지 서비스
· 무선 데이터 서비스

3.5 이동성 관리

개인 휴대통신 시스템에서의 착 신호 처리는, 호출을 통해서 움직이고 있는 착신 이동가입자의 현재 위치를 알아낸 후, 착신 이동 가입자가 위치하고 있는 기지국을 거쳐 무선국간을 통하여 해당 이동가입자에게 호를 연결하고 있다. 이와 같이 개인 휴대통신에서는, 항상 이동하고 있는 기입자의 특성 때문에, 위치정보를 저장하고 있는 데이터베이스의 구조, 데이터베이스에 저장할 위치정보의 구성, 그리고 호 설정 시 신호메시지의 흐름 등을 효율적으로 설계해야 가입자의 이동성을 보장해 줄 수 있다.

이동성의 관리 방식으로는 북미의 EIA(Electric Industry Association)/TIA (Telecommunications Industry Association)의 IS-41 (International Standard 41)과 유럽의 GSM(Global System for Mobile Communications)의 MAP(Mobile Application Part)가 있다.

IS-41은 북미의 AMPS(Advanced Mobile Phone System), IS-54, IS-136 및 PACS (Personal Access Communications System)네트워크에서 사용되고 있다. GSM MAP은 유럽의 GSM 시스템과 PCS-1800 시스템에서 사용되고 있다.

이동성 관리를 위한 두 방식 모두, 중앙에 위치한 HLR과 분산된 VLR을 이용하는, 2 계층 구조의 중앙 집중 형 위치관리 기법을 사용하고 있다.

이러한 구조는 앞으로 개인 통신서비스 지역이 확대되거나, 가입자 수의 증가, 또는 다양한 이동성으로 인해, 위치변경 시 데이터베이스에서의 위치등록과, 호 요구 시의 위치파악을 위한 데이터베이스의 검색 횟수를 증가시킬 수 있다. 이는 결과적으로 신호 트래픽 밀집과 호 연결지연 등의 문제점을 발생시킨다.

이와 같은 문제점들을 해결하기 위해서, 여러 기법들이 제안되고 있다. 이와 같은 기법들은 중앙에 HLR을 두고 각 교환기마다 분산된 VLR을 두고 있는 IS-41과, GSM MAP의 중앙집중식 구조를 그대로 이용하면서 기능을 향상시키려고 하는 방법으로서, 캐싱(caching), 포워딩(forwarding), 지역앵커링(local anchoring) 등이 있다.

반면에 중앙집중식 구조와는 달리 위치정보관리를 분산구조나 계층구조로 배치하는 기법도 있다. 이동성 관리기법들을 유형별로 분류하여 표 3.2에 나타내었다.

표 3.2 이동성 관리기법

Item		Mobility management
location registration and data transfer	centralized scheme	IS-41, GSM MAP cashing forwarding local anchoring
	distributed scheme	HLR distributed scheme hierarchical database scheme
location update and paging		dynamic location registration polling and paging in location update

3.5.1 캐싱기법

캐싱 기법은 신호네트워크상의 신호전달점인 STP(Signalling Transfer Point)를 이용하는데, 한 가입자에 대한 위치 정보가 STP를 통해서 HLR로 문의하면, 이

STP는 이 가입자의 위치 정보를 자신의 캐쉬 메모리에 저장한다.

이후 다시, 이 가입자에 대한 위치 문의가 올 경우, 캐쉬 메모리의 정보를 이용하는 방법으로서, STP의 캐쉬 메모리에 저장되어 있는 정보에 대한 문의 신호는 HLR까지 전송될 필요가 없으므로, HLR로의 트래픽의 집중을 방지할 수 있다. 그러나 이 기법은 캐쉬 메모리의 한계 등으로 인하여 위치정보의 저장기간과 삭제 여부를 적절히 판단하여야만 효율을 높일 수 있는 문제가 있다.

3.5.2 포워딩 기법

포워딩 기법에서는, 한 VLR 지역에서 다른 VLR지역으로 이동할 경우, HLR에 이를 통지하여 갱신하지 않고, 이전의 VLR로 새로운 VLR 위치를 저장하는 기법이다.

예를 들면, 단말기 T1이 VLR-1 지역에서 VLR-2 지역으로 이동했을 때, HLR의 위치정보를 갱신하지 않고, VLR-1에다 단말기 T1은 VLR-2에 위치하고 있음을 기록한다. 이후, 단말기 T1에 대한 위치정보 문의가 HLR을 통하여 VLR-1로 오게 되면, 이 신호는 VLR-2로 포워딩 되어 단말기 T1의 위치를 추적하는 기법이다.

이 기법은 단말기가 계속 이동할 경우에 여러 단계의 포워딩을 거치게 되므로, 호 설정 시 많은 VLR의 검색과 호 설정 지연이 있을 수 있다. 이를 해결하기 위하여 포워딩 단계를 제한하는 방법이 제안되어 있다. 이 기법은 HLR로 몰리는 신호 메시지를 VLR 쪽으로 분산시키는 효과를 가져 올 수는 있으나, 가입자의 위치 정보를 문의할 경우, 메시지 포워딩으로 인한 검색 지연이 커짐과 함께 VLR에서의 프로세싱(processing) 부하가 데이터베이스의 용량보다 커져야 한다는 단점이 있다.

3.5.3 지역앵커링 기법

지역앵커링 기법은 몇 개의 이웃하는 VLR 중에서, 하나를 지역 앵커로 설정하고, 앵커가 관리하는 지역 내의 VLR간 가입자 이동은, 지역 앵커로 위치갱신을 하여 HLR로의 신호 메시지 부하를 줄이는 방법이다. 이 경우, HLR은 단말기에 대한 위치정보가 아니라 단말기가 속해있는 지역 앵커의 위치를 가지고 있다. 이는 HLR과 VLR 사이를 계층 구조로 확장한 방법이라고 할 수 있다.

3.5.4 HLR 분산 기법

HLR 분산기법은 하나 또는 그 이상의 개인 휴대통신 교환기마다 HLR을 두어서 위치정보를 운영하는 방식이다.

모든 HLR은 처음에 등록된 가입자의 현재 위치정보를 가지고 있어서, 위치에 관계없이 가입자가 등록지역을 이동하면 자신이 처음 등록한 HLR로 위치정보를 갱신한다. 호 설정 시, 항상 가입자의 HLR로 문의하면 가입자의 위치를 알려준다.

이 기법은 가입자의 현재 위치를 한 번의 데이터베이스 검색으로 알아낼 수 있으나, 위치변경이나 호 요청 시에서 신호 트래픽이 항상 해당 단말기의 본 HLR로 전송되어야 하기 때문에, 신호네트워크에서 속도가 보장되지 않는 한 트래픽의 밀집과 처리지연이 발생 할 수 있다.

3.5.5 계층적 데이터베이스 구조 기법

계층적 데이터베이스 구조기법은 위치 정보를 위한 데이터베이스들을 완전한 계층적 구조로 형성하고, 각각의 데이터베이스는 현재 그 노드의 밑에 있는 모든 가입자에 대한 위치 정보를 가지게 하는 방법이다. 이 기법에서, 신호 메시지가 지나가는 라우팅(routing) 경로와 데이터베이스 검색과 갱신 횟수는, 발신 이동가입자와 착신 이동가입자간의 거리에 비례하여 결정된다.

3.5.6 위치갱신 기법

위치갱신 기법은 위치변경에 따른 갱신요구를 억제하기 위해서, 단말기가 이동할 때마다 위치갱신을 요구하지 않고, 일정조건을 만족할 때에만 위치갱신을 요구하게 하는 방식이다. 이 기법에는 일정한 시간마다 계속 위치갱신을 요구하는 방법(time-based), 지정된 수의 셀 경계를 넘어설 때마다 위치갱신을 요구하는 방법(movement based), 그리고 지정된 거리를 이동할 경우에 위치 갱신을 요구하는 방법(distance-based)등이 있다.

이밖에도, 호의 발생빈도와 이동가입자의 이동형태를 고려하여 동적인(dynamic) 등록지역을 설정하여 위치갱신 횟수를 감소시키는 동적 등록지역 설정기법과, 이동가입자가 특정지역에 있을 확률을 이용하여 가입자의 현재위치가 파악될 때까지 페이징 지역을 순차적으로 폴링(polling)하는 페이징 기법이 있다.

위에서 기술한 바와 같이, 위치관리 정보기법에는 위치등록, 호 전달, 위치갱신 및 페이징에 따라 여러 가지 방법들이 제안되어 있다. IS-41과 GSM MAP에서는 단말기의 등록지역 이동시의 위치등록과, 호 설정 요청시의 위치문의를 VLR과 HLR로 집중하게 되므로 신호 트래픽의 밀집과 호연결지연의 증가 등 문제점이 있을 뿐만 아니라, 가입자의 증가에 따른 가입자의 수용용량확대가 어렵고, 다양한 서비스요구에 따르는 HLR의 기능 확장에 대처하기가 어렵다.

한편, 캐싱 기법은 별도의 캐쉬 메모리를 구축해야 하는 경제적인 문제가 있으며, 포워딩 기법은 단말기가 연속적으로 이동할 경우, 호 설정 시 여러 단계의 포워딩을 거치게 되므로, VLR 검색 횟수의 증가가 필연적이다. 또한, 위치갱신과 페이징에 관련한 기법들은 호의 발생빈도나 가입자의 이동형태 등과 같은 통계적인 데이터나 특정지역 내에 존재하게 될 단말기의 확률 등을 요구하기 때문에, 이러한 데이터들을 정확히 예측하거나 산출하여 정량화 하는데 어려움이 있어, 적용하기가 어려운 문제점이 있다.

분산기법은 중앙에 있는 데이터베이스로 집중되는 신호 트래픽의 과중한 밀집을 분산시킬 수 있는 장점이 있다. 반면에, 분산된 데이터베이스에서는 착 신호설정을 위하여 타 교환기에 위치한 가입자의 위치정보도 갖게 되어, 데이터베이스의 크기가 커지게 된다. 이에 비하여, 계층구조는 기법은 나무형태를 가지며, 각 계층의 데이터베이스는 그 밑에 속하는 가입자의 위치정보를 갖고 있기 때문에, 중앙에 위치한 글로벌 데이터베이스로 신호 트래픽이 집중되지 않는 이점이 있다. 반면에, 착신가입자가 멀리 위치하는 경우, 많은 데이터베이스의 검색이 일어나 호 설정 지연이 우려된다. 따라서 분산기법에서는 증가하는 가입자에 대한 위치정보의 분산수용이 고려되어야 하며, 계층구조에서는 상위계층에서의 데이터베이스가 적정한 크기를 갖도록 위치정보의 구성과 배치를 하여야 한다.

3.6 이동성 관리 정보의 네트워크배치

기존의 개인 휴대통신 시스템에서의 위치정보나 이동가입자의 정보는 하나의 중앙집중식(centralized) HLR에 다수의 개인 휴대통신 교환기가 접속되고, 각 교환기내에는 단말기의 이동성을 반영하는 임시 데이터를 저장하는 VLR과 HLR의 일부 데이터를 포함하는 구조를 갖도록 하고 있다. 이와 같은 이동가입자의 정보 관리방식은 이동가입자의 정보가 HLR로 집중되기 때문에, 통화량이 많은 시간(busy hour)에는 HLR의 신호 점 부하의 증가에 의하여 PCS 네트워크 전체에서의 HLR 검색시간이 길어져서, 호 처리의 지연이 발생할 뿐 아니라, 증가하는 가입자의 수용용량의 확대가 어렵다. 따라서 HLR의 부하용량을 줄이고, 가입자 데이터는 개인 통신네트워크 전체에 분산시켜서, 기능 확장의 용이성을 제공할 수 있는 이동가입자의 정보 관리가 필요하다.

3.6.1 위치정보 등록기

개인 휴대통신 가입자의 위치관리 정보와 가입자 정보를, HLR과 VLR로 구성하지 않고, 두 정보를 모두 LR에서 관리한다.

따라서 LR에는 교환기가 관할하고 있는 영역 내에서 최초로 등록한 가입자의 서비스와 관련한 반영구적인 데이터와 이 가입자의 현재 위치정보를 저장하고 있으며, 또한 자신의 교환기 관할 영역 안으로 이동하여 위치등록을 한 가입자의 위치정보와 서비스정보도 저장하고 있다.

LR을 수용하는 분산된 개인 휴대통신 시스템에서의 각 구성요소들의 기능과 각 구성요소들 간의 인터페이스 규격 등은, HLR을 수용하는 개인 통신시스템과 거의 유사하다. 주요 차이점은 HLR을 수용하는 개인통신시스템에서는, 신호네트워크 구성 시 신호 제어 점(SCP : Signalling Control Point)기능에 해당하는 개인 휴대통신의 데이터 서버(server)가 HLR 하나로 구성되는데 대하여, LR을 수용하는 개인통신 시스템에서는 다수의 신호제어 점을 수용하는 신호네트워크를 갖는다. 따라서 LR을 수용하는 개인 휴대통신 시스템에서는 HLR을 갖는 IS-41 HLR-MSC/VLR간의 인터페이스 C와 D에서의 처리 절차를 근간으로 하여 적용하였다.

LR에 저장되는 데이터 항목은 위치정보와 관련하여, 이동가입자의 식별번호(MIN : Mobile Identification Number), 교환기의 경로배정 정보인 이동가입자의 로밍 수(MSRN : Mobile Subscriber Roaming Number), 위치영역 식별번호(LAI : Location Area Identification), LR 주소정보인 LR_Addr이 있다. 가입자 관련 정보로는 이동 국 등급, 동작모드, 선호, 부가서비스, 이동 국 상태 데이터 및 인증 관련 데이터가 있다. 이 밖에도 가입자 관련 정보로서 요금 정보, 운용 유지보수 등이 있다.

1) LR 구성

개인 휴대통신 시스템은 가입자에게 실시간으로 호 서비스를 제공해야 하므로, 위치정보를 저장하고 있는 LR과 교환기간에는, 데이터 전달이 신속 정확하게 이루어져야 한다.

LR은 호 요구에 대해서, 실시간으로 다량의 트랜색션(transaction : 변동자료)을 처리하여 응답하는 특성이 요구되기 때문에, 주 기억장치를 기반으로 한 데이터베이스 시스템을 서버의 형태로 하고, 클라이언트(client)인 응용 프로그램의 질의에 대응할 수 있는 구조를 갖는다.

위치관리정보 데이터베이스인 LR에는 가입자 위치 식별을 위한 정보와 가입자 서비스에 관한 정보로 나눌 수 있다. 개인 휴대통신 시스템에 있어서, 이동 가입자 또는 휴대 단말기에 할당되어서 네트워크에서 유일하게 식별할 수 있는 정보는 MIN과 단말기의 일련수인 ESN(Electronic Serial Number)가 있다. 이들 중, 네트워크에서 임의로 할당할 수 있는 정보는 MIN이다. 이 수는 스마트카드(smart card)를 사용하는 경우 이외에는 항상 특정한 가입자/단말기에 고정적으로 대응되어있다. 즉, 가입자와 휴대 단말기의 두 객체를 별도로 보지 않고 하나의 객체 가입자로 간주한다.

LR에서의 데이터구성은 분산구조와 계층구조에 따라 각기 달리 배치하도록 하였다.

(1) 분산구조를 갖는 LR의 구성

기존의 대용량 전 전자식 시분할 교환기인 TDX-10(Time Division eXchange) ISDN 교환기를 개인 휴대통신의 기반교환기로 설정한다. 따라서 개인 휴대통신 특성에 따른 무선 환경, 인증, 핸드오버, 호출 및 위치등록 등과 같은, 이동성 고유의 서비스 기능과, 하드웨어 장치의 부가 외에는 기본적으로 TDX-10 ISDN 교환기의 기능과 성능을 그대로 가지고 있다.

개인 휴대통신 교환기의 성능 목표치는 가입자를 기준으로 하며, 종단 용량 25만 이동가입자를 수용할 수 있다. 따라서 LR에는 본 교환기의 등록 가입자 25만 명에 대한 위치정보와, 인증정보를 포함한 가입자정보, 그리고 전체 PCS 네트워크에 등록된 이동 가입자들이 최초로 등록한 LR의 주소도 함께 저장하고 있다.

(2) 계층구조를 갖는 LR의 구성

계층구조에서는 상위계층인 DIR_node_LR이 최하위계층에 있는 LR들을 일정 개수 단위로 모아서 관리하며, 다시 DIR_node_LR을 일정 개수 단위로 모아서 다음 상위계층인 DIR_node_LR에서 관리한다. 이 같은 과정을 반복하여 최 상위 계층인 ROOT_node까지 구성함으로서, 나무형태의 계층구조를 갖도록 하였다. 최하위 계층의 LR은 자신의 교환기를 본 교환기로 하는 이동가입자의 현재 위치정보와 인증정보를 포함한 가입자정보, 그리고 타 교환기에서 자신의 교환기로 이동해 온 이동가입자의 최종위치정보와 가입자 정보를 갖고 있다.

DIR_node_LR에서는, 자신이 관리하고 있는 LR들의 영역으로 이동해온 이동가입자의 위치정보만을 갖도록 함으로서, 상위계층으로 올라갈수록 관리대상이 되는 정보량의 증가를 최소화할 수 있게 하였다. 그리고 위치정보 갱신 후, 이전 방문 교환기에서 새로운 방문 교환기로 가입자정보를 전달해야 하는데, 계층구조의 특성상 서로 다른 DIR_node_LR에 위치할 경우, 가입자정보의 전달 시, 여러 단계를 거쳐야 하는 문제가 발생할 수 있기 때문에, 이를 최소화하기 위하여, 최 상위 계층에서도 가입자정보를 관리하도록 하였다.

3.6.2 LR 분산구조 및 계층구조 비교

1) LR 분산구조

LR 분산구조에서의 위치정보 L과 가입자정보 P를 PCS 네트워크에서의 처리 유형별로 나누면 다음과 같다.

이동가입자 모두 방문 교환기에 위치하고 있고, 각 이동가입자의 정보 L과 P는 본 교환기에 등록된 경우로서, 위치정보 검색이나 이동가입자의 인증은 원격 데이터베이스(Remote DB)액세스를 하기 때문에, 본 교환기에 있을 경우보다 액세스 시간이 더 소요된다.

액세스 시간을 줄이기 위하여 제안된 방법으로서, 본 교환기에 등록된 가입자 서비스 정보를 방문 네트워크로 복제한다.

이 방법은 교환기간 신호 트래픽 량이 줄어드는 이점은 있으나, 본 교환기에서는 이동가입자가 어떤 교환기로 이동했는지에 대한 위치정보를 저장해야 한다. 만일, 이동가입자가 호를 요구할 경우, 가입자정보 P는 방문 교환기에 위치하고 있으나 위치정보는 본 교환기에 있기 때문에, 위치정보를 본 교환기로부터 액세스해야 하므로 액세스 시간이 많이 소요된다. 따라서 이 액세스시간을 줄이기 위하여, 위치정보도 본 교환기에서 방문 교환기로 이동시켜 놓고 위치정보도 방문 교환기에서 액세스하도록 한다.

2) LR 계층구조

계층구조를 이용한 PCS 네트워크에서 다른 지역 교환기들은 중계네트워크를 통해서 상호 연결되며, 중계네트워크들은 전역 네트워크(Global network)을 통해서 상호 연결한다. 지역 교환기에 있는 데이터베이스는 자신의 교환기에 위치하고 있는 이동가입자에 대한 상세한 위치정보를 관리한다. 그리고 각각의 중계네트워크에 있는 중앙 데이터베이스는 중계네트워크에 위치한 지역 교환기의 이동가입자의 현재 위치에 대한 정보를 가지고 있으며, 전역 네트워크에 있는 글로벌 데이터베이스는 전체 네트워크에 위치하고 있는 이동가입자의 현재위치정보를 가지고 있다.

이동가입자는 착신이동가입자 a의 위치정보를 검색하기 위해서, 교환기 NA-i 내부에 있는 데이터베이스 DB_A-i를 액세스한다.

DB_A-i는 이동가입자 a가 교환기 NA-i 밖에 있음을 알려주고, 이어서, NA-i는 상위계층인 중계네트워크 Net A에 있는 데이터베이스 B_A를 액세스하며, DB_A에서도 가입자 a의 위치정보를 액세스할 수 없으면, 계속해서 전역 네트워크에 위치한 전역 데이터베이스 G_DB를 액세스한다. 그리고 G_DB는 착신 이동가입자 a가 중계네트워크 Net_z의 영역 내에 위치하고 있음을 통보한다. 호 설정요구를 받은 착신 측 이동가입자의 개인 휴대통신 교환기는 착신 이동가입자의 최종위치정보를 얻기 위해서, DB_z-k를 액세스하고, 착신 이동가입자 a로의 호 경로 배정을 끝냄으로서 호 설정을 완료한다.

3) 구조 비교

새로운 네트워크를 추가할 경우, 분산구조방식에서는 모든 네트워크가 동시에 변경되어야 하지만, 계층구조에서는 새로운 기술이나 서비스를 개별 네트워크에 독립적으로 쉽게 도입할 수 있다. 서비스 측면에서는, 계층구조방식은 전 세계적인 서비스의 제공에 유리한 통합 서비스 관리기능을 제공하며, 분산 구조는 기능적인 분산 특성으로 인해서, 유연한 운영과 관리에 적합하다. 따라서 다음의 경우에는 계층구조가 분산구조보다 유리하다. 즉, 데이터베이스의 액세스나 신호처리와 같은 네트워크 자원의 이용에서, G_DB의 액세스 처리를 최소화할 수 있을 경우, 서비스의 유연성과 기술진화에서 G_DB에 대한 액세스 비용과 액세스 지연을 최소화할 수 있을 경우에 유리하다.

표 3.3 LR 분산과 계층구조 비교

Item	Distributed Scheme	Hierarchical Scheme
Adaptability to new network	Must add information on home network database and access home network database from new network (C)	Must add new network capability only to DIR_node (A)
Applicability to peculiar scheme	Must unify the processing in all networks to provide internetwork access (B)	Different processing applicable because of internetwork independence (A)
Adaptability to new technology and service	Must synchronize the introduction of new technologies and services in all networks (B)	Easy to introduce new technologies and services in individual networks (A)
Commonality with other service	Common realization applicable to supplementary services (B)	Common realization applicable to centralized database such as card authentication (B)
Reliability against failures	Must prevent local failures from spreading to other networks (A)	Must improve reliability of database (B)
Evaluation : A(excellent), B(good), C(poor)		

표 3.3과 표 3.4는 각각 계층구조와 분산구조에 대한 정량적 및 정성적인 비교를 나타낸 것이다.

표 3.4 LR 분산 및 계층구조에 대한 정량적 비교

Item	Distributed Scheme	Hierarchical scheme
Delay in call setup	Depends on database access delay between networks	Depends mainly on DIR_node access delays
Resource occupancy	Depends on resource usage for internetwork database access	Must reduce resource for DIR_node access
Facility construction cost	Depends on network database and signalling network construction cost	Additional DIR_node construction cost

3.7 LR 액세스의 신호 흐름

개인 휴대통신 시스템에서 LR 액세스에 대한 신호흐름을 정의하기 위하여, 대상항목을 이동 호, 핸드오버처리, 그리고 위치 등록으로 하였다. 이동 호는 자국호와 출 중계 호로 나누고, 핸드오버처리와 위치등록은 교환기내에서의 수행인 intra LR과 교환기간의 수행인 inter LR로 각각 나누어서 수행하였다.

LR구조와 새로운 LR 분산구조와 LR 계층구조를 상호비교하기 위하여, LR 액세스에 대한 신호흐름을 세 가지 구조방식 각각에 대하여 각 항목별로 나누어서 정의하였다.

3.7.1 인증과 암호화

인증과 암호화 처리는 위치 등록을 수행하는 경우와 발신 이동 호, 그리고 착신 이동 호 처리 시 함께 수행하는 기능이다.

인증은 단말기의 불법 사용자의 도용으로부터 가입자를 보호하기 위하여, 가입자를 확인하는 절차와 기능을 말하며, 암호화는 정보의 도청을 방지하고 정보를 보호하기 위하여 수행하는 절차와 기능을 말한다.

인증센터에서는 인증을 위하여, 가입자 키와 난수 RAND(RANdom Data)를 인증 알고리즘 A3에 입력하여서, 부호가 있는 인증 값 SRES(Signed Response)를 생성한다. 생성된 SRES는 VLR에 전달되어서, 위치등록, 발신 호 처리, 그리고 착신호 처리 시, 가입자 인증을 위하여 사용한다. 인증센터는 암호화를 위하여 가입자 키와 RAND를 암호화 알고리즘 A3에 입력하여서, 암호화키인 Kc(Key ciphering)를 생성한다. 생성된 Kc는 프레임 수와 함께 암호화 시퀀스(ciphering sequence)를 생성하기 위하여, A5 알고리즘에 입력한다. 암호화 시퀀스는 데이터를 암호화하는데 사용한다.

1) 위치등록에 대한 인증

교환기는 가입자로부터 위치등록을 받으면, VLR로 인증을 위한 정보 RAND, SRES를 요구한다. VLR은 인증센터로부터 받아서 저장하고 있는 RAND와 SRES를 교환기로 전달하고, 교환기는 VLR로부터 전달받은 RAND를 단말기로 보내어, 단말기로부터 SRES를 생성하도록 요구한다.

단말기는 자신이 가지고 있던 가입자 키와 교환기로부터 받은 RAND를 이용하여, SRES를 생성하고, 이 값을 교환기로 전달한다. 교환기는 VLR로부터 받은 SRES와 단말기로부터 받은 SRES가 일치하는 가 비교함으로써 인증을 수행한다.

2) 발신호의 인증

교환기는 가입자로부터 호 설정 요구를 받으면, 발신 가입자에 대한 인증을 위하여, VLR로 인증 정보를 요구한다. VLR은 저장하고 있던 인증 정보 RAND, SRES, Kc 값을 교환기로 전달하고, 교환기는 이 값들을 단말기로 전달하여, SRES를 요구한다. 단말기는 자신이 가지고 있던 가입자 키와 RAND를 이용하여, SRES를 생성하고 이 값을 교환기로 전달한다. 교환기는 VLR로부터 받은 SRES와 단말기로부터 SRES 값을 서로 일치하는 가 확인하여, 가입자의 인증을 수행한다.

인증 후, 교환기는 기지국 제어기로 사용자 데이터를 암호화하는데 필요한 암호화키를 전달한다.

3.7.2 자국 호 처리

자국 호는 이동가입자가 호를 요구한 착신 이동가입자도, 동일한 교환기에 위치하는 경우, 이 호를 자국 호라 한다.

자국 호 처리는, 호 처리 절차 자체를 정의하는 것이 아니라, LR 구조방식에서의 LR 액세스 흐름을 정의하는데 있기 때문에, LR 액세스를 중심으로 호 처리 절차를 나타내었다.

발신 이동 가입자는 호 설정 요구를 받으면, 발신 이동 가입자의 인증을 수행한 후, 암호화를 수행한다. 착신처리를 위하여 착신 경로 정보를 통보받아서, 자국호인지 중계호인지를 판정한다. 이어서, 착신 이동 가입자를 호출하고, 착신 이동 가입자로부터 호출 응답을 받으면 착신 가입자 인증과 암호화를 수행한다. 착신 가입자에게 통화 로를 연결한 후, 착신 가입자에게 호출음을 송출한다. 착신 가입자가 응답을 하면, 통화 중 상태가 된다. 통화 완료 후, 가입자로부터 통화 해제를 통보받으면 처음 호를 시도한 휴지 상태로 돌아간다.

자국 호 처리를 위한 신호흐름은 기존의 LR구조, 분산구조, 그리고 계층구조로 나누어서 각각에 대하여 정의하였다.

기존의 LR구조에서의 자국 호 처리를 위한 신호흐름은 다음과 같다. 교환기가 가입자로부터 호 설정을 요구를 받으면, VLR로 인증정보를 포함한 가입자 정보를 요구한다. 교환기는 VLR로부터 받은 가입자 정보를 이용하여, 호 제한 여부를 조사하고 가입자에 대한 인증을 수행한다. 교환기는 인증절차를 수행한 후, 가입자의 정보에 대한 보안을 위하여 기지국으로 암호화를 수행하도록 요구한다.

교환기는 착신가입자가 어느 교환기에 위치하는지를 조사하기 위하여, VLR로 이동가입자 로밍 수를 요구한다. 교환기는 로밍 수를 분석하여서, 착신가입자도 자신의 교환기에 위치하고 있는 가입자임을 알아낸다. 교환기는 착신가입자를 호출하기 위하여, 착신가입자 위치정보를 VLR로 요구하고, 위치정보를 이용하여 착신 가입자를 호출한다. 교환기가 착신가입자로부터 호출응답을 받으면, 착신가입자의 인증정보와 가입자정보를 VLR로 요구하여서 전달받는다. 교환기는 착신가입자의 호제한 여부는 물론, 착신가입자에 대하여 인증을 수행한 후, 기지국으로 기지국과 단말기 간에 암호화를 지시한다. 이후, 교환기는 착신가입자에게 링(ring)을 보내어, 발신가입자로부터 호 요구가 있음을 통보한다. 이에 대하여, 착신 가입자가 응답을 하면 발신가입자가 착신가입자 간에 호설정이 끝나고 통화 중 상태로 들어간다.

3.7.3 출 중계호의 처리

출 중계 호는 발신 이동 가입자가 호출한 착신 이동 가입자가 발신 이동가입자와 같은 교환기에 위치하지 않고, 타 교환기에 위치한 이동가입자이므로, 해당 착신 이동 가입자로 호 경로를 설정하기 위해서, 타 교환기로 나가는(출 중계되는) 호이다. 출 중계 호 처리에서의 신호흐름은 기존의 LR 구조, 분산구조, 계층구조로 나누어서, 각각에 대하여 LR 액세스를 중심으로 정의하였다.

출 중계 호 처리에서의 LR액세스 흐름은, 교환기가 HLR로부터 받은 교환기 경로배정 정보를 분석하여, 착신가입자가 자신의 교환기에 위치한 가입자인지 또는 타교환기에 위치한 가입자인지를 조사한다.

착신가입자가 타교환기에 위치한 가입자라고 판명되면, 발신 교환기는 착신교환기로 착 신호 처리를 요구하며, 착신수를 전달한다.

LR 계층구조인 경우, 출 중계 호 처리에 대한 LR 액세스의 신호흐름을 살펴보면 다음과 같다. 교환기는 가입자로부터 호 요구를 받으면, 해당 가입자의 유효성을 확인하기 위하여 LR로부터 인증정보를 받아, 인증과 암호화를 수행한다. 이어서, 경로설정을 위한 착신 이동가입자의 위치정보를 LR로 요구한다. 자신의 LR에 위치정보가 없으면, 상위계층에 있는 DIR_node_LR로 위치정보를 요구하도록 한다.

발신교환기는 착신 이동가입자의 위치정보를 참조하여, 착신 이동가입자가 속한 교환기로 출 중계선을 점유하고, 착신교환기로 착 신호 처리를 하도록 요구한다. 착신교환기는 착신호의 처리를 위하여, LR로 착신 이동가입자의 가입자정보를 요구한다. 이어서 LR로부터 착신가입자 인증을 위한 인증정보를 전달받는다.

분산구조에서는 위치정보가 해당 LR에 없는 경우, 본 교환기에 있는 LR로 위치정보를 검색하여서, 위치정보를 받는 것이 다를 뿐이다.

3.7.4 핸드오버

핸드오버(hand over)처리는 이동가입자가 통화 중에 다른 기지국 영역으로 진입하거나, 사용 중인 무선채널의 수신감도가 기준치 이하로 떨어져서 무선채널의 교체가 요구될 때, 통화중인 호가 계속 유지되도록 채널이나 회선교환을 수행하여, 통화회선을 절체 시키는 기능이다. 이를 위해서, 단말기와 기지국은 통화중인 채널의 상태를 계속 감시하고 있다.

이동가입자가 통화 중이던 기지국 BSCo(BSCold)로부터 새로운 기지국 BSCn (BSCnew)으로 이동하는 경우에는, intra LR 핸드오버를 수행한다. 이 경우에는, 교환기 내부의 통화로 스위치와 무선채널을 새로 할당하여 연결하고, 기존에 연결된 통화로 스위치는 해제한다.

한편, 자신의 교환기 영역(MSCo)내에서 통화 중이던 이동가입자가 타교환기(MSCn)로 이동하면, MSCo에서는 새로운 출 중계 호를 설정해주기 위해서 출 중계 핸드오버 처리 절차를 수행하도록 한다.

기존의 통화 중이던 교환기에서는 핸드오버 요청을 받으면, 출 중계 핸드오버 처리를 수행하기 위한 절차가 시작되며, 그 처리는 출 중계 호 처리과정과 유사하다. 단지, 착신 이동가입자에 대한 인증처리는 생략하며 계속적인 호의 유지를 위해 새로운 착신통화로 설정과 기존의 통화로는 해제한다.

핸드오버처리는 동일한 교환기내에서 수행하는 intra LR 경우의 핸드오버처리와 교환기간에 수행하는 inter LR 경우의 핸드오버처리가 있다. 이들은 각각, 기존의 LR 구조, LR 분산구조, 그리고 LR 계층구조로 나누어서, LR 액세스에 대한 신호흐름을 정의하였다.

통화 중이던 가입자가 자신의 교환기영역 내에서 위치를 이동한 경우이므로, 위치이동에 따른 위치정보의 갱신, 새로운 통화로의 설정, 그리고 기존의 통화로 해제처리를 수행한다.

이동가입자가 새로운 교환기의 기지국 영역으로 이동하면, 새로운 방문교환기는 VLR과 HLR로 위치변경에 따른 위치정보의 갱신을 요구한다. 교환기는 새로 이동해온 가입자정보를 HLR로부터 전달받고, 이전교환기의 VLR로는 위치정보와 가입자정보의 삭제를 지시한다. 한편, 기존의 통화 중이던 교환기의 기지국에서는, 사용 중인 무선채널의 수신감도가 기준치 이하로 저하되면, 통화중인 호를 계속유지하기 위하여 교환기로 핸드오버를 요청한다.

이전교환기는 가입자가 새로 이동한 교환기로 핸드오버를 요청한다. 새 방문교환기에서는 교환기간의 회선교환정보인 핸드오버 수를 VLR로 요구하여 전달받은 후, 이전 방문교환기로 전달한다.

이전 방문교환기는 새 방문교환기와의 회선교환을 수행한 후, 이전의 통화로를 해제한다.

LR 액세스 절차를 살펴보면, 다음과 같다.

먼저, 새로 이동한 교환기에서는 자신의 LR로 위치등록을 수행하고, 기존의 호를 진행하고 있던 이전 방문교환기에서는 새로 이동한 교환기로 호를 설정하기 위하여, 새로 이동한 교환기의 LR로 위치정보를 요구한다. 위치정보를 전달

받은 후, 이 정보를 참조하여 이전 방문교환기와 새로 방문한 교환기간에 회선 교환을 수행한다. 새 방문교환기는 착 신호 처리를 위하여 이전 방문교환기로부터 가입자정보를 전달받아, 자신의 LR로 저장하고, 이전 방문교환기의 LR로 정보 삭제를 요구한다. 이어서 새로 변경된 위치정보를 자신의 본 교환기에 있는 LR로 등록한다.

새로 이동한 교환기에서 이동가입자의 위치정보를 등록할 때, 자신의 상위계층에 있는 DIR_node_LR을 포함하여, 계속해서 최 상위계층인 ROOT_node에 도달할 때까지 등록하는 절차만이 다를 뿐이다.

3.7.5 위치 등록

이동 가입자가 한 위치 영역에서 다른 위치 영역으로 이동할 때, LR로 위치 정보를 갱신하는 절차를 위치등록이라 한다.

가입자가 위치영역을 벗어나면, 기지국은 교환기를 거쳐서 LR로 위치등록을 요청한다. 교환기에는 여러 개의 위치영역을 가지며, 각 위치영역에는 고유의 식별수인 위치영역 식별수가 부여된다. LR은 위치이동에 따른 위치영역 식별수를 갱신함과 동시에, 그 위치 영역을 관장하고 있는 교환기인 MSC-B까지의 경로배정 정보인 이동 국 로밍 수를 생성하고, 가입자 정보를 전송한다. 가입자가 다른 교환기 영역으로 이동을 한 경우에는, 새로운 이동교환기의 LR은 이전 방문교환기의 LR로, 위치정보와 가입자 정보의 삭제를 요청을 한다.

위치등록은 가입자가 동일한 교환기내에서의 이동을 한 경우의 intra LR 위치등록과, 가입자가 타교환기 영역으로 이동을 한 경우의 inter LR 위치등록이 있다. 이들은 각각 기존의 LR 구조, LR 분산구조, 그리고 LR 계층구조로 나누어서 LR 액세스에 대한 신호흐름을 정의하였다.

기존의 LR 구조를 가지는 개인 휴대통신 교환기에서, 가입자가 자신의 교환기내에서 이동한 경우의 위치등록을 나타낸 것이다. 교환기가 기지국으로부터 위치영역 변경에 따른 위치등록을 요구받으면, 해당 가입자의 인증을 수행한다. 인증수행의 결과, 가입자의 유효성을 확인하면 변경된 위치영역 값으로 갱신한다.

기존의 LR 구조를 가지는 개인휴대통신 교환기에서, 가입자가 자신의 교환기에서 타교환기 영역으로 이동한 경우의, 위치등록의 절차를 나타낸 것이다. 교환기는 위치등록 요구받으면, 해당 가입자에 대한 인증을 수행한다. 교환기는 인증수행 후, VLR로 변경된 위치정보를 갱신하도록 요구하고, HLR로는 위치정보 갱신과 교환기 경로배정 정보를 저장하도록 요구한다. 이어서 교환기는 가입자 정보를 HLR로부터 전달받아서 자신의 VLR에다 저장하고, HLR은 이전 방문 교환기의 VLR로 가입자정보와 위치정보를 요구한다.

교환기는 이동가입자의 유효성을 확인하기 위하여, 이전 방문교환기의 LR로부터 인증정보를 전달받아, 인증을 수행한다. 이어서, 새로 방문한 교환기가 이동가입자가 최초로 등록한 본 교환기인지, 새로운 다른 교환기인지를 조사한다. 새로 방문한 교환기가 바로 본 교환기로 판정될 경우, 본 교환기 LR로 위치정보 등록을 하고, 이어서 이전 방문네트워크의 LR로 정보 삭제를 요구한다.

한편, 새로 방문한 교환기가 또 다른 새로운 교환기인 경우에는, 위의 과정에다 추가하여 이전 방문교환기의 LR로부터 가입자정보를 전달받도록 한다.

3.8 주파수 재사용

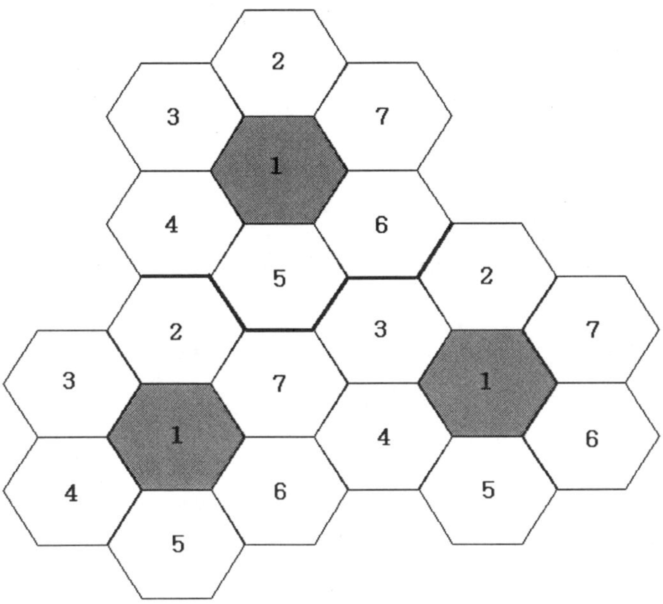

그림 3.1 주파수 재사용

셀룰러 시스템에서 가장 핵심 개념 중의 하나가 주파수 재사용 개념이다. 즉 셀 반경이 R인 기지국 A에서 주파수 f1을 사용하고 있다면 동시에 D만큼 떨어진 다른 기지국에서도 같은 주파수 f1을 재사용할 수 있다는 것이다. 주파수 재사용 시스템에서는 가입자들이 일정거리만큼 떨어진 지점에서는 같은 주파수로 동시에 통화할 수 있고, 주파수 스펙트럼 효율을 극대화 할 수 있기 때문에 가입자의 수용용량을 상당히 증대시켜 준다.

같은 주파수의 채널을 여러 기지국에서 동시에 사용하기 때문에 생기는 간섭을 동일 채널간섭(Co-channel Interference)이라 하며 주파수를 재사용하는 시스템에서는 가장 중요한 관건이다.

주파수 재사용할 수 있는 최소거리는 중심기지국 근처에 있는 동일채널 기지국의 수, 지형상의 특성 등 여러 가지 요인에 따라 달라진다. 일반적인 주파수 재사용 거리 D는 다음과 같은 식으로 결정된다.

$D=\sqrt{3K}\,R$ 여기서 K는 주파수 재사용 계수이고, R은 셀의 반지름을 말한다. 모든 기지국의 송신출력이 같다면 K값이 커질수록 주파수 재사용거리 D도 증가한다. 그러므로 D가 증가하면 동일채널 간섭이 발생하는 확률은 줄어들기 때문에 K의 값이 큰 것이 바람직하지만 할당된 총 채널의 수가 한정되어 있기 때문에 K의 값이 크면 기지국 당 할당되는 채널의 수는 적어지게 된다. 그러므로 셀룰러 시스템의 설계자는 시스템이 필요로 하는 성능을 만족시킬 수 있는 범위 내에서 K값의 최소치를 구하는 것이다.

3.9 핸드오버(hand over)

핸드오버란 통화자가 전화를 걸면서 한 기지국에서 인접 기지국으로 이동할 때 이 두 기지국은 서로 다른 주파수를 사용하고 있지만 통화자가 거의 인식될 수 없는 상태에서 단말기의 주파수가 자동적으로 새로운 기지국의 주파수로 변경되어 통화가 끊어지지 않고 지속되도록 하는 방법이다. 즉 이동 국이 통화 중에 계속 이동할 경우 이동 단말기는 서비스 영역으로부터 수신되는 전계강도가 점차적으로 약해질 것이며 일정수준 이하로 낮아지는 경우 기지국은 그 회선을 핸드오버 대상으로 판단하고 교환기에게 핸드오버를 요청한다.

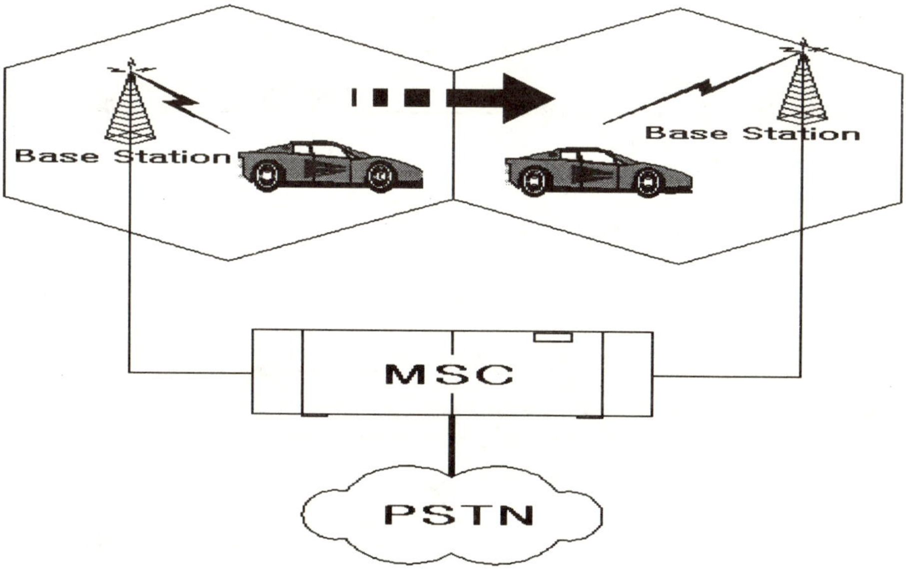

그림 3.2 핸드오버

핸드오버가 일어나는 절차는 다음과 같다.

① 서비스 중인 기지국과 그 주변의 기지국은 사용 중인 채널의 전송 품질을 감시한다. 이동 교환국은 데이터 링크를 통해 정보를 받으며, 이를 분석하여 호를 어떤 기지국으로 넘겨야 할지를 결정한다.

② 이동교환국은 새로운 기지국에 특정채널로 통화가 핸드오버가 되었음을 알린다.

③ 이동교환국은 서비스 중인 기지국에 통화가 새로운 기지국으로 핸드오버 되었음을 알린다. 이동국은 사용 중인 음성채널을 통해 새로운 채널에 대한 정보를 받는다.

④ 이동국은 새로운 채널로 튜닝한 후에 그 전의 채널을 반납한다.

⑤ 새로운 기지국은 새로운 채널을 통하여 그 호를 계속 활성화시킨다.

핸드오버 알고리즘은 시스템에 따라 다를 수 있으며, 가장 단순한 방법은 신호의 세기를 측정하는 방법이다.

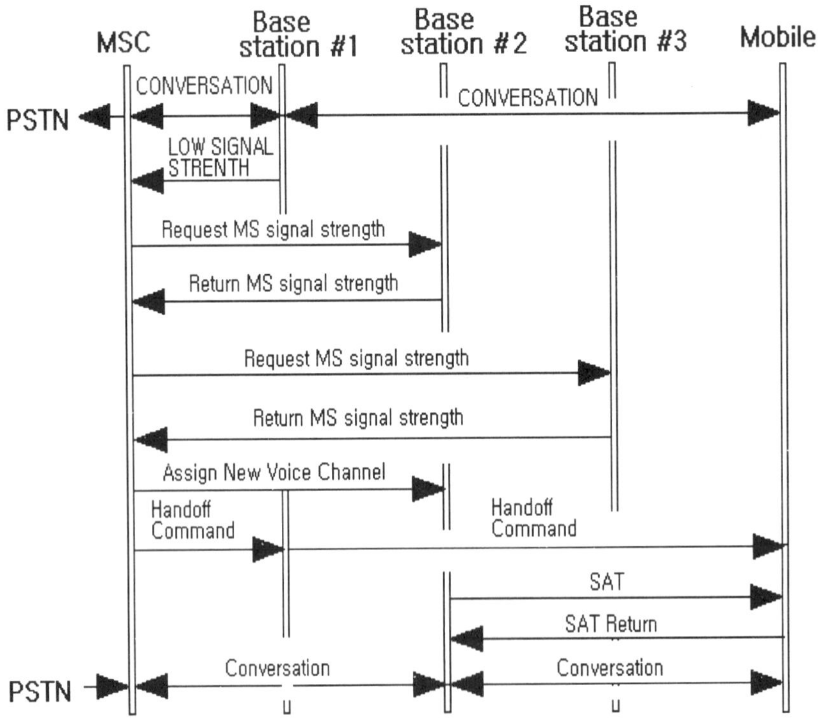

그림 3.3 핸드오버 절차

3.9.1 핸드오버의 목적

이러한 핸드오버의 목적은 이동 국 사용자가 현재의 셀에서 다른 셀로 이동을 하더라도 핸드오버 시 발생할 수 있는 문제점 즉 핸드오버 지연시간의 증가나 호 절단(Call Dropping)으로 인한 사용자의 불편을 최소화하는데 있다. 그리고 사용자로 하여금 핸드오버 절차를 알아차리지 못하도록 하는데 목적이 있다.

그러므로 이를 해결하기 위해서 핸드오버의 기술은 적은 지연시간과 주어진 서비스 품질(QoS : Quality of Service)을 유지하여야하며, 새로운 호 요청과 핸드오버 요청 간에 트래픽 설정을 효과적으로 관리할 수 있어야 한다. 또 버퍼링(buffering)을 최소화하여 지연시간으로 인한 핸드오버 문제를 최소화 하여야 한다.

3.10 로밍 서비스

이동국이 계속 이동을 하다보면 가입등록지역 이외의 지역 즉 서비스 관리지역을 달리하는 시스템의 서비스 지역으로 들어가는 경우가 생기게 된다. 로밍(roaming)이란 것은 이와 같이 가입등록 지역 이외의 지역에 이동 국이 통화를 할 수 있도록 해주는 것을 말한다.

2개의 사업자가 존재하는 지역에서 거주 지역을 떠나 통화를 시도할 경우, 가입자는 자기 등록지역 사업자로부터 정상적인 서비스를 받을 수 없다. 로밍 서비스가 가능하도록 하려면 우선적으로 관련 사업자간에 협정이 체결되어야 하고 상호 동일한 방식의 시스템이어야 한다. 방식이 상이한 시스템 간 로밍은 기술적 호환성이 없어서 불가능하다. 가입자가 타 사업자 서비스의 영역에서 단말기를 바꾸는 경우는 진정한 의미에서의 로밍이라고 할 수 없다.

이동전화교환기는 자체의 시스템식별번호를 갖고 있으며 단말기가 이동전화교환 시스템에 가입할 때는 해당 시스템식별번호를 메모리 내에 기록하게 된다. 단말기가 시스템을 달리하는 지역으로 이동한 경우, 기지국의 순방향제어채널을 통하여 시스템식별번호를 수신하고 역방향제어채널을 통하여 단말기에 기록된 시스템식별번호를 전송하며 자율등록(Autonomous Registration)절차에 따라 등록을 하게 된다. 시스템은 단말기로부터 접수된 시스템식별번호를 자체 시스템 식별번호와 비교한다. 시스템식별번호가 일치하지 않는 경우에는 타 시스템 가입자로 관리한다. 타 시스템 가입자에 대한 서비스를 로밍 서비스라 한다. 따라서 로밍 서비스를 제공하기 위해서는 시스템 식별번호를 달리하는 시스템 간에 상호 로밍 데이터관리와 그에 따른 파라미터를 적절하게 설정하여야 한다.

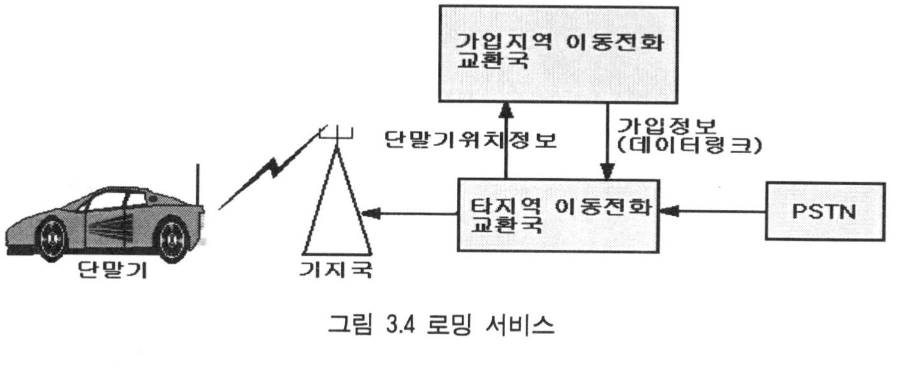

그림 3.4 로밍 서비스

이러한 로밍의 필요성은 시스템이 늘어나고 서비스 지역이 확대됨에 따라 더욱 부각되고 있다. 세계적으로 로밍의 가치가 가입자들의 요구에 따라 더욱 부각되고 있으며 사업자간의 쌍무협정도 수없이 이루어지고 있다. 이와 같이 로밍의 필요성은 일반적으로 널리 인식되고 있으며 사업자 측으로서는 가능한 한 광범위한 영역에서 저렴한 가격에 의한 로밍 서비스를 제공하고자 하는 것이다. 그러므로 제한된 주파수를 가지고 최소한도의 대역폭을 가지고 이용 율을 극대화하면서 이용자에게 만족을 줄 수 있는 시스템을 만드는 것이 주파수 할당의 목적이다.

3.11 이동통신시스템 구조

3.11.1 비 셀룰러 시스템과의 비교

셀룰러 이동통신은 전체 서비스 지역을 다수의 무선 기지국으로 분할하여 소규모의 서비스 지역인 셀들로 구성하고 이러한 무선 기지국들을 교환시스템으로 집중제어하여 가입자가 각 셀 간을 이동하면서도 통화를 계속 할 수 있도록 하는 방식이다.

기존의 이동통신과 주된 차이점은 전통적인 이동통신 시스템이 잡음에 제한되는 시스템이었다면, 셀룰러 이동통신 시스템은 간섭에 제한되는 시스템이란 점이다. 즉 전통적인 이동통신은 주파수 재사용이 불가능하고, 높은 지역에 위치한 고 전력의 전송기로 넓은 지역을 수용하는 시스템이다. 또 핸드오버 개념이 없기 때문에 수용하는 사용자의 수는 적고 이동성이 좁은 특징을 가지고 있다. 다음 그림은 비 셀룰러 시스템의 구조를 나타낸 것이다.

이에 반해 셀룰러 이동통신은 가장 큰 특징인 같은 주파수를 재사용할 수 있어서 많은 수의 가입자를 수용할 수 있다. 또 낮은 지역의 저 전력 송신기를 사용하며 전체 서비스 영역을 작은 셀 단위로 나누어 서비스를 제공한다. 사용자는 셀들 간을 이동할 때 생기는 핸드오버가 가능하므로 더욱 더 이동성을 가지고 편리하게 통신을 할 수 있다. 이러한 편리성과 유용성 때문에 가입자는 계속 늘어나고 있는 추세이다. 그러나 무선통신 산업이 직면하고 있는 가장 큰 문제는 가용할 수 있는 무선 주파수 스펙트럼이 제한되어 있다는 것이다.

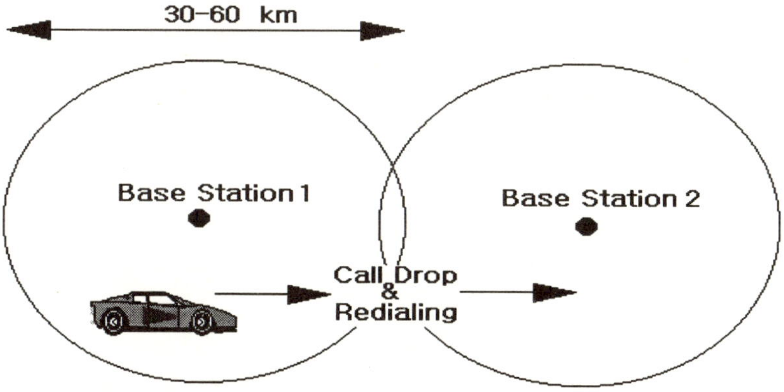

그림 3.5 비 셀룰러 시스템

3.11.2 셀룰러 이동통신 시스템의 네트워크구조

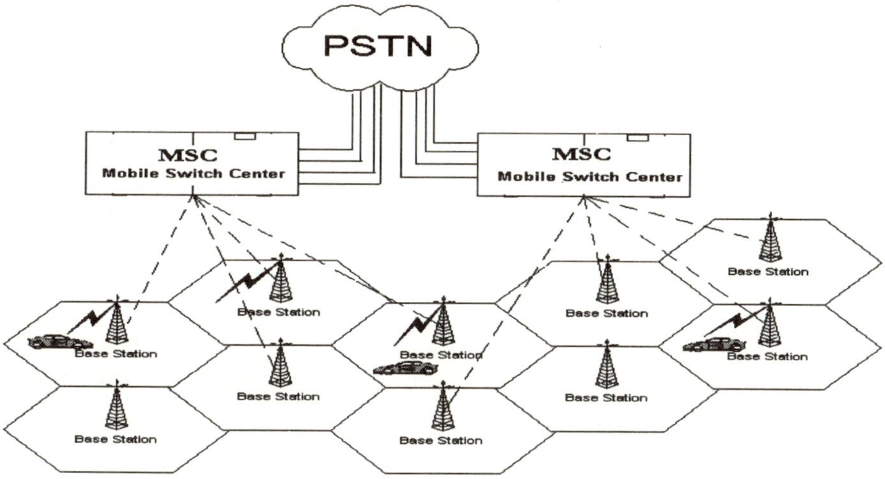

그림 3.6 셀룰러 네트워크구조

그림 3.6은 셀룰러 시스템의 네트워크구조를 나타낸 것이다. 셀룰러 시스템은 크게 이동 국(Mobile station)과 기지국(BS : Base station), 이동 교환국(MSC : Mobile Switching Center), 메인컴퓨터, 그리고 공중전화네트워크(PSTN : Public Switched Telephone Network)로 구성된다.

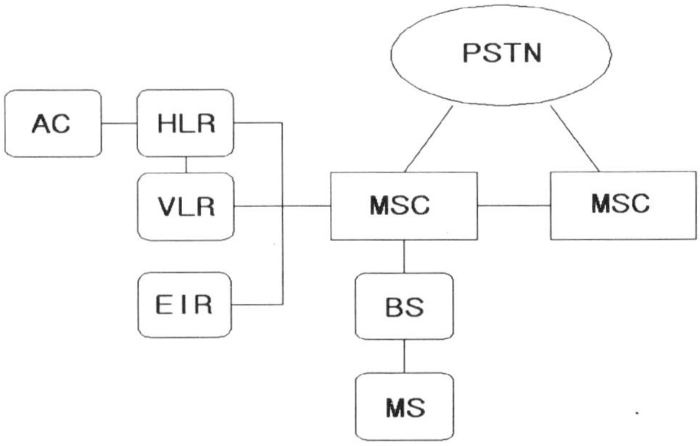

그림 3.7 셀룰러 시스템 요소

먼저 이동국은 이동 가입자와 기지국간을 연결하게 된다. 즉 일반적인 이동단말기를 말하는데 마이크로프로세서를 통해 음성통신 외에 제어함수, 신호함수 등을 만들어낸다.

기지국은 관리하는 셀 내에서 이동국으로의 호나 이동국으로부터의 호를 관리하는 역할을 한다. 기지국은 지상네트워크를 통하여 이동교환국과 연결된다. 그리고 핸드오버를 처리하기위한 신호의 강도를 감시하는 역할을 하여 이동국과 교환국을 연결시키는 역할을 한다.

이동교환국은 셀룰러 무선 통신용 전화 교환기라 할 수 있다. 각 기지국에서 발·착신되는 호를 처리하고, 모든 기지국이 효율적으로 운용될 수 있도록 하는 중앙통제 기능과 함께 공중 전화네트워크의 교환기와 연결할 수 있는 기능을 갖고 있다. 교환국에서 하는 일은 페이징(paging), 위치등록, 핸드오버를 관할 통제한다. 그리고 교환 작업, 오디오회로의 A/D변환, On-Off Hook 상태의 검출 등 통상적인 디지털 교환(switching) 전환 작업을 수행한다.

단말기, 기지국 그리고 교환국은 서로 통화회선과 데이터 링크로 연결되어있으므로 각 단말기가 통화할 때는 한 쌍의 송수신 무선채널을 사용하지만 이 무선채널은 어떤 특정 주파수로 고정되어있는 것이 아니라 통화 중에도 단말기의 이동에 따라 다른 무선 채널로 변경하게 되므로 그 지역에 할당된 채널이면 어느 채널로도 통화가 가능하다. 교환국은 이동전화 가입자 상호간이나 일반전화 가입자와 이동전화 가입자간의 통화가 이루어지도록 통화회선을 연결하며, 교환기와 기지국간은 데이터링크를 이용하여 각종 신호정보를 주고받는다.

전화네트워크(PSTN)은 전체 시스템의 데이터베이스를 포함하고 있으며. 트래픽 분석, 네트워크 관리, 유지, 설비 등을 관할한다.

위의 4가지 기본 요소를 결합하는 방식에 따라 셀룰러 시스템은 중앙 집중이나 분산 구조로 나눌 수 있다. 중앙 집중 방식이 교환국에서 많은 기지국을 관리하여, 근거리뿐만 아니라 원거리에 위치한 것도 포함한다. 대부분 소규모의 시스템들은 중앙 집중 방식을 사용한다.

제4장 채널할당

4.1 채널할당방법의 필요성

이동통신의 급격한 수요의 증가로 인해 그와 관련된 통신 기술들도 많이 발전하였다. 기존의 시스템에서 가장 크게 직면하고 있는 문제가 가용할 수 있는 무선채널의 수가 제한되어 있다는 것이다. 모든 나라에서 주파수 할당 정책은 최소한도의 대역폭을 가지고 이용 율을 극대화하면서 이용자에게 만족을 줄 수 있는 시스템을 찾아서 결정하는 것이다.

만일 이동전화 시스템을 할당 주파수 대역에서 지역적인 제한 없이 수많은 이용자들이 동시에 사용할 수 있다면 매우 이상적일 것이다. 그러나 이런 이상적인 상황이 실제로는 불가능하다.

그래서 많은 연구가 진행되었고, 그러한 목표에 도달하려면 할당된 주파수 대역에서 채널을 최대한으로 나누어서 사용하는 방법과 할당된 주파수 대역을 다른 지역 내에서 재사용하는 방법, 그리고 넓은 주파수 대역에 많은 서로 다른 코드를 만들어 사용하는 주파수 스펙트럼 확산방식 등을 생각할 수 있다.

그 가운데 방법 중의 하나가 제한된 주파수를 효율적으로 사용하여 시스템의 성능을 향상시키는 방법이다. 이러한 목적으로 채널할당 알고리즘에 대한 연구가 이루어져 왔으며 앞으로도 계속해서 연구해야할 분야이다.

이동통신 시스템에서 고려되는 호의 종류로는 새로운 호와 핸드오버 호가 있다. 즉 새로운 호는 이동가입자가 발신 또는 착신하는 경우와 같이 새로운 무선채널을 할당하는 경우를 의미한다. 또 임의의 셀에서 호가 설정된 후 이동가입자와 기지국 사이의 무선채널의 통화품질을 계속 유지시키기 위해 통화하기에는 신호 강도가 약해진 무선채널을 양호한 무선채널로 절체를 요구하는 것을 핸드오버이라 하는데 이러한 핸드오버를 요구하는 호를 핸드오버 호라고 한다.

임의의 셀에서 새로운 호가 발생했을 때, 셀에 할당된 무선채널중 하나가 이동가입자에게 할당되는데 셀에 할당된 모든 무선채널이 사용 중일 때 발생되는 새로운 호는 차단된다. 또한 호가 설정된 후 이동가입자가 인접 셀로 핸드오버

하는 경우 인접 셀에서 핸드오버 호에게 새로운 무선채널을 할당할 수 없다면 그 핸드오버 호는 차단된다. 핸드오버 호가 차단되면 통화 중에 호가 절단되는 것을 의미하므로 이동가입자가 느끼는 불편함은 새로운 호의 차단보다 훨씬 크게 느껴지므로 가능한 핸드오버 호의 차단을 낮추기 위해 많은 방식들이 제시되고 있다.

4.2 채널할당방법

셀룰러 이동통신 시스템에서 서비스 영역은 셀이라는 작은 영역들로 분할되어 서비스 영역 내에서 주파수 채널을 반복하여 사용함으로써 한정된 주파수 채널을 효율적으로 이용하고 있다.

이러한 주파수를 더욱 효율적으로 이용하기 위하여 많은 채널할당방법이 제시되었는데 그중 대표적인 것이 고정채널할당과 동적채널할당 그리고 하이브리드 채널할당으로 나눌 수 있다.

4.2.1. 고정채널할당방법

고정채널할당방법(FCA : Fixed Channel Assignment)은 가장 기본이 되는 채널할당방법이다. 즉 고정채널할당 방식은 각 셀이 통화량으로부터 요구되는 채널의 수를 계산하고, 또 주위 셀들로의 간섭의 정도를 예측, 모델을 적용하여 계산한 후 시스템에 배정된 채널들을 적절히 미리 할당하는 방식을 말한다. 이때 동일채널간섭을 피하기위해 주파수 재사용 거리를 만족하는 셀들에 대해서는 같은 채널들이 재 할당된다. 어떤 셀 안에서 모든 채널이 사용 중일 경우에는 통화는 불가능하다. 여기서는 새로운 호와 핸드오버 호에 특별한 우선권은 없다. 이 방법은 대부분의 셀룰러 이동전화 시스템에서 채용하고 있는 것으로 기지국이 단말기에 채널을 할당한다. 새로운 호나 핸드오버 호 발생 시 셀 내에 가용채널이 있으면 호에 채널을 할당하고 가용채널이 없는 경우에는 호를 차단(blocking)시킨다.

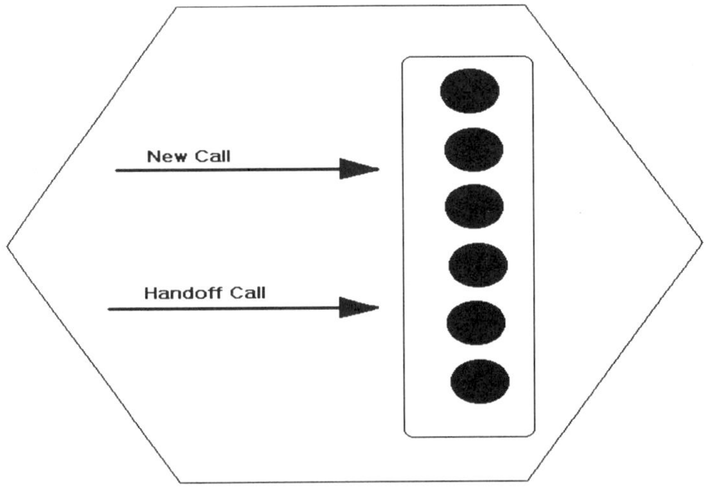

그림 4.1 고정채널할당

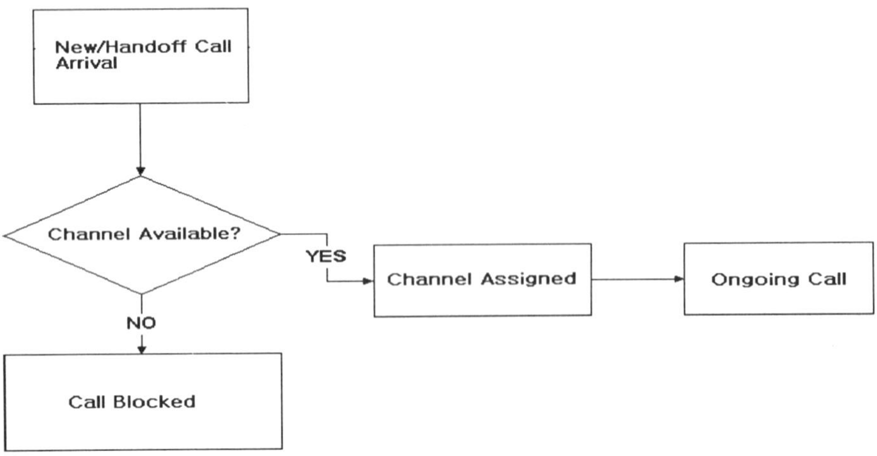

그림 4.2 고정채널할당의 흐름도

4.2.2 가드채널할당방법

단순한 고정채널할당방법에서는 새로운 호와 핸드오버 호에 우선권이 없어 같은 확률로 차단이 일어났다. 그러나 통화 중에 호가 차단되면 사용자 측면에서는 더욱 불편함을 느끼게 된다. 그러므로 핸드오버 호에 우선권을 두어 채널을 할당하는 방법들이 연구개발 되었다. 그 대표적인 예가 가드채널할당방법

(Guard Channel Assignment) 또는 예약채널할당방법(Reserved Channel Assignment)이다.

이 방법은 고정채널할당방법을 발전시킨 것으로 핸드오버 호 만을 위해서 몇 개의 채널들(G)을 고정시켜두는 방법이다. 즉 가드채널을 제외한 나머지 채널들(N-G)을 새로운 호와 핸드오버 호가 같이 사용하되 만약 가용채널이 없는 경우 새로운 호는 차단되고 핸드오버 호만 가드채널을 이용하는 방법이다.

가드채널방법은 바로 핸드오버 호의 차단 율을 직접적으로 줄여주는 채널할당 알고리즘이다. 시스템에서는 핸드오버의 수가 얼마나 되는가에 따라 가드채널의 수를 결정한다. 그러나 가드채널방법의 단점은 핸드오버 호에만 채널을 일부 할당하기 때문에 새로운 호의 차단이 커진다는 단점이 있다.

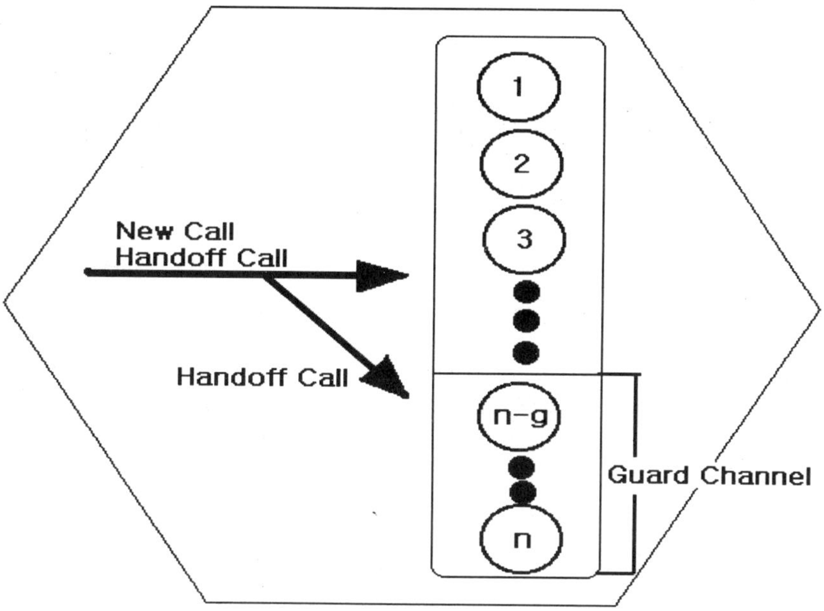

그림 4.3 가드채널 할당방법

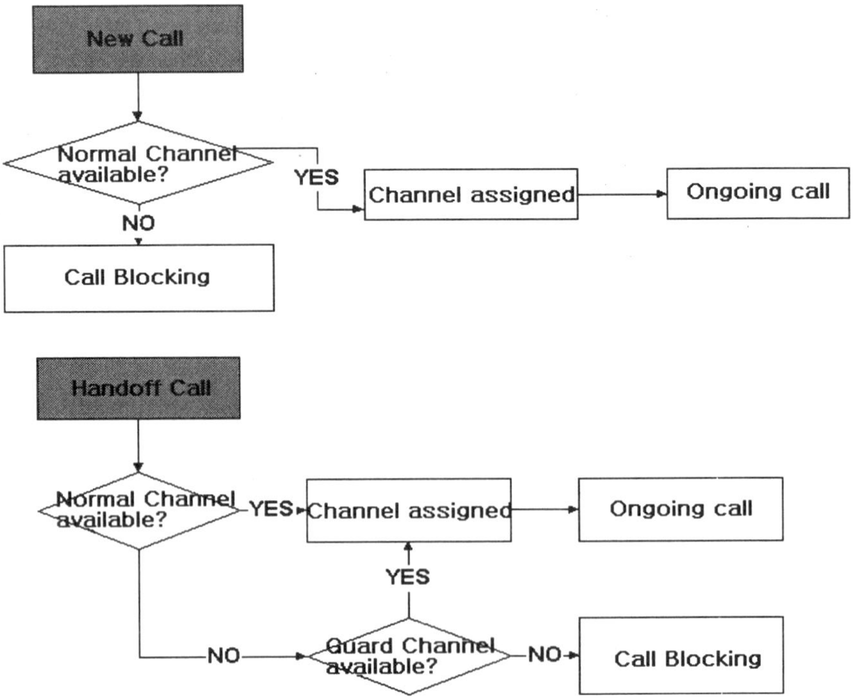

그림 4.4 가드채널할당의 흐름도

또 다른 핸드오버 호의 차단을 줄이기 위해 발전된 알고리즘으로는 가드채널 방식에 대기열인 큐(Queue)를 추가하는 방법이 있다. 이 방법은 앞에서 제시한 방식과 거의 동일한 방법으로 움직인다. 이동 국이 핸드오버 요청지역으로 들어갔을 때 핸드오버 레벨과 단말기 레벨사이의 수신레벨을 유지한다.

이 경우 가드채널만을 사용했을 경우 이동 국이 가려고하는 목적 셀에 가용채널이 없으면 핸드오버 호는 바로 차단이 된다. 그러나 가드채널에 큐를 추가한 경우 핸드오버 호가 목적 셀에 가용채널이 없다면 바로 차단되는 것이 아니라 일단 큐에 들어간다.

즉 이동 국이 핸드오버 지역을 벗어나지 않고 수신레벨도 핸드오버 차단 레벨까지 떨어지지 않은 핸드오버 호에 대해서 바로 차단을 시키는 것이 아니라 큐에 대기시킨 다음 이동 국이 핸드오버 지역을 벗어나기 전에 목적 셀에서 가용채널이 생기면 큐에서 대기하고 있던 핸드오버 호에 채널을 할당해 주는 방식이다.

그러나 현재 셀의 기지국으로부터의 수신전력 레벨이 목적 셀에서 채널이 할당되기 전에 핸드오버 차단 레벨 이하로 떨어진다면 그 호는 강제로 종단된다.

여기서 큐는 먼저 들어온 순서대로 서비스를 받는 FCFS(First Come First Serve)방식을 대부분 채택하고 있다.

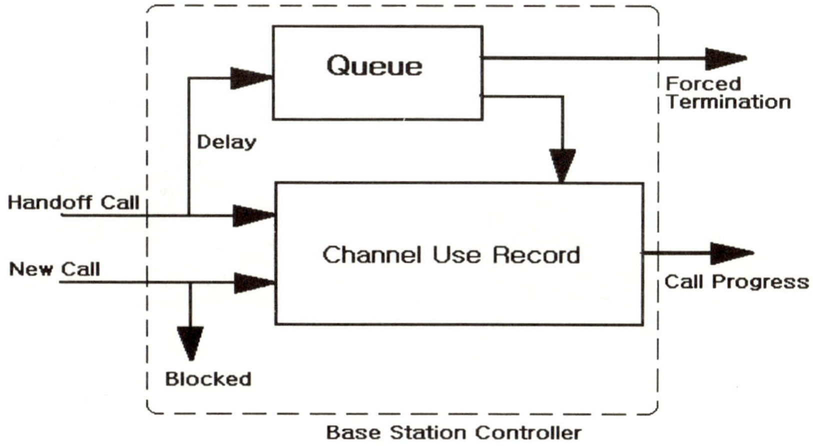

그림 4.5 대기 열을 사용한 가드채널방법

4.2.3 차용채널할당방법

차용채널할당(Borrowing Channel Assignment)방법은 할당 조건이 정상일 때에는 고정채널할당방법을 사용하고, 모든 고정채널을 이미 사용하고 있어 가용채널이 없을 경우 인접 셀들의 채널 상태를 파악하여 동일채널 간섭이 일어나지 않는 채널에 한해서 차용하는 방식이다.

채널을 차용할 경우 가장 주의해야 할 것이 채널의 락킹(Locking) 문제이다. 즉 고정채널할당방법에서 셀에 할당된 채널 그룹은 동일 채널간섭이 일어나지 않을 정도의 거리를 두고 주파수 재사용을 하고 있다. 그러나 그림에서와 같이 2번 셀에서 채널 X를 셀 1로 차용할 경우 2번 셀과 같은 채널을 사용하는 나머지 2번 셀에서 채널 X는 동일채널 간섭 거리가 좁혀짐으로 채널 X를 사용하지 못하게 된다. 이것을 채널의 락킹이라고 한다.

그러므로 채널을 차용할 경우 동일 채널을 사용하는 셀들의 채널 상태를 파악한 후 3개의 셀에서 모두 사용하지 않을 경우에만 채널을 차용할 수 있다. 일반적으로 채널 차용 시 차용할 수 있는 셀들이 많을 경우 그 셀들 중 채널을 가장 많이 가지고 있는 셀의 채널을 차용한다.

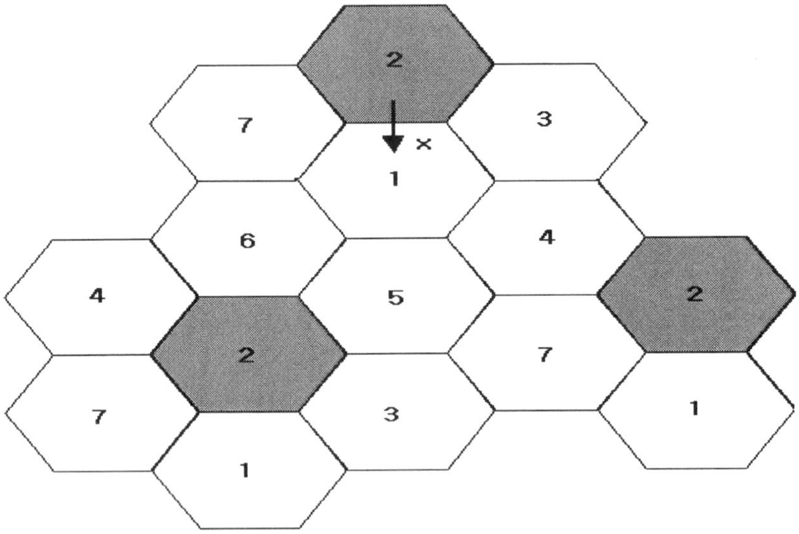

그림 4.6 채널차용방법

4.2.4 순차적채널차용방법

순차적 채널차용(Borrowing with Channel Ordering)방법은 기본 채널차용방법에서 발전된 형태로 셀에 할당된 채널 그룹에 순서를 정하여 채널을 할당한다는 방법이다. 즉 고정채널할당 방법에 의해 채널 그룹은 각 셀에 할당된다. 그러면 셀은 할당된 일반채널들의 리스트(list)를 가진다. 호의 요청이오면 일반 채널에서 가능한 할당되고, 만약 일반 채널이 모두 할당되었다면 채널을 차용하여 할당을 한다.

셀에 할당된 채널들에 수를 주어 앞 수들의 채널에는 셀에서 발생하는 호에 사용되도록 하며 뒤 수의 채널들에는 이웃의 셀로 일시적으로 빌려주는 것에 우선권을 두는 방식이다. 이것은 채널을 두 그룹으로 확연히 나뉜 하이브리드 채널할당방식과는 다르다. 채널의 락킹 문제는 앞의 기본 채널차용방법과 같다.

즉 셀 2에서 셀 1로 채널 X를 빌려주면 동일 채널 간섭으로 인해 나머지 이웃의 셀에서는 사용하지 못한다. 그리고 빌린 채널을 사용하던 호가 종단되면 락킹 되었던 3개의 셀에서는 다시 채널 X를 사용할 수 있다.

그러나 채널의 배열 문제에서는 조금 다른 방식을 보인다. 셀에 일반 채널들은 모두 할당되어 채널을 하나 차용하여 사용할 경우 호가 종단되어 일반 채널이 생기면 차용한 채널을 차용한 셀로 반납하고 그 호는 일반채널로 옮겨 사용하게 된다. 이것을 채널 재 정렬(Channel Reassignment)이라고 한다.

또 채널을 차용하지 않고 사용하는 셀에서 일반 채널 리스트 중 사용하던 앞 수의 호가 종단되면 제일 끝수의 채널을 사용하던 호는 종단된 앞 수의 채널로 옮겨 통화를 하는 방식이다.

다음 그림은 순차적 채널차용 방식을 설명한 것이다. 즉 각 셀에는 10개의 채널이 할당되어 있다. 셀 1에는 채널 1번부터 10번까지 할당되어있고, 셀 2에는 채널 11번부터 20번까지 할당되어있다.

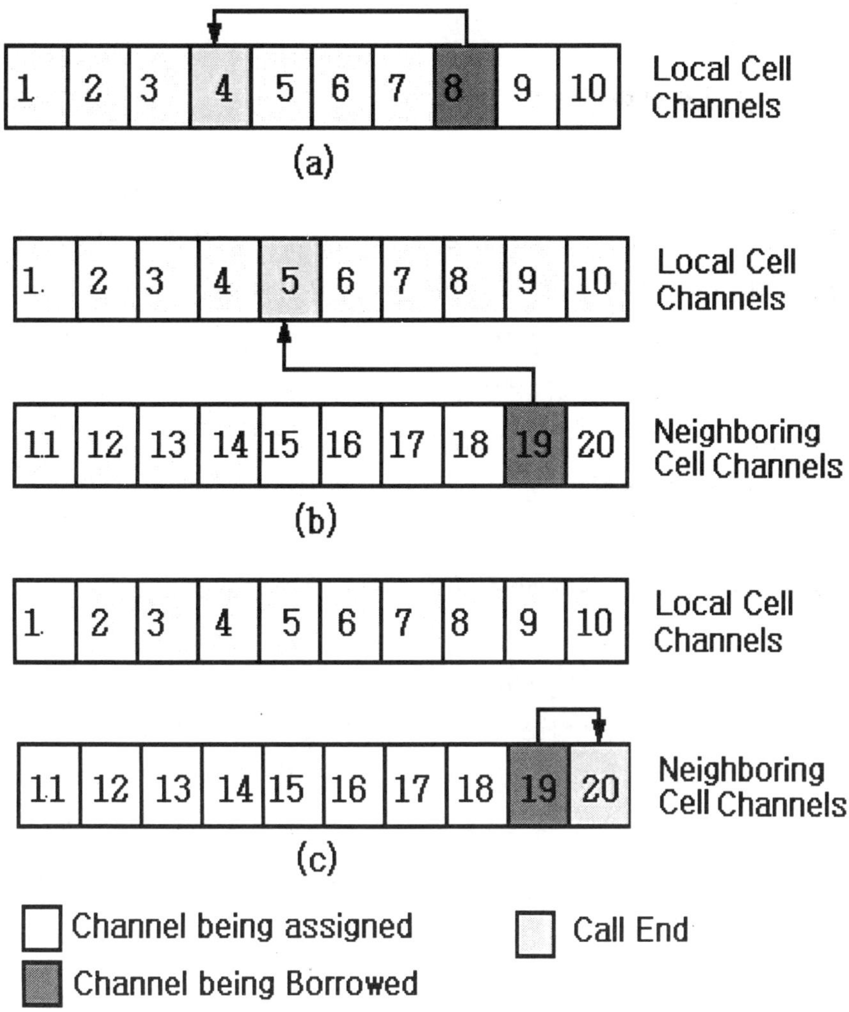

그림 4.7 채널 재 정렬

(a) 셀 1에서 채널 8까지 사용되다가 4번에서 호가 종단된 경우 채널 8을 사용하던 호는 채널 4번으로 옮겨 사용하고 채널 8은 다시 새로운 호에 할당된다.

(b) 셀 1에 12개의 호 요청이 있을 경우 셀 1의 일반채널 10개는 모두 사용되고, 셀 2에서 2개의 채널을 차용하여 사용한다. 이때 셀 2에서는 끝수의 채널 20,19 순으로 차용하여 준다. 이때 채널 5가 종단되면 차용한 채널 19가 채널 7로 옮기게 되고, 채널 19는 다시 자유로워지게 된다.

(c) 셀 1에 12개의 호 요청이 있을 경우 (b)와 같이 사용되다가, 채널 20번을 사용하던 호가 종단되면 채널 19를 사용하던 호는 채널 20으로 옮겨 사용하고 채널 19는 자유로워지게 된다.

4.2.5 동적채널할당방법

동적채널할당방법(Dynamic Channel Assignment)은 고정채널할당 방법처럼 셀에 일정한 채널 그룹을 고정시키는 것이 아니라 시스템 내에서 사용 가능한 채널을 모든 셀들이 사용할 수 있다. 그러므로 사용자의 동적 트래픽 요구에 따라 할당이 이루어지며 따라서 공간적으로 트래픽이 비 균일할 경우에 좋은 성능을 줄 수 있다. 그러나 높은 부하 시에는 고정채널할당 방법보다 좋지 않은 결과를 나타낸다. 또 모든 셀들의 채널을 교환국에서 감시하여야 하므로 전송기의 부하가 커지게 되므로 큰 용량의 시스템에서는 바람직하지 못한 방법이다.

4.2.6 하이브리드채널할당방법

하이브리드채널할당방법(Hybrid Channel Assignment)은 앞서 언급한 고정채널할당 방법과 동적 채널할당 방법을 혼합한 방식이다. 즉 각 셀은 미리 할당된 채널의 일부만을 사용하고, 나머지 채널은 동적으로 할당된다. 따라서 성능은 트래픽의 분포와 고정된 채널 대 동적으로 할당되는 채널간의 비에 따라 결정된다. 그러나 이 방법도 동적 채널할당 방법과 같이 높은 부하 시에는 좋지 않은 결과를 나타낸다.

4.3 적응적인 채널할당방법

4.3.1 시스템 구성

매크로 셀은 많은 수의 마이크로 셀이 포함되는 경우 저속 이동국은 호 발신시 마이크로 셀 기지국에 접속을 한다. 접속을 하여 그림 4.8에서 제시한 채널할당 방법을 사용하여 통화 채널을 할당 받는다. 저속 이동국은 착신을 원하는 경우에는 매크로 셀 기지국의 페이징 채널을 감시한다. 고속 이동국은 발신과 착신을 구별하지 않고 매크로 셀 기지국에 접속을 한다.

이러한 방법을 통해 각각의 모든 마이크로 셀들에게 할당했던 페이징 채널을 줄임으로써 그만큼 호출·등록비용을 줄일 수 있다. 즉, 이것은 매크로 셀 영역 내에 다수의 마이크로 셀이 포함되어 있는 경우 항상 적용 가능하다.

저속이동국의 경우 호출·등록이 서로 다른 경로를 통해 이루어지므로 균형 있게 설계된 무선네트워크 시스템의 고려와 매크로 셀의 통화채널 수와 마이크로 셀의 통화채널 수 사이에는 일정한 관계가 성립되므로 이러한 관계 파악을 통한 채널분할 시스템이 필요하다. 그림 4.8은 매크로와 마이크로 셀룰러 시스템 사이의 시스템 분할개념을 보여주고 있다. 그림에서 보여주듯이, 전체적인 주파수 대역폭들이 분할에 의해 나누어져 매크로와 마이크로 셀에 할당되어진다. 이 경우 8 배나 더 넓은 대역폭이 마이크로 시스템에 할당이 된다. 이것은 매크로 시스템에 대한 지연현상이 마이크로 시스템보다 열배 정도 크다는 생각에서 나온 것이다.

시스템에서 안정된 트래픽 유지를 위해 매크로 이동 국에 고정채널할당 방법이 사용되고 마이크로 이동 국에 동적채널할당방법이 사용된다. 매크로와 마이크로셀룰러 시스템에서 이용할 수 있는 채널들이 그림 4.8에서 보여 지는 것처럼 우선순위에 따라 탐색 되어지고 분할의 위치는 트래픽의 상태에 따라 적응적으로 선택되어진다.

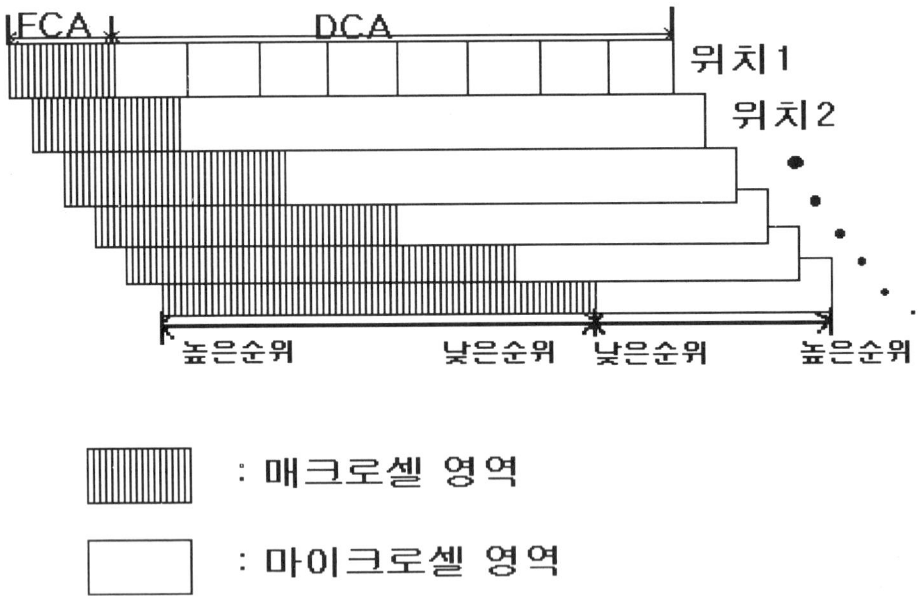

그림 4.8 두 무선시스템의 채널 분할

4.3.2 채널분배 기법

그림 4.9는 시스템의 채널할당 과정을 보여주고 있다. 첫 번째로 각각의 이동국은 현재 기지국에서의 수신 전력과 신호 대 간섭 비를 측정하여 그 기지국에서 주어진 기준 값과 비교 했을 때, 기준 값보다 작다면 핸드오버 초기화를 시작한다.

그 다음 근접한 기지국들 신호강도 측정 테이블을 순차적인 순서에 따라 구성하여 이웃한 기지국의 신호강도가 현재 기지국의 신호강도 보다 크면 핸드오버를 행한다. 각각 이동국은 수신전계 강도가 가장 강하게 받아들여진 마이크로 기지국으로부터 분할의 위치에 관한 정보를 받는다.

그리고 분할위치 정보를 사용하여 이용할 수 있는 채널탐색 과정을 행한다. 이러한 경우 매크로나 마이크로의 선택은 이동국의 속도에 따라 결정이 된다. 적절한 채널을 찾는 과정은 그림 4.8에서 보여 지는 채널우선순위 절차에 따라 찾아진다.

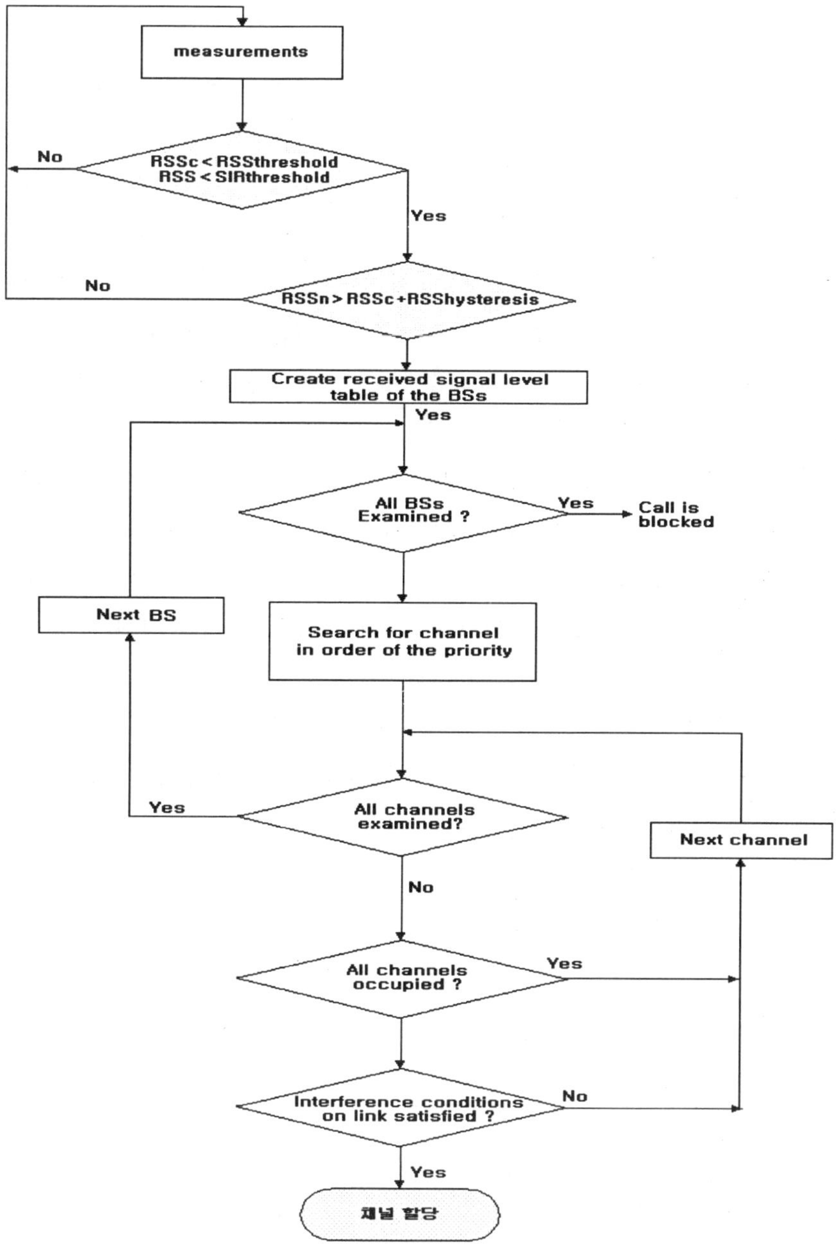

그림 4.9 채널할당 흐름도

적합한 채널이 발견되지 않았다면, 이동국은 같은 채널탐색과정을 테이블에 주어진 다음번 기지국에서 같은 채널탐색 과정을 행한다. 만약 주위 셀 기지국의 탐색에서 이용할 수 있는 채널이 발견되지 않았다면 그 호는 차단된다.

4.3.3 분할제어방법

매크로와 마이크로 셀에서 한정된 주파수 자원은 순간적으로 변화하는 트래픽에 적응하기 위한 적응적인 다층 셀 구조를 요구한다. 예를 들어, 저속의 이동국이 어떤 특정한 시간, 즉 최대 통화 부하 시간에 마이크로 셀에 할당된 채널이 작다면 그 만큼 마이크로 셀의 차단 확률은 증가하게 된다. 만약 상대적으로 고속 이동 국, 즉 매크로 셀의 이용자의 수가 할당된 채널을 사용하고도 남는다면, 그 만큼 전체적인 차단율의 증가는 당연한 것이다. 따라서 매크로와 마이크로 통화채널 수를 결정하여 채널의 용량을 적응적으로 판단하여 각 셀의 채널수를 최대한 효율적으로 사용해야 한다.

무엇보다도 먼저 매크로 셀 기지국은 그 안에 존재하는 마이크로 셀의 기지국들에게 차단된 호의 수와 차단되지 않는 호의 수를 브로드캐스트를 통해 알려준다. 각각의 마이크로 셀 기지국들에서는 마이크로 셀과 오버레이 된 매크로 셀들의 호 차단 비율을 최소화하기 위해 분할 최적의 위치를 적절하게 관리하게 된다.

각각의 마이크로 셀 기지국들이 그들 자신의 분할위치를 브로드캐스트 하기 때문에 각각의 이동국은 앞에서 언급한 채널할당 알고리즘을 사용하여 매크로 또는 마이크로 셀룰러 시스템의 채널을 찾을 수 있다. 이 시스템의 전체적인 차단 확률은 다음과 같이 주어진다.

전체적인 차단확률 P_{bl}은 다음과 같이 주어진다.

$$P_{bl} = P_{blm} (1 - p) + P_{blM} * P$$

P_{blm}은 마이크로 셀의 차단 확률을 말하고, P_{blM}은 매크로 셀룰러 시스템의 차단확률을 말한다. 그리고 p는 전체적인 호의 수에 대한 매크로 셀 호의 수비율이다. 여기서 차단이라는 것은 이동국의 호를 초기화하기위한 채널을 발견할 수 없는 경우를 말한다.

이러한 가정을 기초로 하여

$$P_{blm} = N_{blm} / N_{call}$$

$$P_{blM} = N_{blM} / N_{callM}$$

$P = N_{callM} / (N_{callm} + N_{callM})$

여기서 N_{blm}, N_{blM}이 나타내는 것은 마이크로와 매크로 셀에서 차단되는 호의 수를 나타낸다. 그리고 N_{callm}, N_{callM}은 마이크로와 매크로 셀룰러 시스템에서의 호의 수를 나타낸다.

위의 식을 이용하여 P_{bl}(전체적인 차단호의 확률)은 다음과 같이 표현할 수 있다.

$Pbl = (Nblm + Ncallm) / (NcallM + NcallM)$

그러므로 시스템 상에서 전체적인 차단확률 Pbl을 최소화하기 위해서는, 각각의 마이크로 셀 기지국은 모든 가능한 분할순환들에 대한 전체적인 수의 차단호의 수를 예견할 수 있어야 한다. 그리고 차단 호의 수를 최소화하기위해 분할위치를 선택해야한다.

마이크로 셀, 매크로 셀로 구성된 계층구조 셀룰러 시스템의 적응적 채널할당 기법은 다음과 같다.

일반적인 방법에서 서비스 영역의 중앙에 위치한 도심지역의 매크로 셀 모든 영역에 마이크로 셀이 설치되어있지만 이 지역의 통화량 분포 특성은 항상 가변적이므로 스펙트럼 효율이 작아지는데 단점이 있었다. 이러한 문제점을 해결하는 방법으로 여러 트래픽 상태에 따라 주어진 채널을 최적으로 사용할 수 있는 방법을 제시하였다. 이러한 여러 트래픽 값들 즉, 착 신호비율, 밀집도 증가, 저속이동국의 비율 등 여러 트래픽 조건변화에 따라 적절한 셀 용량변화를 예측하여 동적으로 채널을 할당할 수 있음을 확인하였다.

다양한 무선 매체의 증가는 향후 급속하게 이루어 질 것이며 트래픽 상태는 시간과 공간적으로 매 순간 변화된다.

4.4 정적 무선시스템 개요

마이크로 셀 시스템은 용량이 큰 장점이 있지만 커버리지가 작은 단점이 있다. 한편으로, 현재 DECT(Digital European Cordless Telecommunication)나 PACS

(Personal Access Communication System) 등의 마이크로 셀 시스템들은 고속의 사용자들을 서비스하지 못하는 단점이 있다. 매크로 셀 시스템은 사용자의 이동성에 제한이 없지만 현재 용량의 한계를 보이고 있다.

이러한 각 계층 셀의 장점들을 활용하여 계층구조 셀룰러 시스템을 구성하여 어느 곳에 위치한 사용자에게나 양질의 서비스를 제공할 수 있어야 한다. 그러기 위해서는 효과적으로 각 계층 셀의 설치 영역을 결정하고 각 계층 셀로 시스템의 채널을 분배하여야 한다.

이러한 셀 및 채널 분배는 서비스 지역의 통화량 분포 특성, 사용되는 통화 관리 기법, 목표로 하는 서비스의 품질 등에 따라서 달라져야한다. 여기서 계층구조셀룰러 시스템의 구성 및 동작 모델을 설정하여 그에 적합한 셀 및 채널분배 기법을 무선 시스템 상에 정적으로 구성한 것을 말한다.

시스템 구성 및 동작 모델 설정을 위하여 몇 가지 시스템 특성을 가정하였다. 우선 시스템의 사용자들을 저속 사용자와 고속 사용자로 크게 구분하였다. 고속 사용자는 빠른 이동성 때문에 마이크로 셀에 의하여 서비스를 받지 못하는 사용자로 정의하고 고속 사용자는 매크로 셀에 의해서만 서비스를 제공받을 수 있다고 가정하였다. 하지만 저속 사용자는 모든 계층 셀에서 서비스를 제공받을 수 있는 것으로 가정하였다.

이러한 고속 사용자와 저속 사용자의 구분은 설정된 마이크로 셀 시스템의 특성과 사양에 따라 구분 기준이 결정된다.

다음으로 서비스 영역 내에 통화량 분포 특성을 가정하였다. 많은 경우 통화량은 도심에 집중되어 있고 외곽, 교외로 갈수록 감소하는 종형 분포를 따르는 것으로 알려져 있다. 그 한 예로서 동경지역의 통화량 분포도를 그림 4.10에 도시하였다. 이러한 중앙 집중적인 종형분포를 가우시안 분포로 모델링 하였다. 따라서 서비스 영역의 정 중앙에서 거리 r 떨어진 지점에서의 정규화 된 통화량 분포 함수는 다음 식으로 주어진다.

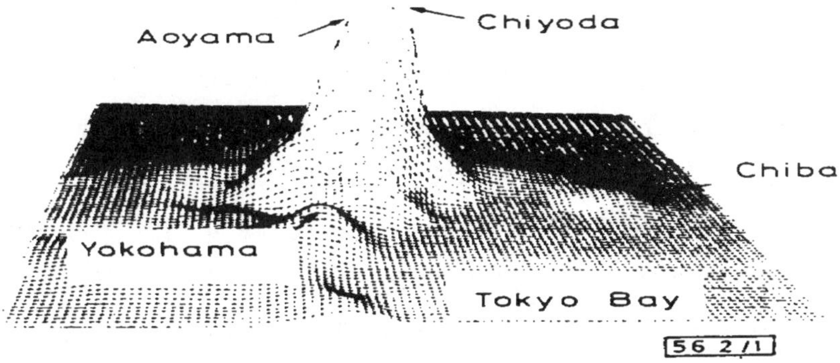

그림 4.10 통화량 분포

통화량이 중앙에 집중되어 있으므로 중앙 일부 영역에는 매크로 셀 이외에도 마이크로 셀이 추가로 설치되어야 한다. 한편, 통화량이 매우 적은 외곽 영역에서는 더 이상 지상 셀을 설치하지 않고 위성 셀만이 이동통신서비스를 제공한다. 이러한 시스템 구성 모델을 그림 4.11에 나타내었다.

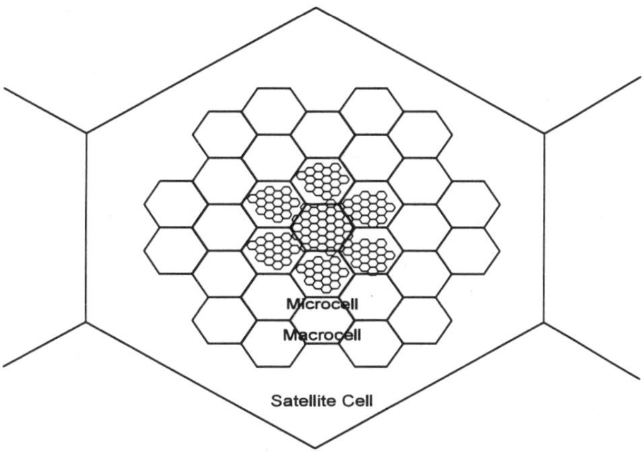

그림 4.11 시스템 모델

시스템의 통화관리기법을 다음과 같이 가정하였다. 저속 사용자는 우선적으로 마이크로 셀에 접속하여 이동 통신 서비스를 제공받는다. 하지만 마이크로 셀이 설치되어 있지 않는 영역에 위치한 저속 사용자는 매크로 셀을 통하여 서비스를 제공받는다. 한편, 지상 셀이 존재하지 않는 영역에 위치한 경우는 위성 셀을 통하여 서비스를 제공받는다. 고속 사용자는 우선적으로 매크로 셀에 접속하여 이동 통신 서비스를 제공받는다. 하지만 매크로 셀이 설치되어 있지 않은 영역에 위치한 사용자는 위성 셀에 접속하여 서비스를 제공받는다. 각 사용자는 새로운 통화를 요구할 때 초기 접속 셀에 사용 가능한 채널이 없으면 차단된다. 하지만 일단 통화를 시작한 호가 핸드오버를 요청할 때에 인접 셀에 사용 가능한 채널이 없으면 마이크로 셀에 연결되어 있는 호는 매크로 셀로 또 매크로 셀에 연결되어 있는 호는 위성 셀로 즉 상위 계층 셀로 핸드오버 되어 추가적인 채널을 제공받게 된다. 이러한 핸드오버 차단호의 상위 계층 셀로의 핸드오버 기법을 통하여 핸드오버 실패에 의한 호 손실률을 매우 작게 하고자 했다.

4.5 셀 및 채널 분배 기법

지역적인 통화량 분포특성에 적합하도록 각 계층 셀의 설치영역을 결정하는 셀 분배 기법과, 시스템에 제한되어 있는 채널을 효과적으로 각 계층 셀로 할당하는 채널 분배 기법이 필요하게 된다. 이러한 기법들은 시스템 안의 어느 곳에 위치한 사용자들에게도 양질의 서비스를 제공하기 위하여 필요하다. 기본적으로 전체 시스템에서 사용 할 수 있는 채널들을 적절히 분배하고 또 위성 셀에 할당된 채널로 양질의 서비스를 제공할 수 없이 발생 통화량이 많은 지역에는 지상 시스템을 설치하고, 지상 시스템에서는 필요한 곳에 마이크로 셀을 설치하고 또 지상시스템에 분배된 채널을 마이크로 셀과 매크로 셀에 최대한 효율적으로 분배하여 사용하는 것을 목표로 한다.

본 방법의 접근방법은 다음과 같다. 우선 지상 시스템에서 가장 통화량이 많은 지역에서 전체 시스템의 설계 기준을 만족시키기 위하여 필요한 채널의 수를 구한다. 그리고 시스템 내의 각 지역의 통화량 분포에 따라 매크로 셀의 설치 여부 마이크로 셀의 설치 여부 그리고 매크로 셀과 마이크로 셀에 할당할 채널의 수 등을 결정한다. 만약 지상시스템에서 요구되는 채널의 수가 전체 가용 채널 수보다 크면 지상 시스템의 설계 변수를 바꾸어 지상시스템에서 요구되는 채널의 수를 전체 채널의 수 이하로 줄이고 나머지 설계를 수행한다.

우선 몇 가지 변수들을 정의한다. 계층구조 셀룰러 시스템의 설계 기준이 되는 호 차단율과 호 손실률의 기준 값은 각각 P_{Bth} 와 P_{Dth}이다. 전체 시스템내의 채널은 C_{tot}개로 제한되어 있고, 그중에 C_S 개는 위성시스템으로 분배되고 나머지 $C_T\ (=C_{tot}-C_S)$ 개는 지상 시스템(마이크로 셀과 매크로 셀)에 분배

된다. 그리고 지상 시스템의 스펙트럼 효율을 다음과 같이 정의하였다.

스펙트럼 효율은 지상 시스템에 할당된 채널 하나가 처리하는 통화량을 의미한다. 전체 셀룰러 시스템에는 채널이 제한되어 있으므로, 계층구조 셀룰러 시스템의 셀 및 채널 분배는 스펙트럼 효율 S_{eff}를 극대화시키고 어느 곳에서도 호 차단율과 호 손실률이 P_{Bth} 와 P_{Dth} 값 이하로 유지될 수 있도록 이루어져야 한다.

우선 서비스 영역내의 매크로 셀들에 식별수를 부가하였고, 이를 그림 4.12에 도시하였다. 서비스 영역의 정 중앙에 위치한 매크로 셀을 1번 셀로 설정하고, 중앙에서 거리가 멀어짐에 따라서 2, 3, 4번순으로 식별수를 부가하였다. 시스템 내에는 1개의 1번 셀, 6개의 2,3,4번 셀, 12개의 5번 셀 등이 존재하게 된다.

중앙 집중적인 통화량 분포 모델을 가정할 때 1번 셀 내에 가장 통화량이 많고 2, 3, 4번순으로 통화량은 감소하게 된다. 주파수 재사용 패턴으로 결정되는 매크로 셀의 클러스터 크기가 K_M 일 때, 특히 중앙 매크로 셀 클러스터(K_M = 7인 경우 1개의 1번 셀과 6개의 2번 셀)내에 가장 통화량이 많고 가장 많은 채널이 할당되어야 한다. 따라서 용량이 큰 마이크로 셀들을 중앙 매크로 셀 클러스터 내의 모든 영역에 설치하여 할당되는 채널수를 최소화시킬 수 있고 S_{eff}을 극대화시킬 수 있다.

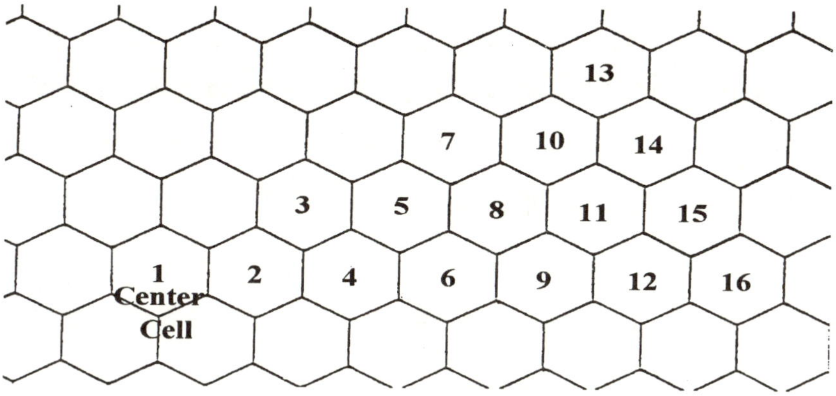

그림 4.12 매크로 셀에 식별수부가

우선 중앙 매크로 셀(1번 셀)에서의 채널 할당은 다음과 같다. 중앙 매크로 셀에서의 통화량을 $E_T(1)$ 이라 하면 $E_T(1)$ 는 저속사용자와 고속 사용자로부터 발생되는 통화량의 합이므로 시스템의 가장 중앙에 있는 매크로 셀에서 가장 많은 통화가 발생한다. 따라서 이 매크로 셀에는 일단 마이크로 셀을 가능한 한 많이 설치한다. 이 경우 하나의 마이크로 셀에서는 $E_L(1)/\eta$ 의 통화량을 호 차단율 P_{Bth}이내로 서비스할 수 있도록 채널이 할당된다. 할당된 채널 수를 $C_m(1)$으로 표시한다. 이 매크로 셀은 $E_H(1)$의 새로운 호의 통화량과 η개의 마이크로 셀들로부터의 핸드오버 트래픽을 처리해 주어야 하며 이 경우 할당되어야하는 채널 수 $C_M(1)$은 매크로 셀 해석 기법을 적용하여 도출된다.

중앙 매크로 셀 클러스터를 구성하는 나머지 매크로 셀들에 대해서도 동일한 과정으로 채널이 할당된다. 결과적으로 전체 지상 시스템에서 요구되는 채널의 수 C_T는 중앙 매크로 셀 클러스터와 중앙 마이크로 셀 클러스터에 할당되는 채널의 합으로 다음과 같다.

한편, 중앙 매크로 셀 클러스터를 벗어나 셀 수가 증가하면 전체적으로 통화량이 감소하고, 저속 사용자의 통화량은 감소하여 마이크로 셀에 필요한 채널수가 감소한다. 이에 따라 마이크로 셀에 할당하는 채널수를 줄이고, 대신에 매크로 셀에 더욱 많은 채널을 할당할 수 있게 된다. 따라서 매크로 셀의 용량이 증가되고 매크로 셀은 셀 내부의 고속사용자들 뿐만 아니라 일부의 저속 사용자들을 서비스할 수 있게 된다. 그러므로 매크로 셀의 모든 영역에 마이크로 셀을 설치하지 않고 $\eta-k$개의 마이크로 셀만을 설치할 수 있다. k값은 매크로 셀의 호 차단 율이 P_{Bth} 이내가 되는 범위 안에서 최대 값으로 설정되고 셀 수가 증가함에 따라서 커지게 된다. 중앙에서 멀리 멀어져서 매크로 셀 내의 전체 통화량이 C_T개의 채널을 모두 매크로 셀이 사용하여 매크로 셀이 처리할 수 있는 통화량($E_{\max}$)보다 작아지면 마이크로 셀은 더 이상 설치되지 않는다. 매크로 셀은 중앙에서 r_{th} 떨어진 영역까지 설치된다. 따라서 위성 셀은 r_{th} 이상 영역의 모든 사용자들을 서비스하고 지상 셀들로부터의 핸드오버 통화를 서비스해야 한다. r_{th} 이상 영역에서의 통화량은 다음과 같다.

위성 셀에 C_S 개의 채널이 존재할 때에, 위성 셀에서의 호 차단 율이 P_{Bth} 이내가 되는 최대의 r_{th} 값이 산출되어 매크로 셀의 설치 영역이 결정된다.

4.6 개선된 채널 할당 알고리즘

4.6.1 핸드오버 호의 재시도

핸드오버 호에 재시도(hand over retry)그룹을 사용하는 것은 핸드오버 호의 블록킹을 줄이는 방법이다. 핸드오버 호가 한번 실패하면 핸드오버 호는 바로 블록킹 되는 것이 아니라 재시도 그룹으로 들어간다. 재시도 그룹으로 들어간 핸드오버 호는 이동국은 핸드오버 지역을 벗어나 강제로 종단되기 전까지 재시도 그룹에서 계속 핸드오버 시도를 하게 된다.

재시도 그룹에 들어가는 핸드오버 호의 수는 시스템의 경우에 따라 환경에 적합하도록 제한된다. 왜냐하면 재시도 그룹의 크기가 크면 재시도 그룹에서 핸드오버 호를 지연할 수 있는 시간이 커지므로 새로운 핸드오버 호가 서비스 받기에는 적합하지 않기 때문이다. 재시도 메커니즘은 Two-level 핸드오버로 나타난다. 즉 핸드오버 호의 신호강도가 첫 번째 핸드오버 신호레벨인 L_{retry}까지 떨어지면 핸드오버가 요청된다. 이 상태는 통화를 할 정도의 충분한 신호강도이다. 그러나 신호강도가 신호레벨인 L_{urgent}까지 떨어질 동안 핸드오버 호는 계속 호 시도를 하고 그때까지 채널을 얻지 못하면 핸드오버 호는 강제 종단된다.

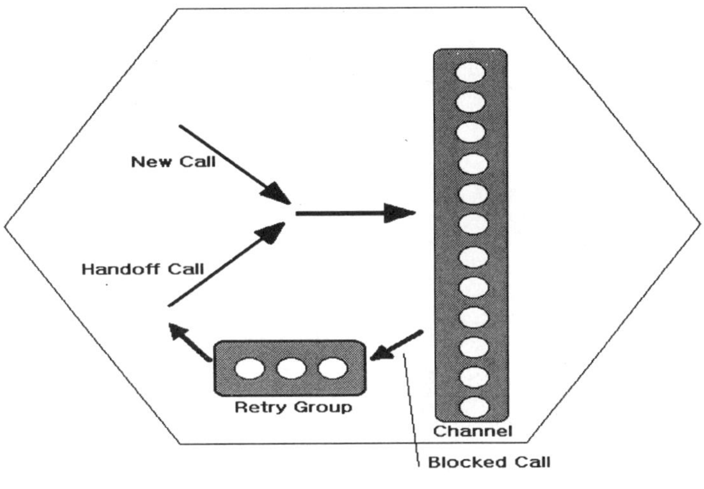

그림 4.13 재시도 그룹

4.6.2 방향성 락킹을 고려한 채널차용 방식

순차적 채널차용 방법(BCO)에서는 채널을 차용할 경우 채널에 수가 매겨져 앞쪽의 채널은 일반 호에 우선권을 두어 채널 할당을 하고, 뒤쪽의 채널들은 차용채널을 할당하는데 우선권을 두어 채널을 할당하는 방법이다. 그리고 X라는 채널을 차용할 경우 X라는 채널을 사용하는 동일 채널 셀에서는 X 채널을 사용하지도, 빌려주지도 못하는 채널 락킹 상태가 된다. 이 방법의 단점은 3개의 셀에서 차용할 채널이 모두 사용하지 않은 상태이어야 하므로 매우 엄격하다. 다음 그림 4.14는 BCDL을 나타낸 것이다.

그림 4.14에서 보면 셀 K에서 X채널을 차용할 경우 A1, A2, A3에서 모두 X채널을 사용할 수 없다. 그러나 T에서는 A3으로부터 채널을 차용할 수 있음에도 불구하고 BCO에서는 차용을 할 수 없다.

A1에서 X를 차용하여 K에서 사용하고 있으면 A1, A2, A3은 락킹이 된다. 그러면 A4로부터 셀 W는 채널 X를 차용하지 못한다. 왜냐하면 BCO에서는 3개의 셀에서 차용할 채널이 모두 사용하지 않은 상태이어야 채널을 할당할 수 있기 때문이다. 그런데 셀 W는 셀 K로부터 충분히 떨어져있는 상태이고, A4 에서 채널 X를 차용해도 간섭이 없음에도 불구하고 위의 조건으로 인해 채널을 차용할 수 없다.

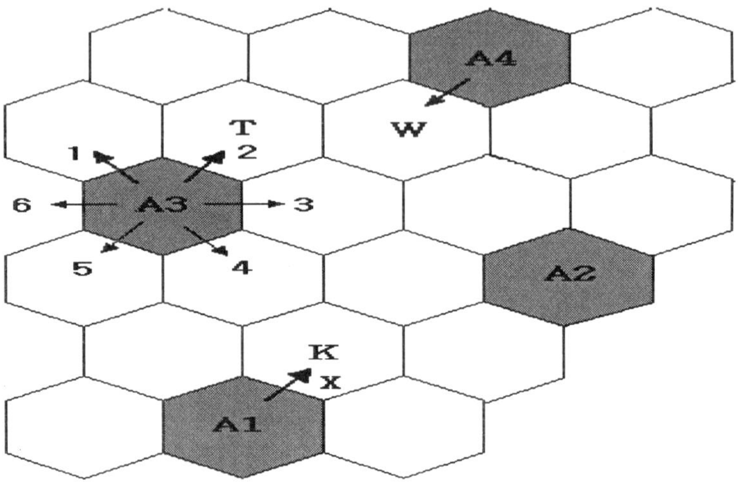

그림4.14 방향성 채널 락킹을 고려한 차용채널할당

이러한 단점을 보완한 방법이 방향성 채널 락킹을 고려한 차용방식(BCDL)이다. 즉 셀 K에서 셀 A1로부터 채널 X를 차용할 경우 셀 A3에서는 3, 4, 5방향으로만 채널을 빌려줄 수 없게 된다. 그러나 1, 2, 6방향으로는 차용하여 줄 수 있다. 그러므로 셀 T에서 채널 X를 차용할 수 있다.

BCDL방식에서는 BCO와 같이 채널 재 정렬 방식을 도입하여 채널의 상태를 효과적으로 관리하고 있다. 즉 각 셀에서는 셀의 상태를 알 수 있는 테이블을 가지고 있어 빈 채널과 서비스되는 채널 그리고 락킹 된 채널의 정보를 관리한다.

4.6.3 알고리즘 개요

고정채널할당 방법은 현 셀룰러 방식 및 PCS 방식에서도 널리 사용되는 방식이다. 트래픽의 양이 커질수록 고정채널할당 방법이 효율적이기 때문이다. 셀룰러 방식과 셀의 크기가 더 작은 PCS에서도 핸드오버 호의 중요성은 더 크게 나타난다. 즉 핸드오버 호가 블록킹 되면 통화 중에 호가 절단되는 것을 의미하므로 이동가입자가 느끼는 불편함은 새로운 호의 블록킹보다 훨씬 크게 느껴지므로 가능한 핸드오버 호의 블록킹을 낮추는 것이 중요한 시스템 성능평가의 자료가 되고 있다.

이러한 방식은 핸드오버 호의 블록킹 율을 낮추는데 목적을 두었다. 가드채널 방법은 핸드오버 호의 블록킹 율을 직접적으로 낮추는 역할을 한다. 그리고 트래픽 양이 적을 때 가장 효율적인 채널차용방법을 도입하여 핸드오버 호의 블록킹을 더욱 줄이려 하였다.

이 방식은 가드채널방법을 사용하였고 목적 셀 내에 가용채널이 없어 블록킹 되는 핸드오버 호를 위해 가드채널에 재시도 그룹을 도입하였다. 재시도 그룹에 들어간 핸드오버 호는 목적 셀에서 가용채널이나 이웃의 셀의 상태를 조사하여 차용하여 줄 채널이 있는지 조사하고 계속 호 시도요청을 한다. 만약 차용할 채널이 있으면 BCDL 방법으로 채널을 할당한다. 이때 각 셀에서는 채널의 상태를 알 수 있는 테이블을 갖고 있어 채널들을 관리하며 채널 재 정렬방법을 도입하였다.

알고리즘 수행은 다음과 같다.

① 새로운 호 혹은 핸드오버 호가 채널을 요구한다.

② 각 기지국에서는 자신의 Activity Index를 조사하여 가용채널이 있는지를

확인하고, 가용채널이 있으면 채널을 할당하고 Index의 값을 고친다.

③ 만약 셀 내에 가용채널이 없을 경우에는 새로운 호는 블록킹을 시키고 핸드오버 호에 한해서 재시도 그룹으로 들어간다.

④ 재시도 그룹으로 들어간 핸드오버 호는 이웃의 기지국에 차용할 수 있는 채널이나 셀 내의 가용채널이 있는지 확인하면서, 계속 호 접속을 시도한다.

⑤ 차용할 수 있는 채널을 가진 셀들이 여러 개인 경우 그중 채널을 가장 많이 가지고 있는 셀을 선택하여 채널을 차용한다.

⑥ 채널을 차용한 셀과 차용해준 셀에서는 자신의 채널 Activity Index의 값을 고친다.

⑦ 목적 셀에 가용채널이 생겼을 경우에는 차용한 채널을 반납하고 목적 셀의 가용채널로 호를 연결시킨다.

⑧ 채널 재 정렬을 하고 다시 셀의 채널 Index 값을 고친다.

⑨ 핸드오버 호를 재시도 그룹에 대기시킨 후 이동국은 핸드오버 지역을 벗어날 때 까지 셀 내에 가용채널이나 차용채널을 구하지 못할 경우 핸드오버 호는 실패하게 된다.

그림 4.15는 알고리즘의 셀 모델을 나타낸 것이다. 또한 알고리즘의 수행 과정을 플로차트로 나타내면 그림 4.16과 같다.

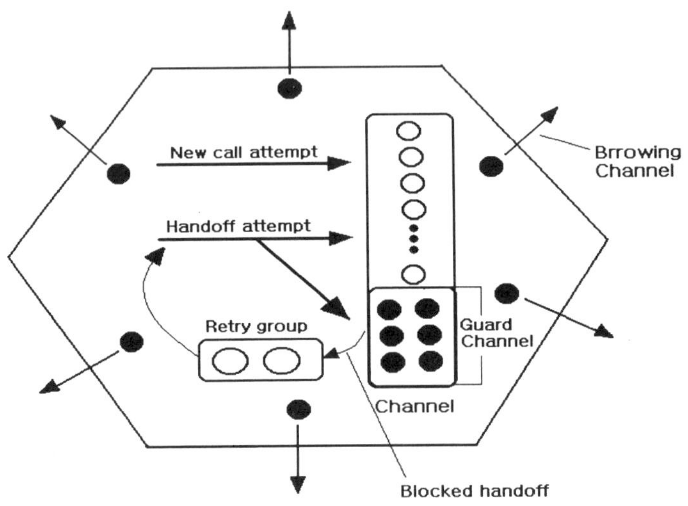

그림 4.15 셀 구조

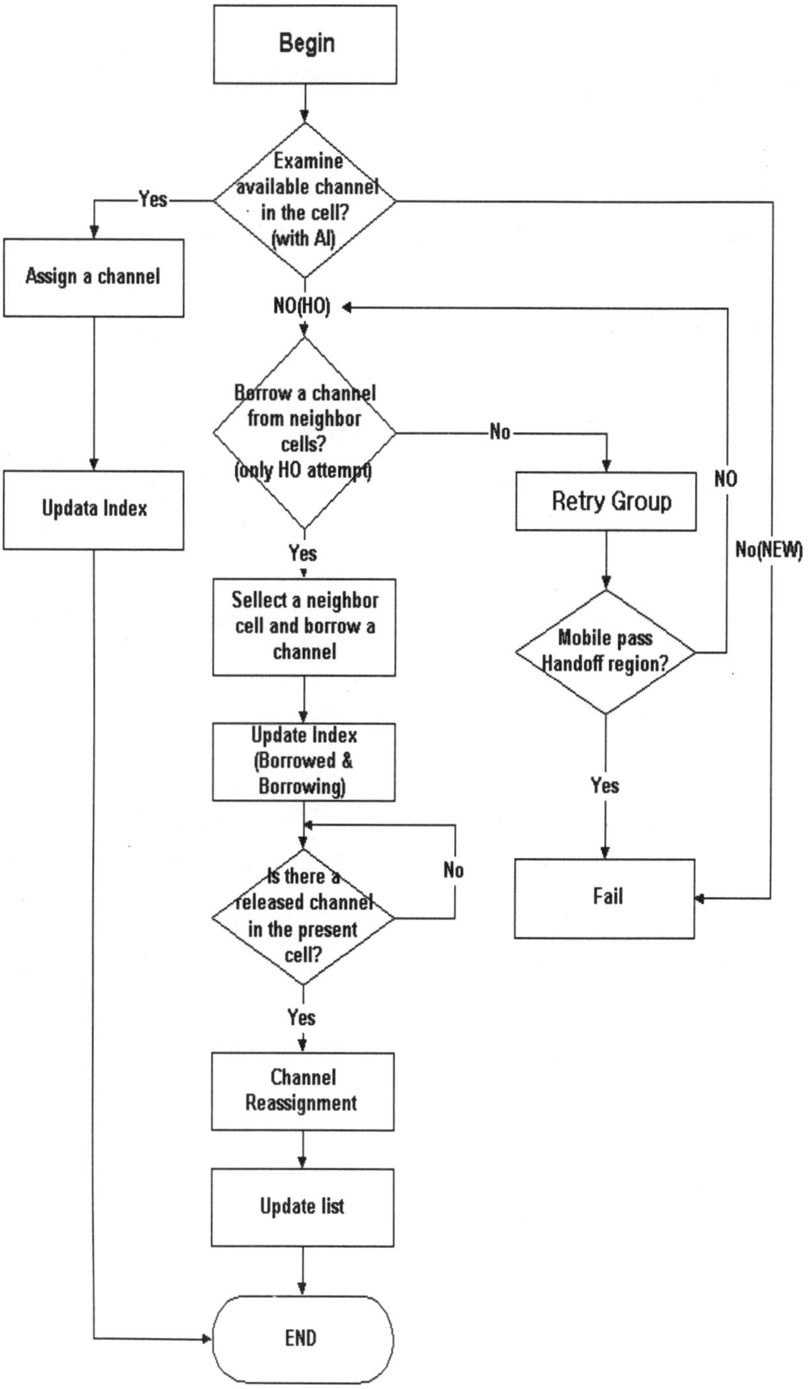

그림 4.16 채널할당방법의 흐름도

제5장 위치관리

5.1 위치관리

5.1.1 위치관리 개념

개인의 이동성을 지원하기 위해서 개인이동통신시스템은 위치갱신(location update), 페이징(paging) 등의 과정을 통해서 이동 국을 추적하고 있다가 호 설정이 요구될 때 네트워크가 이동 국을 찾을 수 있도록 한다.

개인이동통신시스템은 이동국의 위치를 추적하기 위해서 전체 시스템 영역을 여러 위치영역(location region)으로 분할하고 각 위치영역에 식별코드를 부여한다. 위치영역은 보통 여러 개의 셀로 구성되는데, 기지국은 방송채널을 통해 자신이 담당하고 있는 셀의 영역식별코드를 주기적으로 방송한다. 이동 중인 단말기는 기지국으로부터 방송채널을 감시하다가 새로운 위치영역으로 진입하였다고 판단되었을 때, 자신의 위치정보와 상태 정보를 네트워크에 알리기 위해 기지국을 통해 위치등록(location registration) 절차를 수행한다. 네트워크는 위치등록 시에 VLR(Visitor Location Register)과 HLR(Home Location Register) 등의 데이터베이스를 갱신하며 이동 국 착 신호 설정 시에 목적지 이동 국(mobile terminal)의 실제 위치를 찾기 위해 이들 데이터베이스에 질의하여 해당 이동국의 현재 위치정보를 알아냄으로써 전체 시스템을 페이징 하는 대신 특정 지역만을 페이징 할 수 있다.

5.1.2 네트워크 구조

기존의 셀룰러 방식에서는 전체 시스템 영역을 여러 개의 셀로 이루어진 위치영역으로 분할하는 위치관리를 하고 있다.

그림 5.1에서 보듯이 전체 네트워크는 셀로 나누어지고, 각 셀에 있는 이동 국들은 기지국을 통하여 유선네트워크나 다른 이동국과 통신한다. 하나의 위치영

역은 여러 개의 셀들로 구성되고, 각 위치영역에는 LS(Location Server)가 있다. 위치영역에 있는 모든 기지국은 이동 국 교환국과 연결된다. 각 이동 국 교환국은 유선네트워크인 백본(backbone) ATM(Asynchronous Transfer Mode) 네트워크와 연결되어 이동 국이 유선네트워크나 다른 이동 국 교환국의 사용자들과 통신할 수 있도록 한다. 각 이동국은 특정한 위치영역에 영구적으로 홈(home)으로 등록되어 있다고 가정한다. 그 위치영역의 위치서버를 이동 국에 대한 HLS(Home Location Server)라 부른다. 각 HLS는 자신을 홈으로 등록한 이동 국에 대한 위치정보를 유지한다. 위치서버는 자신이 담당한 위치영역 내의 셀에 위치하고 있는 이동 국에 관한 위치정보도 유지한다.

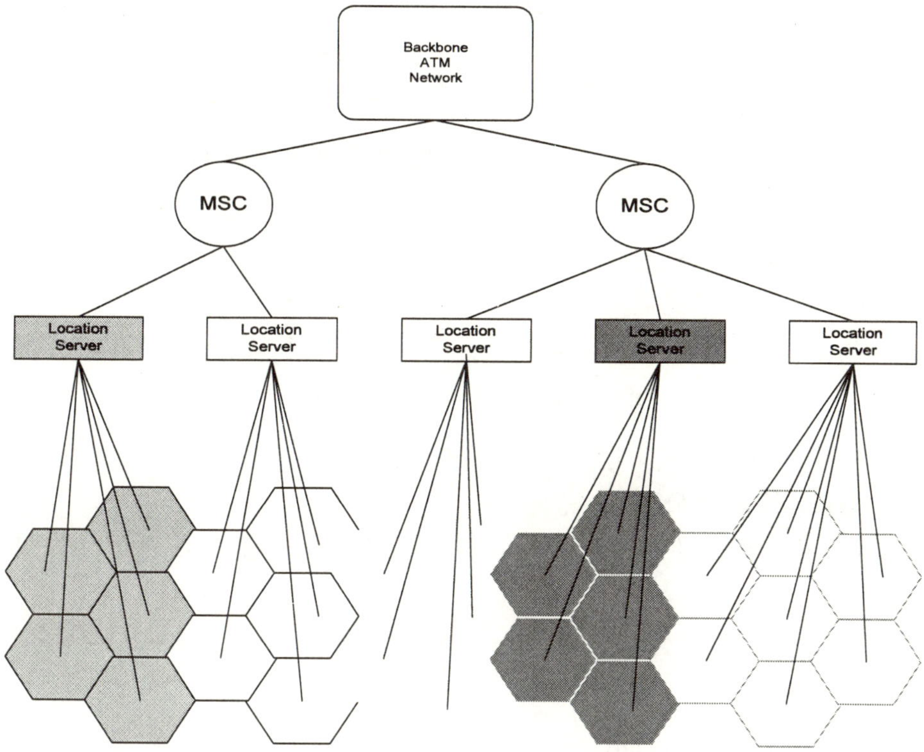

그림 5.1 네트워크구조

5.1.3 위치관리의 구성

위치관리(location management)는 위치갱신과 가입자의 위치를 찾는 프로토콜(search protocol)로 구성되어 있다. 위치관리에는 위치갱신 비용과 위치를 찾기 위한 페이징 비용이 있는데, 이 둘은 상관관계를 가지고 있다. 그러므로 효과적인 위치관리의 목적은 두 가지의 비용의 합을 최소화하는데 있다.

1) 위치갱신

위치갱신이란 네트워크가 가입자(이동 국)의 위치를 유지하기 위해 이동국은 자신의 위치를 네트워크에 보고해야 한다. 이러한 절차를 위치갱신이라 한다.

위치갱신의 순서는 다음과 같다. 여기서, 위치갱신은 이동 국이 새로운 위치영역에 들어갔을 때 만 발생한다. 여기서 과거의 위치영역을 Old라하고, 새로운 위치영역을 New라고 하자.

(1) 이동 국이 New에 들어갈 때, 새 기지국 New-BS(Base Station)에게 위치등록을 요구하는 메시지를 보낸다. 이 메시지에는 이동국의 주소가 포함된다. 그리고 New-BS는 New-LS(New의 Location Server)에게 이동국의 주소와 자신의 주소를 포함한 위치등록 요구 메시지를 전송한다.

(2) New-LS는 이동국의 새 위치를 알리기 위해 이동국의 HLS에게 메시지를 전송한다.

(3) HLS는 이동국의 위치정보를 갱신, 이동 국에 대한 정보를 New-LS에게 보낸다.

(4) New-LS는 사용자 프로필을 저장하고, 이동 국이 New-BS에 있다는 것을 기록한다. 그리고 new-bs에게 응답 메시지를 전송한다.

(5) HLS는 Old-LS(Old 의 Location Server)가 저장하고 있는 이동국의 정보를 삭제하도록 요구한다.

(6) Old-LS는 이동 국에 관한 정보를 삭제하고, HLS에게 확인 메시지를 전송한다.

2) 페이징

페이징은 이동 국 src(source)가 다른 이동 국 dest(destination)와 통신하기 위해 찾는 과정이 필요하다. 이러한 과정을 페이징이라 한다. 페이징의 순서는 다음과 같다.

(1) 이동 국 src는 자신이 있는 셀의 기지국, src-BS에 dest가 있는 위치를 문의하고, src-BS는 자신이 있는 위치영역의 LS에게 메시지를 보낸다.

(2) src-LS는 이동국 dest가 자신이 담당하는 위치영역에 있는지 검사하고, 그

곳에 있으면 위치정보를 돌려주고, 없으면 src-LS는 dest에 관한 위치를 문의한다.

(3) dest-HLS는 dest가 마지막으로 갱신한 위치영역의 위치서버에 대한 주소를 유지한다. dest-HLS는 dest-LS에게 dest가 어느 셀에 있는지 문의하게 된다.

(4) dest-LS는 기지국 dest-BS의 주소를 응답으로 전송한다.

(5) dest-HLS는 dest-LS로부터 응답을 받으면 src-LS에게 dest의 현재 위치를 돌려주게 되고, 다시 src-LS는 src-BS에게 전송한다.

5.2 위치관리방식

페이징과 위치갱신의 상관관계를 파악하여 분할된 여러 위치영역에 대한 최적의 효율적인 관리 방법으로 다음과 같은 방식이 적용되고 있다.

5.2.1 고정 영역관리방식

고정 영역관리방식(fixed location area strategy)은 위치영역을 각 영역마다 같은 크기의 셀들로 구성하여 이동 국이 다른 위치영역으로 이동할 경우에만 위치갱신을 하는 방식이다. 이동국의 호 요청이 받아들여졌을 때, 위치영역 안의 관리 시스템은 모든 셀에 페이징 함으로써 각 셀에서 독립적으로 관리하는 방식에 비하여 전체적인 시스템 부하를 줄일 수 있다.

이 방식의 장점은 구조가 간단하고 단순하다는 것이다. 그러나 이동자의 특성에 대해 능동적으로 대처할 수 없어서 극단적인 경우에 두 셀 사이를 왔다 갔다만 반복할 때 위치 갱신을 할 필요가 없음에도 불구하고 위치영역의 경계를 지나면 무조건 위치 갱신을 하게 된다. 이런 현상을 진동효과(ping-pong effect)라 하는데, 고정 영역관리방식의 큰 단점이다.

5.2.2 위치이력을 통한 위치관리

위치이력이란 현재 위치 이전의 위치 정보를 포함하는 정보를 말한다.

1) IS-41

IS-41(Interim Standard 41)에서 표준화한 방식으로 이동 국이 새로운 위치영역으로 들어갈 경우, 새로운 위치영역에 대한 정보는 VLR에 등록되고 영역 안의 VLS(Visitor Location Server)는 이동 국의 HLS(Home Location Server)를 통해 HLR를 참조하여 갱신된 이동국의 위치정보를 포함한 모든 정보를 VLR에게 알려주는 방식을 사용한다. 이 방식은 비교적 네트워크의 트래픽이 적을 경우, 효율적인 관리 시스템이지만 트래픽의 양이 증가할 경우, 특히 이동 국이 위치영역을 자주 이동할 시에 불필요한 위치등록을 발생시켜 네트워크의 트래픽 증가를 야기한다. 이를 위해 적은 비용으로 이동국의 위치를 저장할 수 있는 방안이 요구된다.

2) HLS에 포워딩 포인터를 사용하는 위치관리방식

포워딩 포인터(forwarding pointer) 방식은 위치이력을 HLR에 저장하여 이동 국의 위치 이동시 저장된 HLR을 참조하여 페이징이나 위치갱신 하는 비용을 줄임으로서 전체 시스템 효율을 증대시키는 방식이다. 고속으로 한 방향으로 진행하는 이동 국에 대한 빈번한 위치등록으로 인하여 트래픽의 양이 늘어나고, 영역경계에는 셀들이 중복되어 있으므로 페이징 트래픽의 양이 늘어나게 되는 문제가 발생된다.

5.2.3 다중계층 영역관리방식

다중계층 영역관리방식(multi-layer location area strategy)은 영역경계를 중복시키는 방안과 그룹화 개념을 함께 적용한 것이다. 영역경계를 중복시키는 방식은 이동 단말기가 영역경계 부근을 빈번하게 넘나드는 경우에 발생되는 진동효과(ping-pong effect)를 제거하기 위한 방식이다. 즉, 이동 국을 속도에 따라 그룹화하고 그룹화 된 영역을 다시 계층화하여서 영역경계가 서로 일치하지 않도록 하여 영역경계에서 위치등록을 위한 트래픽이 집중되는 현상 방지를 위한 방식이다.

5.2.4 동적 영역관리방식

동적 영역관리 방식에는 여러 가지 방식이 있겠지만 그 중 주된 3가지 방식인 시간-기초 위치영역방식(time-based location area strategy), 움직임-기초 위치영역방식(movement -based location area strategy), 거리-기초 위치영역방식(distance-based location area strategy)에 대해서 설명하고자 하고자 한다.

1) 시간-기초 위치영역방식

그림 5.2에서 보는 것과 같이 이동국의 이동성과 들어오는 호 착신 율(call arrival rate)에 상관없이 고정된 시간 간격(fixed time interval)마다 위치갱신을 한다.

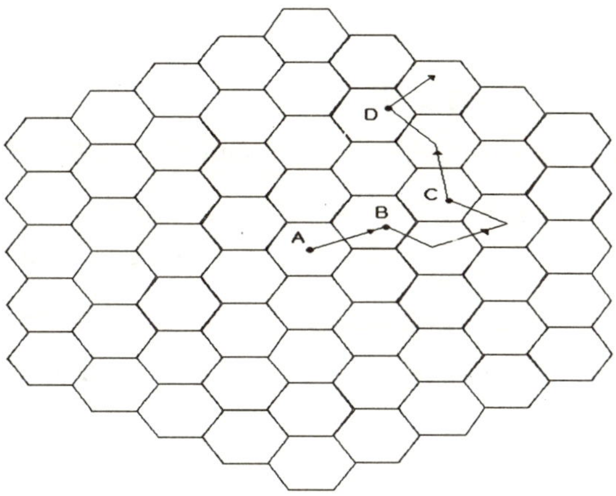

그림 5.2 시간-기초 위치영역방식

2) 움직임-기초 위치영역방식

이동 국이 미리 정한 일정한 수(M)의 셀 경계를 지날 때마다 위치갱신을 하는 방식이다. 그림 5.3에서는 M이 3인 경우를 나타낸 것이다.

그러나 이 방식은 이동 국이 미리 정한 수 M개의 셀의 경계를 지나면 무조건 위치갱신을 해야만 한다. 이런 경우는 진동효과가 발생하게 된다.

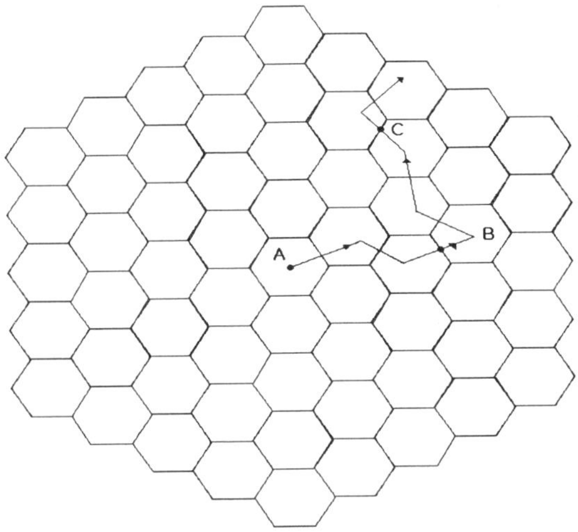

그림 5.3 움직임-기초 위치영역방식

3) 거리-기초 위치영역방식

이 방식은 일정한 거리 D(threshold distance)마다 위치갱신을 하는 방식이다. 위치영역의 크기는 D셀 안에 있는 모든 셀들로 구성된다.

그림 5.4에서 색이 칠해져 있는 부분이 위치 A부터의 거리 D를 나타낸 것이다. 이동 국이 부분을 통과할 때에 위치갱신이 일어나게 되는 것이다. 그리고 이 방식은 다른 두 가지의 방식에 비해 성능이 우수한 것으로 평가된다.

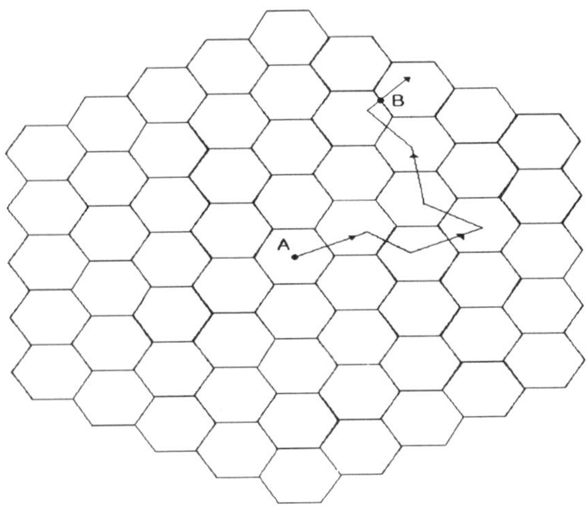

그림 5.4 거리-기초 위치영역방식

5.3 개선된 위치관리방식

위치영역의 경계를 지나는 것을 계산하기 위해서 'fluid-flow' 모델을 사용한다. 이 모델에서는 다음과 같은 3가지 가정을 둔다. 첫째로 이동 가입자는 한 영역 안에 골고루 분포한다는 것이다. 둘째로 각 가입자의 이동 방향은 0도부터 360도 사이에 골고루 분포한다. 마지막으로 이동국의 속도는 평균값으로 되어 있다고 가정한다.

5.3.1 최적의 위치영역을 설정하기 위한 수학식

단위 시간마다 영역을 떠나는 이동 국들의 평균 수($E[M]$)는 다음과 같이 계산될 수 있다.

$$E[M] = \frac{\rho E[V]L}{\pi} \text{ [MSs/area/hour]}$$

여기서 ρ 는 단위 영역마다 이동국의 밀도이고, $E[V]$는 이동국의 평균 속도, L 은 특정한 영역(special region)의 길이를 나타낸다.

VLR과 이동 국 교환국 영역의 크기가 같다고 가정하면, VLR 영역의 크기(d_{VLR})은 다음과 같다.

$$d_{VLR} = \sqrt{\frac{E_{MSC}}{\rho a}} \text{ [km]}$$

여기서 a[erlang]는 이동국의 차단 트래픽(terminating traffic)이고, E_{MSC}는 이동 국 교환국의 트래픽 운송 용량(traffic carrying capacity)이다.

무선(radio)채널에서의 총 페이징 비용(C_{Tp})과 총 LR비용(C_{TLR})은 각각 다음과 같이 계산된다.

$$C_{Tp} = \rho d^2_{VLR}\lambda\left(\frac{d_{LA}}{d_{cell}}\right)^2 C_{p1} + \rho d^2_{VLR}\lambda C_{p2}$$

$$C_{TLR} = \frac{4\rho E[V] d^2_{VLR}}{\pi d_{LA}} C_{LR}$$

여기서 λ[calls/hr/MS]는 착신호의 착신 율(arrival rate)이고, d_{cell} [km]은 셀의 한 변의 길이, Cp1은 이동 국에 대한 페이징 비용을 나타내며, Cp2는 페이징 응답비용(response cost)이다.[bytes/response] 그리고 C_{LR}은 LR 비용 [bytes/LR]을 나타낸다.

위의 식을 이용해서 총 비용(C_T)을 구할 수 있다.

$$C_T = C_{Tp} + C_{TLR}$$

즉, 무선 채널에서의 총 비용은 총 페이징 비용과 총 LR비용의 합으로 이루어진다.

VLR 영역에서 이동 국들의 수에 의한 총 비용으로 정규화 된 총 비용(C_T^N)은 다음과 같이 표현된다.

$$C_T^N = \lambda\left(\frac{d_{LA}}{d_{cell}}\right)^2 C_{p1} + \lambda C_{p2} + \frac{4E[V]}{\pi d_{LA}} C_{LR}$$

여기서 정규화 된 총 비용의 1차 도함수가 '0'이 될 때, 비용이 최소화되는 위치영역의 크기를 얻을 수 있다. 그래서 최적화된 위치영역의 크기(d_{LA})는 다음과 같다.

$$d_{LA} = \sqrt[3]{\frac{2E[V] d_{cell}^2 C_{LR}}{\pi \lambda C_{p1}}}$$

이상의 식들을 이용하여 이동가입자를 위치정보를 관리하기 위한 비용을 알 수 있고 속도에 대한 최적의 위치영역의 크기를 결정할 수 있게 된다.

5.3.2 알고리즘 개요

개선된 알고리즘은 네트워크에서의 트래픽을 최소한 작게 하기 위해 즉, 위치갱신 비용과 페이징 비용을 감소시키기 위해 이동국의 이동특성을 이용한 동적인 위치관리방식이다. 이 방식은 고정 영역관리방식과 거리-기초 위치영역방식을 절충한 것이라 하겠다. 이 두 가지의 방식을 결합한 이유는 두 가지로 들 수 있다.

첫째로, 고정 영역관리방식은 다른 방식들 가운데 가장 단순한 방식이다. 그렇지만 위치영역의 크기를 수학식을 통해 최적화한다면 간단하면서도 비교적 성능이 우수한 방식이 된다.

둘째로, 거리-기초 위치영역방식을 사용한 이유는 시간-기초 위치영역방식, 움직임-기초 위치영역방식, 거리-기초 위치영역방식을 서로 비교했을 때 성능이 가장 우수한 방식이 바로 거리-기초 위치영역방식이기 때문이다.

이러한 이유로 고정 영역관리방식의 단순함과 거리-기초 위치영역방식의 성능의 우수함을 결합하여 개선된 알고리즘은 동작된다.

개선된 방식은 이동가입자의 속도 변화를 많이 수시로 알고 있다고 가정한다. 이것은 대부분의 동적인 방식들이 이동국의 변화에 적응하기 위해서 감수해야 하는 문제인 것이다.

1) 위치관리

위치관리 방식의 순서는 다음과 같다.

① 각 이동가입자의 평균속도를 속도를 1[km/hr]씩 증가시켜 계산한다. 단, 이동가입자의 평균속도는 최대 120[km/hr]로 제한한다. 이것은 이동국의 평균속도가 120[km/hr]를 넘는 경우는 거의 없기 때문이다.

② 각 이동국의 평균속도를 위치영역의 크기가 1[km]씩 증가할 때마다 위치갱신 비용과 페이징 비용을 계산한다. 여기서 위치영역의 크기는 결국 2[km]부터 시작하여 3[km], 4[km] 등을 대입하게 된다. 위와 같이 1[km]를 증가시켜 계산한 이유는 셀의 한 변의 길이를 1[km]로 정했기 때문에, 위치영역의 크기를 쉽게 결정할 수 있기 때문이다.

③ 위의 계산된 비용을 통해 가장 효율적인 속도범위와 위치 영역의 크기 관계를 조사하여 속도범위와 그에 알맞은 최적의 위치영역 크기를 결정한다. 속도범위와 위치영역의 크기는 다음 표 5.1과 같다.

표 5.1 속도범위와 위치영역 크기

속도범위 [km/hr]	위치영역 크기 [km]
1 ~ 10	2
11 ~ 30	3
31 ~ 120	4

여기서, 이동가입자의 속도가 31[km/hr] 이상인 경우는 위치영역의 크기를 더욱 크게 늘이지 않고 4[km]로 고정시켰다. 그 이유는 두 가지가 있다.

첫 번째는 이동가입자의 평균속도가 80[km/hr]인 경우에 평균 통화 시간

(average conversation time)이 120[sec]이므로, 평균 통화 시간 동안 이동가입자가 이동한 거리는 약 2.67[km]가 된다. 그러므로 이동가입자가 위치영역의 경계선 부근에 있는 경우를 제외하고는, 위치영역을 갱신하는 일을 거의 발생하지 않기 때문이다.

두 번째는 성능을 분석한 결과 고속인 경우는 위치영역이 커지더라도 절감되는 비용이 현저히 줄어들기 때문이다.

④ 위의 표를 통해 이동국의 평균속도를 조사하고 그 평균속도가 어느 속도범위에 있는지를 선택하고 위치영역의 크기를 결정한다.

2) 위치관리의 흐름도

그림 5.5는 개선된 위치관리 방식의 흐름 도(flow chart)를 나타낸 것이다.

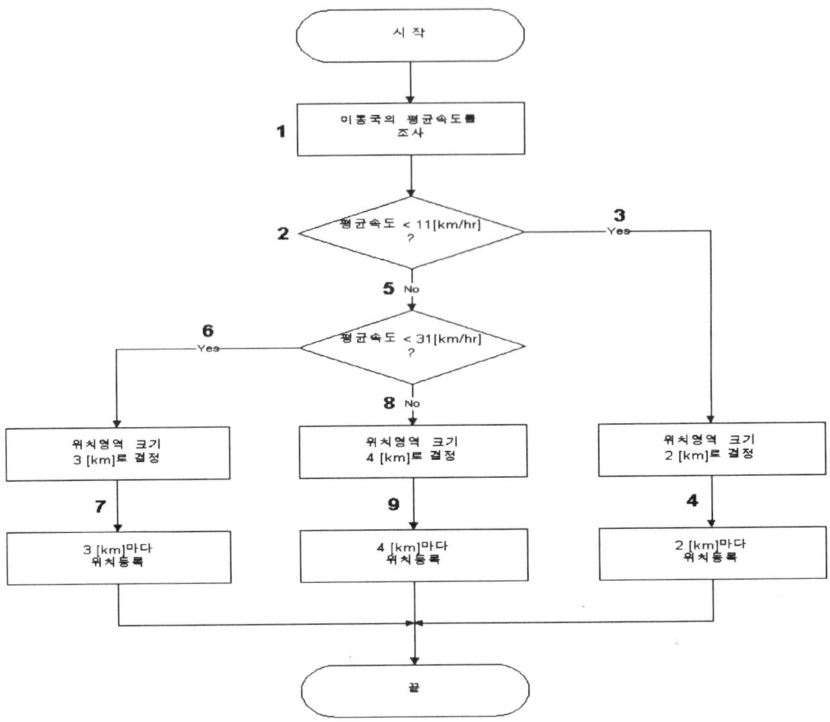

그림 5.5 흐름 도

이 흐름도의 이해를 돕기 위해서 그림 5.5에 1부터 9까지의 수를 삽입하였다. 이 수를 기준으로 알고리즘을 설명하며 다음과 같다.

① 이동가입자의 속도 변화를 많이 수시로 알고 있다는 가정 하에 이동국의 평균속도를 조사한다.

② 평균속도가 11[km/hr]보다 느린지를 판단한다.

③ 평균속도가 11[km/hr]보다 느리면 위치영역의 크기를 2[km]로 정한다.

④ 거리 2[km]마다 위치등록을 하고 마친다.

⑤ 평균속도가 11[km/hr]보다 빠르고 31[km/hr]보다 느린지를 판단한다.

⑥ 평균속도가 11[km/hr]보다 빠르고 31[km/hr]보다 느리면 위치영역의 크기를 3[km]로 결정한다.

⑦ 거리 3[km]마다 위치등록을 하고 마친다.

⑧ 평균속도가 31[km/hr]보다 빠르면 위치영역의 크기를 4[km]로 정한다.

⑨ 거리 4[km]마다 위치등록을 하고 마친다.

3) 개선된 위치관리의 특징

이 방식의 특징은 다음과 같다.

① 고정 영역관리방식의 단순함과 거리-기초 위치영역방식의 성능의 우수함을 결합한 새로운 위치영역관리방식이다.

② 이동가입자의 속도 변화에 적응할 수 있다.

③ 이동 가입자의 속도에 따라 비용이 최소가 되는 속도의 범위를 구분했다.

④ 위치갱신 비용과 페이징 비용의 합이 최소가 되어 망의 부하를 줄일 수 있다.

제3부

이동 애드 혹 네트워크

제6장 이동 애드 혹 네트워크

6.1 배경

1970년대 무선 통신이 처음 등장한 후, 무선 통신은 컴퓨터 관련 산업에서 점점 더 많이 사용되어 왔다. 특히 지난 10여 년 간, 무선 통신에 이동성이 추가되면서, 이러한 추세는 더욱 심화되었다.

현재 두 가지 형태의 무선 이동 통신이 사용되고 있다. 하나는 기반 네트워크로서, 고정되고 유선으로 연결된 게이트웨이 내에서 사용되는 형태이다. 이러한 네트워크를 위한 브리지들을 기지국이라 한다. 이러한 네트워크 내의 이동 노드들은 통신 반경 내의 가장 가까운 기지국에 연결되어 통신하게 된다. 이동 노드들이 이전의 기지국의 영역을 벗어나 다른 기지국의 영역으로 들어가게 되면, 이전의 기지국으로부터 새 기지국으로의 핸드 오버(hand over)가 일어나게 된다. 그리고 이 과정에서 이동 노드는 네트워크의 접속을 유지한 채 계속 통신을 할 수 있다. 현재의 무선 이동 통신 네트워크는 고정된 기지국과 사용자 종단 시스템만이 이동하는 것을 고려한 기반 네트워크이다. 따라서 기지국 사이에서의 종단 시스템이 이동할 때 서비스를 지속시켜 줄 수 있는 핸드 오버와 위치 관리(location management) 등에 대한 것이 대표적인 고려 사항이다.

일반적인 기반 네트워크와는 다르게 이동 애드 혹 네트워크(Mobile Ad-hoc Network)라는 것이 있다. 'Ad-hoc' 은 우리말로 '임시응변의' 또는 '특별히 실행되는' 이라는 뜻으로서 기반 네트워크 또는 고정된 기지국이 갖추어지지 않은 전쟁터나 재난 구조지역 또는 산간 지역 등에서 종단 시스템 사이의 직접적인 통신을 위해서 개발되어진 네트워크이다.

이동 애드 혹 네트워크 기술은 1973년 미 국방성의 PRNet(Packet Radio Network)에서 그 개념이 나왔다. 당시 미 국방성은 전쟁과 같은 극한환경에서 사용이 가능한 통신네트워크 기술을 개발하고자 이 프로젝트를 실행했다. 그 후 미국을 중심으로 꾸준한 연구를 바탕으로 급속한 성장을 이루었다. 그 예로 삼성경제연구소는 지난해 10년 내에 상용화되어 일상생활과 산업판도를 바꿀 10대 미래

기술 중 하나로 이 기술을 선정했고, 유럽에서는 6개 회사와 3개 대학이 참여하는 플리넷(FleeNet)이라는 프로젝트를 통해서 이동하는 자동차 간에 이동 애드 혹 네트워크를 형성해 자동차 간에 의사소통을 이룰 수 있게 해줌으로써 운전자의 안전과 편의를 위한 다양한 서비스를 제공하려 하고 있다는 것이다.

기반 네트워크를 설치하기 어려운 전쟁터, 기반 네트워크가 손실된 태풍, 지진, 화재 등의 재난 지역, 소수의 사용자를 위해 설비를 투자하기 어려운 산간 지역과 같은 오지, 계획되지 않은 임시회의, 기반 네트워크가 설치되어 있으나 한 지역 내에서의 소수의 사용자들에 의한 적은 양의 주기적인 통신 시 기반 네트워크를 사용하는 경우의 비용 문제로 상대적으로 비용이 적은 네트워크를 사용하기를 원하는 경우 등에서 종단 시스템들이 고정된 중계국이 없이도 서로 통신할 수 있는 또 다른 특성의 네트워크의 구성이 필요하다. 이러한 요구에 의해 구상된 네트워크가 바로 이동 애드 혹 네트워크이다.

이동 애드 혹 네트워크의 통신 환경은 각 노드들의 이동이 시간적으로 변하고 있으며 이로 인해서 네트워크 토폴로지가 동적으로 변하게 된다. 경로를 구성하는 노드들의 이동이 빈번한 환경에서 통신을 지속하기 위해서는 송신 노드와 수신 노드 사이에 재 라우팅과 같은 추가적인 과정이 필요하게 된다.

이동 애드 혹 네트워크 기술은 개념적으로 이동 노드만으로 구성된 독자적인 시스템을 가능하게 하는 방식으로 1970년대 초반부터 시작한 MPR(Mobile Packet Radio)이라는 무선 기반 네트워크의 등장이후, 적외선이나 마이크로웨이브를 적용한 다양한 시스템에 적용되고 있다. 이는 기반 네트워크가 구성되어 있지 않은 군사용 네트워크, 회의장, 긴급지역 등의 계층대응(peer to peer) 운용에 빠르고 효율적인 형태를 구성할 수 있다. 또한 네트워크는 백본(backbone) 호스트나 다른 이동 호스트로 연결하기 위한 고정된 제어장치를 갖고 있지 않기 때문에 각 이동 호스트는 패킷을 전달할 수 있는 라우터로 동작해야 한다. 그러나 이동성에 따른 추가적인 호스트의 관리는 제한된 통신 자원을 낭비하여 데이터 처리 율을 저하시키는 문제점을 야기한다. 따라서 각 호스트의 이동성으로 인한 경로의 계산과 수정이 효율적으로 진행될 수 있는 잘 정의된 라우팅 기법이 요구된다.

최근에 GloMo(Global Mobile Information System) 프로그램, IP 지원을 위한 IETF의 이동 애드 혹 네트워크(Mobile Ad hoc Network) 그리고 구내 무선 통신 네트워크 구성 기술인 블루투스(Bluetooth), HomeRF 등의 사설무선네트워크가 연구되고 있다.

무선 통신은 제한된 통신 자원과 단말기 기능에 있어서의 제약으로 인해 유선 환경에서 제공받는 멀티미디어 통신 서비스를 수용하는 데 병목현상을 일으킨다. 이러한 병목의 해소 방안으로 무선 접속 기능을 향상하기 위한 근거리 사설 무선네트워크가 최근 주목을 받고 있다. 이는 공용 주파수 대역에서 보편화된 저가의 장비로 유·무선 통신 인프라 접속과 기기 상호간의 통신 연결을 주목적으로 하는 이동 애드 혹 네트워크를 기반으로 한다.

이동 애드 혹 네트워크는 중앙 집중화 된 관리나 표준화된 지원 서비스의 도움 없이 임시 네트워크를 구성하는 무선 이동 호스트들의 집합이다. 이러한 네트워크는 백본 호스트나 다른 이동 호스트로의 연결을 제공하기 위한 고정된 제어 장치를 갖지 않으며, 각 이동 호스트가 라우터로 동작하여 이동 호스트로부터의 패킷을 다른 이동 호스트로 전달한다. 이러한 호스트의 이동에 의해 해당 경로가 무효화될 수 있기 때문에 통신 연결은 상당히 취약하다. 그러나 호스트는 이동에 따른 경로의 계산과 수정에 많은 시간을 소비해서는 안 된다. 왜냐하면 실제 데이터 처리 율을 저하시켜 네트워크 자체가 비효율적이고 비현실적인 시스템이 될 수 있기 때문이다. 따라서 이동 애드 혹 네트워크의 효율적인 통신을 제공하기 위해서는 잘 정의된 라우팅 기법이 요구된다.

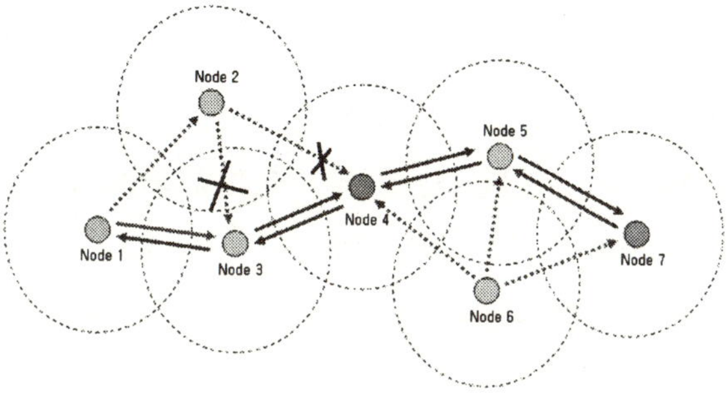

그림 6.1 애드 혹 네트워크

이동 애드 혹 네트워크는 그 특성상 임시 구성용 네트워크로 재해, 재난 지역이나 전장 등의 기반 시설이 갖추어져 있지 않은 환경에 적합한 것으로 인식되어 왔다. 따라서 주로 군사용이나 백업(backup)용 네트워크로서의 역할에 중점을 두어 연구가 진행되어 왔다. 대표적인 ad hoc네트워크 모델은 미국의 DARPA에서 추진해온 GloMo(Global Mobile Information System)프로그램과 최근에 이동, 무선 독립 IP부분에서의 인터넷 라우팅을 지원하기 위한 표준을 연구하는 IETF의 이동 애드 혹 네트워크 WG(Working Group)가 있다.

최근에 이러한 네트워크가 주목받는 이유는 역시 인터넷의 급속한 성장을 배경으로 하고 있다. 통신네트워크가 일반 대중에게 보급되어 과거의 원거리 네트워크에서 근거리 지역 네트워크에 이어 최근에는 가정 내 개인용 컴퓨터 간 또는 오피스텔 등의 SOHO에서도 통신네트워크 구성에 대한 요구가 증가하고 있다. 또한 IP에 이동성을 부여하기 위한 시도와 함께 이를 지원하기 위한 지역 근거리 네트워크로서 이동 애드 혹 네트워크가 주목받기 시작했다.

현재 우리는 생활 곳곳에서 이동통신 사업자들이 제공하는 무선 인터넷 서비스를 너무나도 많이 받고 있지만, 그 대부분의 서비스라는 것이 고정된 기지국(infrastructure)을 통한 종단 시스템(endpoint system)만의 이동성을 고려한 서비스이며, 또한 그 서비스를 제공하기 위한 연구와 콘텐츠 개발에 투자가 집중되어 있다고 해도 과언이 아니다.

하지만 이와는 다르게 이동 애드 혹 네트워크(Mobile Ad-Hoc Network)라는 것은 기반 네트워크 또는 고정된 기지국이 갖추어지지 않은 전쟁터나 재난 구조 지역 또는 산간 지역 등에서 종단 시스템 사이의 직접적인 통신을 위해서 개발되어진 네트워크다.

이동 애드 혹 네트워크는 자치 분산 시스템(autonomous distributed system)으로서 모든 이동 노드(mobile node)는 무선으로 연결되어 있으며, 각각의 모든 노드들은 송신 노드와 수신 노드로서 동작하는 호스트(host)로서의 기능뿐 아니라, 송신 노드와 수신 노드 사이를 연결하는 중간 노드로서 경로의 설정과, 경로의 유지를 세팅(setting)할 수 있는 라우터(router)로서도 동작할 수 있다.

그러나 여기에도 한계점이 있다. 이동노드들은 자유로운 이동성이 보장되므로 네트워크를 구성하는 구성원들의 참여와 탈퇴가 자유롭기 때문에 네트워크 토플로지(topology)의 변화가 심하고, 이로 인해 경로에러(route error)가 발생하게 되면 통신을 지속적으로 지원하기 위한 라우팅이 시도되므로 자원의 낭비가 심할 수 있다.

또한, 이동노드 자체가 라우터의 기능을 수행하고, 빠른 시간 안에 경로의 설정과 경로의 유지를 위한 각 노드의 정보 또는 여러 경로에 대한 정보를 저장, 관리를 해야 하므로 한정된 자원을 효율적으로 관리를 해야 할 필요가 있다. 그렇기 때문에 이동 애드 혹 네트워크 안에서의 사용자들이 사용할 수 있는 정보와 데이터의 양과 질, 콘텐츠 등은 유선네트워크에 비해서 분명히 한정되어 있다.

하지만 이는 하드웨어의 단가가 낮아지고, 하드웨어의 기능들이 발전됨에 따라 극복할 수 있는 문제이기는 하지만, 하드웨어의 개발에 드는 투자비용과 시간은 절대적인 요소이다. 이런 요소를 제외하고 이동 애드 혹 네트워크에서의 사용자들이 언제, 어디서든, 빠르고 정확한 정보, 다양한 콘텐츠를 제공받을 수 있는 방법 중에 하나는 이동 애드 혹 네트워크와 기존의 유선 네트워크, 인터넷 네트워크를 연결하는 것이다.

또한 현재의 통신업체들이 제공하고 있는 서비스들도 단순히 무선 네트워크 서비스, 유선 네트워크 서비스 따로따로 제공하고 있는 것이 아니라 유무선 네트워크가 통합된 형태의 서비스라는 점을 감안할 때, 이동 애드 혹 네트워크와 유선네트워크의 연결은 또한 시대적 흐름이라 할 수 있다.

현재 우리는 생활 곳곳에서 통신 사업자들이 제공하는 무선 인터넷 서비스를 받고 있다. 하지만 휴대폰, PDA(Personal Digital Assistants), 노트북 무선 랜 서비스들을 받기 위해서는 우선 사용자가 인터넷 서비스에 가입이 되어 있어야 하고, 설령 가입이 되어 있다고 해도 사용자의 이동지역이 무선 통신 서비스 지역에서 벗어난다면 아무런 소용이 없다. 즉, 사용자들이 다른 사용자들과 통신을 하거나 서비스를 받기 위해서는 기반 네트워크인 기지국을 통해 서로 연결을 한 후에 가능하다는 것이다.

6.2 GloMo(Global Mobile Information System) 프로젝트

DARPA는 1994년부터 신속 배치가 가능하고 견고한 정보 시스템에 대한 요구를 지원하기 위한 기술을 개발하기 위한 GloMo 프로젝트를 착수하기 시작했다. GloMo 프로젝트의 목적은 이동 환경을 최우선적으로 고려하여 친화적인 사용자 연결성과 무선 이동 사용자를 위한 서비스로의 접속 기능을 제공하는 것이다. 방위 무선 환경은 고정된 기반 구조의 부족, 기상과 지형, 그리고 전파장애 등에 기인한 연결성과 품질의 저하를 초래할 수 있다. 네트워크 구성에 있어서 GloMo는 다중 홉의 독자적 구성이 가능한 수직적 핸드오버를 수행하며 지리 기반의 라우팅과 보안에 강한 통신네트워크 구성을 추구한다.

군사적 이동통신 시스템은 일반 민간 시스템과는 다른 네트워크 요구사항을 갖는다. 즉, 고정된 통신 기반구조로 개인의 기본적 상황과 위치를 확보하고 서비스를 제공하는 상용 통신네트워크는 단일 홉의 정적인 네트워크 위상을 갖고 지역과 주파수대에 따른 최대 사용자 수 지원을 목표로 한다. 반면에 군사용 통신네트워크는 신속히 전개되는 기반구조로 제한되고 선택적인 접근이 허용된다. 또한 다중 홉과 산발적 이동을 지원하기 위한 동적 대역 할당 및 악조건에서의 최대 정보 전송 율을 목표로 한다. 개인성보다는 보안이 더 중요하며 생존을 위한 고도의 동적이고 진보된 서비스를 요구한다. 이러한 특성은 통신기능의 발달로 인해 사용자가 점진적으로 요구하고 있는 이동 컴퓨터 및 이동 데이터 서비스와 접목될 수 있는 부분이 된다.

6.3 이동 애드 혹 네트워크(Mobile Ad-hoc Network)

인터넷 기반의 이동 ad hoc기술은 독자적인 구성이 가능한 이동 네트워크 기반구조를 지원하는 신기술이다. IETF 이동 애드 혹 네트워크 WG는 인터넷 프로토콜 내에서 독자적으로 구성 가능한 이동 네트워크를 지원하는 라우팅과 인터페이스에 대한 표준화를 진행하고 있다. 이를 통해서 이동 애드 혹 네트워크 관련 기술에 대한 개방되고 유연하며 확장 가능한 구조를 도출하려는 목적이다.

이동 애드 혹 네트워크는 논리적으로 IP 주소 지정이 가능한 다수의 호스트들과 무선 통신 장비 및 라우터들로 구성된다. 이동 애드 혹 네트워크는 고정된 다중 홉 네트워크와 차별되는 여러 특성을 갖는다.

첫째, 노드들이 임의로 이동할 수 있기 때문에 동적 위상을 갖는다. 이때 전력과 같은 송·수신 파라미터도 위상에 영향을 준다.

둘째, 고정네트워크에 비해 훨씬 낮은 대역용량을 갖는다. 특히 상대적으로 낮은 용량을 갖는 링크에 의해 가변 용량을 갖으며 이로 인해 비대칭 링크도 가능하다.

셋째, 이동 애드 혹 네트워크에서 일부 또는 모든 노드는 소 용량 배터리에 의존한다. 따라서 노드의 전력 소모는 가장 중요한 설계 기준이다.

넷째, 이동 무선네트워크는 일반적으로 고정 네트워크보다 정보와 물리적 보안 위협에 더 많이 노출되어 있다.

6.4 이동 인터넷 구축

개념적으로 이동 인터넷은 이동 호스트와 이동 라우터 계층의 두 계층으로 나뉘어 진다. 이동 호스트 계층은 일시적으로 고정 네트워크의 라우터에 접속하는 호스트들로 이루어진다. 이러한 호스트들은 논리적으로 고정된 라우터로부터 하나의 홉에 있고, 그들의 연결은 유선 또는 무선이 될 수 있다. 이동 라우터 계층은 이동 라우터와 각각이 일시적 또는 영구적으로 연계되는 이동 호스트로 구성된다. 이동 라우터 계층은 고정 네트워크에 대응되는 이동 인프라 구조를 형성할 수 있기 때문에 고정 네트워크로부터 라우팅에 관련된 지원을 요구하지 않는다. 즉, 이동 라우터 계층은 논리적으로 고정 네트워크에 병행하는 통합된 네트워크로 볼 수 있으며, 이동 라우터들의 독자적 시스템으로 분리될 수도 있다.

이동 라우터 계층에서의 이동 라우터는 고정 네트워크와 연결이 없거나 하나 이상의 전달 거리로 연결을 갖는다. 연결이 안 된 경우, 호스트가 거주하는 이동 애드 혹 네트워크는 고정 네트워크와 독립된 독자적 시스템을 형성한다. 반면에 연결이 있을 때에는 적어도 하나의 이동 라우터가 고정 라우터와 이동 호스트 사이에 존재한다. 다시 말해서 이동 호스트는 이동 라우터에 바로 연결되고 이동 라우터는 고정 라우터에 바로 연결되거나 또 다른 이동 라우터를 통해 간접적으로 연결될 수 있다. 이때, 고정 라우터는 고정 네트워크로의 게이트웨이를 형성하며, 이동 IP를 통한 고정 네트워크와의 상호 운용을 가능하게 한다.

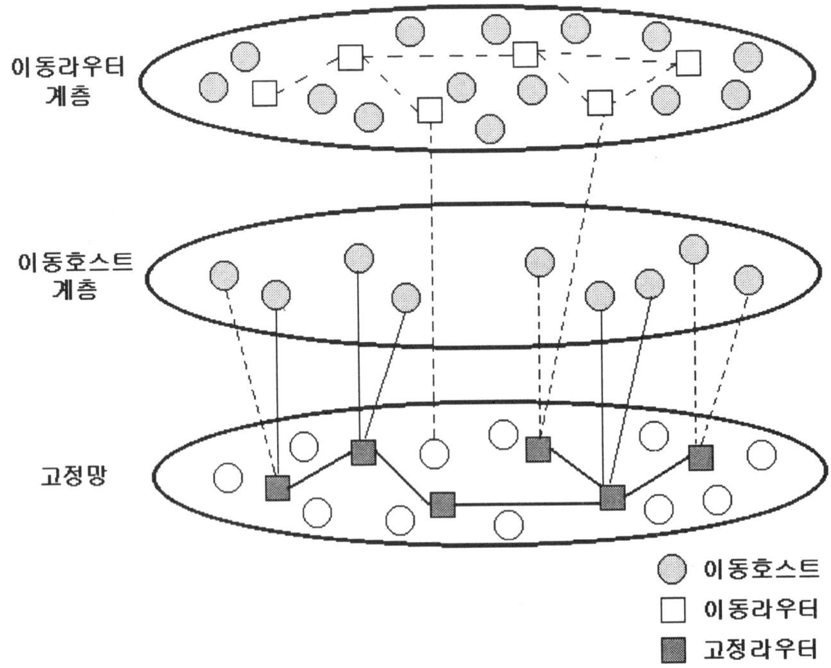

그림 6.2 이동 애드 혹 네트워크에서의 이동 호스트와 이동 라우터

6.5 설계의 극대화

인터넷과 이동 애드 혹 네트워크는 다중 홉 토폴로지의 통신네트워크이며, 모두 자원에 따르는 제약을 받지만 각각의 환경에서 제한은 서로 다르다. 인터넷에서의 자원 제약은 라우터에서의 자원과 처리의 필요성을 가능한 한 최소화하면서 부가적 대역 소비를 옹호하는 프로토콜 설계로 수직적인 계층 간 통신의 양을 최소화하면서 인근 라우터와의 프로토콜 계층 간의 수평적 통신에 의존한다. 이동 애드 혹 네트워크에서의 자원 제약은 고정 네트워크와는 다르기 때문에 다른 설계 원칙이 요구된다. 이는 수평적 통신 요구의 일부를 줄이고 프로토콜 내에서 수직적 통신 요구의 일부를 증가시킨다. 이러한 방식으로 설계된 프로토콜 스택은 보다 논리적으로 결합된다. 증가된 양방향 수직적 통신은 상위 계층 프로토콜이 하위 계층 프로토콜과 보다 밀접하게 연결되게 함으로써 부가적인 수직적 통신을 요구할 수 있는 비효율성을 일부 제거한다.

마찬가지로 네트워크 계층 프로토콜은 확장된 풍부한 인터페이스를 통해 링크 계층과 보다 밀접하게 연결되어 성능 향상을 위해 가능한 한 프로토콜이 링크 계층 특성을 이용할 수 있게 한다. IP와 IEEE 802.11사이의 인터페이스 규격의 개발은 미래의 IP 기반 라우팅 알고리즘이 802.11의 서비스를 보다 잘 이용할 수 있게 할 것이다. IEEE 802.11과 같이 공통으로 사용 가능한 링크 계층과의 이러한 IP 표준화된 서비스 인터페이스는 다른 설계자가 그들의 기능을 잘 활용할 수 있게 한다. 물론 보다 밀접한 수직적 통합을 강조하는 전체적인 설계방법이 전통적인 계층화된 설계에 역행하지만 구현되는 정도는 경제성과 단순성, 기존 인터넷 프로토콜과의 상호 운용가능성에 의해서 주로 결정된다.

제7장 라우팅 프로토콜

라우팅(routing)을 가장 간단히 표현하면 가는 경로를 결정하는 것이다. 즉 다시 말하면 경로설정이다. 경로설정이란 출발지가 정해지고 목적지가 정해지면 출발지를 출발하여 어떤 경로를 통하여 목적지에 도착할 지를 결정하는 것이다.

우리가 여행을 하는 경우를 생각해보자. 여행의 목적은 여러 가지가 있을 수 있다. 출발해서 무조건 목적지에 빨리 도착해서 목적지에서 무언가를 하고자 하는 경우 또는 목적지로 가는 도중에 천천히 여러 곳을 둘러보면서 목적지로 가는 경우 등이 있다. 한편 경로를 정하는 방법을 살펴보면 미리부터 출발지에서 목적지로 가는 길을 정해 놓고 출발하는 경우와 출발지에서 목적지까지의 길을 모두 정해놓고 출발하는 것이 아니라 경우에 따라 중간 어디쯤에서 다시 길을 정해 목적지로 출발하는 경우 등이 있다. 아마도 중간에 목적지로 가는 길을 다시 정하는 경우는 도로의 교통상황에 의해 변경될 수도 있고 또는 근처 유명한 맛 집을 찾기 위해서나 아니면 유명 관광지에 잠시 들리기 위해서일 수 도 있다. 일상생활에서의 경로설정은 시간에 따라 여러 가지 요인에 의해서 변경되어질 수 있다.

정보통신 분야 특히 컴퓨터 네트워크에서 다루는 라우팅 프로토콜은 일상생활에서의 경로설정과 비교하면 더 다양하고 더 복잡한 형태를 가지고 있다. 컴퓨터 네트워크에서의 라우팅 프로토콜의 목적에 대하여 먼저 살펴보자.

컴퓨터 네트워크에서의 라우팅 프로토콜의 목적은 정보를 송신 원에서 수신 원으로 신속하고 정확하게 전달하기 위한 것이다. 따라서 경로설정은 송신 원에서 수신 원까지의 최소시간 경로를 원칙으로 하며 또한 정해진 경로에 의한 정보 전송 시 정보의 정확한 전송을 위한 추가적인 과정들이 추가된다. 추가되는 대표적인 형태가 데이터 흐름제어(flow control)와 에러제어(error control) 등이 있다.

경로설정의 가장 일반적인 성능 기준은 최단 경로(shortest 경로)를 선택하는 것이다. 최단 경로란 송신 원에서 수신 원까지 최소의 중간 노드들을 통하여 전송하는 것을 말한다. 경로설정은 네트워크의 패킷 처리 방식이 데이터 그램인지 또는 가상회선인지에 따라 다르게 된다. 패킷 처리 방식이 데이터 그램인 경우에 경로설정은 패킷마다 개별적으로 이루어지며 패킷 처리 방식이 가상회선인 경우 회선이 설립될 때 경로설정이 이루진다.

한편, 라우팅 프로토콜은 어느 노드가 경로설정을 하느냐에 따라 분산 라우팅(distributed routing)과 중앙 라우팅(centralized routing)으로 나눌 수 있다. 분산 라우팅은 각 노드가 경로설정을 하고 중앙 라우팅은 노드들의 대표 노드에 해당하는 중앙 노드에서 경로설정을 한다. 또한, 라우팅 프로토콜은 적응 라우팅(adaptive routing)과 비 적응 라우팅(non-adaptive routing) 방법으로 분류할 수도 있다. 적응 라우팅 프로토콜은 정해진 시간마다 통신 네트워크의 변화에 대응하여 경로설정을 변경하는 방식이다. 비적응 경로 배정 방법은 통신 네트워크의 변화에 관계없이 처음 네트워크가 활성화될 때 결정하여 고정하는 방식이다.

이동 애드 혹 네트워크의 통신 환경은 각 노드들의 이동이 네트워크 도처에 편재하고 있으며 이로 인해서 네트워크 토폴로지(topology)가 변하게 되고 결과적으로 네트워크상의 각 흐름(flow)들의 경로(route)에 에러가 발생하게 되면 통신을 지속적으로 지원하기 위해 라우팅이 다시 시도되어진다.

현재 이동 애드 혹 네트워크상의 라우팅 프로토콜은 IETF(Internet Engineering Task Force)의 이동 애드 혹 네트워크 연구 단체(WG : Working Group) 등을 통해 꾸준한 연구가 진행되고 있다.

개발 초기 단계에는 유선 네트워크에서 사용하던 라우팅 프로토콜인 LS(Link State)나 DV(Distance Vector) 방식을 그대로 이용하였다. 그러나 고정된 경로를 기반으로 한 이 방식은 노드의 이동성 등을 고려할 때 경로 상에서 루프(loop)를 만드는 문제를 야기하였다.

따라서 이동성 등의 무선 환경 특성에 의해 발생할 수 있는 루프를 제거하기 위해 DSDV(Destination Sequence Distance Vector)가 개발되었다. 그러나 DSDV는 테이블 정보를 유지하기 위한 주기적인 정보 갱신 메시지가 증가하고, 네트워크 크기가 확대됨에 따라 테이블 관리를 위한 메모리 요구가 커져 네트워크 전체 효율을 저하시키는 문제를 발생시켰다.

DSDV와 같은 테이블 구동(table driven)방식의 문제를 해결하기 위해 오직 통신 요구가 있을 경우에만 경로 발견 과정을 수행하는 DSR(Dynamic Source Routing)과 AODV(Ad hoc On demand Distance Vector) 같은 새로운 알고리즘들이 등장하였다.

7.1 라우팅 프로토콜 개요

7.1.1 기반 네트워크에서의 라우팅 기법

1) LS(Link State)

각 노드는 링크의 상태를 유지하기 위해 주기적인 메시지를 네트워크 내의 모든 노드에게 전송한다. 이 메시지를 수신한 노드는 자신의 라우팅 정보를 갱신함으로써 최단 경로를 설정한다. 최단 경로 계산은 중앙 집중 구현 방법을 사용한다. 각 노드는 전체 토폴로지를 알고 있으므로 최단 경로 트리 계산이 가능하고 모든 노드에 대한 최단 경로 테이블을 캐쉬에 저장한다. 그러나 일시적인 연결 루프를 생성할 수 있으며, 특히 주기적인 메시지로 인하여 자원이 한정된 무선 환경에는 적합하지 않다.

2) DV(Distance Vector)

전체 네트워크를 대상으로 한 주기적인 방송 메시지의 부하를 감소시키기 위해 오직 이웃 노드끼리만 라우팅 정보를 교환한다. 이 정보를 이용해 최단거리(shortest distance)를 설정하며, LS와 비교할 때, 적은 메모리 용량과 더 효율적 경로계산을 수행할 수 있는 장점을 갖는다. 그러나 LS와 마찬가지로 잘못된 정보에 기인하여 루프가 발생할 수 있으며, 이로 인한 이동성을 고려할 때, 이동 애드 혹 네트워크에는 적합하지 않다.

7.1.2 이동 애드 혹 네트워크에서의 요구 조건

이동 애드 혹 네트워크에서 완전한 IP 라우터의 기능을 제공하며, 신속하고 부하가 적은 독자적 관리가 가능한 통신네트워크를 지원하기 위해 다음과 같은 요구 조건이 수반된다.

① 동적으로 변화하는 대역폭과 연결성을 지원하는 분산 서비스
② 호스트 간에 루프가 없는 멀티캐스트 프로토콜
③ 경로설정 요청에 의해서만 동작
④ 외부환경에 의한 단 방향 링크 지원

⑤ 저 전력 소모의 상용기술 채택
⑥ 신속한 재 경로 설정을 위한 다중경로(Multiple 경로)
⑦ 실시간 처리와 연결성을 보장하는 QoS 지원
⑧ 신뢰할 수 있는 보안기능
⑨ 이종 단말기 간의 호환성

7.2 이동 애드 혹 네트워크에서의 라우팅 프로토콜

현재 이동 애드 혹 네트워크에 드래프트된 라우팅 프로토콜은 일반적으로 테이블 구동(table driven) 방식과 요구 기반 구동(demand driven) 방식으로 나눌 수 있다. 테이블 구동 방식은 DSDV와 여기서 파생된 CGSR(Clusterhead Gateway Switch Routing)과 WRP(Wireless Routing Protocol) 등으로 구분할 수 있으며, 요구기반 구동 방식은 DSR(Dynamic Source Routing), AODV(Ad hoc On Demand Distance Vector), TORA(Temporally-Ordered Routing Protocol) 및 ABR(Associativity-Based Routing) 등이 있다.

그림 7.1은 라우팅 프로토콜에 대해 분류한 것으로 실선은 직접 포함된 범주이고, 점선은 논리적으로 포함된 범주이다.

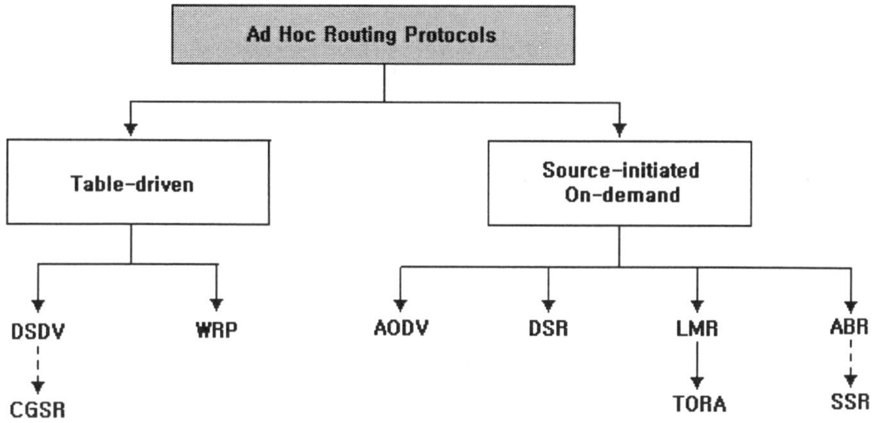

그림 7.1 이동 애드 혹 라우팅 프로토콜의 분류

7.2.1 테이블 구동 라우팅 프로토콜

테이블 구동 라우팅 프로토콜은 각 노드로부터 네트워크 내의 다른 모든 노드로 일관되게 갱신되는 라우팅 정보를 유지한다.

이러한 프로토콜은 라우팅 정보를 저장하기 위하여 하나 또는 그 이상의 테이블을 필요로 하며, 네트워크 정보를 전송하여 모든 노드들이 일관된 네트워크 토폴로지에 대한 정보를 갖도록 테이블을 갱신한다. 이 프로토콜은 라우팅에 관련된 어떠한 테이블을 유지하는가에 따라 다시 분류될 수 있다.

1) DSDV

DSDV 프로토콜은 벨만-포드(Bellman-Ford) 알고리즘에 기초한 테이블 구동 알고리즘이다. 네트워크 내의 모든 이동 노드들은 연결 가능한 다른 모든 노드들에 대한 경로 정보를 가지고 있다. 각 항목에는 목적지 노드에 의해 표시된 시퀀스 수(sequence number)가 있다. 시퀀스 수는 이동 노드들이 라우팅 루프를 방지하기 위하여 사용된다. 라우팅 테이블에서 갱신된 내용은 일관성을 위하여 정기적으로 네트워크를 통하여 전송된다.

새로운 라우팅 패킷은 목적지 노드 주소, 목적지 노드까지의 홉 수, 목적지 노드로부터의 정보에 대한 시퀀스 수, 브로드캐스트(broadcast)에 대한 시퀀스 수를 가지고 있다.

2) CGSR

CGSR 프로토콜은 주소 할당 방식과 네트워크 구성에서 앞의 DSDV 방식과는 다르다. CGSR은 발견적인(heuristic) 라우팅 방법을 사용하는 군집된 다중 홉 프로토콜이다. 이동 애드 혹 네트워크의 노드 그룹에 클러스터 헤더(cluster header) 제어를 둠으로써 코드 분리, 채널 접근, 라우팅, 대역폭 할당을 위한 구조가 가능해 진다.

클러스터 헤더를 사용하는 단점은 클러스터 헤더가 자주 바뀌면 이에 대한 부하로 성능이 저하될 수 있다는 것이다.

CGSR은 DSDV를 기본 골격으로 하며 DSDV와 같이 많은 과부하가 있다. 그러나 소스 노드와 목적지 노드 사이가 아닌, 계층적인 클러스터 헤더와 게이트웨이 사이에서 라우팅을 사용한다. 패킷은 먼저 클러스터 헤더로부터 게이트웨이로 전송되고, 다시 클러스터 헤더로, 이러한 방식을 반복하여 목적지 노드로 전송된다.

3) WRP

WRP 프로토콜은 네트워크 내의 모든 라우팅 정보를 유지하려는 테이블 기반 프로토콜이다. 각 노드들은 거리 테이블(distance table), 라우팅 테이블, 링크 비용 테이블(link-cost table), 메시지 재 전송 리스트(MRL : Message Retransmission List)를 유지한다. 메시지 재 전송 리스트는 갱신 메시지의 시퀀스 수, 재 전송 카운터, 인지 요구 플래그 벡터(acknowledgement-required flag vector), 전송된 갱신 리스트를 가지고 있다.

이동 단말기들은 갱신 메시지를 이용하여 서로에게 링크의 변화를 알려준다. 갱신 메시지는 이웃 노드 사이에만 전송되며, 목적지 노드와 목적지 노드까지의 거리 및 확인 응답까지 포함한다.

7.2.2 요구 기반 구동 라우팅 프로토콜

요구 기반 구동 라우팅 프로토콜은 테이블 구동 라우팅 프로토콜과는 다른 접근 방식을 사용한다. 이러한 방식의 경우, 소스 노드의 필요에 따라 경로가 설정된다. 목적지 노드로의 경로가 필요하면, 네트워크 내의 경로 발견 과정을 수행한다. 이 과정은 경로가 발견되거나, 모든 가능한 경로 가능성에 대한 검사가 끝난 후에 완료된다. 이 경로는 목적지 노드로 접근 불가능하게 되거나, 경로가 더 이상 필요 없을 때까지 유지된다.

1) TORA

TORA는 루프에 자유로운 분산 라우팅 알고리즘에 적합하고 특히 매우 동적인 이동 통신 환경에 적합하며 소스 노드와 목적지 노드 사이에 소스 노드에 의하여 생성되는 다중 경로를 제공한다. TORA의 핵심은 토폴로지 변화가 일어나는 작은 노드의 집합 안에서만 제어 메시지가 사용되는 것이다. 이를 위하여 노드들은 이웃 노드들에 대한 라우팅 정보를 유지한다. 이 프로토콜은 경로의 생성, 유지, 삭제의 기능을 가진다.

2) ABR

ABR은 루프, 데드락(deadlock)과 패킷의 중복을 제거하고 이동 애드 혹 네트워크에 대한 새로운 라우팅 계산법을 제공한다.

이 계산법은 관련 안전성 정도(degree of association stability)로 알려져 있다. ABR에서 각 이동 노드의 경로는 이 계산법으로 선택된다. 각 노드는 정기적으로 자신의 존재를 알리는 신호를 만든다. 이 신호를 이웃 노드에서 받으면 관련된 테이블이 갱신된다.

ABR의 기본적인 목적은 이동 애드 혹 네트워크에서 오래 지속되는 경로를 사용하는 것이다. 이는 경로 발견, 경로 재설정, 경로 삭제의 과정으로 이루어진다.

7.3 DSR

DSR은 이동 애드 혹 네트워크를 위해 고안된 프로토콜로 임의의 목적지 노드에 대해 노드를 가로지르는 소스 라우팅을 제공한다. 즉, DSR은 소스 노드에서 생성한 패킷의 헤더(header)에 목적지 노드까지의 경로를 순차적으로 기록하여 완전한 노드 경로를 생성하는 방식이다.

DSR은 기존의 유선네트워크에서 이용되는 프로토콜과 비교에서 몇 가지 장점을 갖는다. 첫째, 경로 설정과 유지를 위해 주기적인 광고 신호를 사용하는 대신, 오직 소스 노드에서의 통신 요구 시에만 경로를 찾기 때문에 링크상태 정보의 갱신을 감소시켜 한정된 대역폭에 대한 부하를 줄여준다. 또한 광고 신호를 최소화함으로써 노드의 이동이 적은 경로에는 전력 소모를 최소화할 수 있다. 둘째, 이동 애드 혹 네트워크는 전·자기장이나 각종 장애물 등과 같은 무선링크의 환경적인 요인과 노드 송·수신단의 비대칭성 및 이동성 등에 기인하여 항상 유선에서와 같은 양방향 경로를 형성하지 않는다. 따라서 이러한 단방향 경로를 수용하기 위해 MAC(Medium Access Control) 레벨의 프로토콜을 사용한다. 셋째, 기존의 고정적 개념에서 출발한 인터넷 프로토콜은 네트워크의 동적인 변화에 대해 신속하게 적응하지 못한다. 반면에 DSR은 여분의 경로를 저장해 둘 수 있기 때문에 이러한 네트워크의 변화에 신속하게 대응할 수 있다. 그러나 이러한 다중 경로는 경로 설정 시에 플러딩(flooding)을 유발하여 네트워크 효율을 감소시킬 수도 있다.

DSR 프로토콜을 네트워크에 적용하기 위해 몇 가지 가정을 두고 있다. 첫째, 이동 애드 혹 네트워크에 포함된 모든 노드는 라우팅 기능을 수행할 수 있다. 둘째, 모든 노느는 라우팅 캐쉬(cache)를 갖는다. 셋째, 노드 간에 양방향 경로뿐만 아니라 단 방향 경로를 지원할 수 있다. 넷째, 네트워크의 양 끝의 두 노드 간에 패킷이 전달되기 위해 필요한 최소 홉(hop)수를 반경(diameter)이라고 하는데 이동 애드 혹 네트워크의 반경은 최소 한 홉보다는 크지만 비교적 작은 범위를 가지게 된다. 다섯째, 노드의 이동이 빈번하고 빠르게 진행되면 현재 어떠한 프로토콜로도 연결을 지속적으로 보장할 수 없다. 따라서 노드의 이동속도는 네트워크 변화를 반영할 수 있는 적당한 속도를 가져야 한다. 여섯째, 노드의 무선 네트워크 인터페이스는 패킷의 목적지 주소를 필터링(filtering)하지 않는 감청모드(promiscuous mode)를 지원한다.

7.3.1 경로 발견

DSR에서의 경로 발견(Route Discovery)은 두 노드 간에 통신의 필요성이 있을 경우에만 동적으로 이루어지게 된다. 또한 이러한 통신 요청이 있을지라도 오직 소스 노드의 라우팅 캐쉬에 목적지 노드까지의 경로가 기록되어 있지 않을 경우에만 경로 발견을 위한 새로운 경로설정 과정이 진행된다. 이때 경로요구패킷(route request packet : RREQ)을 브로드캐스트하면서 경로 발견이 시작된다.

RREQ는 국부적으로 관리되는 유일한 요구 식별 자(request id)와 소스 주소 쌍을 포함한다. 각 노드는 최신의 RREQ를 확인하여 경로의 중복이나 루프를 제거하기 위해 이 목록을 관리한다. 또한 소스 노드에서 목적지 노드까지의 경로를 기록하는 경로 레코드(route record)를 가지고 있으며 각 노드는 RREQ로부터 경로를 받아 자신의 라우팅 캐쉬에 해당 목적지 노드까지의 경로를 저장한다.

RREQ를 브로드캐스트 한 노드의 전송영역 내에서 RREQ를 수신한 노드들은 다음과 같은 단계를 수행한다.

① 수신된 RREQ의 식별 자가 노드의 〈소스 주소, 요구 식별 자〉 목록에 포함되어 있는지를 확인하고, 목록에서 발견될 경우는 수신된 RREQ는 이미 수신한 것으로 간주하여 중복된 RREQ로 판단해 폐기한다.

② 수신노드의 〈소스 주소, 요구 식별 자〉 목록에 없는 경우, 노드는 RREQ 상의 경로 레코드 내에 자신의 주소가 있는지를 확인한다. 만약, 여기에서 자신의

주소가 발견된 경우는 루프로 간주해 폐기한다.

③ RREQ 상의 경로 레코드에서 자신의 주소가 발견되지 않은 경우, 현재의 노드가 RREQ의 목적지 노드인지를 확인하고, 자신이 목적지 노드일 경우는 RREQ 상의 경로 레코드에 기록된 경로를 경로응답패킷(route reply packet : RREP)에 복사한 후, 소스 노드로 전송한다.

④ 만약 자신이 RREQ의 목적지 노드가 아닐 경우, 자신의 주소를 RREQ의 경로 레코드에 추가시키고 RREQ를 다시 방송한다.

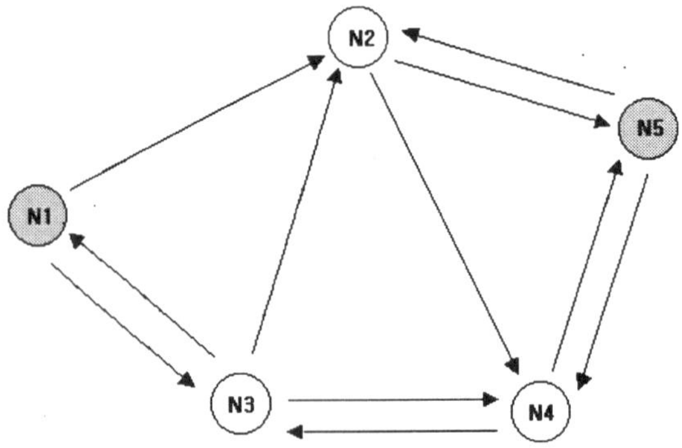

그림 7.2 DSR 라우팅

그림 7.2는 소스 노드 N1에서 N5로 전송되는 과정을 설명한 것으로 그 진행 과정은 다음과 같다. N1은 〈소스 주소, 요구 식별 자〉를 N2와 N3로 방송한다. N2는 자신의 목록에서 RREQ의 식별 자를 발견할 수 없기 때문에 RREQ 내의 경로 레코더에 자신의 주소를 기록한다. N3도 N2와 동일한 과정을 수행한다. N2는 자신이 목적지 노드가 아니기 때문에 RREQ를 N1와 N2로 다시 브로드캐스트 한다. N3도 자신이 목적지 노드가 아니기 때문에 N1, N2, N4로 RREQ를 다시 브로드캐스트 한다. 이때, N1은 수신된 RREQ 내에 자신의 주소를 발견하기 때문에 루프를 방지하기 위해 RREQ를 폐기하며, N2도 자신의 목록에 이미 같은 식별 자를 발견하므로 중복된 RREQ로 판단하여 이 RREQ를 폐기한다. N4의 경우, 이미 N2에서 보낸 RREQ를 수신했다고 가정하면, 중복된 RREQ로 간주하여 폐기한다. N2로부터 RREQ를 수신한 N5는 자신의 목록에서 현재 RREQ의 식별 자를 발견할 수 없으며, 자신이 목적지 노드이므로 자신의 주소를 기록한 후, RREP를 소스 노드로 보낸다. N2를 거쳐 N4에서 N5로 전송된 RREQ는 이미 N2에서 보낸 RREQ와 식별 자가 중복되므로 폐기한다.

DSR은 요구 식별 자를 사용해서 중복되는 RREQ를 제거하고, 경로 레코더(route recorder)를 사용하여 루프를 방지한다. 또한 RREQ에 대한 RREP를 전달하기 위해서 목적지 노드는 RREQ의 소스 노드까지의 경로를 가지고 있어야한다. 즉 목적지 노드의 라우팅 캐쉬에 소스 노드까지의 경로를 가지고 있다면 그 경로를 사용한다. 그렇지 않을 경우, 만약 노드 간이 양방향 경로를 지원한다고 가정하면 RREQ에 포함된 경로의 역 경로를 사용한다. 그러나 단 방향 경로일 경우도 고려해야 한다면 목적지 노드에서 소스 노드까지의 새로운 경로를 위한 RREQ를 생성하고 거기에 RREP를 피기백(piggyback)시켜 전송한다.

7.3.2 최적화(Optimization)

경로 발견을 위한 패킷 방송의 증가는 전체 네트워크의 대역 자원을 감소시켜 네트워크의 효율을 급속히 저하시킬 수 있다. 또한 이동성 등의 무선 환경에 의한 경로 변화에 신속히 대처할 수 있는 방안이 요구된다.

이에 따라 경로설정시의 부하를 최소화하며, 경로의 평균효율을 증대시키기 위한 몇 가지 방식이 제안되고 있다. 첫째, 라우팅 캐쉬를 최대한 이용하는 방식이 있다. 즉, RREQ를 받은 노드가 목적지 노드는 아니지만, 수신된 노드의 라우팅 캐쉬에 목적지 노드까지의 경로가 있을 경우, 목적지 노드를 대신해서 RREQ에 대한 RREP를 소스 노드에게 전송하는 방식이다. 그림 7.3은 그 진행 과정을 나타낸 것이다.

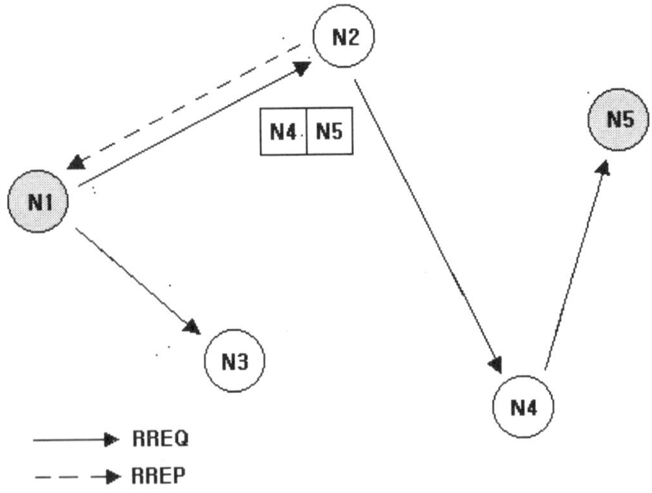

그림 7.3중간 노드의 캐쉬에서 목적지 노드 발견

그러나 그림 7.4와 같이 거의 동시에 서로 다른 RREP를 수신할 수도 있기 때문에 RREP 패킷 충돌의 문제가 발생한다.

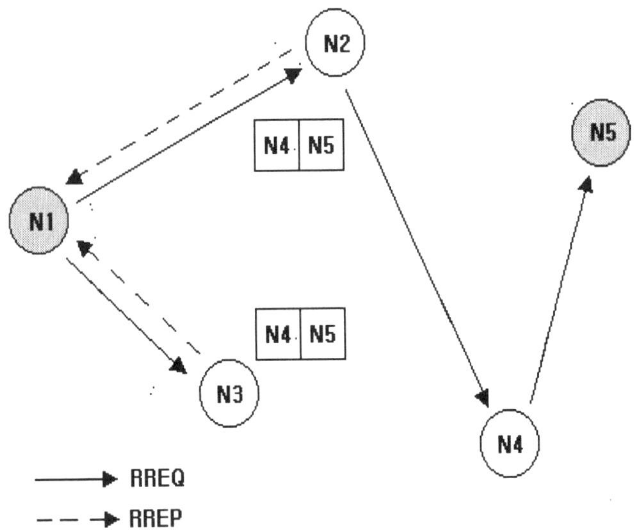

그림 7.4 라우팅 캐쉬를 이용한 최적화의 문제점

이 현상을 방지하기 위해 각 노드는 목적지 노드까지의 홉 수(h)를 이용하여 다음의 계산을 수행한 후, RREQ에 대한 RREP를 하기 전에 지연시간(d)를 선택한다.

$d = H \times (h-1+r)$

여기서, H는 비교적 작은 값을 갖는 홉의 상수지연 시간이고, r은 0부터 1사이의 임의의 수이다. 결정된 지연시간동안 각 노드는 감청모드를 사용하는데 이때, 같은 목적지 노드에 대한 다른 노드로부터의 RREP를 감청하게 되면, RREP를 보내려고 대기하고있던 노드는 RREP의 전송을 취소한다. 현재 라우팅 캐쉬를 이용하는 다른 방법으로 링-제로 검색(ring-zero search)라는 것이 있다. 이것은 초기 RREQ 방송 시에 제한 홉 수가 1인 RREQ를 방송하는 것이다. 이것은 이웃노드에서 목적지 노드까지의 경로를 발견하게 되면 즉시, RREP를 회신하여 RREQ가 전체 네트워크로 방송되어 발생되는 부하를 감소시킬 수 있다. 만약, 제한 홉 수가 1인 RREQ에 대해서 어떤 RREP도 수신되지 않는다면 최대 제한 홉 수로 설정한 RREQ를 다시 방송한다.

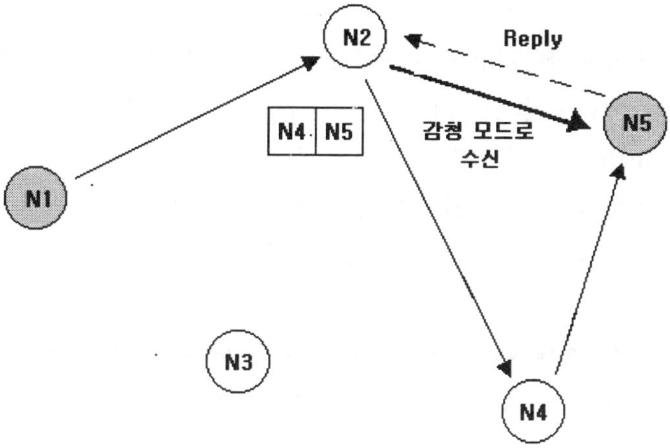

그림 7.5 최단경로를 이용한 최적화

다른 최적화 방법으로는 더 짧은 경로가 발견되면 그것을 새로운 경로로 반영하는 것이다. 그림 7.5와 같이 N5가 감청모드를 사용해서, N2로부터 직접 패킷을 전송 받을 수 있음을 알게 된 경우, N5는 N2에게 변경된, 짧은 경로를 알려주고, N2는 목적지 노드까지의 경로를 수정할 수 있다.

다음으로 경로설정을 위한 최적화는 RREQ 방송 시에 데이터 패킷을 덧붙여 시키는 방법이 있다. 그러나 RREQ에 데이터 패킷을 실어 보내는 방법은 경로상의 중간 노드가 자신의 라우팅 캐쉬로부터 RREP를 소스 노드로 전송할 경우,

덧붙여 진 데이터 패킷이 손실되는 문제가 발생한다.

마지막 최적화 방법은 RREQ에 대한 RREP가 정해진 시간 내에 수신되지 않을 경우 지수적인 백오프(exponential back off) 알고리즘을 사용하여 RREQ의 재 전송을 감소시키는 것이다. 즉, 이것은 이동 등의 무선 환경의 변화로 인해 네트워크 내의 연결이 끊어져 노드간이 완전히 분할되었을 때, RREQ의 재 전송을 방지하여 네트워크 효율을 증대시킨다.

7.3.3 경로 유지(Route Maintenance)

DSR은 주기적인 라우팅 정보를 교환하지 않고 경로 발견 과정을 통해 얻은 경로를 사용한다. 이때, 중간 노드들은 경로 유지 과정을 수행하여 경로의 동작 상태와 에러를 탐지하고 그 사실을 소스 노드에게 알린다. 먼저 경로의 에러를 탐지하는 방법을 살펴보면 다음과 같은 방법이 있다.

첫째, IEEE 802.11에서처럼 연결 계층(link layer)에서 응답신호를 사용하는 경우, 응답신호가 경로의 완전함을 나타낸다. 즉, 패킷을 전송한 노드에 다음 노드로부터의 응답신호가 도착하면 패킷을 전송한 노드는 자신과 다음 노드 사이의 경로에는 문제가 없음을 인식한다.

둘째, 경로에러를 탐지하기 위하여 감청모드를 사용하는 것이다. 감청모드를 사용하면 자신의 범위 내에 존재하는 모든 신호를 수신할 수 있다. 따라서 패킷을 전송한 노드에서 다음 노드가 자신이 전송한 패킷을 그 다음 노드로 전송하는 것을 감청모드를 통해 수신하면 자신과 다음 노드 사이의 경로에 문제가 없는 것으로 인식한다. 그림 7.6과 같이 N1이 N2를 통해 N3으로 패킷을 송신하고 있을 때, N1의 전송 범위를 벗어난 N3으로 N2가 전송되고 있는 것을 감청한 N1은 N2 사이의 경로에 문제가 없음을 인식한다.

셋째, 명백한 응답신호를 요구하는 방법이 있다. 패킷을 다음 노드로 전송하기 전에 송신노드의 R 필드(acknowledgement request)를 세팅하여 전송한다. 패킷을 수신한 노드는 반드시 이전 노드로 응답신호를 보내주어야 한다. 만일 송신노드에서 응답신호를 수신하지 못한다면 송신노드는 자신과 다음 노드 사이의 경로에 에러가 발생한 것으로 인식한다.

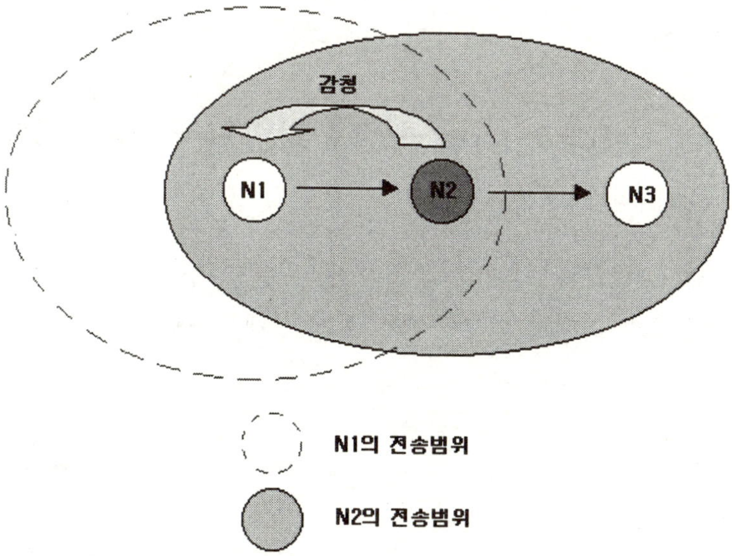

그림 7.6 감청 모드를 이용한 경로 에러탐지

위에 언급된 방법들은 모두 양방향 경로에서 경로 에러발견을 위해 사용 가능한 방법들이고, 단 방향 경로의 경우에는 위와 같은 방법으로는 경로 에러를 발견할 수 없다. 이를 위해 종단 간 응답신호(End-to-End acknowledgement)를 사용한다. 소스 노드는 목적지 노드로 패킷을 전송하고, 이 패킷을 수신한 목적지 노드는 소스 노드로 수신한 패킷에 대한 응답 신호를 송신한다. 만약, 소스 노드가 응답 신호를 수신하지 못한다면 경로 에러가 발생한 것으로 인식한다. 그러나 단지 소스 노드에서 목적지 노드로 향하는 경로나 그 반대의 경로중 하나 또는 모두에 문제가 있다는 것만을 판단할 수 있다.

종단 간 응답 신호 외의 경로 에러가 발생했을 때, 경로 에러를 발견한 노드는 소스 노드로 경로 에러 패킷을 되돌려 주어 정확한 에러 발생 위치를 알려준다. 경로 에러 패킷에는 경로 에러가 발생한 홉의 양쪽 노드의 주소를 포함한다. 이때, 경로 에러를 발견한 노드는 경로 에러 패킷을 전송하는 동시에 패킷을 전송할 새로운 경로를 찾기 위해 새로운 RREQ 패킷을 생성하여 경로발견 과정으로 들어간다. 경로 에러 패킷을 수신한 노드들은 자신의 라우팅 캐쉬를 검사하고 에러가 발생한 부분을 포함하는 모든 경로들을 제거한다.

종단 간 응답 신호를 사용하는 경우는 경로에러 발생의 정확한 위치를 알 수 없기 때문에 소스 노드에서 새로운 경로를 발견하기 위해 새로운 RREQ를 생성하고 다시 방송한다.

7.3.4 경로 상태(경로-state) 및 흐름 상태(Flow-state) 제어

현재 IETF에 드래프트된 DSR에서는 각 패킷마다 모든 경로에 포함된 노드 정보가 전송되어 네트워크 부하를 증가시키는 것을 방지하며, QoS(Quality of Service)를 제공하기 위해서 경로상태와 흐름 상태를 제안한다.

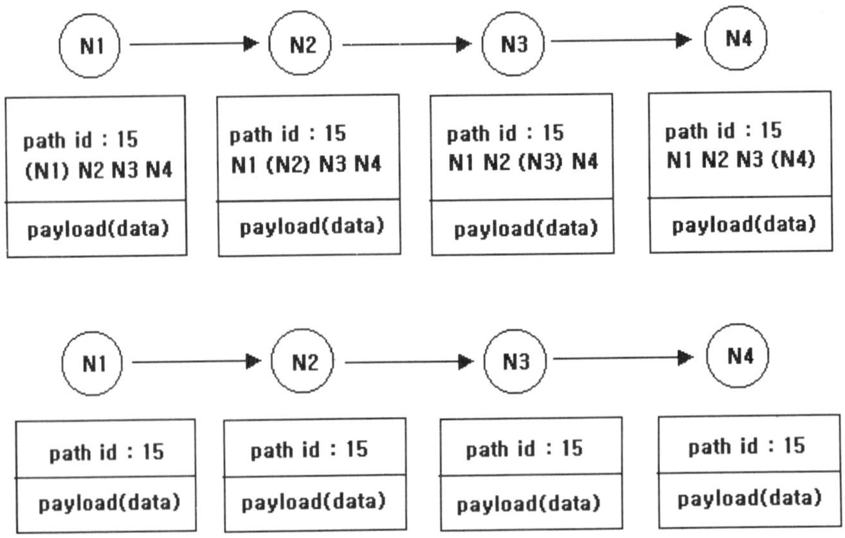

그림 7.7 경로 식별 자

경로상태는 중간 노드의 모든 경로를 전송하여 발생하는 부하를 줄이기 위해서 결정된 경로마다 경로 식별 자를 부여한다. 그림 7.7과 같이 패킷을 전달하는 노드는 최초 경로 식별 자와 소스 경로, 그리고 데이터 패킷을 목적지 노드까지 전달하고 다음 패킷부터는 데이터와 경로 식별자만을 전송함으로써 전달되는 패킷의 부하를 줄인다.

연결 상태(link-state)는 소스 노드에서부터 목적지 노드까지의 홉들의 집합과 관련이 있으며, 경로를 따라 패킷을 전달하기 위해 필요한 정보 즉, 경로 상에서 사용되지 않고 남아있는 대역폭과 패킷 전달시의 최소 지연 시간 등의 정보를 제공한다. 흐름 상태는 같은 경로를 사용하지만, 다른 특성을 갖는 패킷 계층을 나타낸다. 연결 상태와 흐름 상태는 ATM 네트워크에서의 가상경로와 가상회선의 개념과 유사하다.

경로들은 소스 노드의 주소와 하위 5비트가 0으로 구성된 16비트의 연결 식별자로 구분된다. 현재의 DSR에서는 QoS와 매 데이터 패킷의 전송 시에 포함되는 소스경로의 부하를 줄이기 위하여 연결 상태와 흐름 상태와 같은 새로운 개념을 포함시키고 있지만, 3 계층 프로토콜인 DSR이 실제 무선 환경에서 혼재되어 있는 양방향 경로와 단 방향 경로에 의해 발생되는 문제를 2 계층 프로토콜에 의존해서 처리하고 있으므로 신속하고 효율적인 경로 설정과 유지를 위한 관리가 부족한 실정이다.

7.4 AODV

DSDV 라우팅 프로토콜은 벨먼-포드 알고리즘에 기반 한 테이블 구동 방식으로 네트워크 내의 모든 이동 노드는 다른 모든 노드에 대한 경로 정보를 갖는다.

각 항목은 목적지 노드에 의해 표시된 시퀀스 수(sequence number)를 이용하여 라우팅 루프를 방지한다. 또한 테이블의 내용을 계속해서 갱신하기 위해 정기적인 신호를 브로드캐스트 한다. 이러한 주기적인 갱신 메시지의 브로드캐스트는 전체 네트워크의 부하를 증가시키지만 비교적 소규모의 이동 애드 혹 네트워크에서는 효율적으로 동작한다. 그러나 네트워크의 규모가 확대되면 제어 메시지에 의한 부하가 증가되기 때문에 네트워크 부하를 감소시킬 수 있는 새로운 알고리즘이 요구된다.

AODV는 DSDV의 이러한 단점을 향상시키기 위해 고안된 것으로 루프를 제거하기 위해 DSDV에서 사용한 시퀀스 수를 사용하며, 주기적인 방송에 의한 부하를 줄이기 위해 오직 요구가 있을 경우만 경로 설정을 수행한다. 또한 국부적인 헬로(hello) 메시지를 이용하여 이웃 노드의 정보를 유지하기 때문에 국부적인 연결 관리와 전체 네트워크 토폴로지 관리 간의 구별이 요구되며, 또한 이웃하는 두 노드간의 연결은 양방향이라고 가정한다. 국부적 브로드캐스트에 의한 헬로 메시지는 노드의 국부적 이동에 대해 최적의 응답 시간과 새로운 노드 설정 시 빠른 응답 시간을 제공하여 각 노드의 이웃 노드 테이블 설정과 갱신을 수행한다. 그러나 링크 손실에 따른 국부적 정보 갱신은 경로 재설정의 부하를 증가시킬 수도 있다.

7.4.1 경로 발견

경로 발견은 소스 노드가 다른 노드와 통신하고자 할 때, 노드의 라우팅 테이블에 목적지 주소가 없을 경우에 초기화된다. 이때, 경로 발견은 각 노드의 시퀀스 수(sequence number)와 브로드캐스트 식별 자(broadcast id)라는 독립된 두 개의 카운터를 포함한 RREQ를 이웃 노드에게 브로드캐스트 하여 초기화된다.

RREQ 포함되는 필드는 그림 7.8과 같다.

source address	source sequence number	broadcast ID	dsetination address	destination sequence number	hop count

그림 7.8 RREQ 필드 구성

브로드캐스트 식별 자는 새로운 RREQ가 생성될 때마다 증가한다. 각 이웃 노드는 자신이 목적지 노드이거나 중간 경로로 목적지 노드를 알고 있을 경우, RREP(Route Reply)를 소스 노드로 보낸다. 만약 목적지 노드에 대한 어떠한 정보도 갖고 있지 않다면 홉 수를 하나 증가시키고 다시 RREQ를 이웃 노드로 방송한다. 그러나 이러한 방송에 의해서 각 노드는 동일한 RREQ를 수신할 수 있다. 따라서 RREQ 내에 설정된 브로드캐스트 식별 자와 소스 주소(source address)를 이용해 임의의 노드에 늦게 도착한 중복된 패킷을 제거한다. 또한 역방향 및 순방향 경로 설정을 위해 타임아웃(time-out) 기법을 사용한다. 경로 설정은 역방향 경로설정과 순방향 경로설정 과정을 통해 수행된다.

1) 역방향 경로 설정

RREQ가 소스 노드에서 목적지 노드까지 찾는 동안에 자동적으로 모든 노드는 소스 노드로 역방향 경로를 설정한다. 모든 노드는 이 정보를 이용해 수신할 수 있는 이웃 노드를 기록하는데, 보다 최신의 정보를 유지하기 위해 두 개의 시퀀스 수(목적지, 소스)를 사용한다. 또한 역방향 경로설정은 적어도 네트워크를 가로지를 수 있을 정도로 충분한 시간동안 진행되어야 한다.

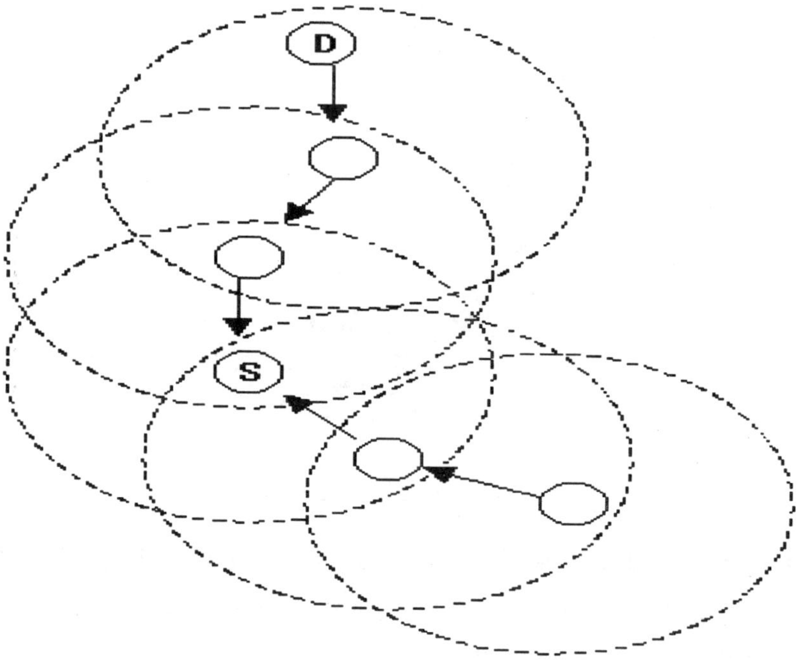

그림 7.9 역방향 경로 설정

2) 순방향 경로 설정

RREQ를 수신한 노드는 먼저 양방향 링크의 여부를 판단한 후, 중간 노드인 경우는 자신이 갖고 있는 정보와 RREQ 목적지에 대한 시퀀스 수의 크기를 비교하여 경로설정 여부를 결정한다. 즉, 현재 수신한 RREQ의 시퀀스 수가 더 작은 경우는 이미 수신한 것으로 판단되어 버려지며, 크거나 같을 경우는 정보를 기록하고 다시 브로드캐스트 한다. 이때, 중간 노드에서 목적지 노드까지의 경로를 발견한 경우, RREP를 생성해 소스 노드로 유니 캐스트 한다. RREP는 소스 주소, 목적지 주소, 목적지 시퀀스 수, 홉 수, 생존시간(lifetime)의 정보를 포함한다.

최종적으로 목적지 노드에 도착한 경우, RREP를 생성하여 소스 노드로 전송한다.

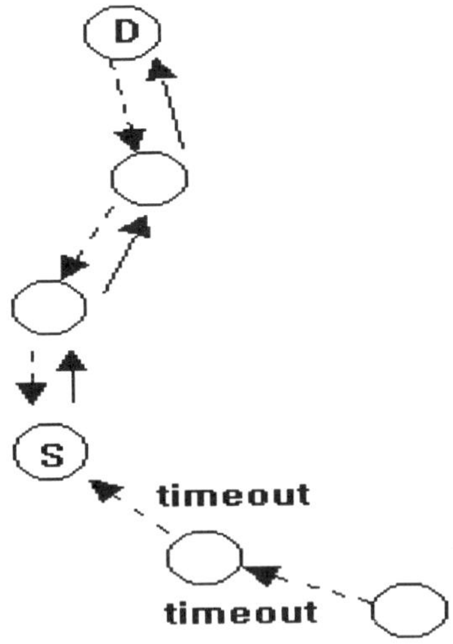

그림 7.10 순방향 경로 설정

순방향 경로는 그림 7.10과 같이 RREQ에 의해 성립된 경로를 따라 RREP가 전송되면서 설정된다. 이때, 각 노드의 정보는 갱신되며, 타임아웃(timeout) 방식을 이용하여 목적지 노드를 찾지 못한 경로를 제거한다. RREP는 RREQ와 마찬가지로 최신의 정보를 유지하기 위하여 목적지 시퀀스 수를 비교하며, 추가적으로 홉 수를 이용해 최단경로를 설정한다.

최초의 RREP를 수신한 소스 노드는 데이터 전송을 개시한다. 만약, 더 좋은 경로를 발견하면 라우팅 정보를 갱신할 수 있다. 이 방식은 최신의 라우팅 정보를 빠르게 갱신할 수 있을 뿐만 아니라, RREP의 수를 감소시켜 네트워크 전체의 부하를 감소시킨다.

7.4.2 라우팅 테이블 관리

소스와 목적지 시퀀스 수와 함께 추가적인 정보를 라우팅 테이블 내에 관리한다. 관리를 위한 방식은 소위 소프트상태(soft-state)로 불리는 역방향 경로설정을 위한 경로요청 만료 타이머로 목적지 노드까지의 경로를 확보하지 못한 노드의 정보를 삭제하는데 사용된다. 이때, 만료 시간은 이동 애드 혹 네트워크의 크기에 의존한다. 또한 캐쉬 타임아웃 기법을 이용하여 유효하지 않은 경로를 제거한다. 목적지 노드까지의 경로 연결이 파손된 것을 감지하기 위하여 각 노드는 가장 최신의 활성 타임아웃 주기 내에 목적지 노드를 향해 적어도 하나의 패킷을 발생하거나 중계하고 있다면 활성 이웃 노드로 간주해 그 주소를 유지한다. 소스 노드부터 목적지 노드까지의 이러한 경로를 활성경로라고 한다. 각 노드의 라우팅 테이블은 목적지, 다음 홉(next hop), 홉 수, 목적지에 대한 시퀀스 수(sequence number), 활성 이웃노드, 만료시간에 대한 정보를 포함한다.

새로운 경로가 이동 노드에게 제공된다면, 이동 노드는 목적지 노드에 대한 기존의 시퀀스 수를 비교하여, 더 큰 수를 선택한다. 이때, 현재의 값과 기존의 값이 서로 같다면, 목적지 노드까지의 홉 수가 적은 것을 선택한다.

7.4.3 경로 유지

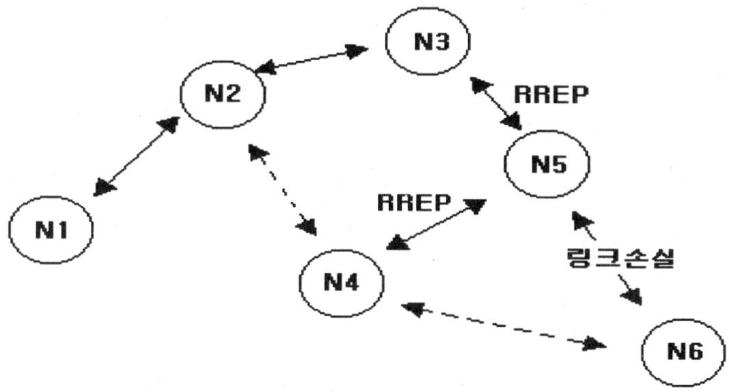

그림 7.11 링크 에러 시 처리 과정

활성 경로에 놓여 있지 않은 노드의 이동은 라우팅에 영향을 미치지 않는다. 만약 전송 상의 소스 노드가 이동했다면, 새로운 경로 설정 과정을 수행한다. 만약 목적지 노드나 중간 노드가 이동했다면 특별한 RREP를 소스 노드로 전송한다. 이때 주기적인 헬로(hello) 메시지를 이용하여 양방향 링크를 보장할 뿐만 아니라, 연결 실패를 감지한다. 또는 연결 계층의 ACK(acknowledgement)를 이용한다. 이와 같은 노드의 이동을 비롯하여 무선 환경의 영향에 의해 링크가 깨진 경우, 업스트림(upstream) 노드는 더 큰 시퀀스 수를 갖고 홉 수를 무한대(∞)로 하여 회신을 요청하지 않는 RREP를 모든 활성 경로 상의 노드에게 전파한다. 결국 모든 활성 응답노드들은 링크 실패를 인식한다.

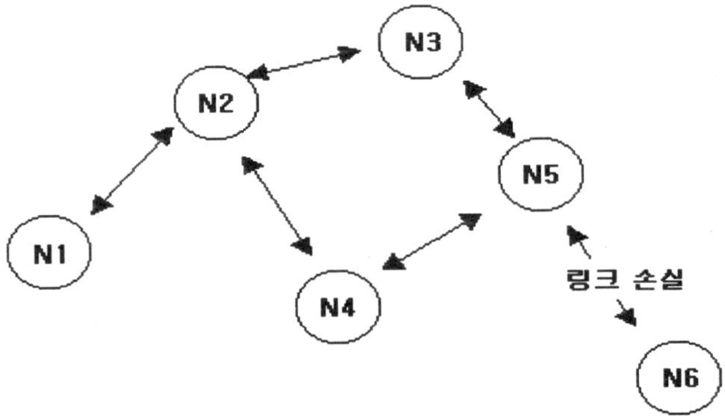

그림 7.12 완전한 링크 실패

연결이 끊어진 것을 수신한 소스 노드에게 계속적으로 목적지 노드로의 연결을 요청할 경우, 경로 발견 과정을 재 시작한다. 이때 새로운 경로를 재설정할 수 있도록 이전에 사용했던 것 보다 목적지 시퀀스 수를 증가시킨 RREQ를 전송한다. 그러나 그림 7.12와 같이 노드 N6으로 연결될 수 있는 여분의 링크가 존재하지 않을 경우, 계속적인 RREQ의 발생으로 인한 네트워크 전체의 효율이 급속히 저하되는 문제를 야기할 수도 있다. 이체의 문제를 해결하기 위해 지수적인 백 오프(exponential back off) 알고리즘을 사용하여 RREQ의 재 전송을 감소시키거나 소스 노드를 유지 모드(persistent mode) 상태로 두어 새로운 경로가 발견될 때까지 전송을 잠시 중단시키는 방식 등을 적용할 수 있다. 즉, 이것은 이동 등의 무선 환경의 변화로 인해 네트워크 내의 연결이 끊어져 노드간이 완전히 분할되었을 때, RREQ의 재 전송을 방지하여 네트워크의 부하를 줄일 수 있다.

7.5 개선된 DSR

7.5.1 개 요

기존의 DSR에서는 경로발견 후, 기록된 정보를 각 노드들의 캐쉬에 저장한다. 캐쉬에는 소스 노드로부터 목적지 노드까지의 전체 경로를 저장한다. 이때, 전체 경로가 길어지거나, 하나의 노드가 다른 여러 경로의 중간 노드로 사용될 경우, 이 노드에서 관리하는 캐쉬의 크기가 증가하여 노드에 부하를 가져온다. 특히, 가변크기의 데이터베이스는 라우팅 정보처리에 더 큰 부하를 가져온다.

AODV 라우팅에서는 각 노드의 주기적 메시지 교환을 통한 라우팅 테이블을 운용하여 경로를 유지한다. 이때, 주기적인 메시지 교환을 위해서는 인접한 노드 간의 링크가 항상 양방향이어야 하는 조건이 필요하다. 그러나 무선 환경에서는 각 노드 송·수신 능력의 비대칭문제 및 무선링크의 환경문제 등으로 인해 항상 양방향 링크가 존재할 수는 없다. 또한 테이블 관리를 위한 노드간의 주기적인 메시지 교환은 이동 애드 혹 네트워크내의 과부하를 유발함으로써 전체 망 내에서 사용할 수 있는 대역 자원을 감소시키는 단점이 있다.

이러한 단점을 보완하기 위해 기존의 DSR로 발견한 경로를 이용하여 활성화된 각 노드의 테이블을 관리함으로써 경로 발견을 위한 방송을 최소화하며, 소스 노드에서 목적지 노드까지의 전체 경로를 갖고 데이터를 전송하는 대신 테이블에 등록된 이웃 주소에만 데이터를 전송함으로써 가변 헤더로 인한 부하를 감소시킬 수 있다. 단·양방향 링크 모두를 허용하며 특히, 테이블을 사용하여 양방향 경로를 별도로 관리함으로써 경로 설정 시, 신속하고 효율적인 경로가 설정될 수 있도록 한다. 그리고 경로실패 시, 데이터의 전송지연 및 손실을 줄이는 새로운 방법을 제시한다. 아울러 RREQ에 의한 경로설정 시에 최대 3개까지의 경로를 RREQ 소스 노드로 전송하여 다중경로를 설정하며, 특히 이러한 다중경로 생성 시, 중복된 노드로의 경로를 배제할 수 있는 새로운 방식을 적용한다. 이러한 저장된 여분의 다중경로는 경로 상에 에러가 발견될 경우, 신속한 복구를 위한 경로유지를 위해 사용할 수 있도록 한다.

1) 가정

앞에서 언급한 기존의 DSR의 요구사항을 모두 수용하며, 다음과 같은 사항을 추가적으로 가정한다.

① 노드간의 링크는 단 방향 링크와 양방향 링크가 혼재한다.

② 감청모드를 지원한다.

③ 캐쉬 내의 내용은 일정시간 동안 갱신되지 않으면 삭제된다.

요청패킷인 RREQ와 응답패킷인 RREP을 생성한 노드를 정확히 구별하기 위해서 소스 노드에서 생성되는 RREQ와 RREP에는 -S(Source)를 붙이고, 목적지 노드에서 생성하는 RREQ와 RREP에는 -D(Destination)를 붙인다. 또한, 경로 상에 있는 중간 노드에서 생성하는 RREQ와 RREP에는 -I(Intermediate)를 붙여서 표시한다.

7.5.2 동작원리

1) 경로 발견

(1) 라우팅 테이블

이동 애드 혹 네트워크에서 경로발견 과정은 하나의 노드에서 전파 도달 영역 내에 있는 목적지 노드로의 연결 또는 하나 또는 그 이상의 중간 노드들이 중계하여 도달할 수 있는 목적지 노드로의 연결을 위한 과정이다. 본 논문에서의 경로발견은 요구 기반 방식으로 소스 노드에서 목적지 노드로 데이터를 전송하려고 할 때, 자신의 캐쉬에 목적지 노드에 대한 정보가 없을 경우에만 시작된다.

노드 간에 통신이 요구되면 소스 노드는 RREQ-S 패킷을 방송한다. 먼저 RREQ-S는 TTL(Time To Live)를 1로 하여 소스 노드에서 1 홉 거리의 노드에 제한하여 RREQ-S를 보낸다. 이것은 1 홉 내에 목적지 노드가 있을 경우나 중간 노드의 캐쉬에 목적지 노드까지의 경로를 보관하고 있을 경우, 전체 네트워크로의 불필요한 RREQ 방송을 방지하게 한다. 즉, 패킷을 수신한 노드는 패킷의 목적지 노드 내에 가 자신의 에 인지 또는 자신의 캐쉬 내에 기록되어 있는 에 인지를 비교하여 일치할 경우, RREP-I를 포함시킨 RREQ-I 패킷을 소스 노드로 전송한다. 만약, 소스 노드가 지정된 시간 내에 목적지 노드에 대한 RREP를 받지 못한 경우, 소스 노드는 전체 네트워크를 대상으로 다시 경로발견을 시작한다. 소스 노드는 TTL을 최대로 설정하여 RREQ-S 패킷을 방송한다. RREQ-S를 수신한 노드가 RREQ-S의 목적지 노드가 아니거나 목적지 노드까지의 경로를 갖고 있지 않은 노드일 경우에 RREQ-S 패킷에 자신의 주소를 추가하여 다시 RREQ-S 패킷을 방송한다. TTL과정은 목적지 노드 또는 목적지 노드까지의 경로를 갖고 있는 노드에 도달할 때까지 반복한다. 이러한 반복을 거쳐 목적지 노드에 도달하게 되면 RREQ-S 패킷에는 소스 노드부터 목적지 노드까지 경유되는 중간 노드들의 정보들이 차례대로 기록된다. 이때, 효율적인 경로유지를 위해 감청모드를 이용하여 인접한 두 노드간의 양방향 링크 여부를 검사한다.

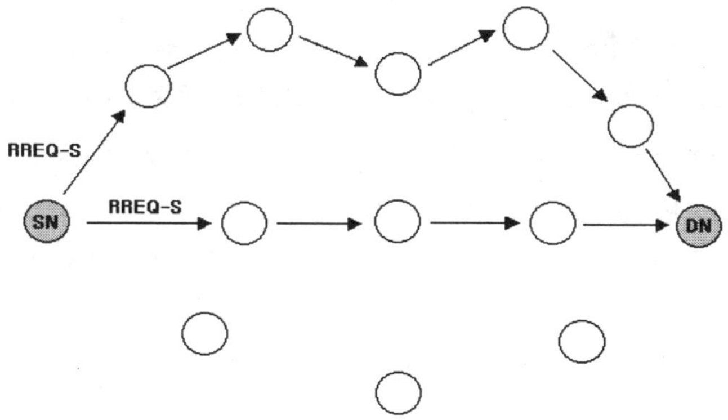

그림 7.13 소스 노드에서 목적지 노드까지의 경로 발견

패킷의 목적지주소가 자신의 노드일 경우, 소스 노드부터 목적지 노드까지의 다중경로를 기록한 패킷을 생성하여 소스 노드로 전송한다. 단 방향 링크가 존재할 수 있기 때문에 먼저, 목적지 노드는 자신의 캐쉬를 검사하고 만약, 소스 노드로의 경로를 발견한 경우, 그 경로를 이용하여 경로 정보를 전송하며, 발견하지 못한 경우는 소스 노드로 새로운 경로발견을 시작한다. 즉 소스 노드에 응답하는 RREP-D 패킷을 새로운 RREQ-D 패킷에 포함시켜 역방향 경로를 다시 발견한다. 소스 노드로의 경로발견도 처음과 동일한 과정을 통해 RREQ-D 패킷을 전송하며, 소스 노드에 도착한 RREQ-D 패킷은 왕복경로에 대한 정보를 모두 포함한다.

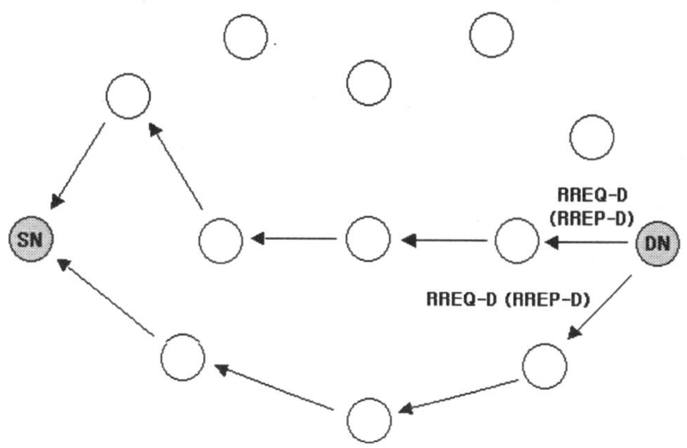

그림 7.14 목적지 노드에서 소스 노드로의 경로 발견

RREQ-D를 수신한 소스 노드는 먼저 RREP-D를 통해 얻은 다중경로 중 목적지 노드까지의 최단경로를 선택하여 자신의 라우팅 테이블을 갱신한 후, RREP-S를 목적지 노드까지 유니 캐스트 방식으로 전송한다. 이때, RREP-S 패킷에는 경로 상에 있는 중간 노드들의 라우팅 테이블을 갱신하기 위한 순방향 라우팅 정보와 역방향 다중경로를 포함시켜 전송한다. 이 정보를 수신한 노드는 패킷을 검사하여 자신의 노드에 맞는 라우팅 테이블을 작성하여 저장한다.

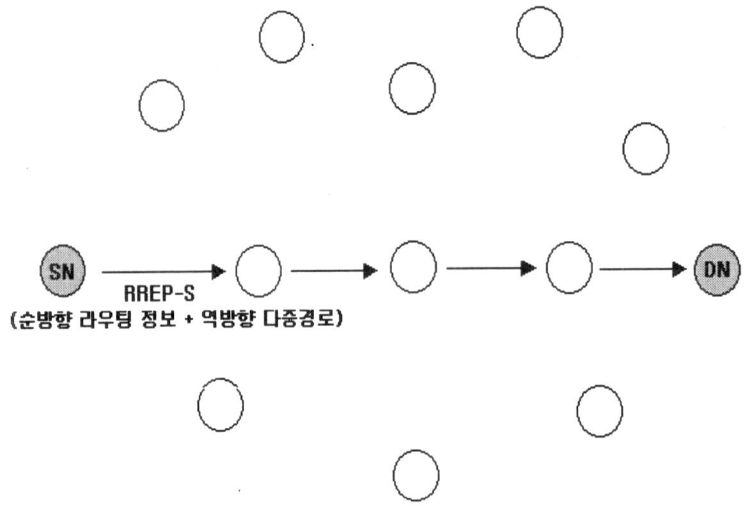

그림 7.15 순방향 경로 설정

RREP-S를 수신한 목적지 노드는 먼저 양방향 경로 필드를 확인한 후, '1'로 세팅되어 있으면 수신된 역 경로를 선택하고, 이 필드가 '0'일 경우에는 순방향 경로설정과 마찬가지로 수신된 역방향 다중경로 중 최단경로를 선택하여 유니 캐스트 방식으로 전송한다. 각 노드의 테이블에는 표 7.52와 같은 내용을 저장하는데, 여기서 양방향의 총 홉 수는 최적의 양방향 경로를 설정하기 위해 소스 노드만이 갖는다.

표 7.1 라우팅 테이블

경로 ID	Source	Dest.	Next Hop	Hops to Dest.	Symmetric Link to Next Hop	Symmetric 경로 to Dest.	Round Trip Hop
1	SN	DN	N2	3	0/1	0/1	7

경로 ID : 출발지에서 목적지까지 다른 경로를 구분하는 ID
Source : 소스 노드의 주소
Dest. : 목적지 노드의 주소
Next Hop : 목적지까지 가기 위한 다음 노드의 주소
Hops to Dest. : 목적지 노드까지의 홉 수
Symmetric Link to Next Hop : 다음 노드와의 양방향 링크 여부
양방향일 경우 '1' 로 세팅
Symmetric 경로 to Dest. : 소스에서 목적지까지 완전한 양방향 링크
양방향일 경우 '1' 로 세팅
Round Trip Hop : 단 방향 경로일 경우, 각 방향 홉 수의 총 합

경로 발견 과정에서 노드들은 이웃노드들과의 양방향 링크 여부를 판단해야 한다. RREQ를 보낸 노드가 자신이 보낸 RREQ 패킷에 하나의 주소만 추가된 RREQ 패킷을 감청모드로 수신하게 되면 이 노드와 주소가 추가된 패킷을 보낸 노드 간에 양방향 링크가 존재함을 감지한다. 이 노드는 라우팅 테이블의 양방향 링크 필드를 '1' 로 기록한다. 만약 일정시간이 경과된 후에도 자신의 패킷을 감지하지 못할 경우, 양방향 링크가 존재하지 않는 것으로 간주해 양방향 링크 필드를 '0' 으로 기록한다. 그림 7.16에서와 같이 N2 노드는 N3 노드에서 자신의 주소를 포함한 RREQ-S가 다른 노드로 전송되는 것을 감청할 수 있기 때문에 자신의 테이블의 양방향 링크 필드를 '1' 로 세팅한다.

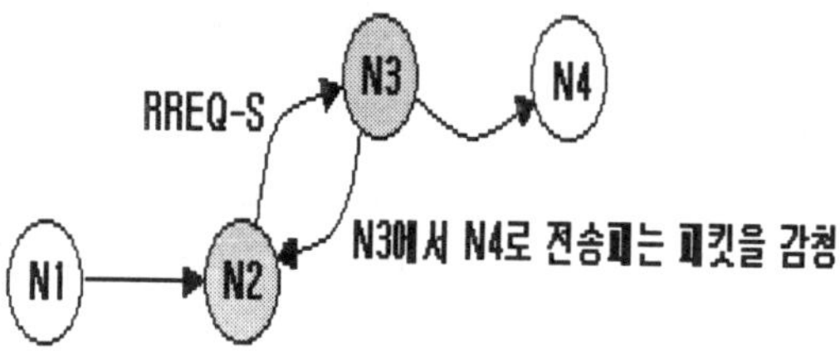

그림 7.16 감청모드를 이용한 양방향 링크 인식

만약 한 노드의 다음 노드가 목적지 노드일 경우, 패킷을 보낸 노드는 목적지 노드에서 다른 노드로 전달되는 패킷이 없기 때문에 양방향 링크 여부를 감청모드로 판단할 수 없다. 이런 경우는 목적지 노드에서 전송하는 RREQ-D 패킷을 수신하게 되면 양방향 링크로 판단한다.

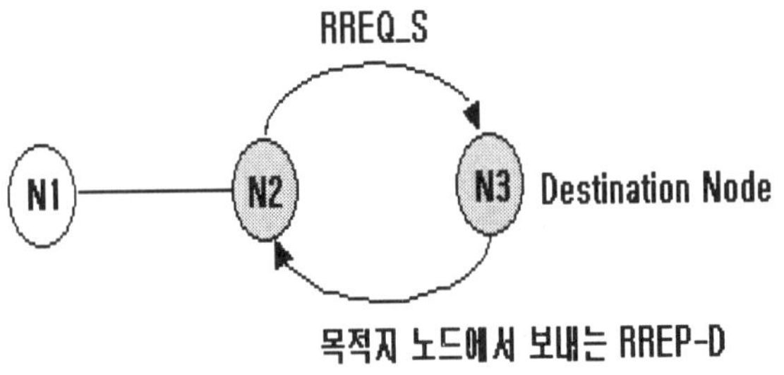

그림 7.17 목적지 노드의 양방향 링크 인식

목적지 노드까지 양방향성 경로의 여부는 RREP-S 패킷 내의 순방향 라우팅 경로와 역방향 라우팅 경로를 비교하여 서로 같을 경우, 목적지 노드까지의 양방향 경로 필드를 '1' 로 세팅한다.

목적지 노드로부터 소스 노드까지의 경로 정보를 가지고 있는 RREP-S가 목적지 노드에 도착하면 노드는 이 경로 정보를 역방향 경로로 전송하며 각 중간 노드들은 순방향 경로설정과 동일한 방법으로 라우팅 테이블을 생성한다.

(2) 다중 경로 설정

라우팅 경로 검색 시, RREQ 패킷의 방송으로 인해 목적지 노드까지의 최단거리 경로 이외의 여러 우회경로를 발견할 수 있다. 이러한 우회경로들은 사용중인 최단거리 경로가 손실되었을 경우, 신속한 복구를 위해 사용한다. 순방향 경로 탐색 시, 목적지 노드는 최초의 RREQ-S의 도착 후, 즉시 응답하는 것이 아니라 일정시간 우회경로를 탐색하며 도착할 다른 RREQ-S를 기다린다. 목적지 노드에서 수집된 순방향 경로들은 최적의 경로로 판단되는 다중경로를 최대 3개까지 RREP-D에 포함하여 소스 노드로 전송한다. 이 RREP-D를 포함한 RREQ-D는 순방향 경로 검색 때와 마찬가지로 다중 경로로 방송되어 소스 노드에 도달한다. 수신된 RREP-D의 정보를 바탕으로 소스 노드는 목적지 노드까지의 다중경로를 설정한다. 또한 소스 노드에서 수신한 RREQ-D를 분석하며 수집된 역방향 경로 정보들은 RREP-S를 통하여 목적지 노드로 전송한다. 마찬가지로 목적지 노드는 RREP-S의 경로 정보를 이용하여 역방향 다중경로를 설정한다. 이와 같이 발견된 다중경로들에 전송 부하를 감소시키기 위해 각각의 경로에 경로 식별 자를 부여하여 구분한다.

이러한 다중경로 발견 시, 기존의 방식을 그대로 적용하면, RREQ 패킷의 방송으로 인하여 최단경로와 인접된 노드를 거치는 중복되는 경로를 발견할 가능성이 높다. 그림 7.18은 RREQ 패킷에 요구 식별 자를 사용한 기존의 방식을 설명하고 있다. 노드 N1/N2/N3를 거쳐 N4로 방송되었을 경우, N5에서 전송된 RREQ-S는 N4에서 이미 N3에서 도착한 동일한 요구 식별 자를 발견하므로 제거된다. 따라서 목적지 노드는 최단경로인 N1/N2/N3와 N1/N2/N3/N4를 다중 경로로 결정한다. 다시 말하면, 최단경로와 근접한 경로를 재발견하는 문제점이 발생한다. 이는 이동 애드 혹 네트워크의 이동성 등에 기인하여 중복된 링크에서 연결실패를 감지한 경우, 신속한 복구를 위해 설정한 다중경로를 사용할 수 없게 한다.

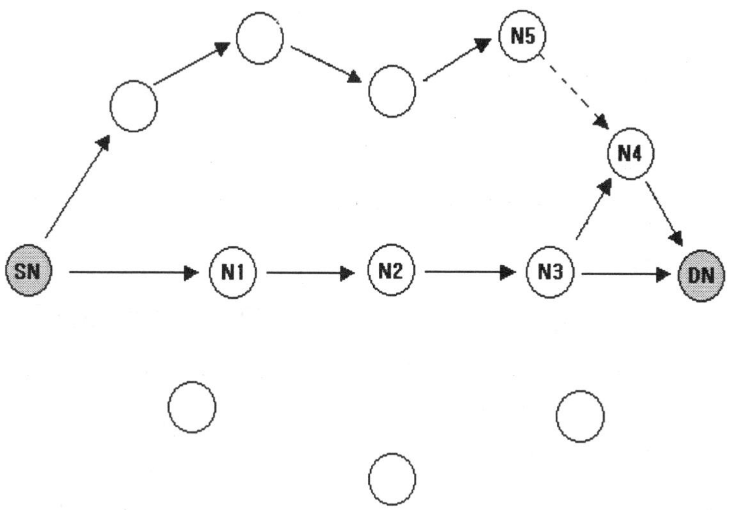

그림 7.18 요구 식별 자만을 사용한 경우의 다중경로 문제점

이러한 문제를 해결하기 위한 방식은 가능한 최단경로와 별개의 다른 경로를 갖는 다중경로를 발견하기 위해 똑같은 요구 식별 자를 이미 수신한 노드에서 바로 RREQ를 제거하는 것이 아니라, 일단 계속해서 RREQ 방송을 진행하다가 노드의 캐쉬에 저장된 경로와 비교하여 하나라도 같은 경로가 발견되면 그때 비

로소 삭제하는 방식이다. 그림3.19에서와 같이 RREQ 패킷이 이미 N1/N2/N3 노드를 경유하였다고 가정하자. 한편 소스 노드에서 다른 방향으로 경로를 발견하며 노드 N6에서 방송한 RREQ는 전파도달 거리 내에 있는 노드 N2로 RREQ를 전달하게 된다. 노드 N2는 노드 N6에서 수신된 RREQ가 동일한 요구 식별 자를 가지고 있더라도 동일한 경로를 가지지 않으므로 이를 방송한다. 노드 N3에 수신된 RREQ는 이미 발견된 경로의 일부인 N2/N3의 경로를 포함하므로 이 시점에서 노드 N3는 이 RREQ를 폐기한다.

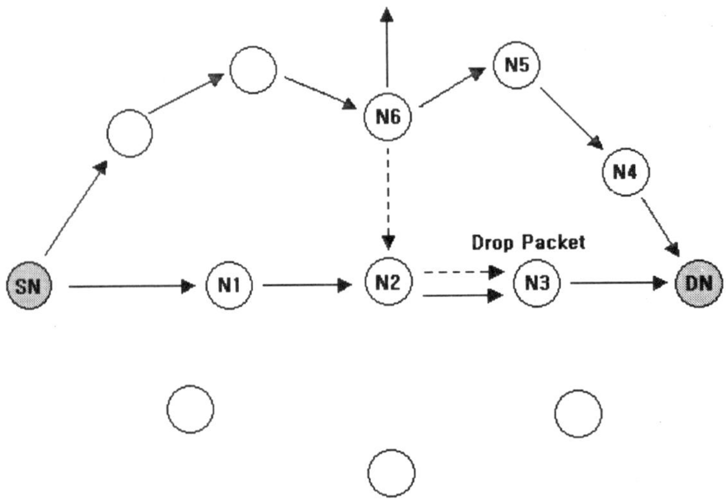

그림 7.19 중복된 RREQ 패킷의 폐기

(3) 최적화

경로 발견 시에 RREQ-S 패킷이 목적지 노드까지의 라우팅 정보를 가지고 있는 중간 노드를 만나면 방송을 중지하고 그 정보를 사용하여 경로를 설정한다. 즉, RREQ-S의 방송이 중단되며, 이 노드의 라우팅 정보를 이용하여 목적지 노드까지 RREQ-S를 유니 캐스트하여 목적지 노드까지의 경로를 완성한다. 역방향 경로는 이전과 동일한 방법으로 RREQ-D를 방송하여 경로를 발견한다. 여기서 중간 노드가 목적지 노드까지의 경로를 자신의 캐쉬에 갖고 있는 경우는 다음과 같은 경우로 나누어 처리한다.

① 양방향 캐쉬 정보를 가질 경우

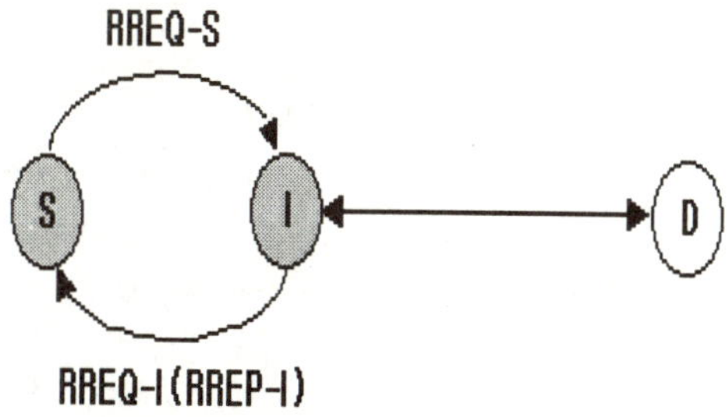

그림 7.20 중간 노드의 캐쉬에서 양방향 경로 발견

이것은 소스 노드의 RREQ-S에 대해서 중간 노드가 목적지 노드까지의 양방향 경로를 캐쉬에 가지고 있을 경우를 말하는 것으로 중간 노드는 소스 노드의 RREQ-S에 대해서 경로응답을 할 수 있다. 중간 노드는 수신된 RREQ-S의 라우팅 테이블에서 소스 노드에서 자신까지의 경로와 캐쉬에 있는 목적지 노드까지의 경로 정보를 이용하여 RREP-I에 저장한다. 그 후, 중간 노드는 목적지 노드에서 처리하는 것과 동일한 방식으로 RREP-I를 포함하여 RREQ-I를 소스 노드로 방송한다. 이 때, 소스 노드로부터 중간 노드까지의 경로가 양방향 경로로 결정 방, 소스 노드에서 목적지 노드는 양방향 경로로 설정된다. 활성 경로 상에 있는 노드들은 라우팅 캐쉬를 갱신하며, 목적지 노드도 수신된 역방향 경로 상에 있는 노드들의 라우팅 캐쉬 정보를 갱신한다. 만약, 그림3-9와 같이 소스 노드와 중간 노드 간이 단방향일 경우, 기존의 경로발견 방식과 동일하게 단 방향 경로를 설정하고, 중간 노드에서 목적지 노드까지의 경로는 그대로 사용하여 각 노드의 테이블을 갱신한다.

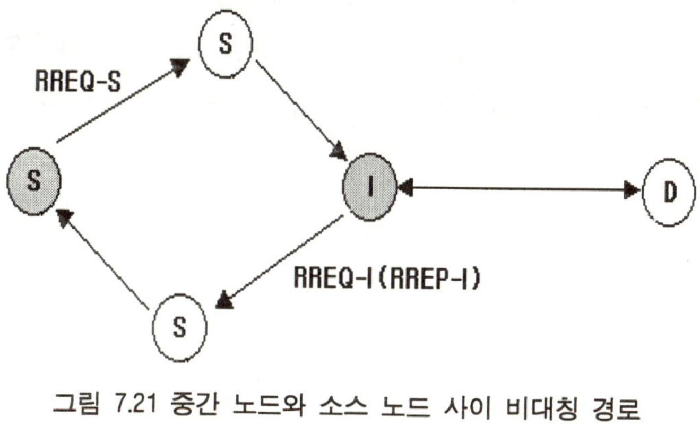

그림 7.21 중간 노드와 소스 노드 사이 비대칭 경로

② 단 방향 캐쉬 정보를 가질 경우

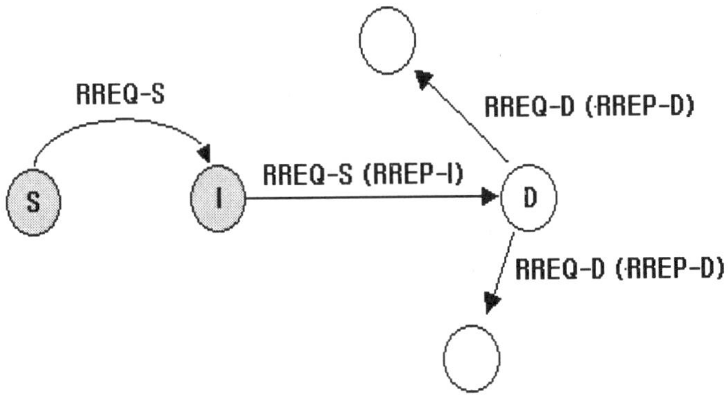

그림7.22 중간 노드와 목적지 노드 사이 단 방향 경로

중간 노드가 목적지 노드까지의 단 방향 경로를 캐쉬에 갖는다는 것은 중간 노드가 이전의 통신에서 현재의 목적지 노드로의 단 방향 경로를 사용되어 테이블에 등록은 되어 있지만, 양방향 링크 필드가 '0' 으로 세팅된 것을 의미한다. 그림 7.22는 소스 노드의 RREQ-S에 대해서 중간 노드가 목적지 노드까지의 단 방향 경로를 캐쉬에 갖고 있는 경우를 나타낸다. 중간 노드는 경로발견을 중지하고, 일정시간 동안 소스 노드에서 중간 노드로의 다중경로를 기록한 RREP-I를 포함한 RREQ-S를 유니캐스트 방식으로 전송한다. RREQ-S를 수신한 목적지 노드의 이후 과정은 일반적인 경우의 경로발견과 동일하게 수행된다. 이 방식은 RREQ의 방송을 줄임으로써 전체 망의 부하를 감소시키는 장점을 갖는다.

역방향 경로 검색 시, 소스 노드까지의 경로를 갖고 있는 중간 노드를 만나게 될 경우, 순방향일 경우와 달리 RREQ-I를 목적지 노드로 전송하지 않고, 유니캐스트 방식으로 소스 노드까지 전송한다. 왜냐하면, 소스 노드는 목적지 노드까지의 중간 노드들에게 라우팅 테이블을 작성하기 위한 정보와 역방향 정보를 포함하여 보내므로 불필요한 전송이기 때문이다.

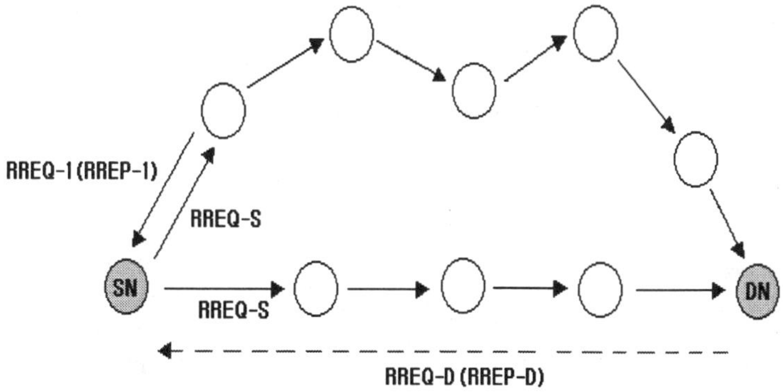

그림 7.23 최단경로의 반영

중간 노드에서 목적지 노드까지 양방향 경로가 존재할 경우, RREQ 패킷의 방송이 중단되기 때문에 목적지 노드는 RREQ를 받지 못한다. 따라서 목적지 노드에 도착한 RREQ를 이용한 다중경로 설정 시에 제외된다. 중간 노드에서 경로가 발견될 때는 먼저 발견된 경로를 사용하여 통신하며, 나중에 발견된 경로와 비교하여 현재 사용 경로보다 짧은 경로가 수신된 경우, 송신중인 데이터가 있다면 송신이 완료되는 순간에 새로운 최단경로로 갱신을 하여 전송하고, 송신중인 데이터가 없다면, 즉시 새로운 최단경로로 갱신한다. 만약, 현재 사용 중인 경로보다 짧지는 않지만, 저장되어 있는 다중경로들과 비교해서 짧은 경로일 경우는 다중경로 중에서 더 긴 경로와 대체한다. 그 후, 그 경로에 대한 경로 갱신 메시지를 전송한다.

이상과 같이 발견된 경로들은 각 노드들에 라우팅 테이블로써 저장되어 동일한 소스 노드 또는 다른 소스 노드들에 의하여 사용될 수 있다. 그러나 무선 Ad Hoc 망의 특성 상 노드들은 이동성을 가지고 있기 때문에 노드들에 저장된 라우팅 테이블 정보는 활용될 시점에서 잘못된 정보일 수 있다. 따라서 라우팅 테이블은 일정기간 사용되지 않는 경로는 자동으로 폐기하거나, 적절히 지정된 시간 내에 갱신되도록 타이머(timer)를 이용한다.

2) 경로 유지

유선 네트워크와는 달리 이동 애드 혹 네트워크에서의 모든 노드들은 무선 환경에 의한 요인과 이동성에 기인하여 설정된 경로를 사용하지 못할 경우가 발생한다. 따라서 경로들의 사용 여부는 주기적으로 확인되어야 하며 경로 손실을 감지한 경우, 다시 발견되어야 한다. AODV에서는 노드들 간에 주기적인 Hello

메시지를 교환하여 이웃노드들 간의 링크를 점검한다. 이러한 방법은 경로손실을 빠르게 인식할 수 있는 장점이 있지만, 주기적인 메시지를 방송하므로 전송부하를 증가시킨다. 또한 모든 링크가 양방향이 아닐 경우는 이러한 알고리즘을 사용할 수 없다는 단점이 있다.

각 노드의 설정된 경로상태를 항상 모니터링 하여, 지역적인 경로의 연결실패에 대해서 신속히 복구를 할 수 있다. DSR에서와 마찬가지로 종단 간 신호, Explicit 신호, 감청모드 등을 사용하여 모니터링을 수행한다. 완전히 단 방향 경로이거나 감청모드를 사용하여 이웃노드와의 연결실패를 탐지할 수 없을 경우, 전송 계층이나 응용 계층의 ACK(acknowledgment)를 사용하거나 에러 제어 메시지를 주기적으로 전송하는 종단 간 신호를 사용한다. 즉, 양방향 링크가 존재하는 두 노드 간에 경로손실은 두 노드 간에 데이터 전송 시, 즉시 감지 될 수 있다. 반면에 단 방향 링크만이 존재하는 두 노드간의 경로손실은 데이터 전송 시, 즉시 감지될 수 없으며, 소스 노드와 목적지 노드 간에 종단 간 신호방식을 통해서 그 경로 상에 손실을 감지한다. 종단 간 신호방식은 패킷의 전송 시에 소스 노드와 목적지 노드 간의 이동 총 홉 수를 참조하여 타이머를 작동시키며, 정상적인 경우, 패킷을 수신한 목적지 노드에서는 이에 대한 응답패킷을 소스 노드로 보내며 이를 지정된 시간 내에 수신한 소스 노드는 데이터 전송이 정상적이며 기존의 라우팅 정보가 정상적으로 사용 가능한 것임을 나타낸다.

만일 중간 노드의 이동, 전력 강등, 또는 노드 사이의 장애물 등으로 인하여 연결이 끊어졌을 때, 다음과 같은 경우를 고려하여 경로손실을 처리한다.

(1) 양방향 경로이고, 노드 간 양방향 링크 손실인 경우

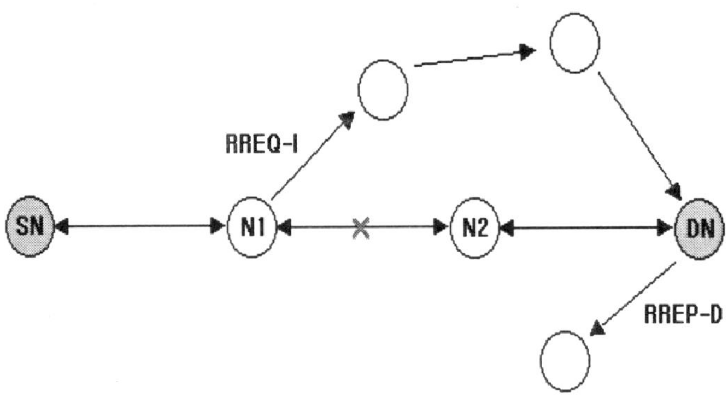

그림 7.24 양방향 경로 상의 양방향 링크 손실

N1 노드는 패킷을 다음 경로인 N2 노드로 전송하며 N2 노드는 다음 노드로 전송하고 있다. 무선망의 특성상 패킷은 모든 방향으로 방송되므로 N2 노드에서 다음 노드로 전송되는 패킷은 N1 노드에서도 들을 수 있다. 단, N1-N2 노드 간 양방향 링크가 존재할 경우만 가능하다. 만약, N1 노드와 N2 노드 간의 연결이 끊어졌다면, N1 노드는 N2 노드에서 전송되는 패킷을 감청하지 못한다. 그러나 N1 노드에서 N2 노드로의 연결이 끊어졌는지, N2 노드에서 N1 노드로의 연결이 끊어졌는지를 판단할 수는 없지만, 일단 두 노드 간의 연결이 손상되었다고 가정하고 즉시, 이를 즉각 복구한다. N1 노드는 TTL 값을 남은 홉 수의 2배로 설정한 후, RREQ-I 패킷을 목적지 노드로 방송한다. 만약, RREQ-I가 목적지 노드에 도착한 경우, 목적지 노드는 링크손실을 인식하고 저장되어 있는 다중경로 중 최선의 경로로 RREP-D를 전송한다. 소스 노드는 이 정보를 이용하여 캐쉬를 갱신한다.

(2) 양방향 경로가 아니고, 노드 간 양방향 링크 손실인 경우

N1 노드는 링크손실을 감지하고, 경로발견을 위한 RREQ-I를 방송한다. 이미 지정된 TTL 값 내에 목적지 노드를 찾은 경우, 목적지 노드는 자신의 캐쉬에 저장된 다중경로 중 손상된 노드를 거치지 않는 역방향 경로를 선택해 임시경로에 대한 정보를 소스 노드로 전송한다.

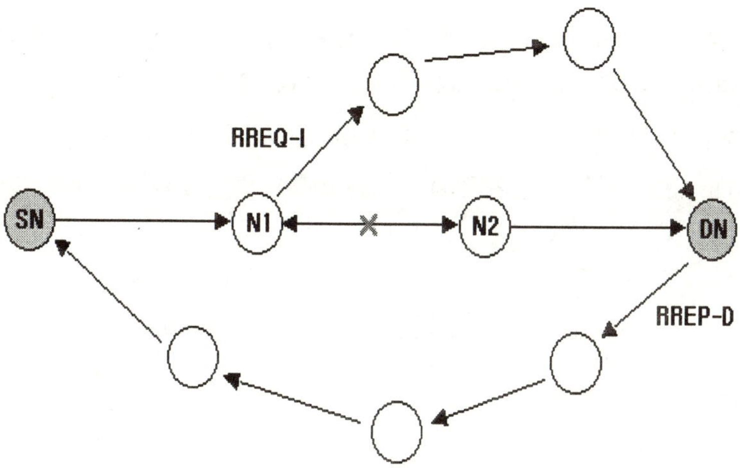

그림 7.25 단 방향 경로 상의 양방향 링크 손실

(3) 양방향 경로가 아니고, 노드 간 단 방향 링크 손실인 경우

그림 7.26 단 방향 경로 상의 단 방향 링크 손실

그림7.26과 같이 N2 노드에서 N1 노드로의 링크가 없다. N1 노드는 N2 노드로부터의 응답을 기다리지 않으며, N1 노드는 N2 노드와의 링크가 손실되었는지 알지 못한다. 결국 소스 노드는 타이머 시간에 이를 때까지 기다리게 되며, 그 시간 내에 응답패킷을 받지 못하였을 경우, 다음과 같은 결정을 내린다.

첫째, 소스 노드의 캐쉬 내에 목적지 노드까지의 여분의 다중경로가 존재하면 이를 이용하여 재 전송한다. 이때, 다중경로의 유효성을 감사하기 위해 경로 확인 패킷을 이용한다. 둘째, 모든 다중경로가 유효하지 않거나 존재하지 않으면 새로운 경로 발견을 실행한다.

7.6 NS 기본 무선 모델

7.6.1 이동 노드(Mobile node)

기본적인 NS(Network Simulator)의 노드로써 이동성과 같은 기능뿐만 아니라 채널 상에 데이터를 싣거나 전송하는 능력을 갖는다. 이때, 이동성은 노드의 움직임, 주기적인 위치 갱신, 그리고 토폴로지(topology) 관리를 포함한다. 노드 자체는 펌핑(pumping) 기능 즉, 계층화기(classifier), 역다중화(demultiplexer), 연결 계층, MAC, 및 채널의 관리를 수행한다.

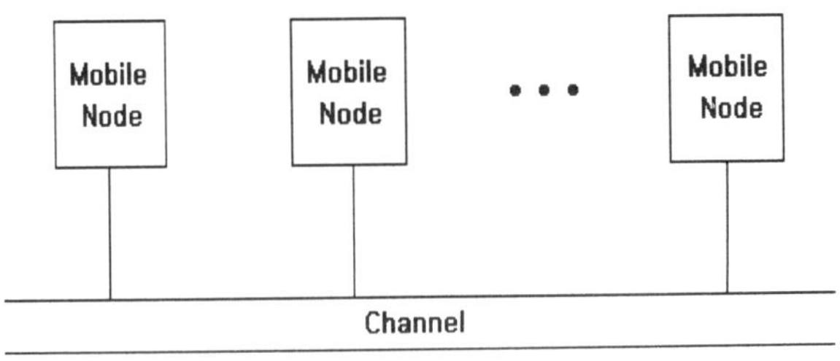

그림 7.27 이동 노드의 논리적 구조

1) 노드 이동성

일반적으로 이동노드는 3차원의 토폴로지에서 움직일 수 있도록 설계되지만, 여기서는 Z평면이 항상 0인 2차원 평면에서의 움직임을 고려하여 설계하였다. 따라서 이동노드는 계속적으로 노드의 움직임을 X, Y, Z의 좌표 값을 갖는다. 이때, 이동노드의 움직임을 추적하기 위해 두 가지 메커니즘이 사용된다. 첫째로 노드의 시작 위치와 향후 목적지를 고정시키는 방식으로 독립된 시나리오 파일로 관리된다. 둘째로 노드의 랜덤(random) 이동을 적용하는 방식으로 계속적인 위치 갱신이 요청된다.

2) 이동 노드내의 네트워크 구성요소

(1) 연결 계층(Link Layer : LL)

모든 링크 계층의 특성을 포함하며, 이동노드에 대한 일반적인 링크 계층의 유일한 차이는 모든 출력 패킷에 대한 하드웨어 주소 변환을 위해 ARP 모듈과 연결되었다는 점이다. 라우팅 에이전트에서 수신된 패킷은 채널에 실리기 위해 인터페이스 큐로 아래 방향(down stream)으로 이동되며, 채널에서 수신된 패킷은 MAC을 통해 노드 엔트리(Entry)까지 상위 방향(up stream)으로 이동된다.

(2) ARP(Address Resolution Protocol)

ARP의 수행은 연결 계층에서 수행된다. 링크 계층에서 질의를 수신하여 목적지 노드의 하드웨어 주소를 패킷의 MAC 헤더에 싣는다. 만약 테이블에 필요한 하드웨어 주소가 존재하지 않을 경우, 방송하기 전에 패킷을 일시적으로 저장한다. 또한 이미 알고 있던 주소가 질의된 경우는 이전에 기록된 주소를 제거하고 새로운 주소를 테이블에 추가한다. 일단 패킷의 다음 홉 주소가 결정되면, 인터페이스 큐에 삽입한다.

(3) IFQ(Interface Queue)

패킷의 임시 저장소로 일정한 크기를 갖는다. 일반적으로 공평성(fairness)을 제공하기 위해 drop-tail 방식을 사용하지만, 특별한 주소를 위한 필터기능과 특별한 목적지 주소를 제거할 수 있는 기능을 제공하는 우선순위(priority) 방식을 이용한다.

(4) MAC 계층

IEEE 802.11을 따르며, 물리적이고 가상적인 캐리어(carrier) 감지를 수행하는 CSMA/CA를 지원한다. MCA에서는 오직 식별 자가 일치하는 패킷에 한해서 상위계층으로 전달하는 기능을 담당한다. 특히, 감청모드를 이용해 패킷의 주소를 확인한 후, 자신의 것이 아니면 상위로 전달하지 않고 다시 내보내는 기능을 수행한다.

(5) NIF(Network Interface)

채널에 접속을 위한 하드웨어 인터페이스로 패킷충돌에 민감하며, 특히 전송 모델을 이용하여 수신된 패킷의 전력이나 파장을 통해 수신가능, 포착가능, 그리고 탐지가능을 결정한다.

(6) 무선 전송 모델(Radio Propagation Model)

물리 계층에서 동작하는 감쇠 모델로써 비교적 근거리에서는 1/r2에 비례하며, 원거리는 근사적으로 1/r4에 비례한다.

(7) RSAgent(Routing Agent)

네트워크 계층에서 동작하며, 다중 홉 무선 네트워크를 성능평가하기 위해 사용할 수 있는 라우팅 프로토콜을 제공한다. CMU Monarch 프로젝트에 의해 제공되는 요소로는 DSR, DSDV, TORA, 그리고 AODV가 있다.

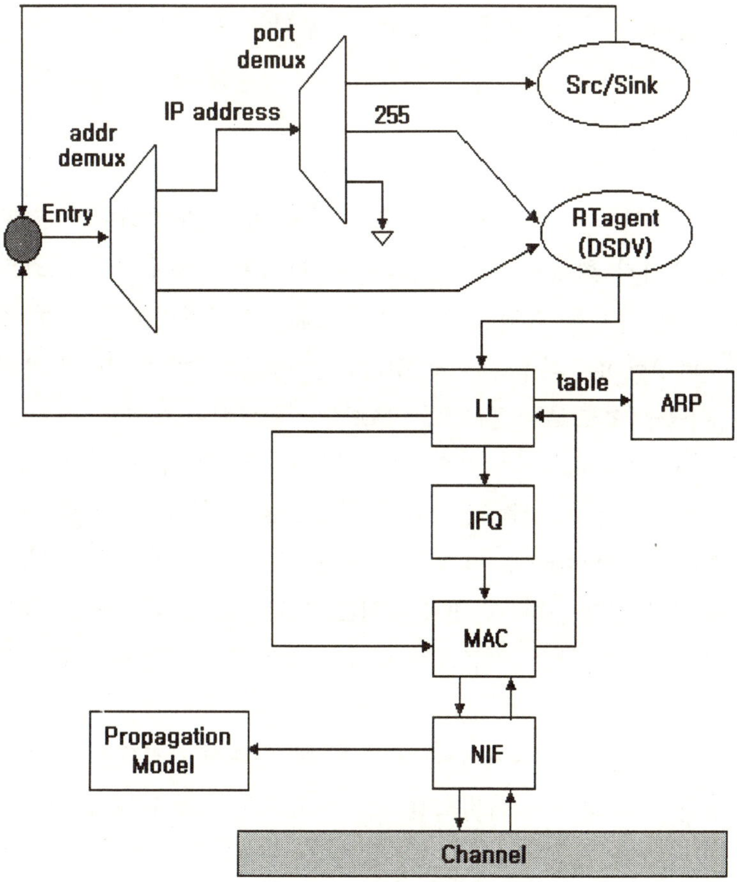

그림 7.28 CMU 무선 확장모델 하의 이동노드 계층구조

7.6.2 주소(Address)

1) IP 주소

IP 주소는 상위 24 비트의 고유한 주소와 하위 8 비트의 포트 수로 분리될 수 있는 총 32 비트의 단위로 구성된다. 기존의 표현 방식에서 사용하는 여분의 코드를 이용하여 분류기를 구분할 수도 있지만 여기서는 사용하지 않는다.

2) MAC 주소

MAC 주소는 6 바이트로 정의되었지만, 실제적인 주소에 접근하고 저장하기 위해서 상위 4 바이트만이 사용된다. 이것은 오직 232개의 주소를 표현할 수 있으며, 802.3과 같이 멀티캐스트를 지원할 수 없다는 문제가 발생된다.

7.6.3 Mobile IP

Mobile IP는 호스트의 이동성을 지원하기 위해 개발된 인터넷 프로토콜로 호스트가 이동할 때마다 환경을 재설정한다. 특히 기존의 라우터와 호스트를 수정할 필요 없이 사용 가능한 장점을 갖는다. Mobile IP 시나리오를 위해 내부 에이전트(HA : Home Agent), 외부 에이전트(FA : Foreign Agent), 및 HA와 FA 사이를 움직이는 이동-호스트(MH : Mobile Host)가 구성된다.

이동 에이전트인 HA와 FA는 기본으로 기지국 노드이며, 등록(registering) 에이전트를 이용하여 비콘(beacon)신호를 이동노드로 분출한다. 또한 그림 7.29에 나타낸 캡슐화(encapsulator)와 역캡슐화(decapsulator)를 설치하며 MH로부터의 요청을 요구하거나 응답한다. 반면에 MH는 기본적으로 이동노드이지만, 등록에이전트를 갖고, 비콘 신호를 수신하여 응답한다. 또한 HA와 FA의 요청을 내보낸다.

망에 상주하는 가상의 라우터의 개념인 Mobile IP 에이전트를 이용하여 기본적인 패킷전송을 수행하는데 서비스를 제공하는 각 링크 위에 존재하여 이동노드가 효과적인 통신을 할 수 있게 한다. 또한 이동노드를 등록하고 해제하며, 터널링을 위한 주소를 생성하거나 삭제하는 역할을 담당한다.

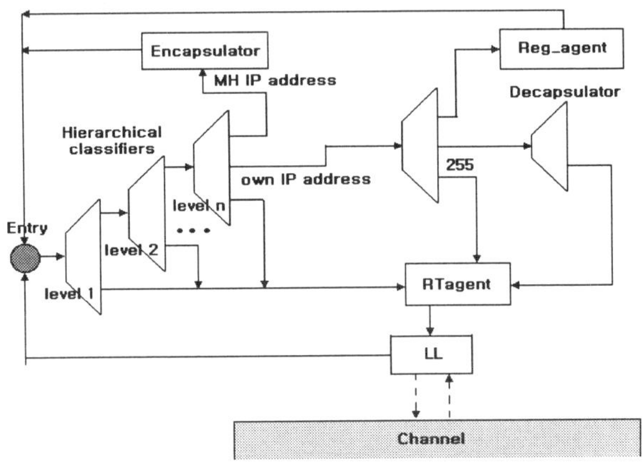

그림 7.29 무선 이동 IP 기지국 노드의 계층구조

1) COA(Care Of Address)

현재의 망 연결점에 대한 정보를 제공하는 것으로 갭슐화를 위한 중간주소로 사용된다. 여기서 갭슐화란 목적지 노드로 데이터를 전송하기 위해 중간에서 IP 주소를 일시적으로 재지정하는 방식으로 터널링이라고 한다. 즉, 이동노드에 부여되고 서버에 의해 할당된 임시주소로써 내부주소와 이동성 결합을 통해 내부 에이전트에 등록한다.

2) 동작 원리

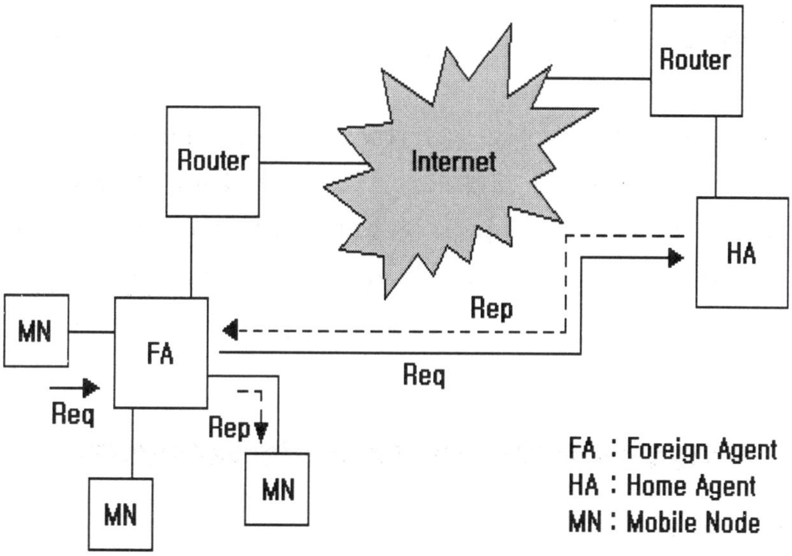

그림 7.30 이동 IP 동작 원리

이동 에이전트는 광고 메시지를 통해 자신의 존재를 알리며, 이동노드는 선택적으로 자신이 속한 이동 에이전트에게 요구(Req.) 메시지를 보내 광고 메시지를 요청한다. 응답(Rep.) 메시지를 수신한 노드가 자신의 내부 에이전트에 속한 것으로 결정된 경우는 이동 서비스 없이 동작하고, 외부 에이전트에서 내부 에이전트로 다시 되돌아 온 경우는 등록되어 있던 내용을 제거한다. 만약, 이동노드가 자신이 속한 내부 에이전트를 떠나 외부 에이전트로 이동한 경우는 현재 속한 외부 망으로부터 COA를 수신한다. 이때 COA는 외부 에이전트의 광고로 결정되거나 DHCP(Dynamic Host Configuration Protocol)와 같은 주소할당방식에 의해 결정된다. COA를 할당받은 이동노드는 내부 에이전트와 외부 에이전트의 등록 요구/응답 과정을 통해 새로운 COA를 등록한다. 이동노드로 전달되는 데이터는 내부 에이전트가 이동노드의 COA를 이용해 전송된다. 반대의 경우는 역 경로를 통해 전달되는 것이 아니라 표준 IP 라우팅 방식에 의해 내부 에이전트를 경유하지 않고 목적지 노드로 전달된다. 그림7.30은 진행 과정을 설명한 것이다.

7.7 ad-hockey

7.7.1 개 요

ad-hockey는 NS에서 CMU Monarch 확장 판에 의해 사용되는 시나리오 파일 생성을 도와주며, 시뮬레이션 트레이스 파일을 시각화하는 Perl/TK 프로그램이다. 즉, 이것은 시뮬레이터 그 자체를 호출하는 것이 아니므로 ad-hockey로 재생하기 위해서는 .viz 파일을 적재하기 전에 viz-trace를 이용해 시뮬레이터에 의해 생성된 출력 트레이스 파일을 out.tr.viz 파일로 생성하는 처리를 선행해야만 한다.

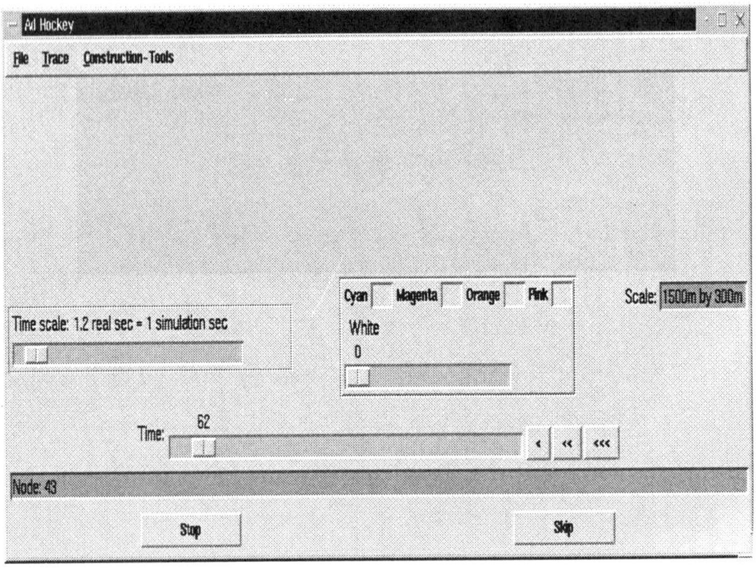

그림 7.31 ad-hockey 시각화 툴

7.7.2 동작

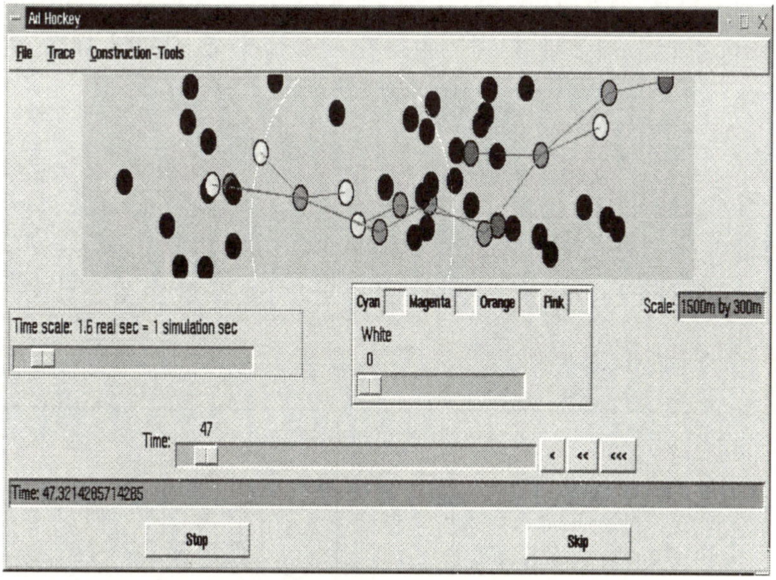

그림 7.31 ad-hockey를 이용한 시뮬레이션 예

7.8 네트워크 시뮬레이션 환경

7.8.1 C++과 Otcl

시뮬레이션은 단위 패킷의 빠른 처리와 이동성 제공을 위해 C++을 사용하고, 주기적이고 트리거(trigger) 된 처리와 펌핑 기능을 위해서 Otcl을 사용한다.

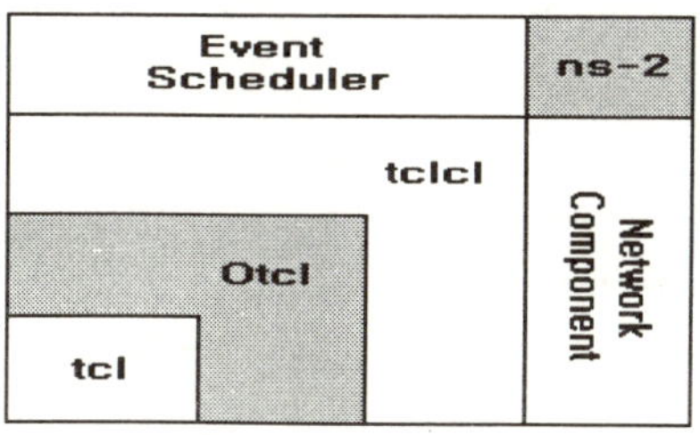

그림 7.32 tcl 해석기

1) 독립성(Separation)

C++은 컴파일러를 제공하며, 모든 패킷과 관련된 데이터를 처리한다. Otcl은 해석기(interpreter)를 제공하며, 주기적이거나 트리거 된 작위에 대한 제어 부분을 담당한다.

2) 이중성(Duality)

C++을 호출하기 위한 Otcl의 함수는 command(), result()등이 있고, Otcl을 호출하기 위한 C++의 함수는 tcl, eval()등이 있다. 단, 이들은 항상 쌍으로 존재해야만 한다.

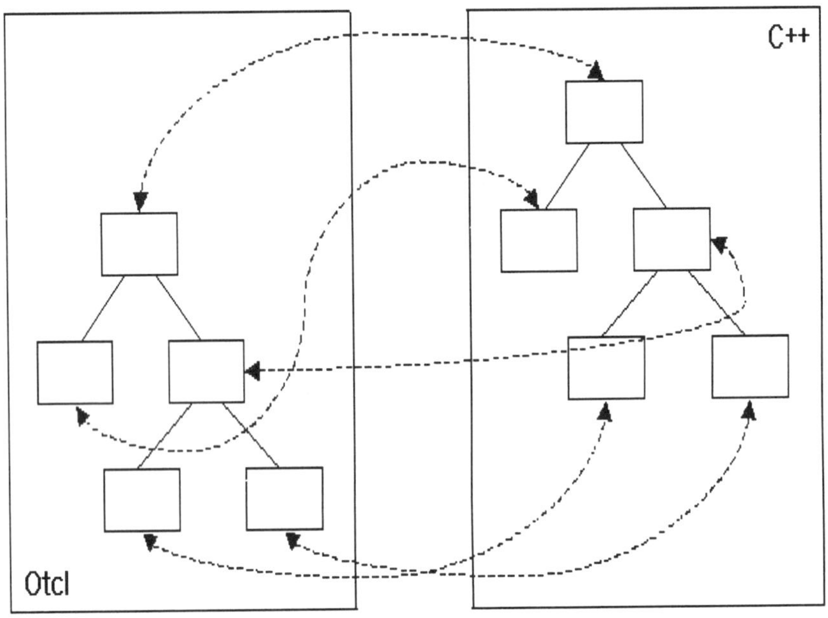

그림 7.33 Otcl과 C++의 이중성

7.8.2 기본 구성요소

1) 이벤트 스케쥴러(Event Scheduler)

별개의 이벤트에 대한 스케쥴러를 생성하여 시간에 따른 핸들러(handler)로 동작한다.

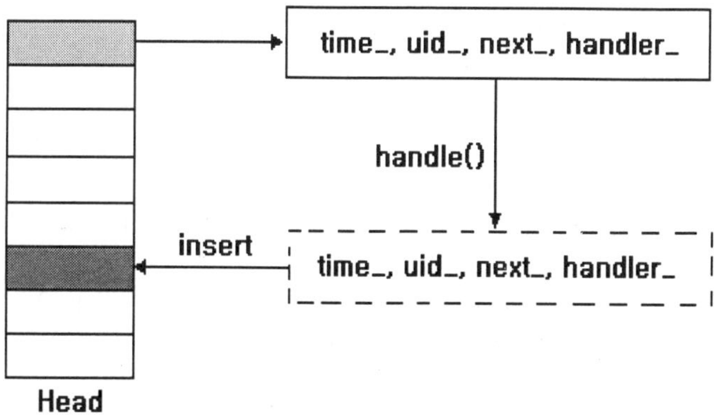

그림 7.34 스케쥴러의 동작 원리

2) 네트워크

가장 기본적인 단위인 노드를 세팅한 후, 대역폭, 지연, 및 큐의 형태를 규정하는 링크를 설정한다. 이때, 링크의 형태가 단방향인지 양방향인지를 설정한다.

LAN의 경우는 노드 리스트, 대역폭, 지연, 링크 형태, 인터페이스 형태, MAC 형태, 및 채널을 설정한다.

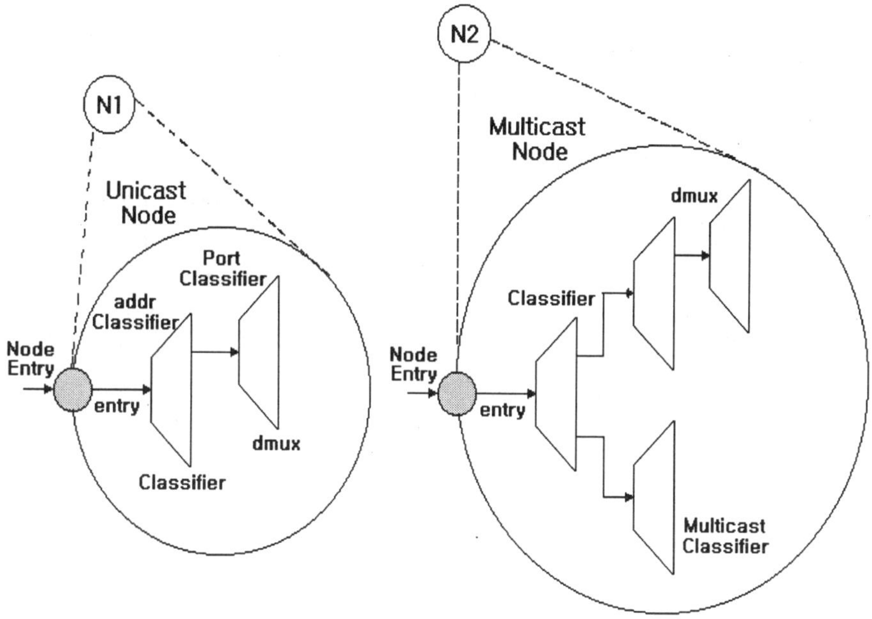

그림 7.35 네트워크 토폴로지-노드

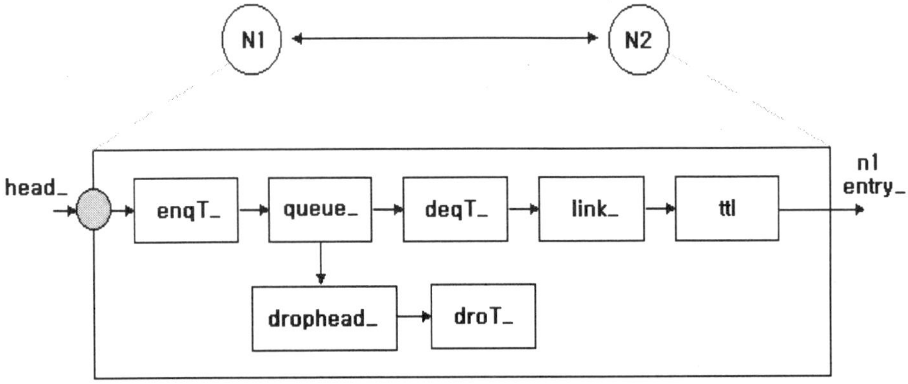

그림 7.36 네트워크 토폴로지-링크

3) 라우팅

라우팅 프로토콜로 유니캐스트와 멀티캐스트를 지원한다. 유니캐스트의 형태는 static, session, DV, cost, 및 multi-경로로 설정할 수 있고, 멀티캐스트의 형태는 CtrMcast, DM, ST, 및 BST를 설정할 수 있다.

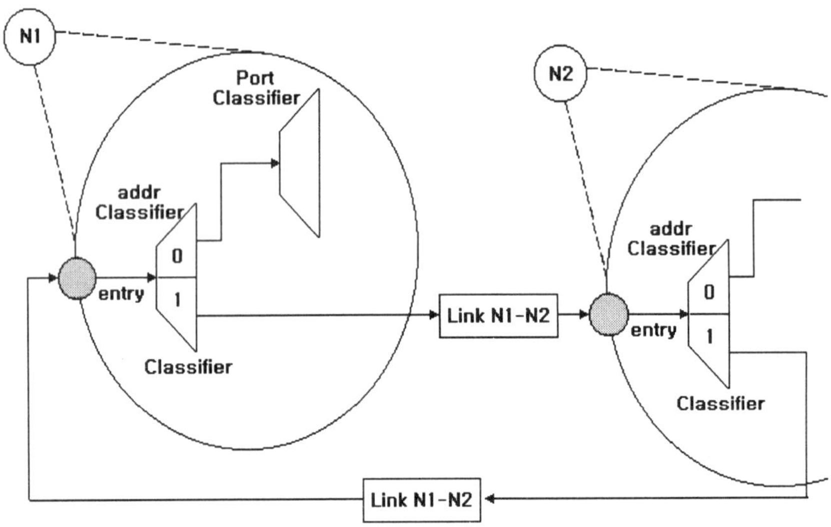

그림 7.37 라우팅 설정 과정

(1) DSR

DSR 노드의 구조는 그림 7.38에 나타내고 있다. DSR 이동 노드는 주소 역 다중화기와 라우팅 프로토콜 에이전트를 통합한 DSR 에이전트로 구성된다.

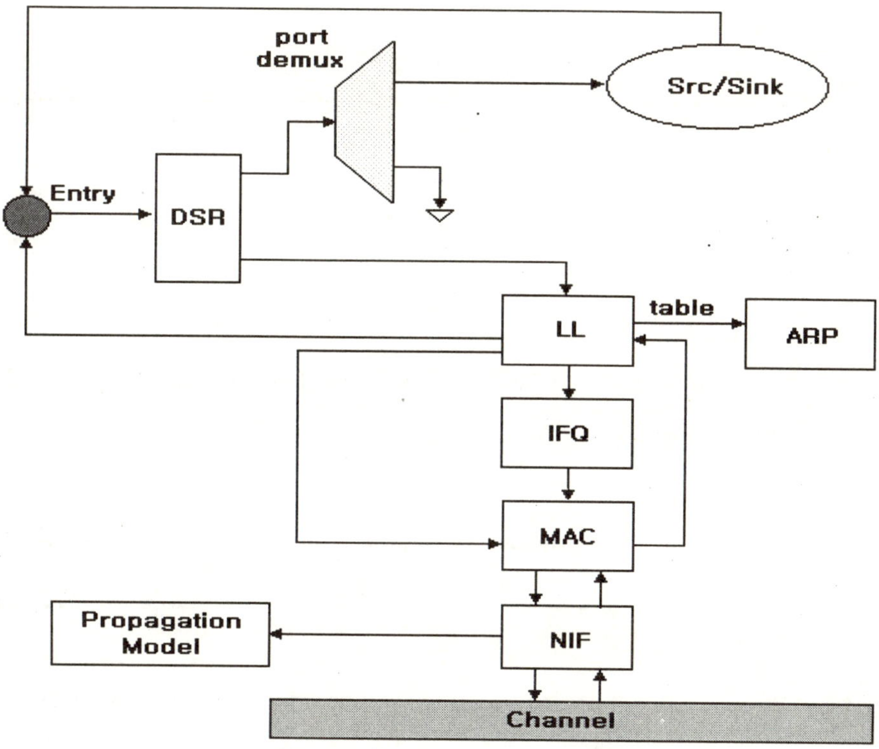

그림 82.38 DSR 이동 노드의 구성도

4) 연결 설정

(1) UDP(User Datagram Protocol)

비연결성 프로토콜로 신뢰성을 요하지 않는 작은 정보전송이나 산발적으로 발생하는 정보전송에 적합한 메시지 블록의 형태를 갖는다. 목적지까지 안전하게 전송되었는지의 여부를 확인하지 못하며, 재전송이나 흐름제어와 같은 기능을 제공하지 않는다.

(2) TCP(Transmission Control Protocol)

연결형 프로토콜로 가상회선을 구성하여 안전한 메시지 전송을 보장한다. 계속적으로 전송에러를 감지하여 전송도중의 손실에 대한 재 전송을 지시한다. 그러나 가상회선을 설정하는데 많은 시간이 소모되며 비교적 큰 대역폭을 필요로 한다. 향후 무선 환경에서의 QoS를 보장하기 위해서 대역관리에 대한 추가적인 사항이 요구된다.

표 7.2 TCP와 UDP의 비교

항목 \ 프로토콜	TCP	UDP
연 결 성	연결지향	비 연결형
오류/흐름 제어	제공	미 제공
전 송 형 태	바이트 스트림	블록

5) **Tracing**

그림 7.39는 트레이스(trace) 파일의 위치를 나타낸 것으로 이 파일을 분석하여 성능평가를 수행한다.

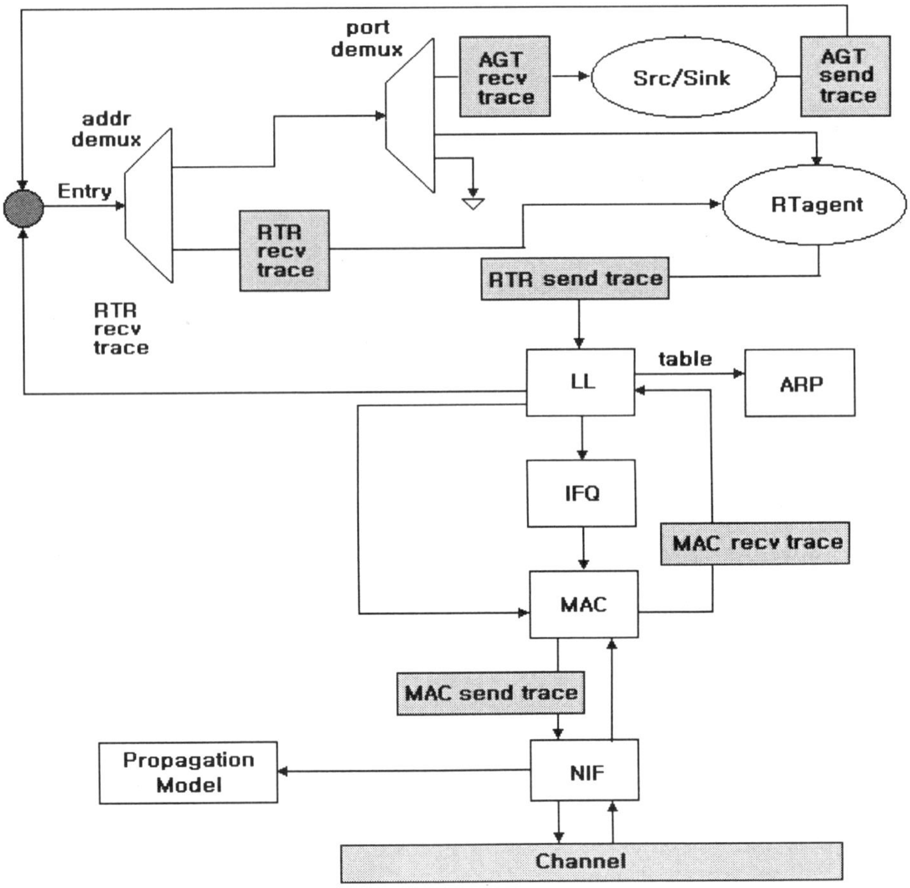

그림 7.39 패킷 트레이싱의 위치

제8장 이동 애드 혹 네트워크에서의 트래픽 관리

트래픽(traffic)은 통신망에서 통신 터미널들이 통신을 위해서 전송하고 수신하는 정보 데이터나 제어 데이터를 포함하는 모든 통신 량을 의미한다. 따라서 트래픽 관리(traffic management)는 통신 량을 잘 관리하여 사용자들이 정보를 신속하고 정확하게 송수신할 수 있도록 해주는 모든 과정들을 포함한다. 이러한 과정들은 라우팅(routing), 데이터 흐름 제어(data flow control), 데이터 에러 제어(data error control), 데이터 혼잡 제어(data congestion control), 가용 주파수 자원 제어(available frequency resource control) 등이 있다.

일반적으로 통신에서의 트래픽 관리란 통신 정보량을 적절하게 제어하여 정보를 신속하고 정확하게 송신 원에서 수신 원으로 전달하는 것에 목적이 있다. 이러한 트래픽 관리를 위한 필수적인 사항이 바로 라우팅 즉 경로 설정이다. 경로 설정이란 송신을 개시하는 시점에서 송신 지점에서 수신 지점으로 어느 경로를 이용하면 가장 신속하게 데이터가 전달되어질 수 있는 지를 결정하는 것이다.

라우팅 과정은 일반적으로 주어진 경로가 얼마나 데이터를 신속하게 전송할 수 있는지에 대한 정보를 주어진 시간에 정확하게 파악하는 것이 가장 중요한 부분이다. 따라서 라우팅은 독립적으로 운영되는 것이 아니라 데이터 혼잡 제어, 가용 주파수 자원 제어 등과 상호 연관 관계를 가지면서 복잡한 과정을 통해 이루어지게 된다.

이번 장에서는 트래픽 관리의 여러 가지 분야 중에서 특히 가용 주파수 자원 제어와 데이터 혼잡 제어에 대하여 알아보고자 한다. 경로를 구성하는 각각의 링크가 제공할 수 있는 주파수 자원들을 정확하게 파악하여 전체 경로의 유용한 주파수 자원에 따라 데이터 전송을 신속하고 정확하게 할 수 있는 방법을 고려한다.

트래픽 관리란 네트워크 상에서 네트워크의 부하가 특정한 곳에 집중되어 전체 네트워크에 영향을 미치게 되어 사용자가 요구하는 네트워크의 주파수 자원(frequency resource)이나 대역폭이 현재 네트워크의 가용 주파수 자원(avaliable frequency resource)보다 많아 네트워크의 성능이 떨어지게 될 때 한정된 주파수 자원을 효율적으로 전체 네트워크로 분배함으로써 네트워크내의 성능의 최적화와 함께 신뢰성 있는 서비스를 제공하는 것을 의미한다. 또한 사용자들이 원하는 서비스 품질을 보장해주면서 네트워크 자원의 활용도를 극대화시키는 기술이다.

특히, 유선 네트워크는 물론 무선 상에의 두 지점 간에 복수 개의 경로(또는 대체 경로)가 존재하는 경우 트래픽 관리는 큰 의미를 갖는다.

트래픽 관리는 사용자들의 다양한 서비스 요구를 최대한 만족시킬 수 있는 과정들을 포함하고 사용자들의 다양한 서비스 요구를 만족시키면서 동시에 네트워크의 전송 효율을 고려해야 하기 때문에 상당히 복잡한 과정을 거치게 된다.

8.1 유선 네트워크에서의 트래픽 관리

지금까지 인터넷 IP(Internet Protocol) 네트워크는 대부분 송신하는 패킷(packet)의 질(quality) 즉 전송 속도나 전송품질을 고려하지 않은 채 목적지까지의 전송에 통신의 목적을 집중하는 서비스가 제공되었다.

최근 들어 인터넷의 급속한 성장으로 백본 네트워크(backbone network)는 급증하는 IP(Internet Protocol) 트래픽에 대처하기 위해 자신들의 네트워크 내에 라우터(router)와 전송 링크(transmission link)를 증설하고 있다. 이로 인해 백본 네트워크는 노드(node)와 링크의 측면에서 확장되고 있으며 따라서 네트워크 내에 송신원에서 수신 원으로 데이터를 전송하는 수많은 대체 경로가 존재하게 되었다. 뿐만 아니라 다른 기종 간의 네트워크를 연결시켜주는 라우터의 자체 기능에 여러 가지 네트워크 상황을 주기적으로 알아오는 모니터링 기술과 이에 대한 대체 경로의 사용으로 인해 보다 주어진 네트워크의 환경에 적응적이고 신속한 관리의 필요성에 따라 트래픽 관리의 중요성이 더욱 부각되고 있는 실정이다.

그림 8.1은 유선 네트워크에서 라우터 R1을 거쳐 목적지 R7로 가게 되는 데이터 경로의 흐름을 간단하게 표현하였다.

먼저 라우터 R1을 통해 데이터가 들어오게 된다. 원래 라우터 R1을 통해 R2-R3-R6-R7의 경로로 데이터 패킷의 전송이 이루어지고 있었다. 하지만 네트워크 상에서의 데이터 경로는 시간이 변함에 따라 이들 경로 상에 데이터 패킷의 폭주와 부하 패킷의 증가로 인한 트래픽 혼잡과 네트워크 부하로 인해 경로상의 데이터 패킷의 전송이 원활하지 못한 현상이 발생된다. 이러한 현상이 발생한 근본적인 이유는 유선 네트워크에서 경로 설정 시 R1 라우터부터 R7 라우터까지의 최단경로 R1-R2-R4-R6-R7을 결정함으로써 실질적으로는 경로 상의 대역폭 등 경로 상의 문제점 등을 정확하게 판단하지 못하고 단순히 최단 경로의 특성만으로 경로를 설정함으로써 실질적인 네트워크의 환경을 고려하지 않았기 때문이다.

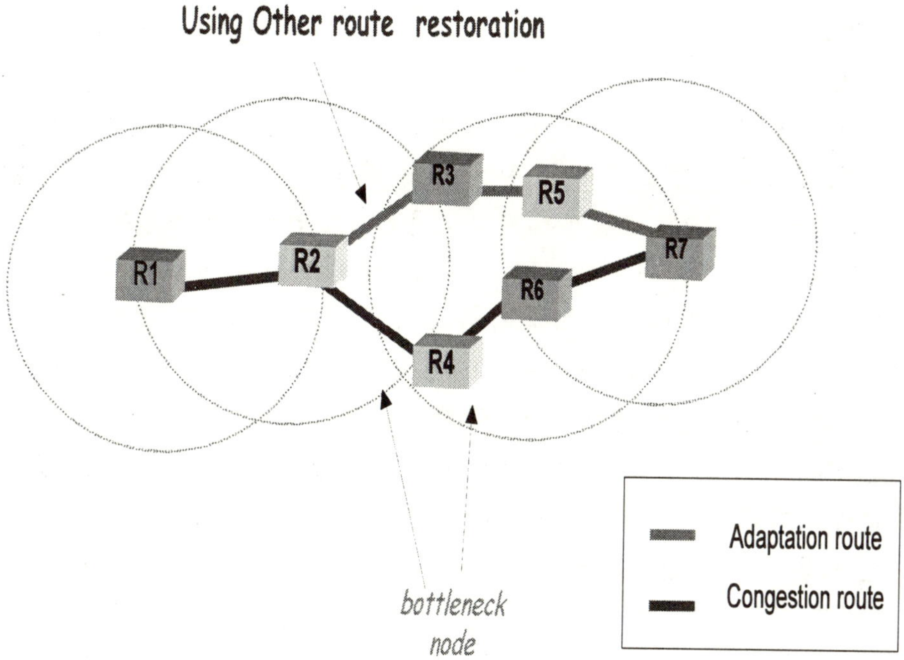

그림 8.1 유선 네트워크에서의 트래픽 관리

이러한 문제에 대한 대책 방안으로 현 경로상의 트래픽 혼잡을 R1 라우터 자체에서 경로 상의 데이터 흐름이 원활한 다른 경로로 우회함으로써 네트워크내의 트래픽 혼잡과 부하를 줄일 수 있다. 결국 전체 네트워크의 원활한 송수신을 가능하게 하는 것이다.

네트워크 내의 환경을 고려한 트래픽 관리 기법은 특정한 흐름이나 데이터 패킷에 우선순위(priority)를 주어 데이터의 전송 율을 높임으로써 다른 데이터 흐름의 전송을 막게 되는 QoS(Quality of Service) 방법과 달리 네트워크의 제한된 자원 값을 최대한 활용하여 효율적으로 트래픽을 분산시킴으로써 전체 네트워크의 성능을 향상시키고 신뢰성 있는 데이터 전송을 가능하게 하는 중요한 의미를 가진다.

8.2 이동 애드 혹 네트워크에서의 트래픽 관리

유선 네트워크와 달리 이동 애드 혹 네트워크에서는 이동성이 추가된 다수의 이동 노드로 구성되어져 시간적으로 변화하는 경로를 가진 자치 분산 네트워크로서 동일한 소스 노드와 목적지 노드에 대한 다수의 경로가 존재할 수 있기 때문에 트래픽 관리의 역할은 중요하다.

이동 애드 혹 네트워크 환경에서는 각 노드 내의 송신 단과 수신 단 간의 비대칭 문제, 노드의 이동성 문제 및 무선 링크 환경 문제 등으로 인해서 특정한 링크에 데이터 패킷이나 기타 제어 패킷의 혼잡으로 인한 네트워크의 상태는 실질적으로 전체 네트워크의 데이터 수신율 감소뿐만 아니라 여러 가지 네트워크 성능에 영향을 미치게 때문에 이에 대한 트래픽 관리가 절실히 필요하다.

이동 애드 혹 네트워크에서의 라우팅 프로토콜들은 경로 발견(route discovery)과 동시에 경로 설정이 된 후 각 노드들에서 발생되는 네트워크 트래픽과 병목(bottleneck) 현상에 대한 구체적인 대처 방안이 고려되지 않은 실정이어서 실제로 이동 애드 혹 네트워크 내에서의 트래픽 혼잡이나 네트워크의 부하로 인한 병목 현상이 발생했을 때 네트워크 성능이 현저히 저하하는 실정이다.

이동 애드 혹 네트워크에서의 트래픽 관리의 이해를 돕기 위해서 이전에 배웠던 DSR(Dynamic Source Routing) 프로토콜을 근간으로 하는 트래픽 관리 라우팅 프로토콜을 설명하고자 한다.

8.3 DSR 프로토콜 트래픽 관리 경로 발견

이동 애드 혹 네트워크에서의 트래픽 관리를 위한 DSR 프로토콜의 경로 발견 과정은 다음과 같다. 네트워크의 통신 형태는 양방향 경로를 제공하지 않는 것으로 간주하다.

① 소스 노드가 RREQ-S 패킷을 이웃 노드로 브로트캐스트

② 중간 노드가 소스 노드에서 전송한 RREQ-S 패킷을 수신하고 다시 이웃 노드로 RREQ-S 패킷을 브로드캐스트

③ 목적지 노드에서 RREQ-S를 수신한 뒤 순방향 경로를 RREP-D에 저장한 뒤 RREQ-D에 피기백방식(piggyback)으로 덧붙여 이웃 노드로 브로드캐스트

④ 목적지 노드에서 보낸 (RREP-D + RREQ-D) 패킷을 역방향 중간 노드가 수신하고 다시 이웃 노드로 (RREP-D + RREQ-D) 패킷을 브로드캐스트

⑤ 역방향 중간 노드를 경유하여 목적지 노드에서 전송한(RREQ-D + RREP-D)을 소스 노드가 수신

8.3.1 경로의 구성

두 노드사이에 통신 요구가 있을 시 소스 노드로부터 목적지 노드까지의 경로를 발견하기 위하여 소스 노드가 자신의 경로 캐쉬(route cache)에 목적지 노드까지의 경로가 있는 경우는 해당 경로를 사용하여 데이터를 전송하고 없는 경우에 목적지 노드로 경로 설정을 위한 RREQ-S 패킷을 브로드캐스트 한다. 그림 8.2는 소스 노드 S에서 목적지 노드 D까지의 경로 설정 과정을 나타내고 있다.

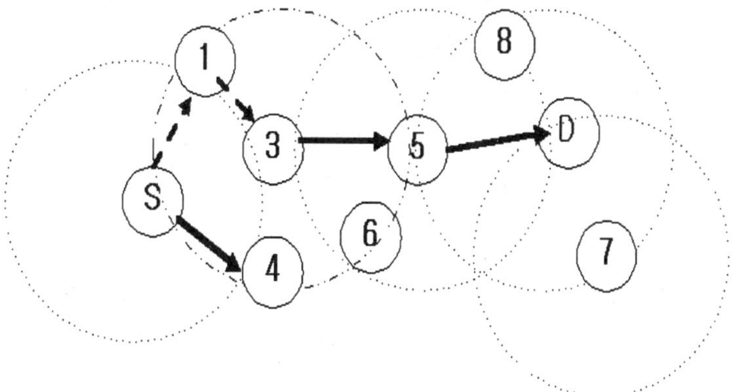

그림 8.2 경로 발견 과정

1) 소스 노드에서 RREQ-S 패킷을 목적지 노드를 향해 전송하는 경우

먼저 소스 노드는 RREQ-S 패킷을 브로드캐스트 방식으로 일정 네트워크 반경 내에 있는 노드들에게 전송한다.

2) 중간 노드가 소스 노드에서 전송한 RREQ-S 패킷을 수신하는 경우

중간 노드가 소스 노드에서 전송한 RREQ-S 패킷을 수신하는 경우에는 다음과 같은 과정을 수행하게 된다.

(1) 트래픽 제어 과정

소스 노드로부터 RREQ-S 패킷을 받은 중간 노드는 RREQ-S 패킷을 받음과 동시에 자신의 트래픽 테이블(traffic table)을 검사하여 현재 자신의 노드가 현재 받은 RREQ-S에 대해 자신의 링크를 제공해 줄 수 있는 지를 결정하는 트래픽 제어 과정을 한 다음, 제공 가능하다면 아래의 과정을 수행하고 제공해주지 못하게 되는 경우에는 받은 RREQ-S 패킷을 폐기하거나 다른 경로로 우회하게 하게 한다.

(2) 중복 또는 루프 검사

트래픽 제어 과정을 거친 중간 노드는 수신된 RREQ-S가 자신의 <소스 주소, 요구 식별 자> 목록에 포함되어 있는지를 확인하고, 목록에서 발견되면 RREQ-S를 폐기한다. RREQ-S가 노드의 <소스 주소, 요구 식별 자>목록에 포함되어 있지 않고 경로 레코드에서 자신의 주소가 발견되지 않은 경우 자신의 경로 캐쉬에 목적지 노드까지의 경로가 저장되어 있는 경우는 그 경로를 이용해서 목적지 노드까지 RREQ-S를 유니 캐스트 한다. 한편, 경로 캐쉬에 목적지 노드까지의 경로가 없는 경우에는 자신의 주소를 RREQ-S의 경로 레코드에 추가시킨 뒤 RREQ-S를 이웃 노드로 다시 브로드캐스트 한다.

3) 목적지 노드에서 RREQ-S를 수신한 뒤 순방향 경로를 RREP-D에 저장한 뒤 RREQ-D에 피기백방식(piggyback)으로 덧붙여 이웃 노드로 브로드캐스트 하는 경우

그림 8.3은 이동 애드 혹 네트워크에서의 목적지 노드에서 RREQ-S 패킷을 수신한 뒤 목적지 노드에서 소스 노드로의 경로 즉 역방향 경로를 발견하기 위한 과정을 보여주고 있다.

목적지 노드 D1에 수신된 RREQ-S에 대해서는 RREQ-S의 경로 레코드에 기록된 경로를 목적지 노드 D1의 경로 캐쉬에 저장하고 RREP-D에 복사한 후 목적지 노드의 경로 캐쉬에 소스 노드까지의 경로가 있는 경우는 RREP-D를 해당 경로를 통해 유니 캐스트하고 경로가 없는 경우는 목적지 노드에서 소스 노드로의 역방향 경로를 발견하기 위해 RREP-D를 RREQ-D 패킷에 덧붙여 목적지 노드에서 소스 노드로 브로드캐스트 한다.

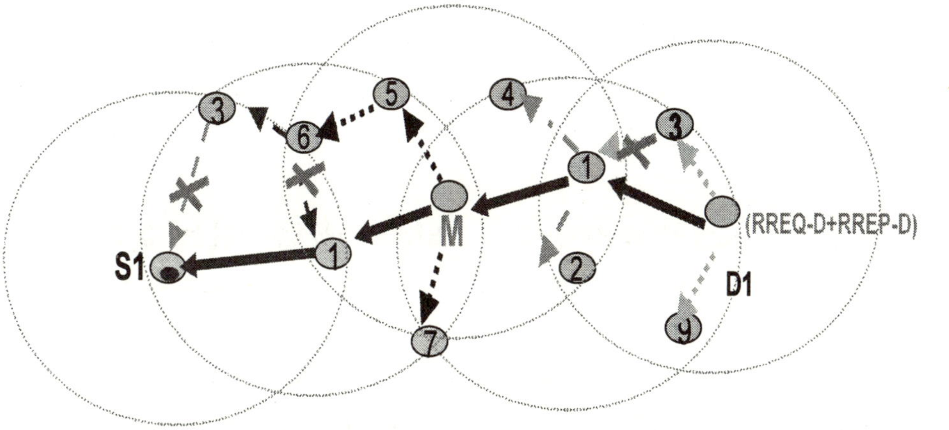

그림 8.3 역방향 경로 발견 과정

4) (RREP-D + RREQ-D) 패킷을 역방향 중간 노드가 수신하는 경우

역방향 중간 노드가 목적지 노드에서 전송한 (RREP-D + RREQ-D) 패킷을 수신하는 경우에는 다음과 같은 과정을 수행하게 된다.

(1) 트래픽 제어 과정

목적지 노드로부터 소스 노드로부터 (RREP-D + RREQ-D) 패킷을 받은 중간 노드는 (RREP-D + RREQ-D) 패킷을 받음과 동시에 자신의 트래픽 테이블(traffic table)을 검사하여 현재 자신의 노드가 현재 받은 (RREP-D + RREQ-D) 패킷에 대해 자신의 링크를 제공해 줄 수 있는 지를 결정하는 트래픽 제어 과정을 한 다음, 제공 가능하다면 아래의 과정을 수행하고 제공해주지 못하게 되는 경우에는 받은 (RREP-D + RREQ-D) 패킷을 폐기하거나 다른 경로로 우회하게 하게 한다.

(2) 중복 또는 루프검사

트래픽 제어 과정을 거친 중간 노드는 수신된 (RREP-D + RREQ-D)가 자신의

<소스 주소, 요구 식별 자> 목록에 포함되어 있는지를 확인하고, 목록에서 발견되면 (RREP-D + RREQ-D) 패킷을 폐기한다. (RREP-D + RREQ-D)가 노드의 <소스 주소, 요구 식별 자>목록에 포함되어 있지 않고 경로 레코드에서 자신의 주소가 발견되지 않은 경우 자신의 경로 캐쉬에 소스 노드까지의 경로가 저장되어 있는 경우는 그 경로를 이용해서 소스 노드까지 (RREP-D + RREQ-D)를 유니 캐스트 한다. 한편, 경로 캐쉬에 소스 노드까지의 경로가 없는 경우에는 자신의 주소를 (RREP-D + RREQ-D)의 경로 레코드에 추가시킨 뒤 (RREP-D + RREQ-D)를 이웃 노드로 다시 브로드캐스트 한다.

5) 소스 노드에서 (RREQ-D + RREP-D)를 수신하는 경우

목적지 노드에서 보낸 (RREP-D + RREQ-D) 패킷을 받은 소스 노드는 다음과 같은 과정을 수행한다.

소스 노드 S1은 RREQ-D에 덧붙여진 RREP-D의 패킷을 받음과 동시에 RREP-D의 경로 레코드를 참조하여 순방향 최단 경로와 역방향 최단 경로를 자신의 경로 캐쉬에 저장하고 역방향 최단 경로를 RREP-S에 넣어서 순방향 최단 경로를 사용해서 목적지 노드까지 유니 캐스트하고, 데이터 패킷을 결정된 순방향 최단 경로를 통해 유니 캐스트 한다.

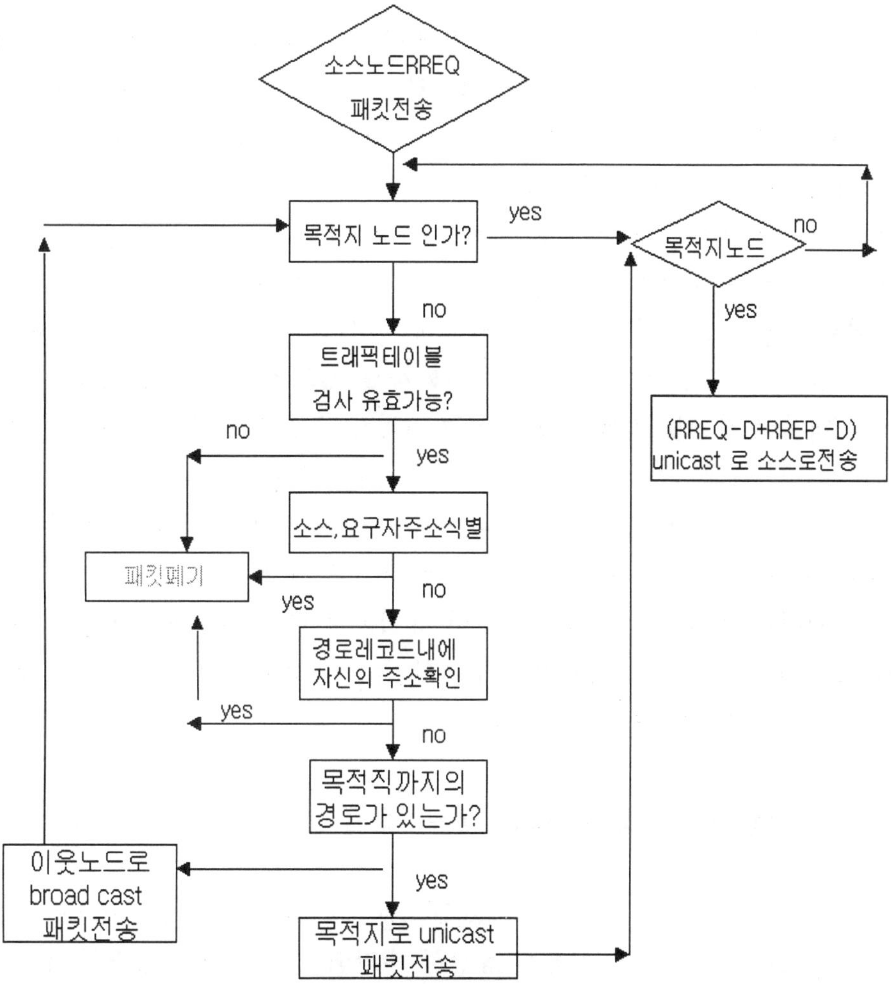

그림 8.4 트래픽 관리를 이용한 경로 발견 과정

8.4 DSR 프로토콜 트래픽 관리 경로유지

이동 애드 혹 네트워크에서 생성된 경로를 유지하는 방법에는 양방향성을 고려해서 감청모드나 종단 간 응답 메시지 그리고 홉과 홉 응답 메시지 등 여러 가지가 있으나 단 방향 환경임을 고려하는 경우는 일정 시간 마다 주어진 데이터 경로를 따라 소스 노드에서 목적지 노드를 향하여 헬로 메시지(hello message)를 전송한다.

소스 노드에서 순방향 경로를 통해서 목적지 노드로 헬로 메시지를 송신하고 목적지 노드가 헬로 메시지를 수신하여 이에 대한 응답으로 확인 헬로 메시지를 역방향 경로를 이용하여 소스 노드로 전송한다. 한편 목적지 노드에서 보낸 확인 헬로 메시지를 소스 노드가 수신하여 주어진 경로에 대한 에러의 생성 유무를 판단하여 경로를 유지 관리한다.

주어진 경로에 대한 경로 유지를 하는 이유는 이동 애드 혹 네트워크 내에서 경로를 구성하는 이동 노드들의 빈번한 이동과 노드의 이동에 의한 경로 에러가 발생하였을 경우 이를 소스 노드가 신속하게 파악하여 즉 목적지 노드로부터 확인 헬로 메시지를 수신하지 못함으로 인해 해당 경로의 에러를 감지하여 소스 노드에서 데이터 전송을 위한 경로 재설정 과정을 수행하여 데이터 패킷 손실을 최소화함으로써 결국 데이터 수신율을 향상 시킬 수 있기 때문이다.

또한 이동 애드 혹 네트워크 내에서의 특정 노드에 집중되어지는 데이터 트래픽과 기타 제어 패킷의 부하를 트래픽 제어 과정을 통해 전체 네트워크로 분산 시키기 위해서는 트래픽 테이블의 정확한 유지와 관리로 가능하기 때문에 경로의 생성과 소멸을 신속하게 판단하여 정확한 경로를 유지하는 것은 트래픽 관리에 있어서 매우 중요한 문제이기 때문이다.

8.4.1 헬로 메시지를 이용한 경로 유지

그림 8.5는 단 방향 이동 애드 혹 네트워크에서의 헬로 메시지를 이용한 경로 유지 과정을 보여주고 있다. 처음에 통신이 시작되고 나서 소스 노드에서 요구 방식에 의해 RREQ 패킷의 브로드캐스트로 인해 경로가 설정이 되고 경로 발견 과정에서 얻은 순방향 최단 경로와 역방향 최단 경로 상에 일정 시간 간격으로 소스 노드에서 목적지 노드로 주기적으로 헬로 메시지를 보내고 헬로 메시지를 수신한 목적지 노드는 다시 소스 노드로 확인 헬로 메시지를 보낸다. 목적지 노드에서 전송된 확인 헬로 메시지가 일정 시간 안에 소스 노드가 수신하게 되면 소스 노드는 현재 사용 중인 데이터 경로가 유지되고 있다고 판단하고 만약 일정 시간 안에 확인 헬로 메시지가 목적지 노드로부터 전송되어 돌아오지 않으면 소스 노드는 순방향 경로와 역방향 경로가 모두 에러가 났다고 판단하여 이들 경로를 모두 경로 캐쉬에서 삭제하고 경로 발견 과정을 실행한다.

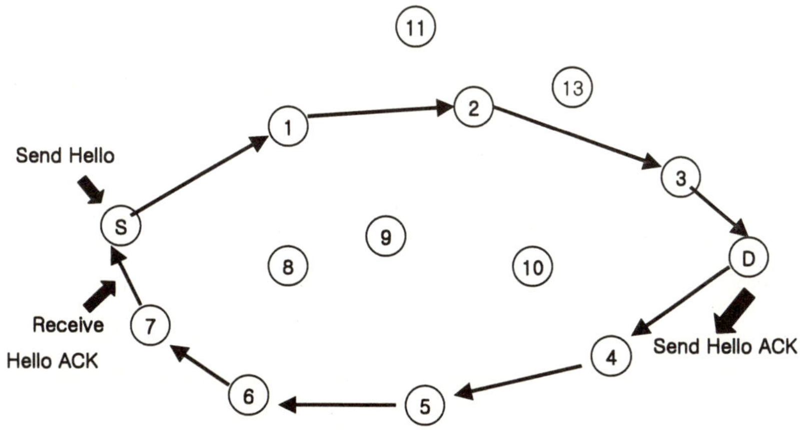

그림 8.5 헬로 메시지를 이용한 경로 유지

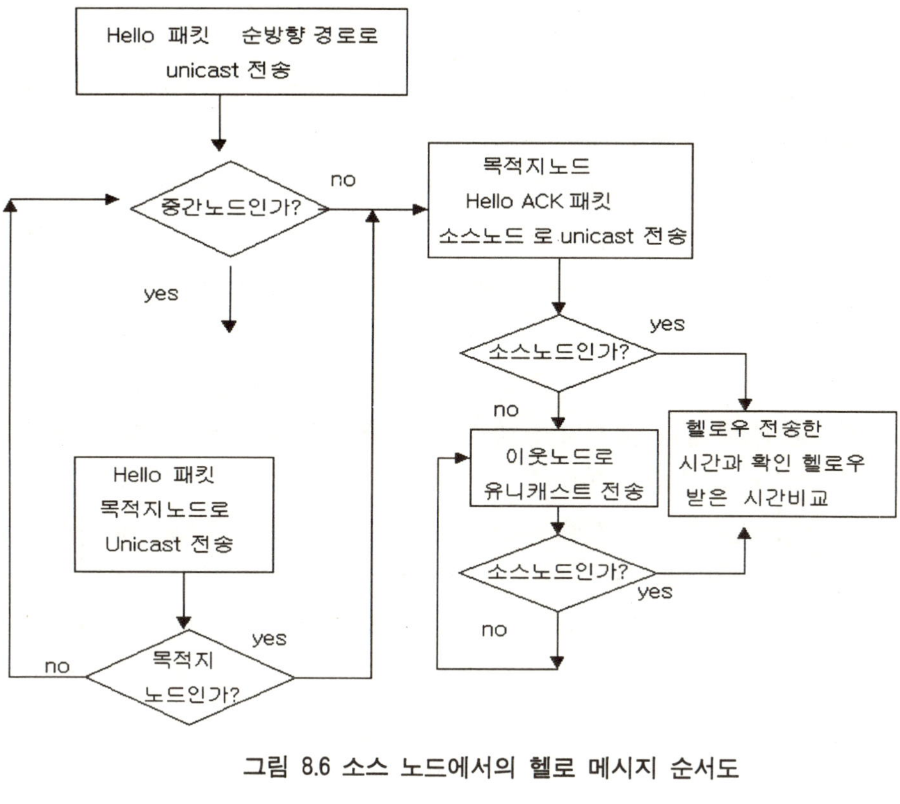

그림 8.6 소스 노드에서의 헬로 메시지 순서도

이동 애드 혹 네트워크의 단 방향 환경에서 헬로 메시지를 이용한 경로 유지 방법은 크게 5가지 과정으로 구별 할 수 있다.

① 소스 노드에서 목적지 노드로 일정시간 간격으로 헬로 메시지를 보낼 때 소스 노드는 자신의 경로 캐쉬에 저장되어 있는 소스 노드에서 목적지 노드로의 순방향 경로를 헬로 메시지의 경로 레코드에 복사한 후 이 경로를 이용하여 경로 상의 다음 노드로 헬로 메시지를 유니 캐스트 한다.

② 소스 노드에서 보낸 헬로 메시지를 수신한 중간 노드는 소스 노드로부터 받은 헬로 메시지를 헬로 메시지의 경로 레코드에 기록되어 있는 경로상의 목적지 노드를 향하여 유니 캐스트 방식으로 전송을 한다. 중간 노드에서 헬로 메시지를 수신하고 목적지 노드를 향하는 이 과정은 소스 노드에서 전송된 헬로 메시지가 헬로 메시지 경로 레코드에 저장된 목적지 노드에 도착할 때까지 반복된다.

③ 헬로 메시지를 일정한 시간 이내에 수신한 목적지 노드는 소스 노드에서 전송된 헬로 메시지를 수신함과 동시에 헬로 메시지에 응답 메시지인 헬로 응답 메시지를 자신의 경로 캐쉬에 저장되어 있는 목적지 노드에서 소스 노드로의 역방향 경로를 헬로 응답 매시지의 경로 레코드에 복사한 후 이 경로를 이용하여 경로 상의 다음 노드로 헬로 응답 메시지를 유니 캐스트 한다. 또한 목적지 노드에서 소스 노드로의 역방향 경로가 잘 유지되고 있음을 확인하게 된다.

④ 목적지 노드에서 보낸 헬로 응답 메시지를 수신한 중간 노드는 목적지 노드로부터 받은 헬로 응답 메시지를 헬로 응답 메시지의 경로 레코드에 기록되어 있는 경로상의 소스 노드를 향하여 유니 캐스트 방식으로 전송을 한다. 중간 노드에서 헬로 응답 메시지를 수신하고 소스 노드를 향하는 이 과정은 목적지 노드에서 전송된 헬로 응답 메시지가 헬로 응답 메시지 경로 레코드에 저장된 소스 노드에 도착할 때까지 반복된다.

⑤ 헬로 응답 메시지를 일정한 시간 이내에 수신한 소스 노드는 순방향 경로와 역 방향 경로가 잘 유지되고 있음을 확인하고 소스 노드에서 목적지 노드로 순방향 경로를 이용하여 데이터를 보내면서 다음 헬로 메시지 전송 시간 간격이 될 때까지 대기한다. 한편 소스 노드에서 일정 시간 내에 헬로 응답 메시지를 수신하지 못하면 소스 노드는 사용 중인 순방향 경로와 역방향 경로 상에 문제가 있음을 판단한 뒤 곧바로 경로 발견을 위해 RREQ-S 패킷을 생성한 뒤 이웃 노드로 브로드캐스트 함으로써 경로를 재설정하게 된다.

8.5 트래픽 관리 지원 과정

8.5.1 트래픽 테이블 삽입 과정

그림 8.7은 노드 M 입장에서 바라본 데이터 경로의 형성 과정을 보여주고 있다. 그림 8.7에서 노드 M 은 3개의 경로 즉 S1 - D1 , S2 - D2, S3 - D3 경로 상에 중간 노드로써 이들 경로의 중간 매개체 역할을 하고 있다. 노드 M이 이들 경로의 데이터 패킷을 받게 됨과 동시에 그 데이터 패킷의 소스 노드, 목적지 노드와 Net_id 그리고 해당 데이터 패킷을 받은 시간을 트래픽 테이블에 저장한 뒤 트래픽 테이블 해당 엔트리의 흐름 수(flow count) 란에 1을 세팅한다.

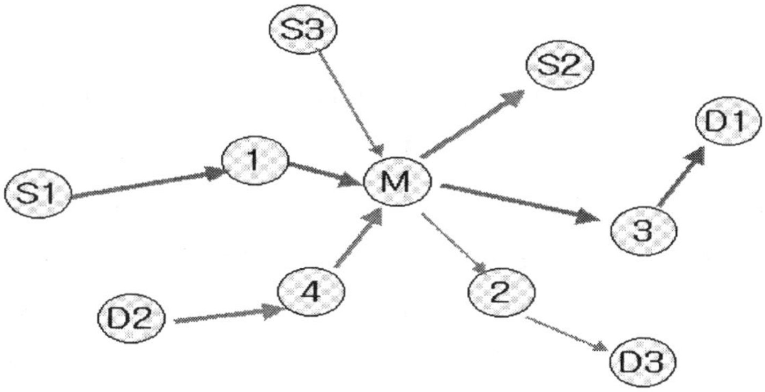

그림 8.7 여러 경로의 중간 역할을 하는 노드

통신이 진행되는 동안 해당 노드가 데이터 패킷을 받을 시에 생성되어지는 트래픽 테이블의 형성 과정과 해당 노드에서 데이터 패킷을 받고 트래픽 테이블에 저장되는 과정은 다음과 같다.

첫째, 위에서 설명한 것처럼 해당 노드가 CBR(Continuous Bit Rate)에서 공급되어지는 데이터 패킷을 처음 받은 뒤에는 그 데이터 패킷의 소스 노드, 목적지 노드, Net_id , 트래픽 테이블 삽입 시간을 저장하고 경로 수를 1로 설정한다.

둘째, 해당 노드가 연속적으로 CBR 형태로 해당 노드에 들어오는 데이터 패킷을 받고 미리 저장된 트래픽 테이블 해당 엔트리의 소스 노드, 목적지 노드, Net_id와 현재 받은 데이터 패킷의 소스 노드, 목적지 노드, Net_id와 비교하여 일치하면 트래픽 테이블에 저장된 테이블 삽입 시간을 현재 데이터 패킷을 받은 시간으로 설정한다.

셋째, 만약 해당 노드가 받은 데이터 패킷이 테이블에 저장되어있는 패킷의 소스 노드, 목적지 노드, Net_id와 일치하지 않는다면 새로운 트래픽 테이블 엔트리를 설정하고 데이터 패킷의 소스 노드, 목적지 노드, Net_id와 현재 데이터 패킷을 받은 시간을 저장하고 총 경로 수를 1 증가시킨다.

표 8.1 트래픽 테이블의 구조

소스 노드	목적지 노드	Net_id	삽입 시간	경로 수	총 경로 수
1	3	4	2	1	4
2	6	4	2.6	1	
5	8	4	4	1	
6	9	4	5	1	

표 8.1은 이동 애드 혹 네트워크에서 각 해당 노드가 데이터 패킷을 받을 시 생성하는 트래픽 테이블을 보여주고 있다.

트래픽 테이블에서는 해당 노드를 중간 노드로 사용하는 경로의 소스 노드와 목적지 노드, 패킷의 Net_id와 데이터의 트래픽 테이블 삽입 시의 시간과 흐름 수를 저장한다. 여기서 흐름 수는 각 노드의 입장에서 제공하는 경로의 수를 말한다. 표 8.1에서 현재 해당 노드를 통해 실질적으로 제공하는 경로의 흐름 수가 4개임을 보여주고 있다.

위에서 보여 지는 트래픽 테이블의 흐름 수 즉 테이블 카운트는 트래픽 관리를 이용한 이동 애드 혹 네트워크 내에서 현재 노드를 통해 제공해주고 있는 경로들의 수라고 말할 수 있다. 각 노드가 설정하는 트래픽 테이블에 저장된 흐름 수에 따라 현재 노드의 부하 량을 측정할 수 있다.

결국 각 노드가 트래픽이 빈번하고 네트워크의 부하가 많이 발생하는 환경에서 해당 노드가 제공하고 관리하는 트래픽 테이블의 흐름 수가 현재 네트워크의 환경에 적당한가에 대한 평가 기준이 될 수 있다. 따라서 이동 애드 혹 네트워크 내에서 해당 노드의 트래픽 부하를 적게 주면서 네트워크내의 트래픽을 적절하게 분산시킬 수 있는 방법이 필요하다.

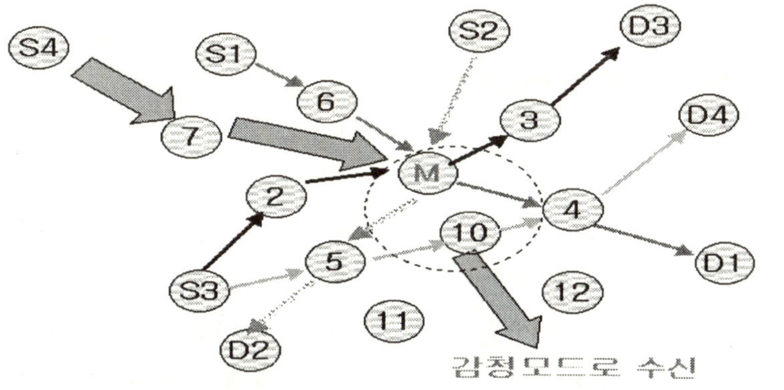

그림 8.8 감청모드를 이용한 삽입 과정

그림 8.8은 감청모드를 이용하여 노드의 트래픽 테이블에 해당 경로의 데이터 패킷 정보를 갱신하는 과정을 보여주고 있다.

먼저 그림에서 노드 M은 S1에서 D1 , S2에서 D2, S3에서 D3에서는 중간 노드로 동작하고 중간 노드로써 소스에서 목적지까지의 데이터전송의 중간 매개체 역할을 하고 있다. 또한 S4에서 M까지의 경로에서는 목적지 노드로서 동작한다.

한편 S3에서 D4의 경로 안에 있는 노드 10은 노드 M의 전파 범위 안에 위치하고 있어 실질적으로 노드 M이 경로 S3에서 D4까지의 경로의 중간 매개체 역할은 하지는 않지만 노드 M은 자체적으로 감청 모드를 이용해 S3에서 D4로 가고 있는 경로가 있다는 것을 판단하게 된다. 따라서 노드 M은 그림 8.8과 같이 감청모드를 이용함으로써 자신에게 영향력을 미치는 경로가 실제적으로는 네 개의 흐름이 아니라 다섯 개가 된다는 것을 인지하게 된다. 따라서 노드 M은 자신의 무선 주파수 자원에 영향을 미치는 다섯 개의 흐름을 고려하여 라우팅을 효율적으로 수행하여야 한다. 또한 이는 이동 애드 혹 네트워크와 같이 전송매체가 무선인 상황에서 발생하기 쉬운 현상인데 실제적으로 이러한 감청모드를 이용해 양방향에서는 경로상의 에러가 발생하였을 경우 에러 감지와 복구에 신속히 대처 할 수 있다는 장점을 가지기도 하지만 무선 전파범위로 인한 데이터 전송의 간섭을 일으키거나 무선 네트워크 상의 보안에 영향을 줄 수 있다는 단점도 지니고 있다.

8.5.2 트래픽 테이블 유지 과정

1) 데이터 패킷을 받은 경우

여러 개의 경로의 중간 매개체 역할을 하는 노드의 경로를 관리하는 방법은 여러 가지가 있다. 대표적으로 각 노드들이 자신의 이웃 노드들을 위해 주기적으로 상태를 알리는 방식과 각 노드들이 이웃 노드에게 요구하는 방식으로 분류할 수 있다.

첫째, 각 노드들이 자신의 이웃 노드들을 위해 주기적으로 상태를 알리는 방식은 각 노드들이 주기적으로 자신의 이웃 노드들에게 자신의 경로설정 가능 상태 즉 유용한 주파수 자원을 알려주기 때문에 라우팅 프로토콜 수행 시 라우팅 시간 단축을 가져올 수 있다. 반면에 이 방식은 각 노드들의 경로설정 가능 상태를 알리는 제어 신호로 인해 주파수 자원 낭비를 초래할 수 있다. 또한 이웃 노드에서 해당 노드로의 단 방향 링크를 고려해야 할 필요도 있다.

둘째, 각 노드들이 이웃 노드에게 요구하는 방식은 제어 메시지를 주기적으로 사용하여 네트워크에 많은 트래픽을 발생시키는 첫째 방식과는 달리 요구 방식으로써 한 노드가 해당 이웃 노드로의 데이터 전송이 필요할 때 자신의 이웃 노드의 허용 가능한 경로 상태를 요구하고 이웃 노드로부터 응답 받은 결과를 기준으로 경로를 설정할건지 아니면 다른 이웃 노드로 경로를 우회 할 것인지를 결정하게 된다. 이 방식은 네트워크 전체에 발생하는 주기적인 제어 신호의 감소로 인해서 주파수 자원 소비를 줄일 수 있다는 장점을 가진다.

그림 8.9에서 보여 지는 것과 같이 트래픽 테이블에서는 각 노드에서 해당 경로의 데이터 패킷을 받은 뒤 트래픽 테이블에 설정된 시간(T)을 기록하게 된다.

시간(T)이 트래픽 테이블에 기록되는 이유는 시시각각 변하는 이동 애드 혹 네트워크 환경 아래에서 경로 유지에 사용되는 헬로 메시지를 이용하여 트래픽 테이블을 관리하기 때문이다. 네트워크 상에서의 병목 현상이나 트래픽 혼잡을 막기 위해선 트래픽 테이블 관리가 무엇보다도 중요하기 때문에 트래픽 테이블의 시간 설정은 트래픽 테이블 관리에서 중요한 역할을 담당한다.

S	D	N	T	C
Ms	Md	M4	1.0	1
SUM				1

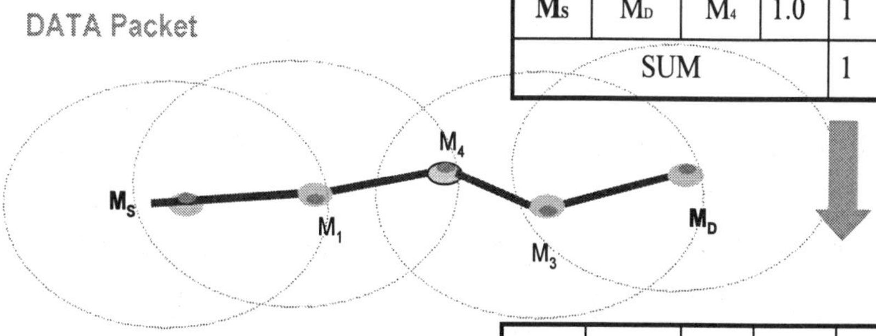

S	D	N	T	C
Ms	Md	M4	1.5	1
SUM				1

그림 8.9 트래픽 테이블 유지과정-1

그림 8.9는 해당 노드 M4의 트래픽 테이블에 해당 경로들을 저장한 뒤에 소스 노드 MS로부터 연속적으로 CBR 형태로 공급되어지는 데이터 패킷을 목적지 노드 MD가 수신하였을 시의 트래픽 테이블의 변화를 통한 테이블 유지 과정을 나타내고 있다.

먼저 노드 M4는 그림 8.9에서 보이는 첫 번째 표에서와 같은 트래픽 테이블은 경로 MS-M1-M4-M3-MD까지의 경로가 생성된 후에 소스 노드 MS로부터 데이터 패킷을 받은 순간 트래픽 테이블을 생성한다. 트래픽 테이블에는 위의 표와 같이 현재 받은 데이터 패킷의 소스 노드와 목적지 노드 그리고 데이터 패킷을 받은 시간과 경로 수를 기록하게 된다.

그림 8.9에서 아래에 있는 표는 처음 데이터 패킷을 받은 경우의 위쪽 표와는 달리 두 번째 데이터 패킷을 받은 경우의 트래픽 테이블 유지 과정을 보여주고 있다. 노드 M4는 두 번째 이후 데이터 패킷을 받은 순간 트래픽 테이블의 시간만을 재설정함으로써 현재 노드 M4를 통한 이 경로의 흐름이 유지되고 있다는 것을 갱신하게 된다. 트래픽 테이블의 시간을 재설정함으로써 현재 데이터 패킷을 받은 시간과 최종적으로 마지막 받았던 데이터의 트래픽 테이블 삽입시간과의 차이가 트래픽 테이블의 기준 관리시간보다 작은 경우에 현재 이 데이터 트래픽 테이블의 해당 경로가 잘 유지되고 있음을 확인하게 된다. 결국 이러한 과

정은 트래픽 테이블의 형성과 동시에 유지 역할을 가능하게 한다.

다음은 데이터 패킷을 받은 해당 노드의 트래픽 테이블의 유지 과정이다.

첫째, CBR 형태로 공급되어지는 데이터 패킷을 받은 해당 노드는 테이블 트래픽에 저장된 엔트리의 해당 경로의 소스 노드, 목적지 노드와 Net_id를 데이터 패킷에 저장된 소스 노드, 목적지 노드와 Net_id를 서로 비교하여 일치하면 그 경로 트래픽 테이블에 데이터가 처음 삽입된 시간과 현재 받은 데이터 패킷의 시간의 차이를 비교한다.

둘째, 트래픽 테이블에 데이터가 삽입된 시간과 현재 데이터 패킷을 받은 시간의 차이가 트래픽 테이블 기준 주기보다 작게 되면 트래픽 테이블의 흐름수를 1로 재설정한 뒤 트래픽 테이블 엔트리의 시간을 현재 노드가 데이터 패킷을 받은 시간으로 재설정함으로써 현재 노드에서 관리하는 트래픽 테이블의 해당 경로가 잘 유지되고 있다는 것을 확인하게 된다.

셋째, 트래픽 테이블에 데이터가 삽입된 시간과 현재 데이터 패킷을 받은 시간의 차이가 트래픽 테이블 기준 주기보다 크게 되는 경우에는 위의 경우와 반대로 트래픽 테이블 내의 해당 경로의 시간과 경로 수를 모두 0으로 설정하고 총 경로 수를 1 감소시킴으로써 현재 해당 노드의 트래픽 테이블에서 관리하고 있는 경로가 유효하기 않다는 것을 확인하게 된다.

2) RREQ 패킷을 받은 경우

소스 노드의 경로발견 요구 방식으로 목적지 노드까지의 경로가 설정이 된 후에 해당 노드는 앞에서와 마찬가지로 데이터 패킷을 받음과 동시에 패킷의 소스 노드와 목적지 노드, 트래픽 테이블 삽입시간, 경로 수를 트래픽 테이블의 해당 엔트리에 기록하고 총 경로 수를 갱신한다.

트래픽 테이블에 해당 총 경로 수를 기록함으로써 해당 노드가 현재 얼마만큼의 경로를 제공해주고 있다는 것을 알아서 자신이 제공하는 경로 흐름 수를 제어함으로써 네트워크 트래픽을 분산시켜 네트워크 성능을 높일 수 있다.

이동 애드 혹 네트워크에서는 노드들의 이동성으로 인해 네트워크의 토폴로지상태가 변화하기 때문에 해당 노드의 트래픽 테이블이 네트워크의 변화에 얼마만큼 신속하고 정확하게 적응하느냐가 트래픽 관리의 중요 요소라고 할 수 있다.

한편 해당 노드가 경로설정 패킷 즉 RREQ를 받은 뒤 실행하는 과정을 다음과 같다.

첫째, 해당 노드는 경로설정 패킷을 받은 뒤에 먼저 노드의 트래픽 테이블의 해당 엔트리를 검색하여 경로설정 패킷의 소스 노드와 목적지 노드가 현재 트래픽 테이블의 해당 엔트리의 소스 노드와 목적지 노드와 일치하는지를 확인한다.

둘째, 해당 노드가 받은 경로설정 패킷의 소스 노드와 목적지 노드가 트래픽 테이블의 엔트리에 저장된 소스 노드와 목적지 노드와 일치하면 트래픽 테이블 해당 엔트리의 트래픽 테이블 삽입 시간과 경로 수를 모두 0으로 설정해 현재 트래픽 테이블에 기록된 경로 흐름의 상태가 유효하지 못하고 이 경로 흐름을 노드가 제공해주지 않는다는 것을 확인한다.

위에서 설명한 방식은 경로설정 패킷을 이용하여 시시각각 변하는 이동 애드 혹 네트워크에서의 상황과 변화에 맞추어 해당 노드의 트래픽 테이블을 유지하는 방법이다.

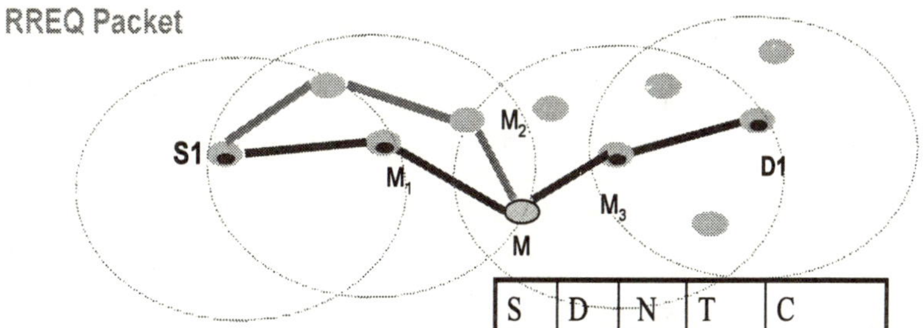

S	D	N	T	C
S1	D1	M	1.0	1
SUM				1

S	D	N	T	C
S1	D1	M	0	0
SUM				0

그림 8.10 트래픽 테이블 유지과정 -2

그림 8.10는 해당 노드 M이 트래픽 테이블에 해당 경로들을 저장 한 뒤에 일정 시간이 흘러 소스 노드 S1로부터 RREQ 패킷을 받았을 때의 트래픽 테이블의 변화를 통해 트래픽 테이블 유지 과정을 나타내고 있다.

먼저 노드 M은 그림 8.10에서 보이는 첫 번째 표에서와 같은 트래픽 테이블은 경로 S1-M1-M-M3-D1까지의 경로가 생성된 후에 소스 노드 S1로부터 데이터 패킷을 받은 순간 트래픽 테이블을 생성한다. 트래픽 테이블에는 위의 표와 같이 현재 받은 데이터 패킷의 소스 노드와 목적지 노드 그리고 데이터 패킷을 받은 시간과 경로 수를 기록하게 된다.

노드 M은 일정 시간이 흘러 해당 경로상에서 특정 노드의 이동으로 경로 에러로 발생하게 되면 소스 노드 S1로부터 RREQ 패킷을 받았을 경우 아래의 표와 같은 트래픽 테이블을 재설정하게 된다.

RREQ 패킷을 받은 뒤에 재설정되어지는 트래픽 테이블은 데이터 패킷을 받았을 시 트래픽 테이블에 삽입되는 시간과 데이터 경로 수를 모두 0으로 설정함으로써 현재 노드 M이 해당 경로 흐름을 제공하고 있지 않다는 것을 확인한다.

8.5.3 노드의 트래픽 허용 제어 과정

유선 네트워크에서 설명된 개념과 유사한 개념으로 이동 애드 혹 네트워크 상에서 특정 노드에 집중되는 네트워크 병목현상을 막아 줄 수 있는 가장 효과적인 방법은 노드에서 제공해 줄 수 있는 경로의 흐름 수를 조절해서 네트워크 상에서의 트래픽을 네트워크의 전체적인 노드로 분산을 시키는 것이다.

이동 애드 혹 네트워크 상에서 해당 노드의 트래픽 혼잡이나 네트워크의 병목현상을 최대한 줄이기 위해 각 노드의 트래픽 혼잡을 판단하고 관리한다. 그림 8.11은 이동 애드 혹 네트워크에서 노드 M을 기준으로 하여 트래픽 테이블을 통해 트래픽 관리의 한 예를 보여주고 있다. 각 노드는 트래픽 테이블에 저장된 해당 경로의 수를 신속하고 정확하게 네트워크에 제공해서 특정 노드에서의 병목현상과 네트워크의 혼잡을 줄여 줄 수 있다.

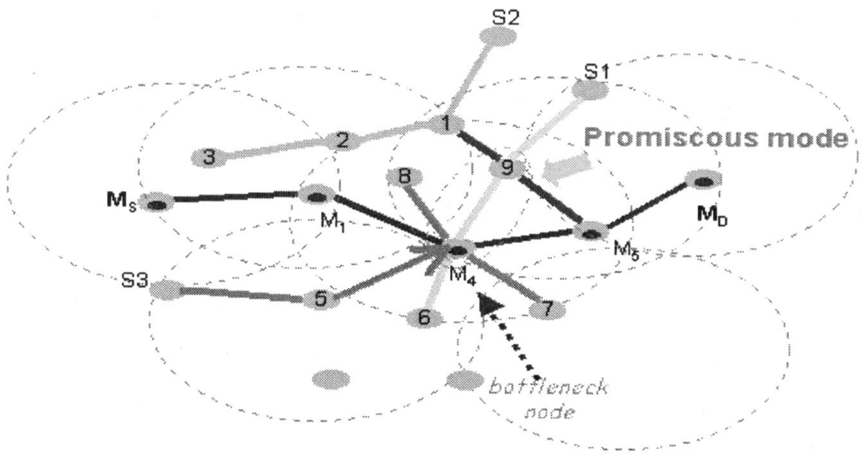

그림 8.13 노드에서의 트래픽 허용 제어 과정

해당 노드가 트래픽 테이블을 이용하여 트래픽 허용제어를 수행하는 과정은 다음과 같다.

① 노드는 데이터 패킷을 받음과 동시에 트래픽 테이블에 현재 받는 데이터 패킷의 소스 노드와 목적지 노드, 현재 데이터 패킷을 받은 시간, 현재 경로 수를 트래픽 테이블의 해당 엔트리에 기록한다.

② 노드는 한편 감청모드를 이용하여 현재 자신이 제공하는 실제 흐름뿐만 아니라 노드의 네트워크의 반경 내에 있는 이웃 노드들의 데이터 흐름을 트래픽 테이블에 기록한다.

③ 노드의 트래픽 테이블에는 현재 노드를 통해 제공되는 데이터 흐름뿐만 아니라 감청모드를 통해 기록된 데이터의 흐름을 기록함으로써 실제 노드가 현재 몇 개의 경로 흐름을 제공하고 있는지를 알려준다.

④ 트래픽 테이블을 통해 해당 데이터 경로 흐름을 기록한 노드는 트래픽 테이블에 저장된 소스 노드와 목적지 노드와 일치하지 않은 경로 설정 패킷을 받는 경우에 트래픽 허용 제어 과정을 통해 현재 노드가 경로를 제공할 수 있는지를 결정한다. 트래픽 허용 제어 과정은 해당 노드가 제공하고 있는 경로들의 총 경로 수나 주파수 자원으로 평가할 수 있다.

⑤ 트래픽 허용 제어 과정을 통해 해당 노드는 요구하는 경로 흐름을 제공해 줄 수 있다고 결정되면 경로설정패킷을 받은 뒤 중복과 루프 검사를 한다. 중복

과 루프검사를 통해 유효한 경로설정 패킷이라면 경로 레코드에 자신의 노드의 주소를 기록하여 네트워크 반경 내에 있는 이웃 노드들에게 브로드캐스트 방식을 이용하여 전송한다.

⑥ 트래픽 허용 제어 과정을 통해 해당 노드가 요구하는 경로 흐름을 제공할 수 없다고 결정되면 노드는 해당 경로설정 패킷을 폐기한다.

그림 8.11은 노드 M4의 입장에서 수행하는 트래픽 테이블을 통한 트래픽 허용 제어 과정을 나타내고 있다. 노드 M4를 통해서 이루어지는 경로들은 해당 경로들을 통헤 데이터 패킷들이 전송되어짐과 동시에 노드 M4의 트래픽 테이블에 해당 정보가 기록된다. 또한 노드 M4는 이들의 데이터 흐름뿐만 아니라 감청모드로 통해 수신하는 데이터 경로 흐름들에 대해서도 자신의 트래픽 테이블에 기록을 하게 된다.

노드 M4는 트래픽 테이블을 통해 현재 자신의 노드가 네트워크 내에서 얼마만큼의 경로 흐름 수를 제공해주는 지를 신속하고 정확하게 알 수 있다. 만약 S3을 소스 노드로 가지는 경로설정 패킷이 노드 M4에 수신되어졌을 경우 노드 M4는 트래픽 허용 제어 과정을 통해 현재 자신의 노드가 해당 경로의 흐름을 제공해줄 수 있는지를 결정하게 된다. 결국 노드 M4는 트래픽 허용 제어 과정을 통해 경로를 제공해 줄 수도 있고 단순히 패킷을 폐기할 수도 있다.

제9장 이동 애드 혹 네트워크에서의 QoS 지원

9.1 개 요

현재 인터넷에서는 VOD(Video On Demand), VoIP(Voice over Internet Protocol), 전자 상거래, 화상 회의, 네트워크 게임, 가상현실 등과 같은 새로운 응용들이 사용되어지면서 인터넷 주파수 자원(frequency resource)의 효율적인 사용에 대한 문제가 심각하게 대두되고 있다.

또한 이러한 응용들의 대부분이 QoS(Quality of Service) 지원을 고려하고 있기 때문에 주파수 자원의 효율적인 사용의 문제는 차세대 인터넷에서 가장 주요한 과제의 하나로 등장하고 있다. 여기에서 QoS 서비스라는 것은 각각의 응용들이 요구하는 주파수 자원을 할당해서 응용에 적합한 통신 서비스를 지원하는 것을 말한다. 하지만 현재의 인터넷은 일반적으로 서로 다른 응용 패킷들의 흐름(flow)을 동일하게 취급해서 전송하는 최선 형(best effort) 서비스만을 제공하고 있다. 여기에서 최선 형 서비스란 QoS 서비스의 반대 개념으로 사용자들이 요구하는 모든 흐름들에 대해서 차별화된 서비스를 지원하는 것이 아니라 일반적으로 동일한 주파수 자원을 할당하거나 전송매체에서 가용가능한 주파수 자원을 통신 환경에 따라 통신 서비스를 지원하는 것을 말한다.

유선 인터넷에서 실시간 응용 서비스가 요구하는 QoS를 지원하기 위해 새로운 서비스 모델에 기반을 둔 IP(Internet Protocol) 패킷 전달 방식에 대한 연구가 최근 수년간 행하여지고 있다.

인터넷의 표준화 기구인 IETF(Internet Engineering Task Force)에서는 현재 인터넷상에서 서비스 품질을 지원하기 위한 방법들에 대하여 표준화 작업을 진행하고 있는데 그 중에서 대표적인 것이 통합 서비스(IntServ : Integration Services)와 차별화 서비스(DiffServ : Differentiated Services)이다.

통합 서비스 모델은 실시간 응용 서비스에서 발생되는 패킷의 흐름을 단위로 하여 QoS 보장형 서비스와 비보장형 서비스 유형으로 구분하여 패킷을 전달한다. 즉 보장형 서비스는 RSVP(Resource Reservation Protocol)를 이용하여 사전에 허용 제어(admission control)와 자원 예약을 수행하여 패킷의 전달 지연을 보장해 준다.

하지만, 이 모델은 각 패킷 흐름에 대한 상태 정보를 네트워크의 라우터가 유지하고 있어야 하기 때문에 네트워크의 규모가 커질 때 이를 현실적으로 수용하기에는 문제점이 있다.

이에 따라 큰 규모의 인터넷 전달 네트워크에 적용할 경우 확장성의 문제를 갖고 있는 통합 서비스 모델의 한계를 극복하고 인터넷 백본(backbone) 네트워크에 적용할 수 있는 서비스 모델로서 차별화 서비스 모델이 1997년 후반부터 IETF에서 활발히 논의되기 시작되어 빠른 속도로 구조 및 관련 표준안이 개발되고 있다.

차별화 서비스 모델은 흐름 단위로 QoS를 보장하지 않고 흐름들의 집합을 단위로 서비스 차별을 함으로써 훨씬 간단하고 대규모 네트워크에도 적용 가능하다.

한편 유선 인터넷에서의 QoS 보장 방법들을 무선 인터넷 QoS 보장에 적용하기 위한 연구가 많이 진행되고 있다. 무선 인터넷상에서의 QoS 보장에 대한 연구는 종단 시스템의 이동만을 고려하는 것에 국한되어져 있다.

그렇지만, 이동 애드 혹 네트워크상의 QoS 지원은 종단 시스템의 이동만이 아니라 경로를 구성하는 중간 노드들의 이동성을 고려하여야 하기 때문에 상당히 복잡한 수행을 요구한다.

이동 애드 혹 네트워크 상에서 송신 노드와 수신 노드 사이의 통신을 위해서는 단일 홉(hop)이 아니라 중간 노드들에 의한 다중 홉이 필요하다. 이러한 다중 홉으로 인해 패킷 손실이 네트워크 환경에 상당히 의존적이다.

네트워크 토폴로지는 트래픽 부하, 노드들의 이동성, 유용한 자원들의 변화 등에 의해 시간적으로 변화하는 특성을 가지고 있다. 이러한 환경에서 각각의 응용들이 요구하는 QoS를 지원한다는 것은 대단히 어렵다.

아직까지는 이동 애드 혹 네트워크 상에서의 QoS 지원에 대한 확실한 표준은 없으며 최선 형 서비스에 의해 데이터 전송이 이루어지고 있다.

이동 애드 혹 네트워크 상에서의 QoS 지원을 위한 연구는 INSIGNIA와 기존의 유선 인터넷에서 사용하던 기술들을 확장하는 정도에 국한되어져 있다. 또한 이러한 기술들의 대부분은 양방향 링크라는 가정 아래 수행되고 단 방향 링크를 지원하지 못한다는 단점을 가지고 있다.

이동 애드 혹 네트워크에서 QsS 지원을 위한 알고리즘의 하나인 QoS 지원

DSR 프로토콜은 이동 애드 혹 네트워크에서 흐름들의 데이터 패킷에 대해 적응형 QoS 지원을 위해서 DSR 프로토콜을 QoS 지원 과정에 적합한 프로토콜로 바꿔서 신속하고 정확한 QoS 지원이 가능하도록 한 알고리즘이다.

DSR 프로토콜은 소스 노드가 데이터 패킷을 전송하기 위해서 목적지 노드까지의 최단 경로를 결정한 다음 그 최단 경로를 이용해서 데이터 패킷을 전송한다. DSR 프로토콜의 라우팅 과정에는 RREQ-S의 반복적인 브로드캐스트로 인해서 통신 자원이 굉장히 많이 소비되고 또한 선택된 최단 경로는 RREQ-S가 전송되어진 시간에서 고려된 최단 경로에 불과하다. 즉 시간에 따라 변하는 경로 상태 특성 때문에 최단 경로도 시간에 따라 변화할 수밖에 없다.

따라서 중간 노드에서의 RREQ-S의 반복적인 브로드캐스트 시의 자원 소비도 줄이고 유용한 자원을 고려한 정확한 최단 경로를 설정할 수 있는 라우팅 프로토콜이 필요하다. 또한 경로 에러 시에 신속한 경로 복구와 재 라우팅을 위한 자원 소비를 줄이고 경로 상의 자원 변화에 신속하게 대처하기 위해 순방향 경로와 역방향 경로 모두에 대해 다중 경로를 사용하고 경로 유지를 위해서는 주기적인 헬로 메시지를 사용한다.

이 방식은 소스 노드가 목적지 노드로 데이터를 전송하는 경우뿐만 아니라 데이터를 실시간으로 서로 주고받는 음성 통신에도 효과적으로 적용되어질 수 있다.

QoS 지원 DSR 프로토콜의 수행은 최선 형 서비스와 QoS 지원 형 서비스로 나누어서 동작한다. 최선 형 서비스를 위한 라우팅 프로토콜 동작 과정은 기존의 DSR 프로토콜 동작 과정에 단순히 유용한 자원 결정 과정만이 포함되고, QoS 지원 형 서비스는 기존의 DSR 프로토콜에 유용한 자원 결정 과정과 허용 제어 과정 등이 추가된다.

QoS 지원 형 서비스를 위해 라우팅 프로토콜은 최단 경로를 결정한 다음에 최단 경로에 대해 허용 제어 과정과 자원 예약 과정을 수행하는 것이 아니라 라우팅 프로토콜 수행 시 각 노드가 제공할 수 있는 자원을 고려하여 최단 경로를 선택하는 유용한 자원 결정 과정과 허용 제어 과정을 수행한 다음 최단 경로에 대해 유용한 자원 결정 과정에서 알게 된 자원으로 예약하고 데이터 패킷을 전송한다.

9.2 QoS 지원 DSR 프로토콜의 경로 발견

QoS 지원 DSR 프로토콜의 경로 발견 과정은 두 가지 경우로 분류된다. 첫 번째는 최선 형 서비스 경로 발견 과정으로서 기존의 경로 발견 과정과 유사하고 단지 유용한 자원 결정 과정이 추가된다. 두 번째는 QoS 지원 형 서비스 경로 발견 과정으로서 최선 형 서비스와 다르게 유용한 자원 결정 과정과 허용 제어 과정이 포함된 약간 복잡한 수행 과정을 가진다.

QoS 지원을 위해 기존의 RREQ-S에 QoS 지원 서비스와 최선 형 서비스를 구분하는 RES(REServation) 필드, 경로가 현재 제공하는 유용한 자원을 저장하는 PAR(Path Available Resource) 필드, 소스 노드가 요구하는 최대 자원 요구 값 Rmax(Request max) 필드, 소스 노드가 요구하는 최소 자원 요구 값 Rmin(Request min) 필드 등의 QoS 지원 필드를 추가한다.

QoS 지원 형 서비스의 경로 발견 과정에서 중간 노드의 유용한 자원 값이 최소 자원 요구 값보다 크거나 같을 경우에만 RREQ-S를 브로드캐스트하고 작을 경우에는 RREQ-S를 폐기할 때 기준 자원 요구 값을 Rmin과 Rmax 중에서 선택하는 것은 각 흐름의 QoS 지원 요구에 따라 다르다.

Rmax는 Rmin에 비해 RREQ-S의 브로드캐스트를 줄일 수 있는 반면 Rmax를 제공해 줄 수 있는 최단 경로가 존재하지 않는 경우는 Rmin으로 다시 프로토콜을 수행해야 하기 때문에 라우팅 시간이 많이 걸릴 수도 있다. 일반적인 경우는 Rmin 필드를 가지고 경로 발견 과정을 수행한다.

9.2.1 최선 형 서비스 경로 발견

최선 형 서비스 경로 발견은 요구 기반 방식으로 소스 노드에서 목적지 노드로 데이터를 전송하려고 할 때, 자신의 경로 캐쉬에 목적지 노드에 대한 경로가 없을 경우에만 시작된다.

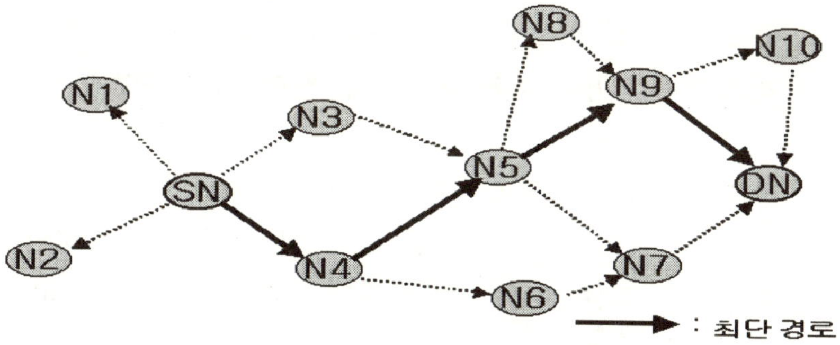

그림 9.1 최선 형 서비스 경로 발견

그림 9.1은 최선 형 서비스의 경로 발견 과정을 개략적으로 나타낸다. 소스 노드 SN은 목적지 노드 DN에게 데이터 패킷을 전송하기 위해 자신의 전파 범위 이내에 있는 노드 N1, N2, N3과 N4로 RREQ-S를 브로드캐스트 하여 경로 발견 과정을 시작한다.

RREQ-S 안에는 RES 필드가 0으로 세팅되어져 최선 형 서비스라는 것을 표시한다. 소스 노드는 유용한 자원 결정 과정을 수행하여 얻은 유용한 자원 값을 PAR 필드에 저장하고 RREQ-S를 브로드캐스트하면서 경로 발견이 시작된다. RREQ-S는 국부적으로 관리되는 유일한 요구 식별 자(request id)와 소스 주소와 목적지 주소 쌍을 포함한다.

각 노드는 최신의 RREQ-S를 확인하여 경로 상의 루프와 RREQ-S의 중복 수신을 제거하기 위해 이 목록을 관리한다. 또한 소스 노드에서 목적지 노드까지의 경로를 기록하는 경로 레코드(route record)를 RREQ-S 안에 가지고 있다.

RREQ-S를 수신한 노드가 목적지 노드인지 또는 목적지 노드가 아닌지에 따라 구분하여 단계를 수행한다.

RREQ-S를 수신한 노드가 목적지 노드가 아닌 경우에는 다음과 같이 수행한다.

첫 번째, 수신된 RREQ-S가 노드의 〈소스 주소, 요구 식별 자〉 목록에 포함되어 있는지를 확인하고, 목록에서 발견되면 RREQ-S를 폐기한다.

두 번째, 수신 노드의 〈소스 주소, 요구 식별 자〉 목록에 없는 경우, 노드는 RREQ-S 상의 경로 레코드 내에 자신의 주소가 있는지를 확인한다. 만약, 자신의 주소가 발견된 경우는 루프로 간주해 폐기한다.

세 번째, RREQ-S 상의 경로 레코드에서 자신의 주소가 발견되지 않은 경우 자신의 경로 캐쉬에 목적지 노드까지의 경로가 저장되어 있는 경우는 목적지 노드까지 RREQ-S를 유니 캐스트 한다. 완전한 경로의 유용한 자원 값은 현재 노드에서 목적지 노드까지의 경로의 유용한 자원 값과 현재 RREQ-S의 PAR 필드를 비교해서 적은 값이 유용한 자원 값이 된다. 한편, 경로 캐쉬에 목적지 노드까지의 경로가 없는 경우에는 자신의 주소를 RREQ-S의 경로 레코드에 추가시키고 노드 유용한 자원 결정 과정을 수행한다. 자신이 제공할 수 있는 유용한 자원 값과 PAR 필드에 저장되어 있는 값을 비교해서 유용한 자원 값이 적으면 PAR 필드를 갱신하고 크거나 같으면 PAR 필드 값을 그대로 유지하고 RREQ-S를 다시 브로드캐스트 한다.

RREQ-S를 수신한 노드가 목적지 노드인 경우에는 다음과 같이 수행한다.

첫 번째, 최초로 수신한 RREQ-S에 대해서는 RREQ-S의 경로 레코드에 기록된 경로와 PAR 필드에 저장되어 있는 경로 유용한 자원 값을 자신의 경로 캐쉬에 저장하고 RREP-D에 복사한 후 경로 캐쉬에 소스 노드까지의 경로가 있는 경우는 RREP-D를 경로를 통해 유니 캐스트하고 경로가 없는 경우는 RREP-D를 RREQ-D에 덧붙여 소스 노드로의 역방향 경로를 발견하기 위해서 브로드캐스트 한다.

두 번째, 최초로 수신한 RREQ-S가 아닌 경우는 RREQ-S 상의 경로 레코드 내에 자신의 주소가 있는지를 확인한다. 만약, 자신의 주소가 발견된 경우는 루프로 간주해 폐기한다.

세 번째, RREQ-S 상의 경로 레코드에서 자신의 주소가 발견되지 않은 경우, 2개의 다중 경로를 선택하기 위해 최단 경로와 하나의 링크라도 중복되지 않는 첫 번째 다중 경로가 선택되고 최단 경로와 첫 번째 다중 경로와 하나의 링크라도 중복되지 않는 두 번째 다중 경로가 선택되어질 때까지 RREQ-S를 중복해서 수신한다. 다중 경로를 위해 RREQ-S의 경로 레코드에 기록된 경로를 경로 캐쉬에 저장하고, 역방향 최단 경로가 결정된 후 유니 캐스트 한다. 두 개의 다중 경로가 결정된 이후에 수신되어지는 RREQ-S는 폐기한다.

네 번째, RREQ-D를 브로드캐스트 하는 경우도 RREQ-D를 수신하는 노드가 소스 노드인지 아닌지에 따라 위의 경우와 같이 수행한다.

다섯 번째, 최초의 RREQ-D를 수신한 소스 노드는 RREP-D의 경로 레코드를 참조하여 순방향 최단 경로와 순방향 최단 경로의 유용한 자원 값 및 역방향 최단 경로와 역방향 최단 경로의 유용한 자원 값을 자신의 경로 캐쉬에 저장하고 역방향 최단 경로의 유용한 자원 값과 역방향 최단 경로를 RREP-S에 넣어서 순방향 최단 경로를 사용해서 목적지 노드까지 유니 캐스트하고, 데이터 패킷을 결정된 순방향 최단 경로를 통해 유니 캐스트 한다.

여섯 번째, RREP-S를 수신하는 순방향 최단 경로 상의 중간 노드들은 순방향 최단 경로를 통해 자신의 경로 캐쉬를 갱신한다.

일곱 번째, RREP-S를 수신하는 목적지 노드는 역방향 최단 경로와 역방향 최단 경로의 유용한 자원 값을 통해 자신의 경로 캐쉬를 갱신하고 자신의 캐쉬에 저장하고 있는 순방향 다중 경로 2개에 대해 각각의 RREP-D를 생성해서 역방향 최단 경로를 통해 소스 노드로 유니 캐스트 한다.

여덟 번째, RREP-D를 수신하는 역방향 최단 경로 상의 중간 노드들은 역방향 최단 경로를 통해 자신의 경로 캐쉬를 갱신한다.

아홉 번째, RREP-D를 수신한 소스 노드는 역방향 다중 경로 2개 각각에 대한 RREP-S를 생성해서 순방향 최단 경로를 통해 목적지 노드로 유니 캐스트 한다.

역방향 최단 경로와 순방향 및 역방향에 대한 2개의 다중 경로를 결정하는 이유는 QoS 지원을 위해서 경로 상태 즉 노드들의 이동에 의한 경로 에러와 경로 상의 유용한 자원 변화 등의 제어 정보를 목적지 노드가 소스 노드로 주기적으로 알려야 하는 경우 제어 정보를 브로드캐스트 하는 자원 낭비를 막기 위해서이다. 또한 실시간 데이터를 서로 주고받는 환경에 쉽게 적용할 수 있도록 하기 위해서이다.

목적지 노드에서 소스 노드로 제어 정보를 브로드캐스트 하는 경우는 네트워크 부하를 증가시켜 자원 낭비를 일으킨다. 따라서 역방향 경로를 통해서 경로 정보를 유니 캐스트 하면 자원 낭비를 줄일 수 있다.

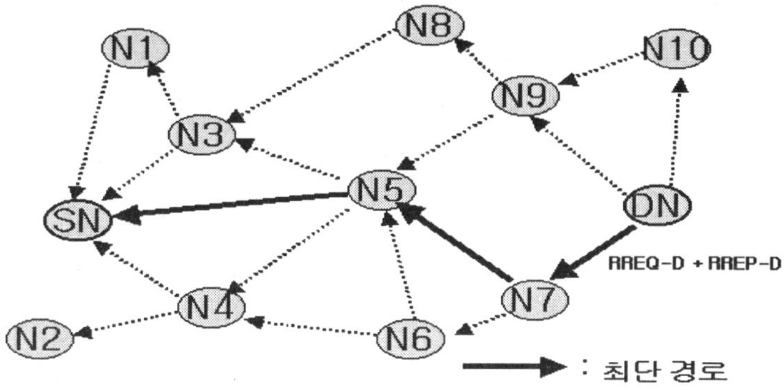

그림 9.2 역방향 경로 발견

그림 9.2는 목적지 노드에서 소스 노드로 역방향 경로를 발견하기 위한 진행 과정을 나타낸다. 목적지 노드 DN은 중간 노드 N7과 N5를 통해서 소스 노드와 연결된다.

9.2.2 QoS 지원 형 서비스 경로 발견

QoS 지원 서비스 경로 발견은 요구 기반 방식으로 소스 노드에서 목적지 노드로 데이터를 전송하려고 할 때, 자신의 경로 캐쉬에 자원 요구 최소 값 Rmin 이상을 지원하는 목적지 노드에 대한 경로가 없을 경우에만 시작된다.

소스 노드는 QoS 지원 형 서비스를 표시하기 위해 RES 필드를 1로 하고, 자신이 요구하는 최소 자원 값과 최대 자원 값을 Rmin 필드와 Rmax 필드에 저장하고 자신이 제공할 수 있는 유용한 자원이 Rmin 이상이면 PAR 필드에 저장하고 RREQ-S를 자신의 이웃 노드에게 브로드캐스트 한다.

RREQ-S를 수신한 노드가 목적지 노드인지 목적지 노드가 아닌지에 따라 구분하여 단계를 수행한다.

RREQ-S를 수신한 노드가 목적지 노드가 아닌 경우에는 다음과 같이 수행한다.

첫 번째, 수신된 RREQ-S가 노드의 〈소스 주소, 요구 식별 자〉 목록에 포함되어 있는지를 확인하고, 목록에서 발견되면 RREQ-S를 폐기한다.

두 번째, 수신 노드의 〈소스 주소, 요구 식별 자〉 목록에 없는 경우, 노드는 RREQ-S 상의 경로 레코드 내에 자신의 주소가 있는지를 확인한다. 만약, 자신의 주소가 발견된 경우는 루프로 간주해 폐기한다.

세 번째, RREQ-S 상의 경로 레코드에서 자신의 주소가 발견되지 않은 경우 자신의 경로 캐쉬에 목적지 노드까지의 경로가 저장되어 있고 그 경로의 유용한 자원 값이 Rmin 이상인 경우는 목적지 노드까지 RREQ-S를 유니 캐스트 한다. 완전한 경로의 유용한 자원 값은 현재 노드에서 목적지 노드까지의 경로의 유용한 자원 값과 현재 RREQ-S의 PAR 필드를 비교해서 적은 값이 유용한 자원 값이 된다. 한편, 경로 캐쉬에 목적지 노드까지의 경로가 없는 경우와 경로가 있지만 경로가 제공하는 유용한 자원 값이 Rmin 미만인 경우에는 노드 유용한 자원 결정 과정을 수행한다. 자신이 제공할 수 있는 유용한 자원 값이 Rmin 이상인 경우에는 PAR 필드에 저장되어 있는 값을 비교해서 유용한 자원 값이 적으면 PAR 필드를 갱신하고 크거나 같으면 PAR 필드 값을 그대로 유지하고 자신의 주소를 경로 레코드에 추가하여 RREQ-S를 다시 브로드캐스트하고, 자신이 제공할 수 있는 유용한 자원 값이 Rmin 미만인 경우에는 RREQ-S를 폐기한다.

그림 9.3은 QoS 지원 형 서비스 경로 발견 과정을 나타낸다. 소스 노드 SN은 자신이 요구하는 최소 자원 값 이상을 제공하는 중간 노드 N4, N5와 N9를 통해서 목적지 노드 DN까지의 경로를 발견한다.

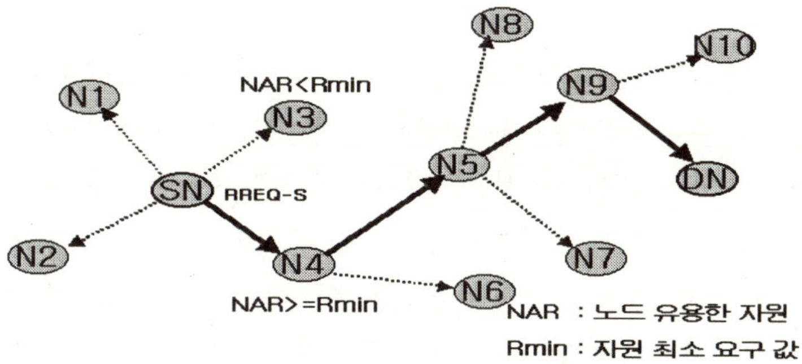

그림 9.3 QoS 지원 형 서비스 경로 발견

RREQ-S를 수신한 노드가 목적지 노드인 경우에는 최선 형 서비스의 경우와 같다.

목적지 노드는 최단 경로와 경로 유용한 자원 정보를 즉시 소스 노드에게 알림으로써 소스 노드는 이 최단 경로를 구성하는 각 노드들에게 PAR 필드에 저장되어 있는 유용한 자원 값을 예약할 수 있도록 하고 최단 경로를 이용해서 데이터 패킷을 목적지 노드로 유니 캐스트 하게 된다.

9.2.3 QoS 지원 DSR 프로토콜의 장점

기존 DSR 프로토콜에 비하여 QoS 지원 DSR 프로토콜의 장점은 다음과 같다.

첫 번째, RREQ를 브로드캐스트 하는 경우 노드가 Rmin 이상을 제공하지 못한다면 그 노드를 포함하는 경로도 Rmin을 제공할 수 없기 때문에 그 노드는 RREQ를 브로드캐스트하지 않고 폐기함으로써 자원 낭비를 사전에 방지할 수 있다. 흐름 특성에 따라 브로드캐스트에 따른 자원 낭비를 더 줄이기 위해서 처음부터 Rmax 이상을 제공할 수 있는 노드만이 브로드캐스트를 할 수 있도록 한다. Rmin 이상을 제공하는 노드만이 브로드캐스트 할 수 있는 경우보다도 자원 낭비를 더 줄일 수 있다. 각 흐름에 특성에 따라 선택적으로 Rmin과 Rmax 사이 값을 가지고 라우팅 프로토콜을 수행할 수 있다.

두 번째, 유용한 자원을 고려하지 않은 기존의 DSR 프로토콜의 최단 경로는 유용한 자원을 고려한 라우팅 프로토콜의 최단 경로와 다를 수 있다. 기존의 DSR 프로토콜에 의한 최단 경로는 시간에 따라 상당히 변동되지만 라우팅 프로토콜은 시간에 따라 거의 변동되지 않는다. 따라서 좀 더 정확한 최단 경로를 설정할 수 있다.

세 번째, 유용한 자원을 고려하지 않은 기존의 DSR 프로토콜은 QoS 지원 과정에서 선택된 최단 경로의 유용한 자원을 알지 못하므로 유용한 자원을 알아내는 과정이 필요하다. INSIGNIA에서는 데이터 패킷에 유용한 자원을 파악하는 필드를 넣어서 목적지 노드로 보내면서 Rmax로 예약할 것을 각 노드에게 요구한다. 요구를 충족할 수 있는 노드는 Rmax로 예약하고 Rmin만을 제공할 수 있는 노드들은 Rmin을 예약하게 된다. 따라서 경로에 포함된 노드들이 동일한 값을 예약하지 못하는 결과를 초래함으로써 예약을 해지하는 불필요한 과정이 추가적으로 필요하게 된다. 그러나 유용한 자원을 고려한 라우팅 프로토콜은 QoS 지원 과정을 수행하기 전에 이미 유용한 자원을 알고 있기 때문에 데이터 패킷을 보내면서 각 노드에서 유용한 자원을 정확하게 예약할 수 있도록 함으로써 불필요한 자원 예약과 해지를 사전에 방지할 수 있다.

네 번째, 기존의 DSR 프로토콜로 결정된 최단 경로가 Rmin 미만으로 제공하는 경우는 불필요한 라우팅 과정을 수행한 결과를 초래한다. 라우팅 프로토콜은 불필요한 라우팅 과정을 사전에 방지하여 라우팅 과정 시의 자원 낭비를 막는다.

9.3 QoS 지원 DSR 프로토콜의 노드에 대한 세부 사항

9.3.1 경로 캐쉬

이동 애드 혹 네트워크에 포함된 노드가 필요로 하는 모든 라우팅 정보는 경로 캐쉬에 저장되어진다.

노드는 RREQ와 RREP를 통해 새롭게 알게 된 경로들을 경로 캐쉬에 더하고,

경로 유지를 위한 헬로 메시지를 통해 현존하는 경로가 깨졌다는 것을 알게 되었을 때 관련된 경로들을 제거한다.

표 9.1 N1 노드의 경로 캐쉬

소스 경로	경로 유용한 자원 값
N1, N2, N3, N4	150[kbps]
N1, N5, N6, N7, N4	130[kbps]
N1, N9, N11, N4	100[kbps]
N1,N7,N8	130[kbps]
N1, N12, N14, N8	120[kbps]
N1, N15, N8	100[kbps]

9.3.2 경로 요구 테이블과 전송 버퍼

경로 요구 테이블(route request table)은 최근에 노드에서 전송된 RREQ에 대한 기록을 저장한다. 소스 노드에는 <목적지 주소, 요구 식별 자>에 의해 중간 노드와 목적지 노드에는 <소스 주소, 요구 식별 자>에 의해 구분되어 진다.

소스 노드에서 유지해야 할 기록은 다음과 같다. 소스 노드가 목적지 노드에 대한 경로 발견을 마지막으로 시작했던 시간, 다음 시도를 위해 기다려야 하는 시간과 마지막 경로 요구의 IP 헤더의 TTL(Time To Life) 필드 등을 유지해야한다

전송 버퍼(send buffer)는 소스 경로를 알지 못하는 즉 RREQ을 보내고 RREP를 받지 못한 흐름의 데이터 패킷을 저장하는 큐를 말한다.

9.3.3 이웃 노드 자원 예약 테이블

QoS 지원 형 서비스를 위해서는 각 흐름들이 요구하는 자원에 대한 수락과 거절을 결정하기 위해서는 자신이 제공할 수 있는 유용한 자원을 항상 유지하고 있어야 한다.

따라서 이웃 노드들이 어떤 노드들이 있으며 그 노드들에 예약된 자원이 얼마나 되는 지를 유지해야 한다.

이웃 노드들이 데이터 패킷을 보낼 때 감청 모드로 데이터 패킷을 수신해서 데이터 패킷 안의 자원 예약 값 필드 PAR를 검사해서 이웃 노드들의 자원 예약 테이블을 갱신한다. 일정한 시간 동안 갱신되지 않는 이웃 노드 정보는 폐기한다.

N1 노드에서 이웃 노드 N2, N3, N4 노드들로부터 자원 예약에 대한 정보를 얻는 방법은 다음과 같다.

N2 노드는 QoS 지원 형 흐름 N5, N2, N4의 중간 노드, N3 노드는 QoS 지원 형 흐름 N8, N3, N7의 중간 노드이고 N4 노드는 QoS 지원 형 흐름 N10, N4, N11의 중간 노드이다. N2 노드는 N5 노드로부터 데이터 패킷을 수신해서 N4 노드로 송신한다. 이때 N1 노드도 이 데이터 패킷을 감청 모드로 수신하게 된다. 데이터 패킷 안의 자원 예약 값 필드 PAR를 검사해서 이웃 노드 자원 예약 상태 테이블을 갱신한다.

표 9.2는 이웃 노드 자원 예약 테이블을 나타낸다. 이웃 노드 자원 예약 테이블은 이웃 노드, 데이터 패킷의 소스 노드와 목적지 노드에 의해 구분되어 진다.

표 9.2 이웃 노드 자원 예약 테이블

이웃 노드	패킷 소스 노드	패킷 목적지 노드	자원 예약
N2	N6	N11	150[kbps]
N2	N9	N13	130[kbps]
N3	N5	N15	150[kbps]
N4	N7	N17	180[kbps]

한 노드에서 이웃 노드 자원 예약 테이블을 관리하는 방법은 여러 가지가 있다. 각 노드들이 이웃 노드에게 요구하는 방식과 각 노드들이 자신의 이웃 노드들을 위해 주기적으로 자원 예약 상태를 알리는 방식이 있다. 감청 모드를 사용하는 방법과 비교하여 좀 더 정확한 자원 예약 상태를 제공할 수 있지만 자원 소비를 유발시킨다.

첫 번째는 각 노드들이 주기적으로 자신의 이웃 노드들에게 자신의 예약 상태를 알려줌으로써 유용한 자원을 고려한 라우팅 프로토콜 수행 시 라우팅 시간은 단축되겠지만 유지를 위한 자원 낭비를 초래할 수 있다. 또한 이웃 노드에서 기준 노드로의 단 방향 링크인 경우를 고려해야 한다.

두 번째는 첫 번째 경우에서 사용하는 주기적으로 알려주는 것에 대한 자원 소비를 줄이는 방법으로써 한 노드가 필요할 때 자신의 이웃 노드에게 자원 예약 상태를 요구하는 것이다. 이 방식은 자원 소비는 줄이는 반면 라우팅 시간을 늘어난다. 또한 기준 노드와 이웃 노드 사이의 단 방향 링크를 고려해야 한다.

9.3.4 노드의 유용한 자원 결정 과정

각 노드에서의 제공할 수 있는 유용한 자원은 경로 캐쉬에 저장되어져 있다. 한 노드가 제공할 수 있는 유용한 자원 NAR을 결정하는 것은 NNSR에서 NNRR과 NRR을 빼면 된다. 여기서 NAR(Node Available Resource)는 자신의 유용한 자원, NNSR(Neighbor Node Share Resource)는 이웃 노드와의 공유 자원, NNRR (Neighbor Node Resource Reservation)는 이웃 노드들의 자원 예약 상태이고 NRR(Node Resource Reservation)는 자신의 자원 예약 상태를 말한다.

9.3.5 허용 제어 과정

QoS 라우팅 프로토콜은 QoS 지원 형 서비스의 각 흐름들이 라우팅을 요구할 때 Rmin에서 Rmax 사이를 요구한다.

각 노드들은 Rmin 이상을 제공할 수 있는 경우에만 RREQ를 브로드캐스트 할 수 있다. 각 노드가 Rmin 이상을 제공할 수 있는 지를 판단하는 과정이 허용 제어 과정이다.

노드 유용한 자원 결정 과정에서 결정된 노드의 유용한 값 NAR 이 최소 요구 값 Rmin 이상일 경우에는 RREQ를 브로드캐스트 할 수 있도록 허용하고 Rmin 미만일 경우에는 거절하고 RREQ를 폐기한다.

9.3.6 경로의 유용한 자원 결정 과정

경로의 유용한 자원 결정 과정은 노드의 유용한 값 NAR이 최소 요구 값 Rmin 이상일 경우 RREQ 안의 경로의 유용한 자원 값 PAR 필드와 노드의 유용한 값 NAR을 비교하여 NAR이 PAR보다 크거나 같으면 PAR를 그대로 유지하고 작으면 PAR를 NAR로 대체한다.

목적지 노드에 도착한 RREQ-S 안의 PAR 필드에 저장되어 있는 값이 그 경로가 제공할 수 있는 경로 유용한 자원 값이 된다. 따라서 목적지 노드는 소스 노드로 RREQ-S 내의 소스 경로와 경로 유용한 자원 값을 RREP-D를 통해서 알려준다.

9.4 QoS 지원 DSR 프로토콜의 QoS 지원 과정

9.4.1 QoS 지원 필드

기존의 DSR 프로토콜 패킷 헤더에는 IP 헤더, 목적지 옵션 헤더, 홉 홉 옵션 헤더와 DSR 라우팅 헤더, 소스 헤더 등이 있다. 기존의 패킷 헤더에 QoS 지원 서비스를 수행하기 위해서 QoS 지원 필드들을 추가한다.

RES 필드는 QoS 지원 서비스와 최선 형 서비스를 구분하는 필드, PAR은 순방향 경로가 현재 제공하는 유용한 자원을 저장하는 필드, RE은 순방향 경로가 제공하는 유용한 자원의 변화를 결정하기 위한 필드, RPAR(Reverse 경로 Available Resource)은 역방향 경로가 현재 제공하는 유용한 자원을 저장하는 필드, RRE(Reverse Resource Estimate)는 역방향 경로가 제공하는 유용한 자원의 변화를 결정하기 위한 필드, Rmax(Request max)는 소스 노드가 요구하는 최대 자원 필드이고, Rmin(Request min)은 소스 노드가 요구하는 최소 자원 필드이다.

Rmin 이상을 제공하는 경로만을 찾는 경로 발견 과정을 수행한 결과는 Rmin 이상을 제공하는 경로와 각 경로에 대한 유용한 자원 값을 저장하는 PAR 필드를 QoS 지원 형 과정에 제공한다.

9.4.2 자원 예약과 데이터 패킷 전송

QoS 지원 형 서비스를 위해서 수행된 라우팅 프로토콜의 결과는 소스 노드의 최소 자원 요구 값 Rmin 이상을 제공하는 순방향 최단 경로와 경로 유용한 자원 값, 순방향 다중 경로 2개와 각각의 경로 유용한 자원 값과 최선 형 서비스를 지원하는 역방향 최단 경로와 경로 유용한 자원 값, 역방향 다중 경로 2개와 각각의 경로 유용한 자원 값을 얻게 된다.

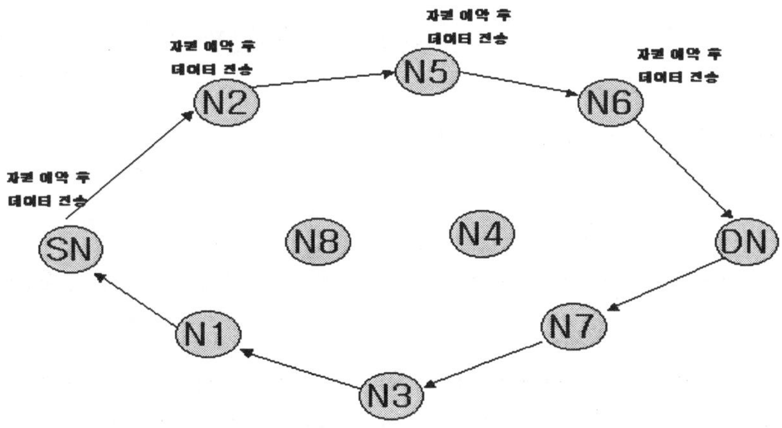

그림 9.4 QoS 지원 형 서비스의 데이터 전송

그림 9.4는 QoS 지원 형 서비스의 데이터 패킷 전송 과정을 개략적으로 나타낸다. 데이터 패킷의 RES 필드를 1로 하고 소스 경로에 순방향 최단 경로를 저장하고 경로 유용한 자원 필드 PAR에 순방향 최단 경로의 경로 유용한 자원 값을 저장한다.

결과적으로 데이터 패킷의 PAR 필드에는 라우팅 프로토콜을 수행한 결과로 얻게 된 순방향 최단 경로의 경로 유용한 자원 값이 저장된다. 소스 노드는 데이터 패킷의 PAR 필드 값으로 자원을 먼저 예약하고 데이터 패킷을 순방향 최단 경로를 통해서 다음 홉으로 유니 캐스트 한다.

순방향 경로 상의 다음 홉의 노드는 데이터 패킷 안의 RES 필드와 PAR 필드를 검사하여 자원을 예약하고 다음 홉으로 유니 캐스트 한다. 이러한 과정은 목적지 노드에 도착할 때까지 반복된다.

최선 형 서비스의 경우는 각 노드에서 자원을 예약하지 않고 RES 필드를 0으로 하는 것을 제외하고는 QoS 지원 형 서비스와 동일하다.

9.4.3 경로 유지와 적응

이동 애드 혹 네트워크에서 라우팅 프로토콜에 의해 설정된 경로들은 무선 환경과 경로 상의 노드들의 이동성에 기인하여 사용되지 못하는 경우가 발생한다. 따라서 신속한 경로 대체나 재 라우팅이 요구되어진다.

최선 형 서비스와 QoS 지원 형 서비스에 따라 수행 과정이 구분된다.

최선 형 서비스는 경로 상의 노드들의 이동과 무선 환경의 변화에 대해서만 신속하게 적응할 수 있으면 된다. 그렇지만 QoS 지원 형 서비스는 경로 상의 노드들의 이동과 무선 환경의 변화와 함께 현재 경로 상의 유용한 자원 변화에 대해서도 신속하게 적응할 수 있어야 한다.

1) 경로 유지 목적

최선 형 서비스와 QoS 지원 형 서비스에 관계없이 경로 유지의 목적은 다음과 같다.

첫째, 노드 이동과 무선 환경 변화에 의한 경로 에러 시 소스 노드가 신속하게 감지하여 다중 경로를 사용하던지 또는 재 라우팅 과정을 수행하여 데이터 패킷 손실을 최소화한다.

둘째, 경로 상의 자원 변화 시 소스 노드가 경로 상의 자원 변화를 신속하게 인식할 수 있도록 하고, QoS 지원 형 서비스의 경우에는 소스 노드가 경로 상의 변화된 자원에 적응하여 변화된 자원으로 예약하여 데이터 패킷을 전송할 수 있도록 한다.

소스 노드가 경로 에러를 발견하는 방법과 경로 상의 자원 변화에 적응하는 방법은 여러 가지가 존재하며 이 방법들은 경로 에러와 경로 상의 자원 변화를 발견하기 위해 소비되는 자원, 경로 에러와 경로 상의 자원 변화 발견 시간, 정확성과 추가적인 장점에 관련되어 결정되어질 수 있다.

경로 유지 방식은 헬로 메시지를 사용해서 노드 이동과 무선 환경 변화에 의한 경로 에러와 경로 상의 자원 변화에 신속하게 적응한다.

2) 헬로 메시지

최선 형 서비스와 QoS 지원 형 서비스의 경로 유지를 위해서 경로 발견 과정에서 얻은 순방향 최단 경로와 역방향 최단 경로, 순방향 다중 경로 두 개와 역방향 다중 경로 두 개를 쌍으로 해서 소스 노드에서 목적지 노드로 주기적으로 헬로 메시지를 보내고 헬로 메시지를 수신한 목적지 노드는 다시 소스 노드로 확인 헬로 메시지를 보낸다.

확인 헬로 메시지가 일정 시간 안에 소스 노드로 돌아오면 경로가 유지되고 있고 돌아오지 않으면 순방향 경로와 역방향 경로가 모두 에러가 났다고 생각해서 두 경로를 모두 폐기한다.

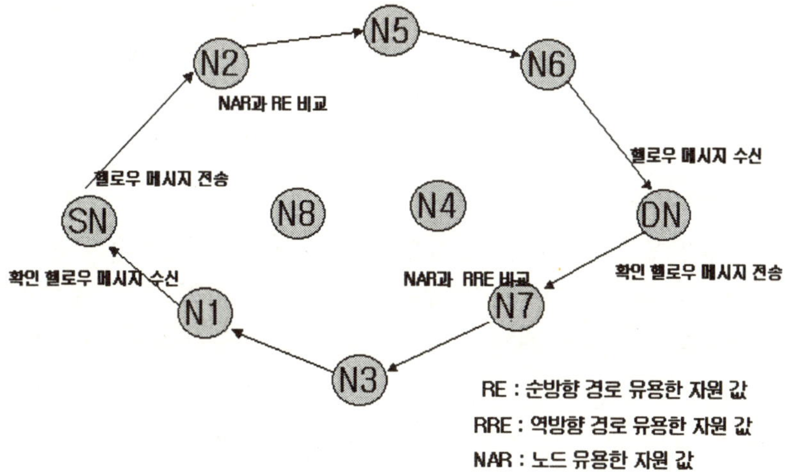

그림 9.5 헬로 메시지에 의한 경로 유지

그림 9.5는 헬로 메시지에 의한 경로 유지를 개략적으로 나타낸다.

헬로 메시지와 확인 헬로 메시지에 의한 경로 유지와 경로 유용한 자원 값 유지 방법은 다음과 같다.

첫 번째, 소스 노드에서 목적지 노드로 헬로 메시지를 보낼 때 헬로 메시지의 PAR 필드에는 순방향 경로의 경로 유용한 자원 값과 RE 필드에는 소스 노드에서 유용한 자원 결정 과정을 통해 얻게 된 노드 유용한 자원 값 NAR을 저장하고 RPAR 필드와 RRE 필드에는 역방향 경로의 경로 유용한 자원 값을 저장한 다음 순방향 경로 상의 다음 노드로 유니 캐스트 한다.

두 번째, 헬로 메시지를 수신한 다음 노드는 유용한 자원 결정 과정을 통해 얻은 노드 유용한 자원 값 NAR와 RE 필드에 저장되어진 값을 비교해서 NAR 값이 RE 값보다 적으면 RE 값을 NAR 값으로 대체한다. 이러한 과정은 목적지 노드에 도착할 때까지 반복된다.

세 번째, 헬로 메시지를 수신한 목적지 노드는 헬로 메시지의 PAR 필드와 RE 필드를 비교해서 서로 다르면 RE 필드 값을 자신의 경로 캐쉬에 있는 순방향 경로의 유용한 자원 값으로 대체하고 RPAR 필드와 RRE 필드를 비교해서 다르면 역시 경로 캐쉬의 역방향 경로 유용한 자원 값 필드를 RRE 필드 값으로 대체한다. 그리고 헬로 메시지의 PAR 필드와 RE 필드를 확인 헬로 메시지의 PAR 필드와 RE 필드에 복사하고 RPAR 필드에 역방향 경로의 유용한 자원 값을 저장하고 노드 유용한 자원 결정 과정을 통해 얻게 된 노드 유용한 자원 값 NAR를 RRE 필드에 저장한 후에 역방향 경로 상의 다음 노드로 유니 캐스트 한다.

네 번째, 확인 헬로 메시지를 수신한 다음 노드는 노드 유용한 자원 결정 과정을 통해 얻은 NAR 값과 RRE 필드에 저장되어진 값을 비교해서 NAR 값이 RRE 값보다 적으면 RRE 값을 NAR 값으로 대체한다. 이러한 과정은 소스 노드에 도착할 때까지 반복된다.

다섯 번째, 확인 헬로 메시지를 일정한 시간 이내에 수신한 소스 노드는 순방향 경로와 역방향 경로가 유지되고 있음을 확인하고 확인 헬로 메시지의 PAR 필드와 RE 필드를 비교해서 서로 다르면 RE 필드 값을 자신의 경로 캐쉬에 있는 순방향 경로의 유용한 자원 값으로 대체한다. 또한 RPAR 필드와 RRE 필드를 비교해서 다르면 역시 경로 캐쉬의 역방향 경로 유용한 자원 값 필드를 RRE 필드 값으로 대체한다.

3) 다른 경로 유지 방법

경로 유지를 위해서 헬로 메시지를 사용하는 방법 이외에도 INSIGNIA에서 사용하는 소프트 타이머(soft timer)에 의한 경로 유지 방법 등이 있다.

이 방식들은 데이터 패킷이 일정한 전송 율로 전송되는 환경에는 적합하지만 데이터 패킷이 일정하게 전송되지 않는 환경에서는 경로에 에러가 없음에도 불구하고 경로에 에러가 있다고 판단하는 문제점 등을 발생시킨다. 하지만 일반적으로 헬로 메시지 방식에 비해 자원 소비를 줄일 수 있다는 장점도 가지고 있다.

(1) 경로 에러와 경로 상의 자원 변화 정보를 유니 캐스트 하며 소스 노드와 목적지 노드에 타이머

이 방식은 경로 발견 과정에서 결정된 순방향 최단 경로와 역방향 최단 경로에 대한 경로 유지를 위해서 소스 노드와 목적지 노드에 타이머를 동작시키는 것이다.

목적지 노드는 데이터 패킷을 받을 때마다 새롭게 타이머를 갱신하고 소스 노드는 순방향 경로의 에러와 자원 변화를 알리는 QoS 보고 패킷을 수신할 때마다 새롭게 타이머를 갱신한다.

목적지 노드는 타이머 시간 이내에 소스 노드로부터 데이터 패킷이 도착하지

않으면 경로에 에러가 생겼다고 판단하고 경로 에러를 소스 노드로 알리기 위해서 QoS 보고 패킷을 역방향 경로를 통해서 유니 캐스트 한다. QoS 보고 패킷을 수신한 소스 노드는 다중 경로를 사용하던지 또는 재 라우팅 과정을 수행한다.

소스 노드는 타이머 시간 이내에 QoS 보고 패킷을 수신하지 못하면 역방향 경로에 에러가 생겼다고 판단하고 목적지 노드로 경로 에러를 순방향 경로를 통해서 유니 캐스트 한다. 이를 수신한 목적지 노드는 다중 경로를 사용하던지 또는 라우팅 과정을 수행한다.

소스 노드는 자원 변화에 대한 QoS 보고 패킷을 수신하게 되면 PAR과 RE 필드를 비교해서 PAR 필드의 값과 RE 필드의 값이 같지 않으면 경로 상에 유용한 자원이 변한 것으로 판단해서 RE 필드의 값으로 자원을 예약하고 PAR 필드를 RE 필드 값으로 갱신하고 데이터 패킷을 전송한다.

역방향 경로를 통해 QoS 보고 패킷을 유니 캐스트 하는 것은 QoS 보고 패킷을 브로드캐스트 하는 경우와 비교해서 자원 소비를 줄일 수 있다.

그러나 역방향 경로를 통해 QoS 보고 패킷을 유니 캐스트 하는 경우에는 다음과 같은 문제점이 발생한다.

첫 번째, 경로 에러를 알리기 위한 QoS 보고 패킷이 역방향 경로를 통해 목적지 노드에서 소스 노드로 유니 캐스트 되기 때문에 역방향 경로 상의 노드들과 그 이웃 노드들을 제외한 이동 애드 혹 네트워크 내의 다른 노드들이 자신의 경로 캐쉬를 정확하게 갱신하지 못해 유효하지 않은 경로들을 갖고 있을 가능성이 높아진다. 이동 애드 혹 네트워크 내의 모든 노드들은 기본적으로 RREP, 데이터 패킷, QoS 보고 패킷 등을 감청해서 자신의 경로 캐쉬를 갱신한다.

두 번째, 순방향 경로에 에러가 발생해서 목적지 노드가 데이터 패킷을 일정 시간 동안 받지 못할 때 목적지 노드는 역방향 경로를 통해 순방향 경로 에러를 소스 노드로 알리기 위해 QoS 보고 패킷을 소스 노드로 전송하는 데 역방향 경로에 에러가 발생된 경우에는 알리지 못한다. 이 경우에 QoS 보고 패킷을 일정 시간 동안 받지 못하는 소스 노드는 역방향 경로에 에러가 발생했다고 판단하는 문제가 발생한다. 따라서 데이터 패킷 손실이 발생하게 된다.

두 번째 경우의 문제점을 해결하기 위해서 소스 노드가 QoS 보고 패킷을 일정 시간 동안 수신하지 못하는 경우 소스 노드가 순방향 경로와 역방향 경로가 모두 에러가 발생했다고 판단할 수도 있다. 하지만 실제 상황에서 순방향 경로에 에러가 발생하지 않고 단지 역방향 경로에 에러가 발생된 경우에도 순방향 경로와 역방향 경로가 모두 에러가 발생되었다고 소스 노드가 판단해서 소스 노드에서 다중 경로를 사용하던지 경로 발견 과정을 수행하는 불필요한 과정이 추가적으로 필요하게 된다.

(2) 경로 에러 정보는 브로드캐스트하고 경로 자원 변화 정보는 유니 캐스트하며 소스 노드와 목적지 노드에 타이머

이 방식은 (1)의 방식과 유사하고 (1)의 방식의 두 가지 문제점을 해결할 수 있다. 이 방식은 1)의 방식과 마찬가지로 경로 발견 과정에서 결정된 순방향 최단 경로와 역방향 최단 경로에 대한 경로 유지를 위해서 소스 노드와 목적지 노드에 타이머를 동작시키는 것이다.

목적지 노드는 데이터 패킷을 받을 때마다 새롭게 타이머를 갱신하고 소스 노드는 순방향 경로의 에러와 자원 변화를 알리는 QoS 보고 패킷을 수신할 때마다가 아니라 순방향 경로의 자원 변화를 알리는 QoS 보고 패킷만을 수신할 때마다 갱신한다. 즉 (1)의 방식과 차이점은 경로 에러에 대한 QoS 보고를 수신할 때는 소스 노드의 타이머를 갱신하지 않는다는 것이다.

(1) 방식과의 결정적인 차이점은 목적지 노드에서 경로 에러에 대한 QoS 보고 패킷은 소스 노드로 브로드캐스트하고 경로 자원 변화에 대한 QoS 보고 패킷은 역방향 경로를 통해서 유니 캐스트 한다는 것이다.

목적지 노드는 타이머 시간 이내에 소스 노드로부터 데이터 패킷이 도착하지 않으면 경로에 에러가 발생되었다고 판단하고 경로 에러를 소스 노드로 알리기 위해서 QoS 보고 패킷을 역방향 경로를 통해 유니 캐스트 하는 대신에 브로드캐스트 한다. 경로 에러에 대한 QoS 보고 패킷을 수신한 소스 노드는 다중 경로를 사용하던지 또는 재 라우팅 과정을 수행한다.

소스 노드는 자원 변화에 대한 QoS 보고 패킷을 수신하게 되면 QoS 보고 패킷 안의 PAR과 RE 필드를 비교해서 PAR 필드의 값과 RE 필드의 값이 같지 않으면 경로 상에 유용한 자원이 변한 것으로 판단해서 PAR 필드를 RE 필드 값으로 갱신하고 갱신된 PAR 필드 값으로 자원을 예약하고 데이터 패킷을 전송한다.

소스 노드는 타이머 시간 이내에 QoS 보고 패킷을 수신하지 못하면 역방향 경로에 에러가 발생되었다고 판단하고 목적지 노드로 경로 에러를 알린다. 이를 수신한 목적지 노드는 다중 경로를 사용하던지 또는 재 라우팅 과정을 수행

한다.

경로 에러에 대한 QoS 보고 패킷을 브로드캐스트하고 경로 자원 변화에 대한 QoS 보고 패킷을 유니 캐스트 하는 경우의 장점은 다음과 같다.

첫 번째, 경로 에러를 알리기 위한 QoS 보고 패킷이 브로드캐스트 되기 때문에 이동 애드 혹 네트워크 내의 모든 노드들이 자신의 경로 캐쉬를 갱신하여 경로 관리를 할 수 있다.

두 번째, 순방향 경로의 에러를 알리기 위한 QoS 보고 패킷을 소스 노드로 브로드캐스트 함으로써 역방향 경로에 에러가 발생되었을 경우에도 소스 노드가 QoS 보고 패킷을 수신할 확률이 높아진다.

세 번째, 소스 노드가 QoS 보고 패킷을 일정 시간 동안 수신하지 못하는 경우 (1)의 방식과 달리 역방향 경로에만 에러가 발생되었다고 판단해도 소스 노드가 전송하는 데이터 패킷이 잘못된 순방향 경로의 유지에 의해서 손실될 가능성이 줄어든다.

경로 상의 자원 변화를 소스 노드로 알리기 위한 QoS 보고 패킷이 역방향 경로 에러에 의해 전달되지 않았을 경우에는 소스 노드가 목적지 노드로 데이터 패킷을 보내는 경우에 크게 영향을 미치지 못한다.

경로 상의 유용한 자원이 있음에도 불구하고 자원을 예약하지 못해 데이터 패킷 전송 시간이 약간 더 걸리는 결과가 발생한다. 이런 영향을 최소화하기 위해 경로 상의 자원 변화를 알리기 위해 QoS 보고 패킷을 브로드캐스트 하는 것은 자원 소비가 너무 늘어나서 결과적으로 전체 이동 애드 혹 네트워크의 효율성을 떨어뜨리게 된다.

따라서 자원 변화에 대한 QoS 보고 패킷은 유니 캐스트 하고 경로 에러에 대한 QoS 보고 패킷을 브로트캐스트 하는 것이 최선의 방법이라 할 수 있다.

(3) 실시간 데이터 전송을 위한 경로 유지 방법

이 방식은 실시간 데이터를 서로 주고받는 환경에 적합한 방법이다. 소스 노드와 목적지 노드 모두에 타이머를 달고 목적지 노드의 타이머는 소스 노드로부터 데이터 패킷을 받을 때마다 타이머를 갱신하고 소스 노드는 목적지 노드로부터 데이터 패킷을 받을 때마다 타이머를 갱신한다.

(2)의 방식과 마찬가지로 경로 에러에 대한 QoS 보고 패킷을 보낼 때는 브로드캐스트하고 자원 변화에 대한 QoS 보고 패킷을 보낼 때는 유니 캐스트 한다.

(2)의 방식과 차이점은 경로 상의 자원 변화에 대한 QoS 보고 패킷을 주기적으로 전송할 필요가 없다는 것이다. 경로 상의 자원 변화가 있을 때만 QoS 보고 패킷을 경로를 통해서 유니 캐스트 하면 된다. 따라서 자원 변화에 대한 QoS 보고 패킷을 주기적으로 전송하는 방식에 비해 자원 소비를 현저하게 줄일 수 있다.

(4) 경로 상의 모든 노드에 타이머

이동 애드 혹 네트워크에서 최선 형 서비스와 QoS 지원 형 서비스와 상관없이 경로 유지를 위해서 경로들의 상태 여부는 주기적으로 확인되어야 한다. 경로 에러를 신속하게 감지하기 위해서 INSIGNIA에서처럼 각 노드에 소프트 상태 타이머(soft-state timer)를 동작시킨다.

소프트 상태 타이머란 한 노드에서 하나의 패킷을 수신한 후 다음 패킷을 수신하는 시간 간격을 정해서 정한 시간 이내에 패킷이 수신되지 않는 경우는 그 노드의 이전에서 경로 에러가 생겼다고 판단할 수 있도록 하는 타이머를 말한다.

경로 에러를 감지한 노드가 소스 노드로 알려 데이터 패킷의 손실을 막기 위해서 소스 노드가 신속하게 다중 경로로 교체하거나 재 라우팅 과정을 수행해야 한다.

4) 경로 에러에 따른 적응

현재 경로 상의 노드 이동과 무선 환경 변화에 의해 경로 에러가 발생되는 경우에는 소스 노드가 확인 헬로 메시지를 일정한 시간 이내에 수신하지 못함으로써 소스 노드는 경로에 에러가 발생되었음을 알고 자신의 경로 캐쉬에 저장되어 있는 경로들을 평가하여 사용 유무를 결정하고 사용이 불가능할 경우에는 재 라우팅 과정을 수행한다.

(1) 최선 형 서비스의 적응

이동 애드 혹 네트워크에서 최선 형 서비스의 경로 유지를 위해서 경로들의 상태 여부는 주기적으로 확인되어야 하며 경로 손실을 감지된 경우에는 다중 경로로 교체하거나 재 라우팅이 이루어져야 한다.

소스 노드는 헬로 메시지를 주기적으로 목적지 노드로 보내며 목적지 노드는 단순히 헬로 메시지를 수신해서 확인 헬로 메시지를 다시 소스 노드로 보낸다.

소스 노드는 일정한 시간 이내에 확인 헬로 메시지를 수신하게 되면 순방향 경로와 역방향 경로가 유지되고 있다고 판단하고 수신하지 못하면 순방향 경로와 역방향 경로에 모두 에러가 발생되었다고 판단하여 대체 경로를 사용하던지 아니면 경로 발견 과정을 수행한다.

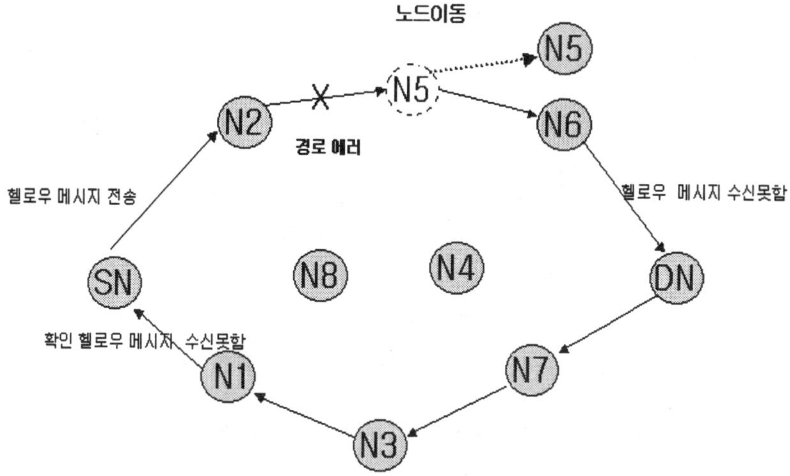

그림 9.6 최선 형 서비스의 경로 에러

그림 9.6은 노드 N5의 이동에 의해 노드 N2와 노드 N5 사이의 링크에 에러가 생겨 소스 노드 SN과 목적지 노드 DN 사이의 경로에 에러가 발생하는 상황을 나타낸다.

소스 노드 SN은 노드 N2와 노드 N5 사이의 링크가 손실되었는지 알지 못한다. 결국 소스 노드는 일정한 시간 이내에 확인 헬로 메시지를 받지 못하게 된다.

확인 헬로 메시지를 수신하지 못한 소스 노드 SN은 어느 링크가 정확하게 에러가 발생되었는지를 알지는 못하고 단순히 경로에 에러가 발생되었다는 것을 알고 다중 경로로 대체하던지 또는 경로 발견 과정을 다시 수행한다.

소스 노드의 경로 캐쉬 내에 목적지 노드까지의 여분의 다중 경로가 존재하면 이를 이용하여 재전송하고 존재하지 않으면 새로운 경로 발견 과정을 수행한다.

(2) QoS 지원 형 서비스의 적응

QoS 지원 형 서비스의 적응 방법은 최선 형 서비스의 적응 방법과 거의 유사하다. 경로 에러를 발견한 이후 처리 과정에서 약간의 차이점이 존재한다.

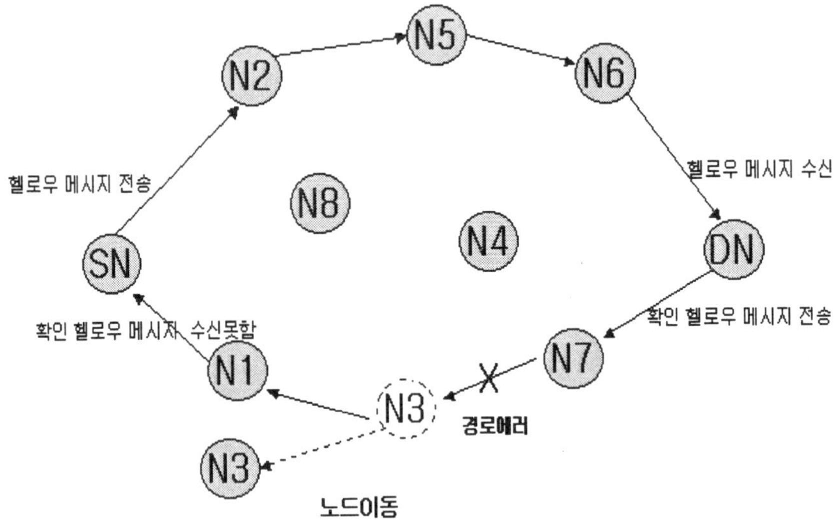

그림 9.7 QoS 지원 형 서비스의 경로 에러

다중 경로를 사용하는 경우 최선 형 서비스는 소스 노드의 경로 캐쉬에 목적지 노드까지의 다중 경로가 존재하기만 하면 다중 경로를 통해서 데이터 패킷을 전송하는 반면 QoS 지원 형 서비스는 소스 노드의 경로 캐쉬 내에 목적지 노드까지의 여분의 다중 경로가 존재하면서 경로가 흐름이 요구하는 최소 자원 요구값 이상을 제공해야만 다중 경로를 이용하여 데이터 패킷을 전송하고 그렇지 않으면 경로 발견 과정을 수행한다.

5) 경로 상의 자원 변화에 적응

이동 애드 혹 네트워크에서 라우팅 프로토콜이 QoS 지원 형 서비스를 제공하기 위해서는 경로 상의 자원 변화에 신속하게 적응해야 한다.

QoS 지원 형 서비스를 위해서 목적지 노드에서 경로 상의 자원 변화에 대한 정보를 신속하고 정확하게 소스 노드로 알려야 한다.

이 정보를 수신한 소스 노드는 경로 상의 자원 변화를 참고해서 경로의 현재 상태에 가장 적합한 자원을 예약해서 데이터 패킷을 전송하게 된다.

최선 형 서비스의 경우는 경로 상의 자원 변화가 현재 흐름에 자연스럽게 적용되어지고 자원 변화에 따른 자원 예약 상태의 변화는 일어나지 않는다. 하지만 경로 발견 시 알아낸 경로의 유용한 자원이 변화되었다는 것을 소스 노드에게 알려 주어야 한다. 그렇지 않으면 이 경로가 이후에 다른 QoS 지원 형 서비스를 위해 사용되어질 때 잘못된 자원 정보를 제공할 가능성이 높아진다.

(1) 최선 형 서비스의 적용

경로 상의 자원 변화는 경로를 구성하는 각 노드들의 자원 변화에 영향을 받는다. 최소 자원을 제공하는 노드의 자원이 경로의 자원을 결정한다.

따라서 시간적으로 최소 자원을 제공하는 노드가 변할 수 있다. 순방향 경로의 자원 변화는 소스 노드에 의하여 확인 헬로 메시지를 수신할 때마다 감지되어지고, 역방향 경로의 자원 변화는 목적지 노드에 의하여 헬로 메시지를 수신할 때마다 감지되어진다.

소스 노드로부터 헬로 메시지를 수신한 목적지 노드는 RPAR 필드와 RRE 필드를 비교해서 서로 다르면 경로의 유용한 자원 값을 RRE 필드 값으로 갱신하고 소스 노드로 확인 헬로 메시지를 다시 전송한다.

확인 헬로 메시지를 수신한 소스 노드는 경로 상의 자원 변화를 검사하기 위해서 PAR 필드와 RE 필드를 비교한다.

RE와 PAR가 서로 다르면 소스 노드는 경로 상의 자원이 PAR에서 RE로 변화되었다고 판단하고 자신의 경로 캐쉬에 해당 경로에 대한 경로 유용한 자원 값을 갱신한다.

(2) QoS 지원 형 서비스의 적용

QoS 지원 형 서비스의 적용 방식은 최선 형 서비스의 적용 방식과 거의 유사하다. 단지 경로 상의 자원 변화에 대처하는 방식에서 약간의 차이점이 존재한다. 만약 QoS 지원 형 서비스의 경로에 자원 변화가 생겨 경로 유용한 자원 값이 소스 노드가 요구하는 최소 요구 자원 값 미만으로 떨어졌을 경우에 그 경로는 QoS 지원 형 서비스의 경로로 사용되지 못한다. QoS 지원 형 서비스의 모든 경로가 최소 요구 자원 값 미만으로 떨어지는 경우에는 경로가 있음에도 불구하고 경로 발견 과정을 다시 수행해야 한다.

제10장 글로벌 이동 애드 혹 네트워크

10.1 개요

이동 애드 혹 네트워크(mobile ad hoc network)는 유선 기반 네트워크 없이 이동 단말기로만 구성된 무선 지역의 통신네트워크, 기반 네트워크가 구축되지 않은 산악 지역이나 전쟁터 등지에서 임시방편적으로 통신을 구성하는 네트워크이다. 이동 단말기 자체 내에 라우팅(routing) 기능을 가지고 상호간의 통신기능을 수행할 수 있어 이동 단말기끼리의 데이터 송수신이 가능하고 기반 네트워크의 도움 없이 일정한 네트워크 영역 내에서 통신이 이루어지는 자치 분산 네트워크이다.

그림 10.1에는 기반 구조 네트워크와 이동 애드 혹 네트워크를 비교하기 위해서 각각의 네트워크 형태를 간단히 표현하였다. 기반 구조 네트워크는 이동 단말기(MN : Mobile Node)의 이동성을 지원하기 위해 Mobile IP(Internet Protocol) 기법을 이용하며 이동 단말기와 이동 단말기 사이의 연결성을 지원하기 위해 AP(Access Point)를 이용한다. 이동 단말기와 이동 단말기 사이의 통신은 이동 단말기 간의 점 대 점(point to point) 방식이 아니라 AP와 이동 단말기 간의 점 대 점 방식으로 AP가 이동 단말기 사이에서 통신의 중간 매개체 역할을 수행하게 된다.

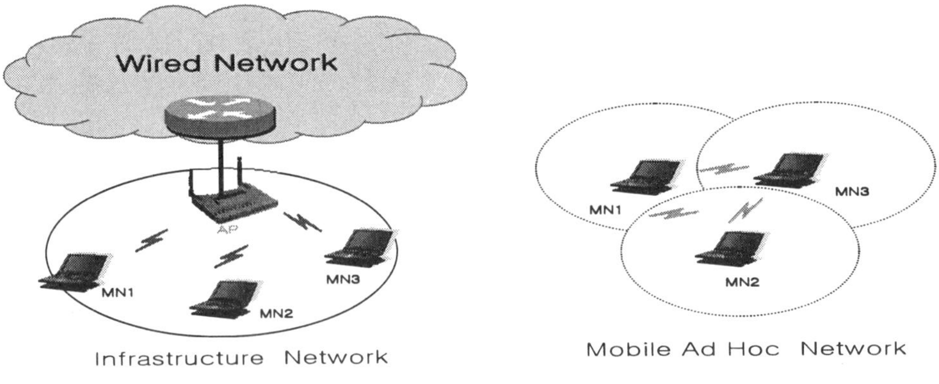

그림 10.1 기반 구조 네트워크와 이동 애드 혹 네트워크

기반 구조 네트워크가 Mobile IP를 이용한 이동 단말기의 이동성 지원 방식이 이동 단말기와 이동 단말기 간의 점 대 점 연결 방식이 아닌 AP를 이용한 이동성 지원 방식이었던 반면에 이동 애드 혹 네트워크는 이동 단말기 자체 내에 라우팅 기능을 가지고 있어 자체적으로 통신이 가능하기 때문에 이동 단말기가 직접적으로 통신을 할 수 있고 손쉽게 네트워크를 구성할 수 있기 때문에 전쟁터나 화재 지역, 회의장 등 임시적으로 통신사용이 가능하다. 또한 이동 애드 혹 네트워크는 멀티 홉(multi-hop) 통신이 가능하기 때문에 일정 네트워크 반경 내에 있는 이동 단말기끼리는 통신이 가능하다.

이동 애드 혹 네트워크의 쉬운 네트워크 구성과 기반 구조 네트워크와의 연동 없이도 네트워크를 구성할 수 있는 여러 가지 장점으로 인해 최근 들어 이동 애드 혹 네트워크와 PSTN(Public Switched Telephone Network) 등 유선 기반 구조 네트워크와의 연동 및 무선 기반 구조 네트워크와의 연동에 관한 활발한 연구가 진행되고 있다.

이동 애드 혹 네트워크는 유선 기반 구조 네트워크와 무선 기반 구조 네트워크와의 연결을 지원하며 이동 애드 혹 네트워크 내의 이동 단말기를 사용하는 사용자가 언제 어디서나 어떠한 정보라도 수신할 수 있는 연구가 활발히 진행되고 있다.

또한 이를 적용하기 위해서는 이동 애드 혹 네트워크 내의 이동 단말기와 유선 기반 구조 네트워크 상호 간의 연결을 도와주는 게이트웨이(gateway)의 역할이 무엇보다도 필요하다.

이러한 게이트웨이는 유선 기반 구조 네트워크와 이동 애드 혹 네트워크 사이의 인터페이스 연결 기능을 수행해야 하기 때문에 다른 기종 네트워크 간의 프로토콜 변환 기능을 갖추고 있어야 하며 라우팅과 트래픽 관리 등 네트워크 정보를 주기적으로 갱신하여 유동적인 환경에 적응하는 기능이 필요하다. 또한 이동 애드 혹 네트워크의 이동 단말기와 유선 기반 구조 네트워크와의 통신을 지원하기 위해서는 이동 단말기를 관리하는 게이트웨이와 이동 단말기 간의 지속적인 통신이 이루어져야 하며 이동 단말기의 이동 시 통신의 단절 없이 신속하고 유연한 통신이 이루어지는 기술 등이 개발되어야한다.

현재까지 사용자의 이동성 즉 사용자가 처음 위치에서 움직여 다른 지역으로 이동하였을 때 이동 단말기의 서브 넷(subnet)이 달라지면 통신이 불가능해지기 때문에 새로운 서브 넷에서 IP 주소를 새로 획득하거나 사용자가 새로 설정해

주어야한다. 이러한 사용자의 이동 단말기 이동성을 지원하기위해 Mobile IP를 이용하여 이동 단말기와 AP 간의 정보를 교환하여 이동 단말기의 이동성을 높여주는 무선 랜(wireless LAN)과 같은 기반 구조 네트워크를 이용하여 사용자의 이동성을 지원해준다. 하지만 Mobile IP 기법을 적용한 이동 단말기의 이동성 지원은 이동 단말기와 FA(Foreign Agent)가 직접적인 연결을 갖는 싱글 홉(single hop)통신을 전제로 하므로 이동 애드 혹 네트워크에서의 다중 홉(Multi Hop) 통신에 그대로 적용하기가 어렵다.

이동 애드 혹 네트워크에서는 노드 간 멀티 홉 통신을 기본적으로 사용하고 있기 때문에 이동 단말기와 FA 간도 멀티 홉 루트를 통해서 연결된다. 이와 같은 네트워크 구조 및 통신 방식의 차이는 Mobile IP를 이동 애드 혹 네트워크에 적용하는 것에는 많은 문제점을 발생시키고 있다.

이동 애드 혹 네트워크에 대한 연구는 오래 전부터 시작되었지만 극히 제한된 영역을 제외하고는 아직 우리 실생활에 응용되고 있는 바가 거의 없는 실정이다.

그러나 최근 들어 무선 전송 기술을 이용한 WPAN(Wireless Personal Area Network)이나 홈 네트워킹에 대한 관심이 커지고 있고 유무선 통합 기술에 대한 연구가 활발한 가운데 이동 애드 혹 네트워크 기술은 이를 실현하기 위한 주요 기반 기술의 하나로서 인식되고 있으며 이와 같은 상황에서 이동 애드 혹 네트워크와 기반 구조 네트워크 간을 연동하여 사용자에게 다양한 서비스를 제공할 수 있도록 많은 연구가 이루어지고 있다.

이동 애드 혹 네트워크와 유선 기반 구조 네트워크와의 연결을 위해 반드시 필요한 게이트웨이의 설정 방식은 이동 단말기와 게이트웨이 사이의 주기적인 정보 교환으로 경로 정보를 주기적으로 갱신 할 수 있는 proactive 방식, 이동 단말기의 통신 요구가 있는 경우에만 경로 설정을 시작하는 reactive 방식 그리고 이 두 가지 방식의 장점을 결합한 hybrid 방식 등이 있다.

또한 이동 애드 혹 네트워크의 이동 단말기의 시시각각 변화는 이동성으로 인해 데이터 전송의 실패율이 높고 적은 대역폭을 가진 글로벌 이동 애드 혹 네트워크의 무선 인터페이스의 환경에서 링크 비 겹침 다중 경로 라우팅 메커니즘은 이동 애드 혹 네트워크와 유선 기반 구조 네트워크에서 필수적이라고 할 수 있다.

이동 애드 혹 네트워크에서의 이동 단말기 자체가 라우터의 기능을 수행하고 빠른 시간 안에 경로의 설정과 경로의 유지를 위한 각 노드의 정보 또는 여러 경로에 대한 정보를 저장하고 관리해야 하므로 한정된 자원을 효율적으로 관리해야 할 필요가 있다. 따라서 이동 애드 혹 네트워크에서의 사용자들이 사용할 수 있는 정보와 데이터의 양과 질, 콘텐츠 등은 기반 구조 네트워크에 비해서 분명히 한정되어 있다. 하지만 이는 하드웨어의 단가가 낮아지고 하드웨어의 기능들이 발전됨에 따라 극복할 수 있는 문제이기는 하지만 하드웨어의 개발에 드는 투자비용과 시간은 절대적인 요소이다. 이런 요소를 제외하고 이동 애드 혹 네트워크에서의 사용자들이 언제, 어디서든, 빠르고 정확한 정보와 다양한 콘텐츠를 제공받을 수 있는 방법 중에 하나는 이동 애드 혹 네트워크와 기존의 유선 네트워크 또는 인터넷 네트워크를 연결하는 것이다.

또한 현재 우리는 유선 네트워크는 유선 네트워크대로, 무선네트워크는 무선 네트워크대로 따로 사용하지 않는다. 우리는 현재 무선 네트워크와 유선 네트워크를 같이 사용하고 있으며 또한 이런 네트워크들은 서로 통합되어 있어서 우리가 많은 콘텐츠나 정보 등을 사용하고, 이에 대한 대가를 지불하고 있다. 지금 우리가 사용하고 있는 대부분의 서비스는 유무선 네트워크를 통합한 형태로 되어져 있다.

따라서 규모가 작고 이용할 수 있는 자원의 양이 한정되어 있는 이동 애드 혹 네트워크의 입장에선 더 많고 더 다양한 정보들이 있는 유선 네트워크와의 연결은 매혹적인 일임에 틀림이 없고, 현재 네트워크 서비스 제공 형태 또한 유무선 네트워크의 통합 형태임을 고려 할 때 이동 애드 혹 네트워크와 기반 구조 네트워크의 연결은 필수적인 발전 과정이라 할 수 있다.

하지만 이러한 연결 방법은 간단한 절차가 아니다. 왜냐하면 기존의 기반 구조 네트워크에서 사용하고 있는 TCP(transmission control protocol)나 UDP(user datagram protocol) 등 많은 프로토콜이 있고 이러한 프로토콜들은 이동 애드 혹 네트워크에서 사용하고 있는 DSR이나 AODV 라우팅 프로토콜과 전혀 다른 종류의 프로토콜이고, 또한 기반 구조 네트워크에서 사용하고 있는 주소 체계와 이동 애드 혹 네트워크에서 사용하는 주소 체계 또한 다르므로 서로 다른 방식을 사용하는 네트워크들 사이에 형식을 일치시키는 작업이 필수적이라 할 수 있다.

10.2 이동 애드 혹 네트워크

10.2.1 배경

무선 통신은 제한된 통신 자원과 단말기 기능의 제약으로 인해 유선 환경에서 제공받는 멀티미디어 통신 서비스를 수용하는 데 여러 가지 어려움을 가진다. 그 중에서 특히 데이터 병목 현상의 문제점이 가장 심각하다. 이러한 병목 현상 해결 방법으로서 무선 접속 기능을 향상하기 위한 근거리 사설 무선 네트워크가 최근 주목을 받고 있다. 이는 공용주파수대역에서 보편화 된 저가의 장비로 유무선 통신 인프라 접속과 단말기 상호 간의 통신 연결을 주목적으로 하는 이동 애드 혹 네트워크를 기반으로 한다.

이동 애드 혹 네트워크는 중앙 집중화 된 관리나 표준화 된 지원 서비스의 도움 없이 임시 네트워크를 구성하는 무선 이동 단말기들의 집합이다. 이러한 네트워크는 백본 호스트(backbone host)나 다른 이동 호스트(이동 단말기)로의 연결을 제공하기 위한 고정된 제어 장치를 갖지 않으며, 각 이동 호스트가 라우터로 동작하여 이동 호스트로부터의 패킷을 다른 이동 호스트로 전달한다. 또한 이동 호스트의 이동에 의해 해당 경로가 무효화될 수 있기 때문에 통신 연결은 상당히 취약하다. 그러나 이동 호스트는 이동에 따른 경로의 계산과 수정에 많은 시간을 소비해서는 안 된다. 왜냐하면 경로 재설정으로 인한 자원의 소모는 실제 데이터 처리 율을 저하시켜 네트워크 자체가 비효율적이고 비현실적인 시스템이 될 수 있기 때문이다. 따라서 이동 애드 혹 네트워크의 효율적인 통신을 제공하기 위해서는 잘 정의된 라우팅 기법이 요구된다.

그림 10.2는 이동 애드 혹 네트워크에서의 하나의 중간 노드(node)를 이용한 기본적인 노드 간 연결과정을 나타낸다. 여기에서 이동 단말기 또는 이동 호스트를 이동 노드라고 표현하는 것 또는 이단말기 또는 이동 호스트가 기반 구조 네트워크의 단말기들과는 다르게 직접 라우터의 기능을 수행하기 때문이다. 소스 노드 N1이 목적지 노드 N3과 통신을 요청한 경우 소스 노드 N1의 통신 범위 내에 목적지 노드 N3이 위치하기 않기 때문에 통신을 위한 직접적인 연결은 불가능하다. 이러한 경우 중간 노드 N2가 두 노드 간을 중계접적인 연결면 중간 노드인 N2를 이용해 소스 노드 N1과 목적지 노드 N2간의 통신이 가능하다.

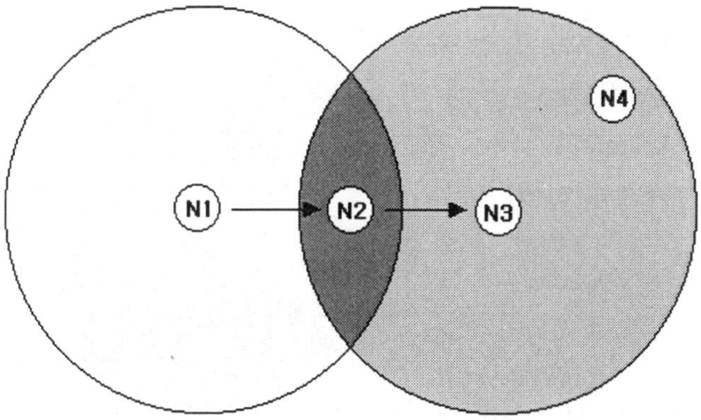

그림 10.2 이동 애드 혹 네트워크

이동 애드 혹 네트워크는 특성상 임시 구성용 네트워크로 재해, 재난 지역이나 전쟁터 등의 기반 시설이 갖추어져 있지 않은 환경에 적합한 것으로 인식되어 왔다. 따라서 주로 군사용이나 백업용 네트워크로서의 역할에 중점을 두어 연구가 진행되어 왔다. 대표적인 이동 애드 혹 네트워크 모델은 미국의 DARPA(The Defence Advanced Research Projects)에서 추진해온 GloMo(Global Mobile Information System) 프로그램과 최근에 이동과 무선 독립 IP(Internet Protocol) 부분에서 인터넷 라우팅을 지원하기 위한 표준을 연구하는 IETF(Internet Engineering Task Force)의 이동 애드 혹 네트워크 연구 단체(WG : Working Group)의 연구 성과물 등이 있다.

최근 관심을 끌고 있는 무선 사설 네트워크 기술인 블루투스(bluetooth)와 Home RF(Home Radio Frequency) 등은 근거리용 무선 네트워크로 음성과 데이터 서비스를 동시에 제공하고 있다.

10.2.2 이동 애드 혹 네트워크

1970년대 무선 통신이 처음 등장한 후 무선 통신은 컴퓨터 관련 산업에서 점점 더 많이 사용되어 왔다. 특히 지난 10여 년간 무선 통신에 이동성이 추가되면서 이러한 추세는 더욱 심화되었다.

현재 두 가지 형태의 무선 이동 통신이 사용되고 있다. 하나는 기반 구조 네트워크로서 고정되고 유선으로 연결된 게이트웨이(gateway) 내에서 사용되는 형태이다. 이러한 네트워크를 위한 브리지(bridge)들을 기지국(base station)이라 한다. 이러한 네트워크 내의 이동 단말기들은 통신 반경 내의 가장 가까운 기지국에 연결되어 통신하게 된다. 이동 단말기들이 이전 기지국의 영역을 벗어나 다른 기지국 영역으로 들어가게 되면 이전 기지국으로부터 새로운 기지국으로 핸드 오버(hand over)가 일어나게 된다. 그리고 이 과정에서 이동 단말기는 네트워크와의 접속을 유지한 채 계속 통신을 할 수 있다.

현재의 무선 이동 통신 네트워크는 고정된 기지국과 사용자 종단 시스템만이 이동하는 것을 고려한 기반 구조 네트워크이다. 따라서 기지국 사이에서의 종단 시스템이 이동할 때 서비스를 지속시켜 줄 수 있는 핸드 오버와 위치 관리(location management) 등에 대한 것이 대표적인 고려 사항이다.

그림 10.3에는 이동 기반 구조 네트워크에 대해 간단히 표현했다. 이동 노드 또는 이동 단말기 N1이 이동 노드 N3과 통신하기 위해서는 기반 구조 네트워크인 기지국을 통해 서로 연결을 한 후에 통신을 진행하다. 이동 기반 구조 네트워크에서는 사용자 단말기를 이동 노드라고 표기하기 보다는 이동 단말기로 표현하는 것이 일반적이나 이동 애드 혹 네트워크에서 사용하는 이동 노드와의 일관성을 위해서 이동 단말기를 이동 노드라고 표현하기도 한다. 일반적인 네트워크에서 단말기와 노드의 구분은 것이터로서 동작하는 지에 대한 유무에 따라 구분하는 것이 일반적이다. 사용자가 직접 사용하는 정보통신기기는 단말기라고 하고 사용자 단말기를 상호 연결하고 라우팅 기능을 수행하는 것을 통신 노드 또는 통신 교환기라 한다.

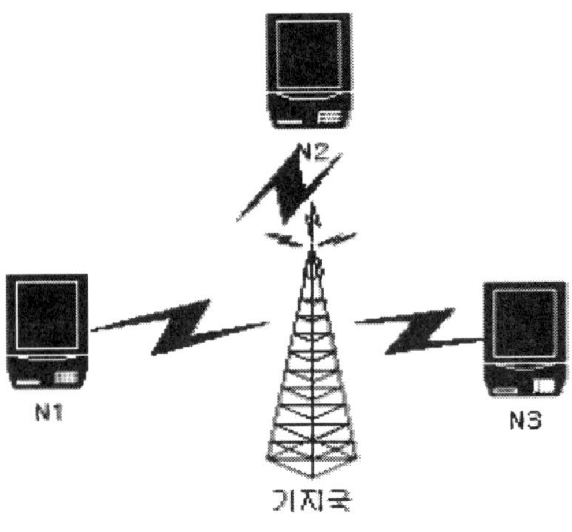

그림 10.3 이동 기반 구조 네트워크

한편 기반 구조 네트워크를 설치하기 어려운 전쟁터, 기반 구조 네트워크가 손실된 태풍, 지진, 화재 등의 재난 지역, 소수의 사용자를 위해 설비를 투자하기 어려운 산간 지역과 같은 오지, 계획되지 않은 임시회의, 기반 구조 네트워크가 설치되어 있으나 한 지역 내에서 소수의 사용자들에 의한 적은 양의 주기적인 통신 시 기반 구조 네트워크를 사용하는 경우의 비용 문제로 상대적으로 비용이 적은 네트워크를 사용하기를 원하는 경우 등에서 종단 시스템들이 고정된 중계국이 없어도 서로 통신할 수 있는 또 다른 특성의 네트워크의 구성이 필요하다. 이러한 요구에 의해 구상된 네트워크가 바로 이동 애드 혹 네트워크이다.

이동 애드 혹 네트워크의 통신 환경은 각 노드들의 이동이 시간적으로 변하고 있으며 이로 인해서 네트워크 토폴로지가 동적으로 변하게 된다. 경로를 구성하는 노드들의 이동이 빈번한 환경에서 통신을 지속하기 위해서는 송신 노드와 수신 노드 사이에 재라우팅과 같은 추가적인 과정이 필요하게 된다.

그림 10.4는 이동 애드 혹 네트워크를 나타낸다. 이동 노드 N1이 이동 노드 N8에게 데이터를 전송하기 위해 두 개의 중간 노드 N3과 N5를 통하여 연결된다.

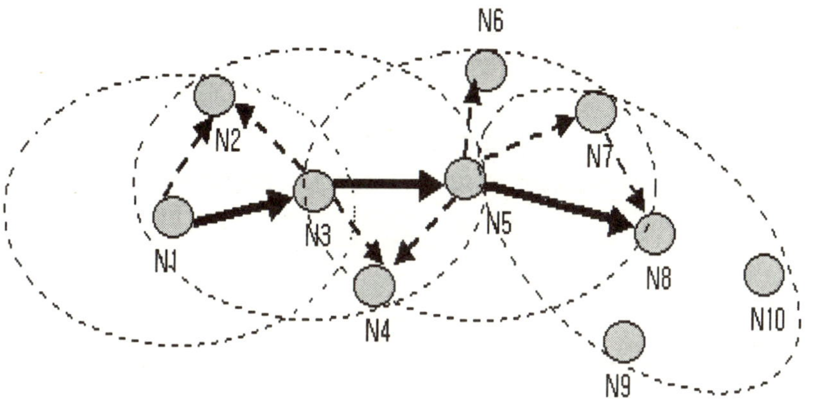

그림 10.4 이동 애드 혹 네트워크에서의 경로설정

이동 노드 N1은 자신의 통신 범위 내에 없는 이동 노드 N8과 통신을 위해 자신의 통신 범위 내에 있는 이웃 노드 N3과 먼저 연결하고 N3은 다시 자신의 통신 범위 내에 있는 N5와 연결하고 최종적으로 N5가 N8과 연결됨으로써 통신을 위한 환경을 구축하게 된다.

최근에 이동 애드 혹 네트워크가 주목받는 이유는 다음과 같다. 첫째, 인터넷의 급속한 성장을 배경으로 하고 있다. 통신 네트워크가 일반 대중에게 보급되어 과거의 원거리 네트워크에서 근거리 지역 네트워크에 이어 가정 내 개인용 컴퓨터 간 또는 오피스텔 등의 SOHO(Small Office Home Office)에서도 통신 네트워크 구성에 대한 요구가 증가하고 있다. 또한 IP(Internet Protocol)에 이동성을 부여하기 위한 시도와 함께 이를 지원하기 위한 지역 근거리 네트워크로서 이동 애드 혹 네트워크가 주목받기 시작했다.

둘째, 전쟁터에서의 부대 간의 통신을 위한 이동 애드 혹 네트워크에 대한 연구이다. 군사적 이동 통신 시스템은 일반 민간 시스템과는 다른 네트워크 요구사항을 갖는다. 고정된 통신 기반 구조는 개인의 기본적 상황과 위치를 확보하고 서비스를 제공하는 상용 통신 네트워크로서 단일 홉(single hop)의 정적인 네트워크 위상을 갖고 주파수 대역에 따른 최대 사용자 수 지원을 목표로 한다. 반면에 군사용 통신 네트워크는 신속히 전개되는 기반 구조로 제한적이고 선택적인 접근만이 허용된다. 또한, 다중 홉(multi hop)과 산발적 이동을 지원하기 위한 동적 대역 할당 및 악조건에서의 최대 정보 전송 율을 목표로 한다. 개인성보다는 보안이 더 중요하며 생존을 위한 고도의 동적이고 진보된 서비스를 요구한다. 이러한 특성은 통신 기능과 서비스의 발달로 인해 사용자가 점진적으로 요구하고 있는 이동 컴퓨터 및 이동 데이터 서비스와 접목될 수 있는 중요한 부분이 된다.

10.3 이동 애드 혹 네트워크와 기반 구조 네트워크의 연결

10.3.1 개요

이동 애드 혹 네트워크는 이동 노드들에 의해 자율적으로 구성되는 자치분산 네트워크(autonomous distributed network)로서 네트워크의 구성 및 유지를 위해 기지국(base station)이나 액세스 포인트(access point)와 같은 기반 구조 네트워크 장치를 필요로 하지 않는다. 이동 애드 혹 네트워크 안에서 이동 노드들은 무선 인터페이스(interface)를 사용하여 서로 통신하며 멀티 홉 라우팅에 의해 무선 인터페이스가 가지는 통신 거리상의 제약을 극복하고 있다. 그리고 노드의 이동이 자유롭기 때문에 네트워크 토폴로지(topology)가 동적으로 변화하는 특성을 가진다.

이동 애드 혹 네트워크는 우리가 사용하는 인터넷(Internet)과 같은 기반 구조 네트워크에 완전히 독립된 형태로 존재하거나 또는 이에 연동되는 형태로 존재할 수 있다. 기존에는 독립된 형태로 존재하는 이동 애드 혹 네트워크에 대한 연구가 대부분이나 최근에는 이동 애드 혹 네트워크의 다양한 응용 확대를 위해 인터넷과 연동되는 이동 애드 혹 네트워크에 대한 연구도 많은 관심을 끌고 있는 실정이다.

이동 애드 혹 네트워크는 인터넷에서 통신 관문 역할을 하는 하나 이상의 인터넷 게이트웨이(Internet Gateway)에 의해서 인터넷에 연동될 수 있다. 인터넷 게이트웨이는 이동 애드 혹 네트워크와 인터넷 간의 패킷(packet) 라우팅 기능을 제공하며 네트워크 주소 변환(NAT : Network Address Translation)이나 Mobile IP FA(Foreign Agent) 기능에 의해 이동 애드 혹 네트워크의 이동 노드들이 인터넷에 접속할 수 있게 하여 줄 수 있다.

기반 구조 네트워크에서 단말기의 이동성을 지원하고 있는 Mobile IP 기술은 글로벌하게 홈(Home) 주소를 가진 이동 단말기들이 인터넷상에서 자유롭게 로밍(roaming)하며 다른 네트워크 안에 있는 인터넷 노드와 다른 단말기들과 통신할 수 있도록 해 준다. Mobile IP는 이동 단말기와 FA 간의 링크 레벨의 통신, 즉 단일 홉 통신을 기본 가정으로 하고 있다

그러나 이동 애드 혹 네트워크에서는 노드 간 멀티 홉 통신을 기본적으로 사용하고 있기 때문에 노드와 FA간도 멀티 홉 루트를 통해서 연결된다. 이와 같은 네트워크 구조 및 통신 방식의 차이는 Mobile IP를 이동 애드 혹 네트워크에 적용하는 데에 많은 문제점을 야기 시키고 있다.

이동 애드 혹 네트워크에 대한 연구는 오래 전부터 시작되었지만 극히 제한된 영역을 제외하고는 아직 우리 실생활에 폭넓게 적용되어지고 있지 않은 실정이다. 그러나 최근 들어 무선 전송 기술을 이용한 WPAN(Wireless Personal Area Network)이나 홈 네트워킹에 대한 관심이 커지고 있고 유무선 통합 기술에 대한 연구가 활발한 가운데 이동 애드 혹 네트워크 기술은 이를 실현하기 위한 주요 기반 기술의 하나로서 인식되고 있으며 이와 같은 상황에서 이동 애드 혹 네트워크와 인터넷을 연동하여 기존의 인터넷에서 제공되는 다양한 서비스를 이동 애드 혹 네트워크내의 이동 노드에게 제공하는 다양한 연구가 진행되고 있다.

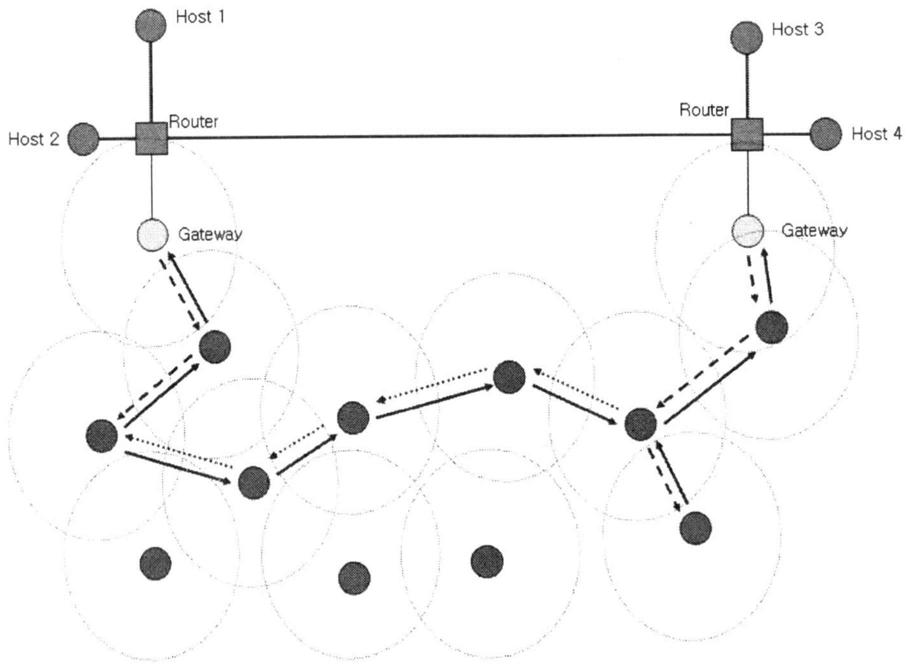

그림 10.5 이동 애드 혹 네트워크와 기반 구조 네트워크 연결

그림 10.5는 이동 애드 혹 네트워크와 기반 구조 네트워크(일반적으로 유선 네트워크)를 연결하는 기본적인 구조를 표현한다. 우선 가장 기본적으로 이동 애드 혹 네트워크와 기반 구조 네트워크를 연결하기 위한 매개체가 필요하다. 왜냐하면 앞에서 얘기 했듯이 인터넷 네트워크에서 사용하는 통신 프로토콜과 이동 애드 혹 네트워크에서 사용하는 통신 프로토콜이 서로 다르고, 인터넷 네트워크에서 사용하는 주소 체계와 이동 애드 혹 네트워크에서 사용하는 주소체계가 서로 다르기 때문이다. 이러한 문제점을 해결하기 위해서는 여러 가지 방법이 존재할 수 있다. 예를 들어, 기반 구조 네트워크의 노드나 이동 애드 혹 네트워크의 노드 자체에 통신 프로토콜을 변환하고 주소 체계를 변환할 수 있는 알고리즘이 내장되어 있어 서로 간의 통신을 원활하게 하는 방법과 이동 애드 혹 네트워크와 기반 구조 네트워크의 연결을 위해서 중간 노드로서의 게이트웨이(gateway)를 사용하는 방법 등이 있다. 일반적인 방법은 후자라 할 수 있다. 즉 게이트웨이 자체가 하나의 노드 역할을 담당하면서 이동 애드 혹 네트워크와 기반 구조 네트워크를 서로 연결하는 역할을 한다.

따라서 이동 애드 혹 네트워크와 기반 구조 네트워크를 연결하여 상호 간에 원활한 통신을 위해서는 이동 애드 혹 네트워크내의 이동 노드들의 입장에선 게이트웨이를 발견하는 알고리즘이 가장 중요하며 또한 게이트웨이 입장에선 주변 이동 노드들에게 정확하고 신속한 방법으로 자신의 존재를 어떻게 알리느냐 하는 것이 중요한 알고리즘이 된다. 또한 게이트웨이는 기반 구조 네트워크와 이동 애드 혹 네트워크의 중간 매개체로서, 하나의 노드로서 동작하는 것 또한 중요하다.

결론적으로 게이트웨이의 역할을 정리한다면 다음과 같다.

① 기반 구조 네트워크에서 하나의 노드로서 동작해야 한다.

② 이동 애드 혹 네트워크에서 하나의 이동 노드로서 동작해야 한다.

③ 주소 정보를 이동 노드들에게 알려야 한다.

④ 기반 구조 네트워크에서 이동 애드 혹 네트워크 혹은 이동 애드 혹 네트워크에서 기반 구조 네트워크로의 주소 변환 체계를 가지고 있어야 한다.

⑤ 기반 구조 네트워크에서 이동 애드 혹 네트워크 혹은 이동 애드 혹 네트워크에서 기반 구조 네트워크로의 통신 프로토콜 변환 체계를 가지고 있어야 한다.

10.3.2 게이트웨이 발견 방법

앞의 절에서 설명했듯이 이동 애드 혹 네트워크와 기반 구조 네트워크의 연결은 게이트웨이의 역할에 달려있다고 해도 과언이 아니다. 그러면 이동 애드 혹 네트워크의 노드들은 게이트웨이를 어떻게 발견할 수 있으며, 게이트웨이는 이동 애드 혹 네트워크의 노드들에게 어떻게 자신의 존재를 알릴 수 있을까?

이동 애드 혹 네트워크와 유선 인터넷 IP 네트워크와의 연결을 위해서는 서로 다른 기종 네트워크간의 인터페이스 역할을 수행하는 게이트웨이의 설정이 무엇보다도 중요하다. 서로 다른 기종 네트워크간의 인터페이스 역할을 수행하기 위해 이동 애드 혹 네트워크와 유선 인터넷 IP 네트워크와의 연결을 위해 세 가지 게이트웨이 접속방식인 Proactive, Reactive와 Hybrid 방식을 이용하여 각 방식의 역할과 기능 그리고 장단점을 살펴본다.

1) Proactive 방식

Proactive 방식은 게이트웨이가 자신의 반경 안에 있는 이동 애드 혹 네트워크의 이동 노드들에게 자신의 존재를 일정한 시간 단위마다 주기적으로 전달하는 방식으로써 AODV에서 경로의 유지를 위해 사용되는 헬로 메시지(hello message)와 유사한 GA(Gateway Advertisement) 메시지를 주기적으로 전송한다. 그림 10.6은 Proactive 방식을 이용하여 게이트웨이가 반경 내에 있는 이웃 이동 노드(MN : Mobile Node)에게 주기적으로 GA 메시지를 전송하여 이동 노드들이 자신의 정보를 갱신하고 있는 것을 표현한다.

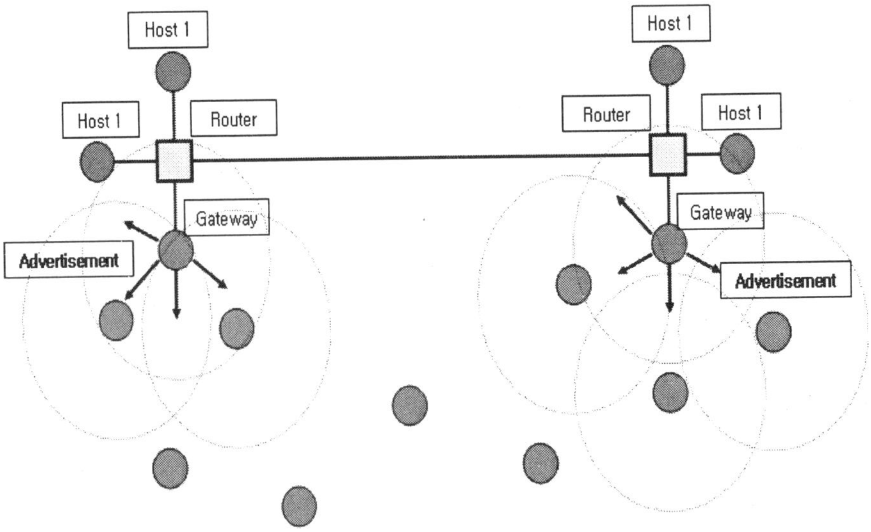

그림 10.6 게이트웨이와 이동 애드 혹 네트워크의 Proactive 방식 연결

게이트웨이가 전송한 GA 메시지를 수신한 이동 노드는 다음과 같은 과정을 수행한다.

첫째, GA 메시지를 수신한 노드가 해당 게이트웨이에 대한 정보가 없는 경우 자신의 라우팅 테이블(routing table)에 게이트웨이의 주소 값을 저장하게 된다. 게이트웨이 주소 값을 저장한 후 수신한 GA 메시지의 홉 카운트 필드에 설정된 수(network zone)만큼 자신의 이웃 노드들에게 게이트웨이 정보 즉 GA 메시지를 전송(forwarding)한다.

둘째, GA 메시지를 수신한 노드에 해당 게이트웨이에 대한 정보가 있을 때, 즉 이전에 게이트웨이 정보를 수신한 경우에는 라우팅 테이블의 게이트웨이 시간 테이블(time table) 필드(field)를 갱신하게 된다. 게이트웨이 정보를 갱신한 후 첫 번째 과정에서 수행했던 동일한 방식으로 GA 메시지의 홉 카운트 필드에 설정된 수만큼 이웃 노드들에게 게이트웨이 정보를 전송한다.

셋째, 게이트웨이는 자신이 관리하고 있는 네트워크 반경 내에 자신의 정보를 전송한 후 유선 기반 구조 네트워크와 통신을 원하는 이동 노드로부터 RREQ_I(route request packet_internet)를 수신하게 된다면 RREQ_I에 대한 응답으로 RREP_I(route reply_internet)를 전송하게 된다. 단일 홉 거리에 있는 이동 노드가 RREQ_I를 전송한 경우는 RREP_I를 수신함으로써 경로설정 과정은 종결되고 멀티 홉 거리에 있는 이동 노드가 RREQ_I를 송신한 경우는 RREQ_I를 수신한 이동 노드가 RREQ_I를 송신한 이동 노드에게 RREP_I를 송신하고 해당 이동 노드가 RREP_I를 수신함으로써 경로설정 과정은 종결된다.

RREP_I는 미리 결정되어 있는 경로를 통하여 전송되어지고 RREQ_I는 좀 더 복잡한 과정을 통 과전송되어진다. 유선 기반 구조 네트워크의 게이트웨이에 대한 정보를 가지고 있는 이동 노드와 가지고 있지 않은 이동 노드는 서로 다른 과정을 통 과RREQ_I를 전송하게 된다.

RREQ_I 패킷은 AODV 에서 사용되는 RREQ 패킷과 구별되는 패킷으로 이동 애드 혹 네트워크내의 이동 노드가 유선 인터넷 IP 네트워크의 호스트를 찾기 위해 게이트웨이를 향해 전송되는 패킷을 말한다. 아래 표 10.1은 이동 애드 혹 네트워크 내에서 사용되는 경로설정 패킷들과 이동 애드 혹 네트워크 내의 이동 노드와 유선 네트워크 내의 호스트 사이의 경로설정에 사용되는 패킷들을 나타내고 있다.

Proactive 방식은 이동 애드 혹 네트워크 내의 이동 노드들이 일반적으로 유선 네트워크와의 신속한 연결을 보장하나 지속적인 GA 메시지를 주기적으로 전송함으로써 발생되는 많은 네트워크 부하로 인한 문제점을 야기 시킨다.

표 10.1 경로설정에 사용되는 패킷

패킷종류	비고
RREQ	이동 애드 혹 네트워크 내에서 경로 설정에 사용
RREQ_I	이동 애드 혹 네트워크에서 유선 인터넷으로 경로 설정에 사용
RREP	이동 애드 혹 네트워크 내에서 RREQ에 대한 응답에 사용
RREP_I	게이트웨이에서 RREQ_I에 대한 응답에 사용

다음의 표 10.2는 게이트웨이가 자신의 정보를 담은 패킷을 주기적으로 브로

드캐스트 하는 GA 메시지 구조이다.

표 10.2 GA 메시지

Type	Reserved	Prefix Size	Hop Counter
RREQ ID			
Destination IP Address			
Destination Sequence Number			
Source IP Address			
Lifetime			

2) Reactive 방식

Reactive 방식은 이동 애드 혹 네트워크에서 유선 기반 구조 네트워크와의 통신을 원하는 이동 노드가 있는 경우 요구(On Demand) 방식으로 게이트웨이를 설정하는 방식이며 이동 애드 혹 네트워크에서 사용되는 기존의 AODV의 경로 설정 방식과 유사하다고 할 수 있다.

유선 네트워크와의 연결을 원하는 이동 애드 혹 네트워크 내의 이동 노드는 다음과 같은 과정을 수행하게 된다.

첫째, 유선 네트워크와의 연결을 원하는 이동 애드 혹 네트워크 내의 이동 노드가 자신의 네트워크 영역 내에서 가장 근접한 게이트웨이를 찾기 위해서 RREQ_I 패킷을 네트워크 반경 내에 있는 이웃 노드들에게 브로드캐스트 한다.

둘째, RREQ_I를 수신하는 중간 노드는 게이트웨이에 대한 경로 정보가 있는 경우 이에 대한 응답 메시지인 RREP_I 패킷을 생성하여 RREQ_I를 송신한 노드에게 전송함으로써 이동 애드 혹 네트워크에서의 이동 노드와 유선 네트워크를 연결할 수 있게 한다.

셋째, 게이트웨이가 이동 노드로부터 전송된 RREQ_I 패킷을 최종적으로 수신한 경우 자신의 유선 기반 네트워크 호스트 노드의 주소가 이동 노드가 통신을 원하는 유선 기반 네트워크 목적지 노드의 주소와 일치하는 경우에는 똑같은 방식으로 RREP_I 패킷을 생성하여 이동 노드에게 역방향 경로를 이용하여 유니캐스트 방식으로 경로 정보를 전송함으로써 경로설정 과정을 완료한다. 그림 10.7은 reactive 연결 방법을 표현한 것이다.

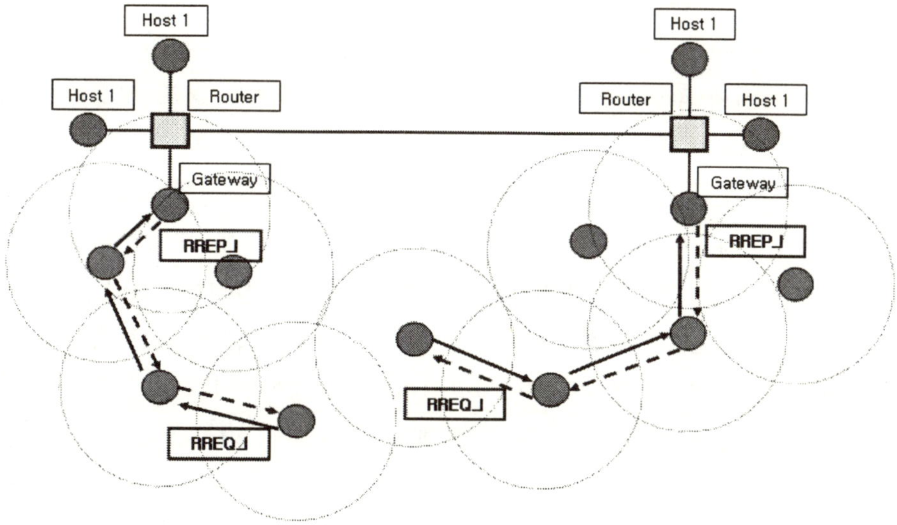

그림 10.7 게이트웨이와 이동 애드 혹 네트워크의 Reactive 방식 연결

이 경우 사용하는 메시지 패킷들은 기존의 AODV 라우팅 프로토콜보다 확장된 개념의 라우팅 프로토콜을 사용한다. 즉 RREQ, RREP 패킷과 이를 확장하여 변형한 RREQ_I, RREP_I 패킷을 추가적으로 사용한다.

표 10.3에서 보는 것과 같이 RREQ_I 패킷에서는 기존의 RREQ 패킷에서 볼 수 없던 I_flag가 새로 추가되었다. 이는 'Internet_Global Address Resolution Flag'라 부른다. 즉, 이 I-flag는 이동 애드 혹 네트워크에서 유선 네트워크로 통신을 원하는 노드가 있을 경우, 그 소스 노드는 reactive 방법으로 게이트웨이를 발견하기 위해서 사용되는 필드이다.

표 10.3 RREQ_I 메시지 포맷

0 1 2 3
0 1 2 3 4 5 6 7 8 9 0 1 2 3 4 5 6 7 8 9 0 1 2 3 4 5 6 7 8 9 0 11

Type = 1	J	R	G	I	Reserved	Hop Counter
RREQ ID(Broadcast ID)						
Destination IP Address						
Destination Sequence Number						
Source IP Address						
Source Sequence Number						

여기서 이동 애드 혹 네트워크의 이동 노드들이 유선 네트워크의 노드들과의 통신을 원한다면 우선 통신을 원하는 이동 노드는 RREQ_I 패킷의 I_flag를 '1'로 세팅한 후에 자신의 주변노드로 브로드캐스트 하는 것으로 경로 설정이 시작된다. 그리고 주변의 노드들이 RREQ_I의 패킷을 받아서 자신의 라우팅 테이블에 게이트웨이의 주소가 없다면 다시 자신의 주변 노드를 향하여 RREQ_I 패킷을 브로드캐스트 한다. 만약 중간 노드의 라우팅 테이블 내에 게이트웨이의 대한 정보가 저장되어 있다면, 그 중간 노드는 소스 노드를 향하여 RREP_I 패킷을 유니 캐스트 방식으로 전송한다. 또한 만약 중간의 어떠한 노드도 라우팅 테이블 내에 게이트웨이의 대한 정보가 저장되어 있지 않아서 RREQ_I 패킷을 게이트웨이가 수신한다면 게이트웨이는 응답 패킷인 RREP_I 패킷을 소스 노드를 향하여 유니 캐스트 방식으로 전송하게 된다. 그러나 만약 게이트웨이가 RREQ_I 패킷이 아닌 RREQ 패킷을 받으면 어떻게 될까? 이 때 게이트웨이는 아무런 행동도 하지 않는 것으로 설정이 되어 있다.

다음의 표 10.4는 기존의 RREP 패킷을 확장한 RREP_I 패킷의 구조이다.

표 10.4 RREP_I 메시지 포맷

0 1 2 3
0 1 2 3 4 5 6 7 8 9 0 1 2 3 4 5 6 7 8 9 0 1 2 3 4 5 6 7 8 9 0 1

Type = 2	R	A	I	Reserved	Prefix Size	Hop Counter
Destination IP Address						
Destination Sequence Number						
Source IP Address						
Lifetime						

이 RREP_I 패킷도 마찬가지로 I_flag는 'Internet_Global Address Resolution Flag' 이다. 이 패킷은 이동 애드 혹 네트워크 내에서 통신을 원하는 소스 노드로부터 RREQ_I 패킷을 받았을 때 그에 대한 응답 패킷이다. 따라서 소스 노드가 게이트웨이로 또는 중간 노드로부터 RREP_I 패킷을 받는다면 하나의 기본 경로가 설정되게 된다.

Reactive 방식은 이동 애드 혹 네트워크 내의 이동 노드들이 일반적으로 유선 네트워크와의 신속한 연결을 보장하지는 못하나 지속적인 GA 메시지를 주기적으로 전송하는 proactive 방식에 비해 네트워크 부하가 적다는 장점을 가진다.

3) Hybrid 방식

Hybrid 방식은 앞에서 기술했던 proactive 방식과 reactive 방식을 혼합한 방법으로 proactive 방식에서 지속적인 GA 메시지를 주기적으로 전송함으로써 발생되는 많은 네트워크 부하와 reactive 방식에서 경로 설정 시 발생되는 지연 현상을 최소화하기 위해 제안된 혼합형 방식이라고 할 수 있다.

또한 hybrid 방식은 게이트웨이 반경 내에 있는 이동 노드들에게 주기적으로 자신의 정보를 전송하기 때문에 경로 정보가 신속히 갱신 될 뿐만 아니라 게이트웨이 반경을 벗어난 이동 노드에게는 요구 방식으로 통신을 시작하기 때문에 네트워크 부하를 줄일 수도 있다. 하지만 hybrid 방식이 proactive와 reactive 방식에 비해 무조건 좋다는 것이 아니라 통신 환경에 따라 성능은 변화할 수밖에 없다. 따라서 통신 환경에 따라 세 가지 방식 중에서 선택적으로 사용하는 것이 현명한 선택이 될 것이다.

hybrid 방식의 성능을 결정짓는 요소는 여러 가지가 있지만 그중에서도 GA 메시지의 주기와 게이트웨이가 관리하는 반경 내 이동 노드의 홉 수라고 할 수 있다.

hybrid 방법에서는 게이트웨이가 자신의 정보를 주기적으로 브로드캐스트 하는 것 뿐 아니라 이동 노드 또한 게이트웨이를 발견하기 위해서 RREQ_I 패킷을 브로드캐스트 할 수 있다는 것이다. 하지만 위에서 설명하였던 proactive 방식에서는 게이트웨이가 자신의 정보가 담긴 GA 메시지를 주기적으로 브로드캐스트 했지만 hybrid 방식에서 게이트웨이가 주기적으로 브로드캐스트 하는 패킷은 RREP_I 패킷이다.

만약 게이트웨이의 주변의 이동 노드들이 RREP_I 패킷을 받았을 때, 자신의 라우팅 테이블에 게이트웨이에 대한 정보가 없다면 RREP_I 패킷에 저장되어 있는 게이트웨이에 대한 정보를 자신의 라우팅 테이블에 갱신한다. 만약 게이트웨이의 대한 정보가 있다면 자신의 주변 노드들을 향하여 RREP_I 패킷을 전송한다. 그림 10.8은 hybrid 연결 방법을 표현한 것이다.

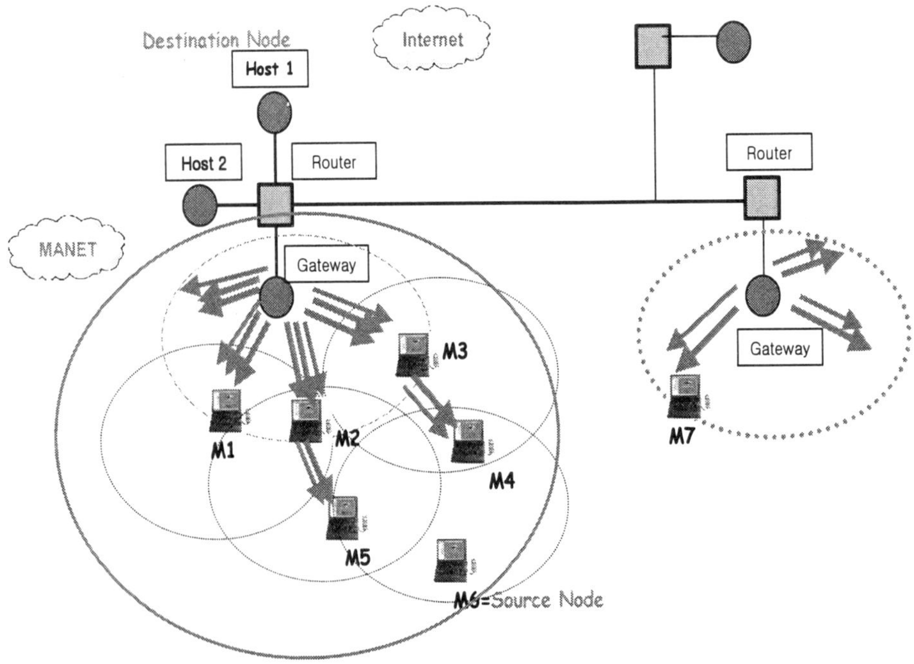

그림 10.8 게이트웨이와 이동 애드 혹 네트워크의 Hybrid 방식 연결

10.4 Mobile IP를 지원하는 이동 애드 혹 네트워크

10.4.1 Mobile IP

Mobile IP는 기존의 인터넷 프로토콜의 수정 없이 IP 이동성을 지원하기 위한 프로토콜로 C. E. Perkins 에 의해 제안된 IETF(Internet Engineering Task Force) 표준 프로토콜이다. 이는 RFC(Request For Comments) 002에서 IP 이동성 지원을 위한 네트워크 구조와 프로토콜 일반에 대하여 기술되었던 것이 최근 두 번의 수정 버전을 거쳐 현재는 RFC 3344에서 기술하고 있다.

Mobile IP에서는 고유한 IP 주소를 가진 노드가 다른 서브 넷(subnet)으로 이동하더라도 인터넷 접속이 가능하도록 하기 위하여 이동 노드(Mobile Node), FA (Foreign Agent)와 HA(Home Agent)라는 개념에서 IP에 이동성을 지원할 수 있도록 규정한다.

이동 노드는 자신의 이동 사실을 감지하기 위한 에이전트 탐색(agent

discovery)시 이를 FA와 HA에 알려 주기 위한 등록(registration) 절차를 수행하고 FA에서는 에이전트 광고(Agent Advertisement), 등록 메시지의 처리 및 이에 따른 방문 가입자 관리를 수행하며 HA에서는 에이전트 광고와 등록 메시지에 따른 이동 노드의 바인딩(binding) 정보 관리 기능을 수행한다.

그림10.9는 이동 노드가 서브 넷이 다른 네트워크에서 접속하였을 때 Mobile IP 처리 절차를 보여준다. 이동 노드가 서브 넷 사이를 이동하였을 때 이동 노드는 FA로부터 에이전트 광고 메시지를 수신하여 이동 사실을 감지한다.

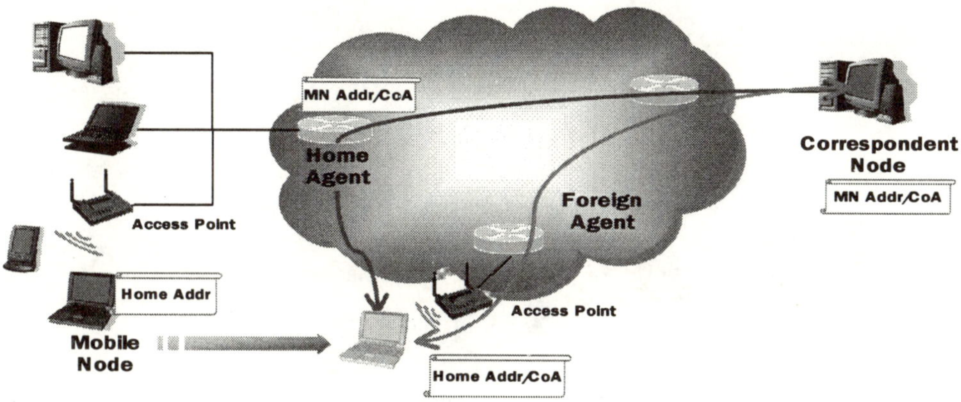

그림 10.9 Mobile IP를 이용한 이동 노드의 이동

이동노드가 FA에서 송신한 에이전트 광고 메시지를 감지 한 결과 현재 자신이 자신의 서브 넷인 HA와 다른 네트워크에 접속하였다고 판단하면 FA에서 송신한 CoA(Care-of Address)를 HA에 등록하여 자신의 이동 사실을 알리고 HA에서는 이를 접수하여 등록 결과를 응답한다. 이러한 등록 절차가 완료되면 이동 노드로 들어오는 데이터 패킷들은 HA에서 터널링(tunneling) 되어 FA로 전송되며 FA에서는 이를 이동 노드로 직접 전달(터널링)하게 되어 상대 노드(Correspond Node)들로부터의 데이터를 수신할 수 있으며 상대 노드로 데이터를 송신하는 경우에는 일반 인터넷 라우팅 방식에 따라 데이터가 전송된다.

10.4.2 Mobile IP 이동 애드 혹 네트워크를 위한 고려사항

1) 네트워크 구조

이동 애드 혹 네트워크와 유선 인터넷 기반 구조 네트워크가 연동하기 위해서는 다른 기종 사이의 네트워크를 연결시킬 수 있는 인터넷 게이트웨이(IGW : Internet GateWay)의 구성이 필수적이다. 하나의 이동 애드 혹 네트워크에는 하나의 인터넷 게이트웨이 또는 서로 다른 서브 넷에 속한 둘 이상의 인터넷 게이트웨이가 포함될 수 있다. 그림 10.10은 인터넷 게이트웨이를 이용한 이동 애드 혹 네트워크와 유선 기반 구조 네트워크의 연결방식을 보여주고 있다.

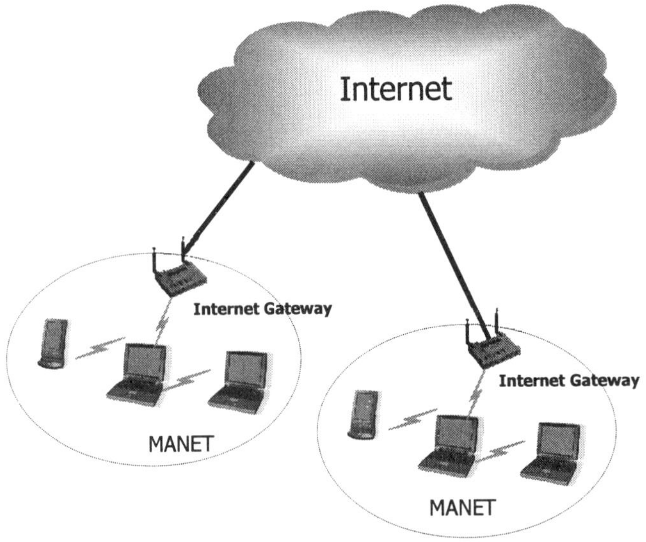

그림 10.10 인터넷 게이트웨이를 이용한 연결

인터넷 게이트웨이는 이동 애드 혹 네트워크와의 통신을 위한 무선 인터페이스(wireless interface) 및 유선 인터넷 기반 구조 네트워크와의 통신을 위한 유선 인터페이스(wired interface)를 모두 가지고 있으며 이동 애드 혹 네트워크와 유선 인터넷 기반 구조 네트워크 간의 패킷 라우팅 기능을 수행한다. 따라서 인터넷 게이트웨이는 이동 애드 혹 네트워크의 노드로 동작하기 위한 이동 애드 혹 네트워크 라우팅 프로토콜을 기본적으로 가지고 있어야 하며 유선 인터넷 기반 구조 네트워크에 연결된 특정 서브 넷의 일원으로 동작한다. 이동 애드 혹 네트워크 내에서 Mobile IP 기능이 제공될 경우 인터넷 게이트웨이는 FA로 동작하게 되어 다른 기종 네트워크간의 인터페이스 역할을 수행한다.

2) 핵심 분야

(1) 에이전트(agent) 탐색 및 등록

Mobile IP가 지원되는 이동 노드는 유선 또는 무선 인터페이스에 의해 FA (Foreign Agent) 즉 인터넷 게이트웨이와 직접 연결된다. 즉 링크 계층상으로 이동 노드와 FA 간에 연결이 존재하고 있다.

그러나 이동 애드 혹 네트워크에서는 FA와 이동 애드 혹 네트워크의 노드 간에 일반적으로 링크 계층의 연결이 존재하지 않을 수도 있다. 아래 그림 10.11에서 보는 바와 같이 FA의 무선 전송 영역에 속하는 즉 FA로부터 한 홉 무선 거리에 위치한 MN_A, MN_B, MN_D는 FA와의 링크 계층으로 연결이 되나 FA의 무선 전송 영역 밖에 위치한 MN_C는 링크 계층상으로 FA와의 연결을 가지지 못한다. 대신 이와 같은 이동 애드 혹 네트워크내의 노드는 네트워크 계층의 멀티 홉 루트를 사용하여 FA와 연결된다.

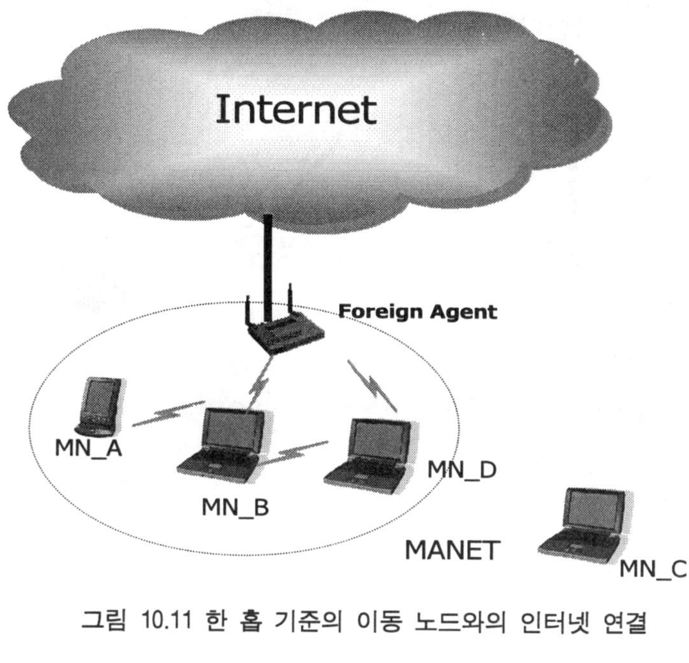

그림 10.11 한 홉 기준의 이동 노드와의 인터넷 연결

그림 10.11은 한 홉 안에 있는 이동 노드와의 인터넷 연결에 대해 표현한다.

FA는 에이전트 광고 메시지를 주기적으로 이동 애드 혹 네트워크로 브로드캐스트 하여 이동 애드 혹 네트워크내의 노드들에게 자신의 주소 정보를 알려준다. 반대로 FA에 등록하고자 하는 이동 애드 혹 네트워크내의 노드가 제한된 시간 안에 FA로부터 아무런 에이전트 광고 메시지를 수신하지 못하면 에이전트 유도(Agent Solicitation) 메시지를 FA로 전달하여 에이전트 광고 메시지의 전송을 요청한다.

주기적인 에이전트 광고 메시지와 에이전트 유도 메시지는 이동 애드 혹 네트워크 전체로 브로드캐스트 되기 때문에 네트워크에 심각한 부하를 야기 시킨다. 이와 같이 Mobile IP를 지원하는 이동 애드 혹 네트워크 노드가 FA에 등록하는데 필요한 에이전트 광고와 에이전트 유도 메시지를 어떻게 하면 이동 애드 혹 네트워크에 최소한의 오버헤드를 주면서 전달할 것인가는 이동 애드 혹 네트워크를 유선 인터넷 기반 구조 네트워크와 연결하기 위한 연구 분야의 주요 이슈가 되고 있다.

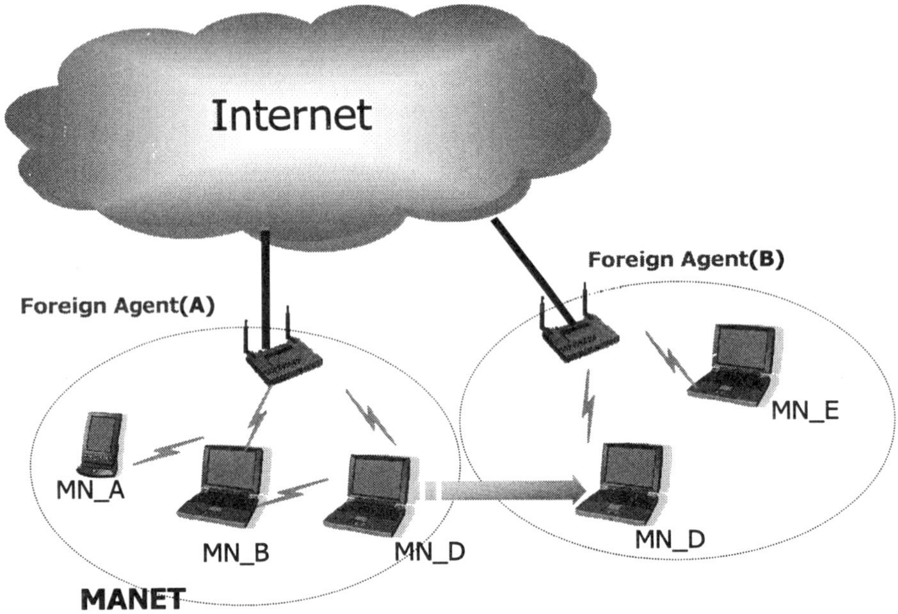

그림 10.12 이동 노드의 FA 재 선택

유선 인터넷 네트워크와의 접속을 지원하는 이동 애드 혹 네트워크에서는 하나 이상의 FA가 존재하기 때문에 이동 애드 혹 네트워크 노드는 다수의 FA로부터 에이전트 광고 메시지를 수신할 수 있다. 이동 애드 혹 네트워크 노드가 Mobile IP에 등록하기 위해서는 자신에게 에이전트 광고 메시지를 송신한 FA 중의 하나를 선택하고 선택된 FA를 통해 자신의 HA에 등록한다. FA의 선택은 위의 그림 10.12에서와 같이 이동 애드 혹 네트워크 노드가 이동 애드 혹 네트워크에 처음 진입하였을 경우의 초기 FA 선택과 이동 애드 혹 네트워크 노드가 이동 애드 혹 네트워크 내에서 이동하면서 새로운 FA로부터 에이전트 광고 메시지를 수신하거나 기존에 등록된 FA와의 연결이 끊어진 경우 새로운 FA로 핸드 오버하는 경우로 나눌 수 있다. 이동 애드 혹 네트워크 노드에서 FA의 선택은 FA로의 루트에 대한 홉 수, 전송 지연, 트래픽, 루트 안정성 등 여러 가지 판단 기준에 의해 선택이 가능하며 적절한 FA의 선택은 이동 애드 혹 네트워크의 성능에 큰 영향을 준다.

(2) 목적지 노드의 위치 판별

이동 애드 혹 네트워크 노드가 인터넷 노드로 패킷을 전달하고자 할 경우 인터넷으로의 게이트웨이 역할을 하는 FA로 패킷을 전달해야 한다. 그러나 패킷을 보내고 자 하는 이동 애드 혹 네트워크 노드가 패킷의 목적지 주소만으로는 목적지 노드가 이동 애드 혹 네트워크 내에 있는지 아니면 이동 애드 혹 네트워크 외부의 인터넷에 접속해 있는 노드인지를 판별하기가 어렵다.

이것은 이동 애드 혹 네트워크에서 사용하는 IP 주소 체계가 일반적으로 평면적인(flat) 구조를 가지며 따로 서브 넷을 구성하지 않기 때문이다. 인터넷에서 사용되는 계층적인 구조의 IP 주소는 노드의 식별뿐만 아니라 위치 정보까지 제공하고 있지만 이동 애드 혹 네트워크에서 사용하는 평면적인 구조의 주소는 단지 노드의 식별 기능만 제공하기 때문이다. 목적지 노드에 대한 루트 엔트리를 가지고 있을 경우에는 문제가 없으나 루트 정보가 없을 경우에는 목적지 노드가 이동 애드 혹 네트워크 노드인지 아닌지를 판단하여야 한다. 이를 위해 이동 애드 혹 네트워크 라우팅 프로토콜의 루트 탐색 절차나 FA에서의 방문자 리스트(visitor list) 정보가 사용될 수 있다. 목적지 노드에 대한 위치 판별을 최소한의 지연으로 수행할수록 네트워크의 성능을 향상시킬 수 있다.

FA로의 패킷 라우팅 인터넷 게이트웨이에서 라우팅 되는 트래픽 패킷은 이동 애드 혹 네트워크 노드 간의 패킷, 이동 애드 혹 네트워크 노드에서 인터넷 노드로 전달되는 패킷, 인터넷 노드에서 이동 애드 혹 네트워크 노드로 전달되는 패킷으로 구분할 수 있다. 이동 애드 혹 네트워크 노드 간의 트래픽 패킷은 이동 애드 혹 네트워크 라우팅 프로토콜에 의해서 수행된다. 인터넷 노드에서 이동 애드 혹 네트워크 노드로 전달되는 트래픽 패킷은 Mobile IP에 의해 HA에서 FA로 터널링 되며, FA에서는 터널링 되어 온 패킷을 디캡슐레이션(decapsulation) 한 후 이동 애드 혹 네트워크 라우팅 프로토콜을 사용하여 이동 애드 혹 네트워크 노드로 전달한다.

이동 애드 혹 네트워크 노드에서 인터넷 노드로 전달되는 트래픽 패킷은 일단 FA로 라우팅 된 후 FA에서 해당 목적지 노드로 라우팅 한다. 이동 애드 혹 네트워크 노드에서 FA로의 라우팅 또한 이동 애드 혹 네트워크 내에서의 라우팅을 사용하여 전달하며 이동 애드 혹 네트워크 노드에서 인터넷 노드로의 패킷을 FA로 라우팅 하는 것은 인터넷 노드에 대한 루트 정보를 이동 애드 혹 네트워크 라우팅 프로토콜에서 어떻게 관리하는가의 문제로 기술될 수 있다. 인터넷 노드로의 트래픽 패킷이 전달될 FA의 선택은 이동 애드 혹 네트워크 내에서의 라우팅 정책 즉 홉 수, 지연, 부하, 루트 안정성 등의 여러 가지 기준에 의해 선택 가능하다.

10.4.3 Mobile IP를 지원하는 이동 애드 혹 네트워크

아래에는 지금까지 Mobile IP를 지원하는 이동 애드 혹 네트워크 알고리즘에 대한 제안자와 각 알고리즘의 특징을 설명한다.

1) Mobile IP 이동 애드 혹 네트워크

U. Jonson은 AODV 라우팅 프로토콜을 사용하는 IPv4 이동 애드 혹 네트워크에서의 Mobile IP 지원방식인 Mobile IP 이동 애드 혹 네트워크를 제안했다.

Mobile IP 이동 애드 혹 네트워크는 이동 애드 혹 네트워크 노드에서 인터넷 노드로 전달되는 패킷을 FA(Foreign Agent)로 역 터널링(Reverse Tunneling)을 사용하여 전달하며 MMCS(Mobile IP Mobile ad hoc network Cell Switching)에 기초한 FA간 핸드 오버를 특징으로 하고 있다.

(1) 에이전트 탐색

Mobile IP 이동 애드 혹 네트워크에서 에이전트 광고 메시지를 전달하는 방법으로는 주기적으로 에이전트 광고 메시지를 네트워크 전체로 브로드캐스트 하는 방법, FA에 등록된 이동 애드 혹 네트워크 노드에게만 에이전트 광고 메시지를 주기적으로 방송하는 방법과 에이전트 유도에 대한 응답으로 전달되는 에이전트 광고 메시지를 브로드캐스트 하는 방법 등이 제안되고 있다. 에이전트 광고 메시지를 주기적으로 브로드캐스트 하는 방식을 사용하는 경우에는 이동 애드 혹 네트워크의 부하 감소를 위해 하 감소를 위해 하서 일반적인 브로드캐스트 주기(초당 1회)보다 길게 설정하여 사용하고 있다(5초당 1회). FA와 이동 지를 사이에는 멀티 홉이 가능하기 때문에 다수의 FA로부터 에이전트 광고 메시지를 수신하는 경우 하 감소를 위해 하서 고려되고 있는 LCS(Lazy Cell Switching)나 ECS(Eager Cell Switching)에 의한 FA의 재 선택은 적당하지 않다. Mobile IP 이동 애드 혹 네트워크에서는 두 번의 연속되는 에이전트 광고 동안 현재 등록된 FA보다 적어도 두 I이동상 가까이 위치한 FA가 있을 경우에 새로운 FA에 등록하는 MMCS 알고리즘을 사용한다. MMCS는 잦은 FA 재 선택에 따른 등록 변경을 방지하도록 하여 준다.

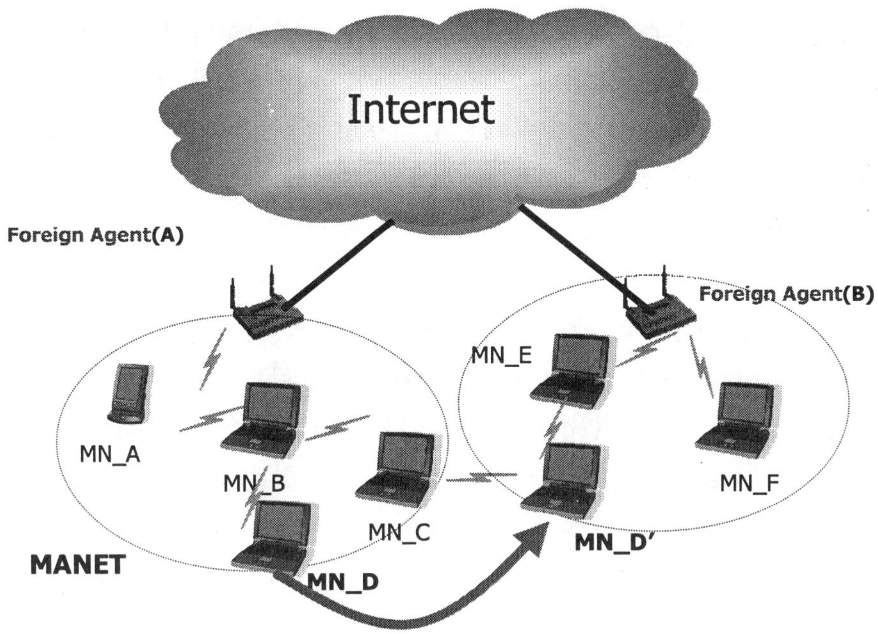

그림 10.13 최단 홉을 기준으로 한 FA의 재설정과정

그림 10.13과 같이 MN_D가 이동하여 MN_D'의 위치가 될 때 MN_D'는 F A(A)와 FA(B)로부터 동시에 에이전트 광고 메시지를 수신하고 현재 등록된 F A(A)로의 홉 수보다 FA(B)로의 홉 수가 한 홉 이상 가깝기 때문에 FA(B)로 새롭게 등

록한다.

현재 등록된 FA(B)로부터 연속된 네 개의 에이전트 광고 메시지를 수신하지 못하는 경우 FA로의 연결이 끊어진 것으로 판단하고 새로운 FA를 탐색하며 다른 FA로부터 수신된 에이전트 광고가 없을 경우 에이전트 유도 절차를 수행한다.

(2) 패킷 라우팅

이동 노드가 FA를 거쳐 HA로의 등록을 완료하면 해당 FA로의 디폴트 루트를 설정한다. 이동 애드 혹 네트워크 노드가 패킷 트래픽을 전송하고자 할 경우 목적지 노드에 대한 호스트 루트가 존재하지 않으면 AODV 라우팅 프로토콜의 루트 탐색 절차에 의해 목적지 노드로의 루트를 탐색한다. 루트 탐색이 성공적으로 완료되면 목적지 노드가 이동 애드 혹 네트워크 내에 존재하므로 탐색된 루트를 통해서 패킷을 라우팅 한다. 루트 탐색이 실패하면 목적지 노드를 인터넷 노드로 판단하고 목적지 노드에 대한 루트를 디폴트 루트로 설정한다. 그리고 트래픽 패킷을 역 터널링에 의해 디폴트 루트 즉 FA로 전달한다. FA는 역 터널링에 의해 이동 애드 혹 네트워크 노드로부터 수신한 패킷을 디캡슐레이션(Decapsulation)한 후 목적지 노드까지 패킷을 라우팅 한다. FA로의 루트가 끊어진 경우에는 해당 FA로의 디폴트 루트 및 디폴트 루트를 사용하는 모든 호스트 루트 정보를 삭제한다.

2) IPv4 이동 애드 혹 네트워크를 위한 글로벌 연결성

E.M. Belding-Royer은 AODV 라우팅 프로토콜을 사용하는 IPv4 애드 혹 네트워크에서의 Mobile IP 지원 방식을 제안하고 있다. 제안한 방식은 Mobile IP 등록을 위해 AODV 루트 탐색 기능과 연계한 proactive 에이전트 유도 절차, 루트 탐색 시 FA에서의 FA-RREP 전달에 의한 목적지 노드의 위치 판별 기능, 그리고 인터넷 노드로의 패킷 전달 시 FA로의 디폴트 루트에 의한 패킷 라우팅 기능을 특징으로 한다.

(1) 에이전트 탐색

FA는 에이전트 광고 메시지를 주기적으로 이동 애드 혹 네트워크 전체로 브로드캐스팅 한다. 에이전트 광고 메시지를 수신한 이동 애드 혹 네트워크 노드는 FA의 주소 정보를 알 수 있게 되며 AODV 라우팅 프로토콜의 루트 탐색 절차에 의해 FA로의 루트 정보를 획득한다. FA로의 루트가 설정되면 FA의 주소를 CoA로 하는 Mobile IP 등록 메시지를 FA로 라우팅 하여 HA로 전달되게 한다.

FA를 탐색하는 또 다른 방법으로, Mobile IP 등록을 원하는 이동 애드 혹 네트워크 노드가 'All Mobility Agents' 멀티캐스트 주소(224.0.0.11)를 목적지로 하는 RREQ 메시지를 브로드캐스트 하여 FA로의 루트를 찾는 proactive 에이전트 탐색 절차가 제안되고 있다. FA 또는 FA로의 루트 정보를 가지고 있는 노드가 RREQ 메시지를 수신하면 응답으로 FA-RREP를 소스 노드에게로 전달하며 FA-RREP를 수신한 소스 노드는 FA로의 루트를 통해 에이전트 유도 메시지를 유니 캐스트로 전달하며, 이 메시지를 수신한 FA는 에이전트 광고 메시지를 소스 노드에게 유니 캐스트로 전달한다. 그러면 소스 노드는 HA로의 등록 절차를 수행한다.

(2) 패킷 라우팅

데이터 패킷을 전송할 경우 데이터 패킷의 목적지 노드에 대한 루트 정보가 라우팅 테이블에 존재하면 이 루트 정보를 이용하여 라우팅 한다. 그렇지 않을 경우에는 AODV 루트 탐색 절차를 사용하여 해당 목적지 노드에 대한 루트를 탐색한다. FA가 RREQ를 수신한 경우 해당 목적지 노드에 대한 루트 정보를 가지고 있으면 RREP로 응답하고 그렇지 않을 경우에는 FA-RREP로서 응답한다. 소스 노드가 RREP를 수신하면 목적지 노드가 이동 애드 혹 네트워크 내에 있는 것으로 판단하며, FA-RREP만을 수신한 경우에는 목적지 노드를 인터넷 노드로 판단한다. 그리고 소스 노드에서 FA로 설정된 루트 정보를 통해 데이터 패킷을 FA로 전달한다.

3) IPv6 이동 애드 혹 네트워크를 위한 글로벌 연결성

IPv6 네트워크에서 이동 노드는 주소 자동 설정(address auto configuration) 기능을 통해 자신에게 새롭게 할당된 글로벌한 주소를 CCOA(Co-located care-of -Address)로 사용한다. 따라서 IPv4 네트워크에서와 달리 IPv6 네트워크를 위한 Mobile IP에서는 FA가 존재하지 않으며 FA와 이동 노드 간에 필요한 에이전트 광고와 에이전트 유도 절차 가 불필요하다. R. Wakikawa는 IPv6 이동 애드 혹 네트워크에서의 글로벌한 인터넷 연결 방식을 제안하고 있다.

이동 애드 혹 네트워크 노드는 IPv6의 NDP(Neighbor Discovery Protocol) 또는

요구(On-demand) 라우팅 프로토콜의 루트 탐색 절차에 기초하여 글로벌하게 라우팅 가능한 IP 주소를 새로 설정하고, 이 주소를 CCOA로 사용하여 Mobile IPv6이 지원될 수 있음을 기술하고 있다.

(1) 인터넷 게이트웨이 탐색

두 가지의 인터넷 게이트웨이 탐색 방법을 제안하고 있다. 첫 번째 방법은 On-demand 이동 애드 혹 네트워크 라우팅 프로토콜의 루트 탐색 메시지를 확장혹 네개념이고, 두 번째 방법은 IPv6 NDP의 라우터 광고/라우터 유도 메시지를 확장혹여 사용하는 방식이다.

이동 애드 혹 네트워크 라우팅 프로토콜을 사용하여 인터넷 게이트웨이를 탐색하는 경우에는 목적지의 주소를 'INTERNET GATEWAY global multicast address'로 설정한 RREQ 메시지를 이동 애드 혹 네트워크로 브로드캐스팅 한다. 인터넷 게이트웨이가 이 RREQ를 수신하면 프리픽스 정보와 자신의 IP 주소를 포함한 RREP를 소스 노드에게로 전달한다. NDP의 라우터 유도와 라우터 광고 메시지는 한 홉 범위에서만 전달이 된다. 이를 멀티 홉으로 전달이 가능하도록 확장하여 이동 애드 혹 네트워크 전체로 브로드캐스팅 되게 하고 있다.

라우터 광고의 경우는 주기적으로 전달되거나 라우터 유도에 대한 응답으로 전달될 수 있으나 제안된 방식에서는 부하 감소를 위해 주기적으로 전달되는 라우터 광고 방식은 지원하지 않는다.

(2) 패킷 라우팅

라우터 광고나 RREP를 통해 액세스 라우터(인터넷 게이트웨이)의 주소를 획득하면 라우팅 테이블의 디폴트 루트를 인터넷 게이트웨이의 주소로 설정한다.

이동 애드 혹 네트워크 노드가 패킷을 송신할 때는 먼저 라우팅 테이블에서 목적지 노드에 대한 호스트 루트가 존재하는지를 검색한다. 호스트 루트가 존재하면 이 루트를 통해 패킷을 전달하고, 그렇지 않을 경우에는 이동 애드 혹 네트워크 라우팅 프로토콜의 루트 탐색 절차에 의해 목적지 노드로의 루트를 탐색한다.

목적지 노드에 대한 루트 탐색이 성공적으로 완료되면 목적지 노드가 이동 애드 혹 네트워크 내에 있는 것으로 판단하고 탐색된 루트를 이용하여 패킷을 라우팅 한다.

루트 탐색이 실패할 경우에는 목적지 노드가 인터넷에 있는 것으로 판단하고 라우팅 테이블에 디폴트 루트 엔트리가 존재하면 목적지 노드에 대한 다음 홉(next hop)을 디폴트 루트로 설정하고 패킷을 라우팅 한다. 디폴트 루트가 존재하지 않으면 인터넷 게이트웨이에 대한 탐색 절차를 수행한다. 한편, 인터넷 게이트웨이는 유효 기간(lifetime) 내에 라우터 유도나 RREQ를 송신한 모든 이동 애드 혹 네트워크 소스 노드로의 루트 정보를 유지하고 있다.

자신에게 수신된 패킷의 목적지 노드가 이동 애드 혹 네트워크 내부에 위치한 경우에는 소스 노드에게 자신을 경유하지 않는 다른 루트를 사용할 것을 통보한다. 즉, 이동 애드 혹 네트워크 내부의 패킷은 인터넷 게이트웨이를 경유하지 않도록 유도하고 있다.

디폴트 루트를 사용하여 인터넷 게이트웨이로 패킷을 라우팅 하는 방법에는 IPv6의 라우팅 확장 헤더(Routing extension header)를 이용하는 방법과 일반적인 다음 홉 정보를 이용하는 방법이 있다. 라우팅 확장 헤더를 이용하여 인터넷 노드로 패킷을 전달하는 경우 IPv6 헤더의 목적지 주소는 인터넷 게이트웨이 주소로 설정하며 라우팅 확장 헤더에 패킷의 실제 목적지 노드 주소를 설정한다.

다음 홉 라우팅 방식을 사용하면 패킷의 크기가 작은 장점이 있으나 모든 중간 노드가 인터넷 게이트웨이로의 디폴트 루트 정보를 가지고 있어야 한다.

라우팅 확장 헤더를 사용하면 이동 애드 혹 네트워크 노드로의 트래픽이 인터넷 게이트웨이를 경유하는 경우 인터넷 게이트웨이가 이를 감지하여 소스 노드로 통보할 수 있는 장점이 있다.

4) 이 기종 인터페이스를 가진 이동 애드 혹 네트워크에서의 Mobile IP 지원

J. Broch은 이 기종 인터페이스를 가진 이동 애드 혹 네트워크들 간의 계층적인 연결 구조를 지원할 수 있는 주소 방식을 제안하고 있으며, 이를 DSR 라우팅 프로토콜에 적용하고 있다. 이에 기초하여 이동 애드 혹 네트워크가 무선과 유선의 두 가지 인터페이스를 가지는 인터넷 게이트웨이에 의해 인터넷에 연동될 경우 DSR 라우팅 프로토콜과 연계한 Mobile IP 지원 방식을 제안하고 있다.

(1) 에이전트 탐색

DSR로 구축된 이동 애드 혹 네트워크 네트워크에서의 Mobile IP 서비스 등록을 위한 에이전트 탐색 과정은 아래 그림 10.14와 같다. DSR에서의 에이전트 탐색은 이동 노드가 이동 애드 혹 네트워크 네트워크에 참가하여 인터넷 서비스를 받고자 결정한 후 DSR RREQ 메시지에 에이전트 유도 메시지를 포함하여 제한 방송 주소(Limited Broadcast Address : 255.255.255.255)로 브로드캐스팅 하여 FA 까지 전달되게 한다.

FA에서는 RREP에 에이전트 광고 메시지를 포함시켜 RREQ 메시지를 발생시킨 소스 노드로 유니 캐스트로 전달하며 이를 수신한 소스 노드는 FA를 통해 HA로 Mobile IP 등록을 수행한다. 그림 10.14는 DSR 라우팅 프로토콜을 이용한 게이트웨이 설정방법을 나타내고 있다.

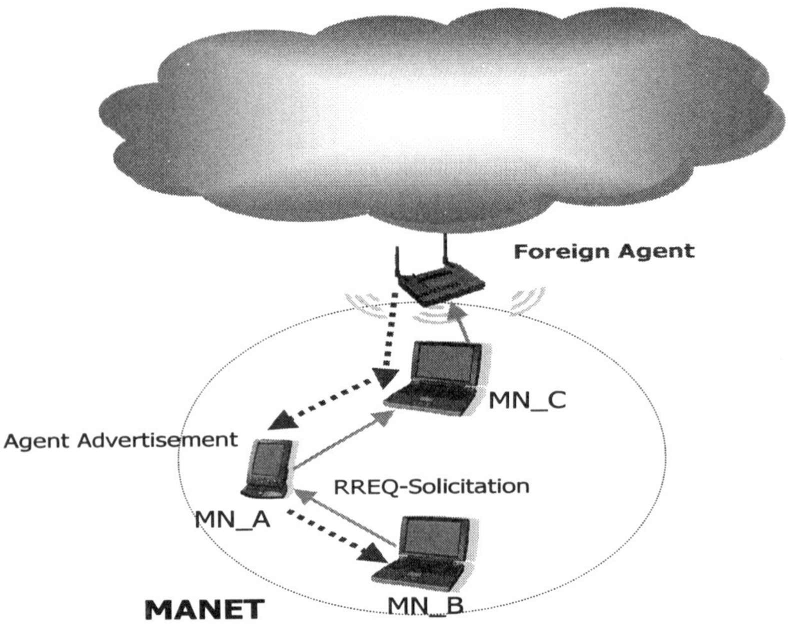

그림 10.14 DSR 라우팅 프로토콜을 이용한 게이트웨이 설정방법.

(2) 패킷 라우팅

이동 애드 혹 네트워크 노드는 목적지 노드가 인터넷 노드인지 이동 애드 혹 네트워크 노드인지에 대한 판별을 RREQ에 대한 응답을 통해서 수행한다.

FA가 루트 탐색을 위한 RREQ를 수신하고 목적지 노드가 인터넷 노드인 것으로 판단하면 프록시(proxy) RREP를 소스 노드에게로 전달한다. 소스 노드가 일반 RREP 또는 프록시 RREP를 모두 수신한 경우에는 목적지 노드가 이동 애드 혹 네트워크 노드인 것으로 판단하고 일반 RREP에 의해서 전달된 소스 루트 정보를 사용한다. 소스 노드가 프록시 RREP 만을 수신한 경우에는 목적지 노드가 인터넷 노드인 것으로 판단하고 프록시 RREP에 수신된 소스 루트를 사용하여 패킷을 FA로 라우팅 한다.

5) 클러스터 게이트웨이 모델

A. Striegal은 이동 애드 혹 네트워크에서 NAT(Network Address Translation)와 Mobile IP에 기초한 인터넷 접속 메커니즘인 클러스터 게이트웨이(CG : Cluster Gateway) 모델ress Trans

이동 애드 혹 네트워크 노드는 인터넷 접속 기능을 제공하는 클러스터 게이트웨이에 자신이 원하는 서비스를 지정하여 등록한다. 클러스터 게이트웨이는 SAP(Service Access Point)와 Mobile IP FA 기능을 지원하며 SAP 서비스는 CG에서의 NAT 기능을 이용 하여 이동 노드로부터 인터넷으로의 접속 서비스를 제공한다. 이동 노드가 Mobile IP 기능을 지원하지 않을 경우 인터넷에 접속하고자 하는 경우에는 인터넷 게이트웨이에서의 NAT 기능을 이용한다.

(1) 에이전트 탐색

클러스터 게이트웨이는 주기적으로 CG 광고 메시지를 이동 애드 혹 네트워크 내의 모든 모드에게 멀티캐스트하며 멀티캐스트 주소는 all-nodes multicast 주소(224.0.0.1)로 설정한다. CG 광고 메시지는 Mobile IP 에이전트 광고 메시지의 확장 형태로 정의된다.

이동 애드 혹 네트워크 노드가 CG로부터 광고 메시지를 수신하면 CG 등록(Registration) 메시지로서 CG에 등록한다. 이 때 이동 애드 혹 네트워크 노드는 자신이 원하는 서비스의 종류(Mobile IP 또는 SAP)를 명시한다. 이에 대해 CG는 요청된 서비스가 Mobile IP이면 FA로서 동작하고, SAP이면 할당 가능한 주소가 남아 있는지 확인한 후 CG Registration Response 메시지로서 응답한다.

CG에 등록된 이동 애드 혹 네트워크 노드는 등록에 대한 유효 기간이 만료되기 전에 CG Registration Renewal 메시지를 CG로 보냄으로써 등록을 갱신한다.

(2) 패킷 라우팅

목적지 노드의 위치 판별은 이동 애드 혹 네트워크 라우팅 프로토콜의 루트 탐색 절차와 CG에서 관리하고 있는 노드 등록 리스트에 기초한다. 이동 애드 혹 네트워크 노드는 CG로 CG Location Request 메시지를 보내어 목적지 노드가 이동 애드 혹 네트워크 내에 있는지 인터넷에 있는지의 판단을 요청하며, CG는 등록된 노드 리스트 및 ICMP Echo 메시지에 의해 목적지 노드의 위치를 판단한 후 이를 이동 애드 혹 네트워크 노드에게 전달한다.

CG에게 목적지 노드의 위치를 직접 질의하는 방법(CG)과 이동 애드 혹 네트워크 라우팅 프로토콜의 루트 탐색에 의한 위치 판단 방법을 조합하여 Translation Approach(Local), Parallel Query(CG + Local), Sequential(CG, Local), Sequential(Local, CG), Buffered(CG)의 다섯 가지 구현 옵션을 예시하고 있다. 데이터 패킷을 CG로 보내는 경우 터널링을 사용하여 전달하거나 이동 애드 혹 네트워크 라우팅 테이블을 이용하여 홉 단위로 CG로 라우팅 할 수 있다.

6) IPv6에 기초한 무선 멀티 홉 인터넷 액세스

J. Xi은 IPv6에 기반 한 이동 애드 혹 네트워크 네트워크에서 멀티 홉 라우팅을 통해 인터넷을 접속하는 데 필요한 인터넷 게이트웨이 탐색, 라우팅 및 주소 체계에 대해 기술하고 있다. IPv6에서는 이동 노드들이 액세스 라우터로부터 프리픽스(prefix) 정보를 획득하여 주소를 재구성하기 때문에 하나의 이동 애드 혹 네트워크 내에 다수의 액세스 라우터가 존재하면 이동 애드 혹 네트워크 네트워크는 액세스 라우터를 중심으로 다 수의 서브 넷으로 클러스터링(clustering) 되는 특징을 가지며, 이와 같은 계층적인 구조 하에서는 서브 넷 프리픽스 정보를 이용하여 라우팅을 수행할 수 있음을 기술하고 있다.

(1) 에이전트 탐색

인터넷 게이트웨이 탐색 이동 애드 혹 네트워크 네트워크의 이동 노드가 인터넷에 접속하고자 할 때, 인터넷의 액세스 라우터가 인터넷 게이트웨이 역할을 담당하여 두 다른 기종 네트워크간의 연결성 을 제공한다.

이동 노드는 액세스 라우터가 주기적으로 방송하는 액세스 라우터 광고(Access Router Advertisement) 메시지를 수신하거나 또는 액세스 라우터 요구(Access Router Request) 메시지를 액세스 라우터로 전달하여 액세스 라우터의 IP 주소 및 프리픽스 정보가 포함된 액세스 라우터 응답(Access Router Response) 메시지의 수신 과정을 통해 액세스 라우터에 대한 탐색 절차를 수행한다.

IPv6 네트워크에서의 주소 자동 설정 방법으로는 stateful 주소 자동 설정과 stateless 주소 자동 설정이 있다. Stateful 주소 자동 설정은 일반적으로 액세스 라우터의 DHCP(Dynamic Host Configuration Protocol) 서버에 의해 제공되며, stateless 주소 자동 설정은 노드가 인접 노드와의 IP 레벨의 연결을 위해 link-local address를 형성하는 단계에서부터 시작된다. 이런 임시주소는 예약된 link local prefix FE80::0와 노드의 EUI(Equipment Identifier)로 구성된다. 이러한 초기 주소를 사용하여 액세스 라우터의 프리픽스(prefix) 정보를 획득한 후 글로벌한 로컬 주소를 재구성할 수 있다. 따라서 이동 애드 혹 네트워크 내에 다수의 액세스 라우터가 존재할 경우 이동 애드 혹 네트워크 네트워크는 다수의 서브 넷으로 클러스터링 된다.

(2) 패킷 라우팅

이동 애드 혹 네트워크 네트워크에서 사용하는 주소 체계에 따라 패킷 라우팅 방식이 결정된다. 편평한(flat) 주소 체계를 사용하는 경우에는 이동 애드 혹 네트워크 라우팅 프로토콜에 의해 목적지 노드로의 루트를 탐색한다.

목적지 노드가 인터넷 노드인 것으로 판정되면 이동 애드 혹 네트워크 노드는 IPv6 패킷을 터널링 하여 액세스 라우터에게 포워딩 하며, 액세스 라우터는 수신된 패킷을 인터넷 노드로 라우팅 한다. IPv6 패킷을 터널링 하는 방법은 이동 노드가 각각의 IPv6 패킷에 액세스 라우터의 목적지 주소가 포함된 이동 애드 혹 네트워크 헤더를 추가하여 인캡슐레이션(Encapsulation)하는 방법과 IPv6 라우팅 확장 헤더(routing extension header)를 사용하는 방법이 있다.

IPv6 라우팅 확장 헤더는 인터넷 노드의 목적지 주소를 포함한다. 계층적인 주소 체계를 사용하는 경우에는 서브 넷 정보에 기반 하여 라우팅을 수행한다. 즉, 패킷의 목적지 노드에 대한 서브 넷 프리픽스(Subnet Prefix)가 소스 노드의 프리픽스와 일치하지 않을 경우에는 인터넷 노드인 경우로 판단하고 패킷을 액세스 라우터로 라우팅 한다.

서로 다른 서브 넷에 속한 이동 애드 혹 네트워크 노드들 간의 통신 또한 서브 넷 정보에 기초하여 수행된다. 즉, 목적지 노드의 서브 넷이 소스 노드의 서브 넷과 다를 경우 각각의 노드가 등록한 액세스 라우터를 통해서 서로 통신한다.

10.5 개선된 알고리즘

이동 애드 혹 네트워크와 유선 기반 구조 IP 네트워크와의 연동을 통해 이동 애드 혹 네트워크 이동 단말기를 사용하는 사용자가 언제 어디서나 어떠한 정보라도 수신할 수 있는 ALL-IP 네트워크와 이동 애드 혹 네트워크와의 인터페이스에 관한 연구가 대두되고 있으며 이를 적용하기 위해서는 이동 애드 혹 네트워크 내의 단말기가 유선 IP 기반 구조 네트워크와의 다른 기종 네트워크간의 상호간의 연결을 도와주는 게이트웨이의 역할이 무엇보다도 필요하다.

이동 노드가 시시각각 변화하는 이동 애드 혹 네트워크의 고유 특성상 이동 노드인 소스 노드와 이동 노드인 목적지 노드사이 그리고 소스 이동 노드와 목적지 노드인 유선인터넷 기반 네트워크 호스트 사이에 오직 한 개의 경로만을 각 노드의 라우팅 테이블에서 관리하고 있기 때문에 이동 노드가 자신을 관리하는 게이트웨이의 영역을 벗어나거나 노드와 노드간의 통신지역을 이동하였을 경우에(즉 경로상의 에러발생시) 경로를 재설정해야만 하는 단점이 발생한다.

경로 재설정으로 인해 부가적인 네트워크 부하를 생성할 수 있으며 이렇게 발생된 네트워크 부하는 전체 네트워크 성능 감소에 많은 영향을 미친다. 이러한 경로 재설정 과정으로 인해 경로 상에 에러가 발생하여 데이터 패킷을 전송해야만 하는 노드에는 경로가 설정될 때까지 목적지 노드로 전송해야할 데이터 패킷이 전송버퍼(SendBuffer)에 임시적으로 저장되고 또 일정시간이 지나면 자동적으로 폐기되기 때문에 소스 노드와 목적지 노드사이의 데이터 전송시간(End to End Delay)의 증가 및 데이터 수신율의 감소 평균경로설정시간의 증가를 발생시킨다.

위에서 제시한 이동 애드 혹 네트워크와 유선 인터넷 기반 구조 네트워크간의 연결을 위해서 반드시 필요한 게이트웨이를 설정하는 방식은 앞 절에서 설명하였듯이 게이트웨이가 이동노드에게 경로 정보를 주기적으로 갱신할 수 있도록 하는 proactive방식, 요구(On Demand) 방식으로 이동 노드의 통신 요구가 있는 경우에만 경로 설정을 시작하는 reactive 방식, 그리고 이 두 가지 방식의 장점을 결합한 Hybrid 방식으로 나누어진다. 한편 글로벌 이동 애드 혹 네트워크 환경에서 데이터 전송의 신뢰성, 부하 분산, 그리고 데이터 전송의 강건 성을 유지할 수 있는 비 겹침 다중경로를 설정하는 것도 좋은 방법 중의 하나이다.

소스 노드와 목적지 노드사이에 비 겹침 다중경로를 설정하기 위해서 이동 애드 혹 네트워크의 각 노드에 기존의 라우팅 테이블과 이웃 노드 테이블 외에 경로(경로) 테이블을 별도로 두어 경로 상에 에러가 발생 시 미리 경로 테이블에 저장된 비 겹침 다중경로를 이용하여 데이터 패킷을 전송한다. 경로 테이블은 비 겹침 다중경로들의 저장을 위해 특별히 마련된 테이블이다.

이동 노드의 시시각각 변화하는 이동성과 데이터 전송의 실패율이 높고 적은 대역폭을 가진 무선 인터페이스(interface)의 특징을 지니고 있는 글로벌 이동 애드 혹 네트워크 환경에 비 겹침 다중경로는 신뢰성을 제공해 줄뿐만 아니라 경로상의 에러에 적응적으로 대처해 나갈 수 있도록 한다.

또한 비 겹침 다중경로를 통한 이동 애드 혹 네트워크와 유선 인터넷 기반 구조 네트워크와의 연결을 통해 불필요한 네트워크 부하를 줄임으로써 빠른 데이터 전송이 가능할 뿐만 아니라 각 노드의 부하 분산(load balance), 고장성 감내(fault-tolerance) 그리고 높은 군집 대역폭(aggregated bandwidth)을 제공할 수 있다. 그렇지만 또 다른 경로 즉 비 겹침 다중경로의 유지 관리를 위한 복잡성과 시간 투자는 필연적으로 필요한 사항이다. 따라서 주어진 통신환경에 대한 적절한 고찰을 통해 네트워크에 적합한 기술을 적용하는 것이 무엇보다도 중요하다.

10.5.1 기본개념

1) 플랫(flat) 라우팅과 계층 라우팅

이동 애드 혹 네트워크와 유선 인터넷 기반 구조 네트워크와의 연결 환경에서의 라우팅 방식은 크게 두 가지로 구별할 수 있다. 즉 노드가 독립적인 위치에서 상호간의 경로 정보의 교환을 통해 경로 설정을 하는 플랫 라우팅(Flat Routing) 방식과 특정 노드가 일정 네트워크 영역 내에서 일부 노드를 관리하며 다른 서브 넷(Subnet) 지역 내의 이동 노드 및 유선 호스트 노드와 통신 시 경로상의 갱신 정보를 또 다른 서브 넷 지역 영역을 관리하는 특정 노드에게 정보를 전달하여 경로 정보를 갱신하거나 전송하는 계층 라우팅(hierarchical routing)으로 구별할 수 있다.

이동 애드 혹 네트워크에서 플랫 라우팅은 연결되어 있는 모든 라우터들이 동등한 위치에서 서로 정보를 교환하는 구조를 말한다. 유선 네트워크에서의 RIP(Routing Information Protocol)와 IGRP(Interior Gateway Routing Protocol) 같은 DV(Distance Vector) 알고리즘들이 이에 속한다.

계층 라우팅에서는 노드들을 논리적인 서브 넷 영역으로 묶어 서브 넷 영역에서 다른 서브 넷 영역으로 통신 시 서브 넷 영역의 경계를 이루는 특정 노드나 게이트웨이(Backbone Router)를 통하여 통신하는 것을 말한다. 일반적으로 도표(map)에 근거를 두고 설계하는 구조로 유선 네트워크 OSPF(Open Shortest 경로 First) 라우팅 프로토콜이 여기에 속한다.

플랫 라우팅 방식처럼 노드들끼리 개별적인 라우팅 정보의 교환만으로 다중 홉(multi-hop) 방식으로 경로설정이 이루어졌던 반면에 계층 라우팅은 일정 서브 넷 영역을 생성하여 같은 서브 넷 영역 아닌 다른 서브 넷 영역의 노드들과 통신 시에는 물리적인 위치가 한 홉 영역에 있다하더라도 서로 다른 서브 넷 영역에 있을 때에는 반드시 다른 기종 네트워크의 인터페이스 역할을 하는 특정 노드 및 지역 내의 게이트웨이를 통해서만이 다른 서브 넷 영역 내에 있는 노드들과 통신이 가능하다.

2) 패킷필드

이동 애드 혹 네트워크와 유선 인터넷 기반 구조 네트워크와의 경로설정을 위해 사용되는 RREQ 및 RREP 필드 및 세부 기능은 다음과 같다. 표 10.5는 RREQ 필드를 보여주고 있다.

표 10.5 RREQ 필드

0 1 2 3

0 1 2 3 4 5 6 7 8 9 0 1 2 3 4 5 6 7 8 9 0 1 2 3 4 5 6 7 8 9 0 11

Type = 1	J	R	G	D	U	Reserved	RFH	NH	Hop Count
RREQ ID(Broadcast ID)									
Destination IP Address									
Destination Sequence Number									
Source IP Address									
Source Sequence Number									

RREQ ID 는 Broadcast ID로서 소스 노드에서 네트워크 반경 내에 있는 이웃노드들에게 전송할 때 설정되는 고유 ID라고 할 수 있으며, 소스 노드에서 전송 될 때마다 다른 고유 ID값을 설정하고 보내지기 때문에 각 노드에서 RREQ 패킷의 Broadcast ID

필드를 가지고 RREQ 패킷의 불필요한 중복 수신여부를 판단할 수 있다.

Destination ID Address 및 Source IP Address 는 RREQ 패킷이 전송되어 질때 설정되는 경로상의 소스주소와 목적지 주소를 나타내고 있다.

RFH(Route First Hop)는 노드 겹침을 고려한 다중경로 설정을 위해 소스 노드에서 전송한 RREQ 패킷을 최초로 수신한 중간 노드에서 자신의 노드의 고유 주소 값을 RREQ 패킷의 RFH 필드에 설정하게 된다. 각 노드에서는 RREQ 패킷 수신 시 자신의 경로 테이블을 검사하여 노드 겹침 다중경로설정 검사를 수행한 뒤 노드 겹침의 중복여부가 없음을 확인한 뒤 다중경로를 설정하게 된다. RREQ 패킷의 RFH 필드를 이용한 비 겹침 다중경로 설정은 각 노드의 경로 테이블을 이용하여 이루어진다.

NH(Neighbor Hop)는 각 노드에서 RREQ 패킷을 송신할 때 설정되는 자신의 노드주소를 의미하며 RREQ 패킷을 수신한 중간 노드에서 경로 테이블에 저장된 자신의 네트워크 반경 내에 있는 이웃노드 값을 비교하여 중복여부를 결정하기 위해 활용된다.

Hop Count 는 소스 노드와 RREQ 패킷을 수신한 노드사이의 홉(Hop)수를 의미하며, RREQ 패킷이 목적지 노드로 전송될 때까지 각 노드를 지날 때마다 1씩 증가된다.

RREQ, RREQ_W 패킷에는 다중경로설정을 위해 RFH(Route_First_Hop) 필드와 NH(Next Hop) 필드가 추가된다. RREP는 이동 애드 혹 네트워크 내에 목적지 노드 및 중간 노드가 목적지 노드에 대한 경로정보가 있는 경우에 RREQ 패킷에 대한 응답 패킷이며, RREP_W 패킷은 게이트웨이가 소스 및 중간 노드가 유선인터넷 기반 네트워크 호스트 노드와의 통신을 하고자 송신한 RREQ_W패킷에 대한 응답 패킷이다. 아래 표 10.6은 경로응답 패킷에 대한 설명을 나태내고 있다.

표 10.6 경로응답 패킷

RREP 종류	종류 및 역할
RREP_W	게이트웨이가 이동 애드 혹 네트워크 노드로부터 RREQ를 수신한 뒤 유선 기반 구조 네트워크 목적지 호스트 정보가 있는 경우 소스 이동 노드를 향해 유니캐스트 방식으로 전송하는 패킷
RREP	소스 노드가 전송한 RREQ에 대해 이동 애드 혹 네트워크 내에서 목적지 노드의 정보를 가지고 있는 이동 노드가 전송하는 응답 패킷

RREQ, RREQ_W와 동일하게 RREP, RREP_W 패킷에는 역방향 다중경로설정을 위해 순방향 경로의 RREQ 패킷에 설정되었던 RFH(Route First Hop) 필드와 NH(Next Hop) 필드가 추가된다.

10.5.2 비 겹침 다중경로

이동 애드 혹 네트워크에서의 노드들은 무선 미디어(wireless media)를 통하여 네트워크 반경 내에 있는 이웃노드들과 통신을 수행하게 된다. 미디어 자체가 무선이기 때문에 노드의 MAC 계층에서 패킷의 전송을 조절할 수 있다. 만약 이동노드가 이웃노드에게 패킷을 전송하고자 할 때 자신에게 할당된 공유된 채널이 다른 이웃노드가 사용되게 된다면, 이웃 노드들은 채널에 대하여 경쟁을 하여야만 한다.

만약 채널이 전송 노드에 의하여 사용되게 되면, 이웃 노드들은 이 전송을 듣게 되고 다른 송신자로부터의 수신을 막게 된다. 더욱이 링크 레이어 프로토콜에 기반 하여 이웃 노드들은 채널이 사용되지 않을 때까지 전송을 멈추어야 할 수도 있다. 비록 다수의 채널이 사용되는 경우에도 이웃 간의 전송의 질은 간섭에 의하여 성능 저하가 이루어진다. 즉 다른 노드의 전송 범위내의 노드들은 같은 충돌 도메인 내에 있다고 말해진다.

만약 비 겹침 다중 경로 라우팅 메커니즘이 Global 이동 애드 혹 네트워크 환경에 적용되는 경우, 경로설정 시 공통 링크(link)를 배제한 경로설정이기 때문에 노드간의 채널공유로 인한 패킷충돌을 최대한 방지할 수 있다. 이러한 점은 신뢰성 있는 데이터 패킷의 전송을 증가시킬 수 있다. 또한 비 겹침 다중경로설정은 경로 상에 에러가 발생 시 각 노드의 독립적인 비 겹침 경로를 생성하였기 때문에 에러에 대한 영향을 최대한 배제할 수 있으며 신속하게 저장된 다른 경로를 이용하여 데이터를 전송할 수 있는 장점이 있다.

소스와 목적지 노드상의 경로의 신뢰성을 최대한 보장하며 경로간의 간섭을 최소로 하고 경로상의 이동노드간의 상호간의 주파수 간섭 및 데이터의 원활한 송수신을 위해 독립적인 비 겹침 경로선정 방식을 이용한다.

이동 노드사이의 연결이 양방향이라고 가정하며, 이동 애드 혹 네트워크 내의 이동 노드와 유선인터넷 호스트 노드사이에 최대 N개의 다중 경로를 설정한다.

1) Node Disjoint 와 Link Disjoint

소스 노드에서 목적지 노드까지의 비 겹침 다중경로의 생성은 크게 두 가지 방식에 근거해서 생성된다. 하나는 Node Disjoint(노드 비 겹침)이고, 다른 하나는 Link Disjoint(링크 비 겹침)이다. Node Disjoint는 소스 노드와 목적지 노드를 제외하고 경로 상에 어떤 노드도 중복이 없는 경로를 의미한다. Link Disjoint 는 경로 상에 중복된 노드는 있을지라도 공통된 링크(Link)를 가지고 있지 않는 경로를 의미한다.

아래 그림 10.15에서 목적지 노드 MN_D에 대해 생성되는 경로는 MN_A-MN_B-MN_D, MN_A-MN_C-MN_D, MN_E-MN_C-MN_D, MN_E-MN_F-MN_D 이다.

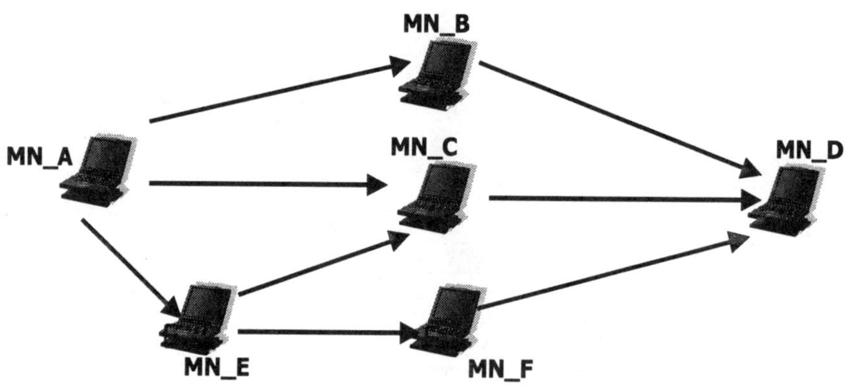

그림 10.15 비 겹침 경로

이 경로들 중에서 MN_A-MN_B-MN_D와 MN_A-MN_C-MN_D는 Node Disjoint 한 경로이며, MN_E-MN_C-MN_D와 MN_E-MN_F-MN_D 역시 경로상의 노드 중복이 일어나지 않는 Node Disjoint이다. 하지만 경로 MN_A-MN_C-MN_D와 MN_E-MN _C-MN_D는 노드 MN_C를 공유하고 있으며 MN_C에서 MN_D의 링크도 MN_A- MN_C-MN_D와 MN_E-MN_C-MN_D경로의 공통된 링크이기 때문에 소스 노드와 목적지 노드사이의 비 겹침 경로(Disjoint 경로) 설정에 위배된다.

2) 경로 테이블

경로(경로) 테이블은 비 겹침 다중경로 설정을 위해 각 노드가 관리하는 일종의 경로캐쉬이다. 경로 테이블의 구성은 크게 2가지로 구분된다. 첫째 RFH(Route First Hop) 필드와 NH(Next Hop) 필드이다. RFH 필드는 순방향 경로를 기준으로 소스 노드와 목적지 노드사이에 소스 노드를 제외한 첫 번째 중간 경로를 의미한다. NH 필드는 현재 경로 테이블을 관리하는 노드에서 볼 때 자신의 이웃노드를 의미한다.

아래 그림 10.16은 이동 애드 혹 네트워크 내에 있는 소스 노드와 유선 인터넷 기반 네트워크에 있는 목적지 노드인 호스트 2 노드와의 통신을 위해 각 노드의 경로 테이블을 이용하여 다중경로를 설정하는 방식을 보여주고 있다.

먼저 각 노드는 노드자체의 경로설정 및 갱신에 활용되는 라우팅 테이블 및 이웃노드 테이블 외에 경로 테이블을 생성한다. 생성되는 경로 테이블은 소스 노드와 목적지 노드사이의 비 겹침 다중경로를 고려하였다.

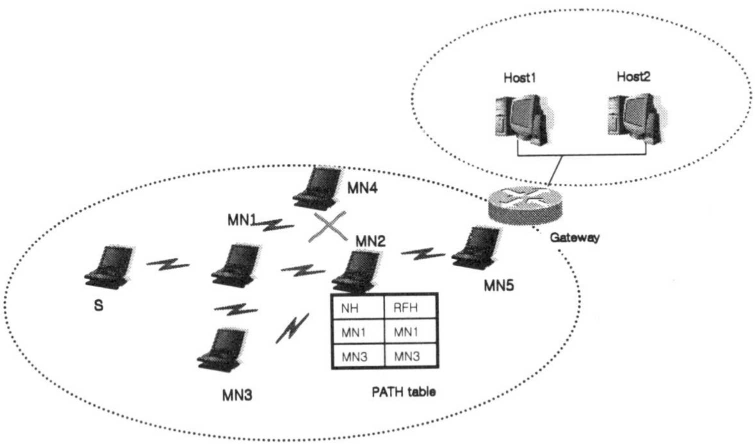

그림 10.16 경로 테이블을 이용한 다중경로 생성

MN2는 그림 상에서 순방향 경로상의 MN1, MN4, MN3, MN5 경로의 이웃노드로써, 비 겹침 경로를 고려하여 경로 테이블을 생성하였다.

순방향 경로설정 시 생성된 RREQ 패킷의 RFH 필드에 저장된 값과 이웃노드 주소 값을 이용하여 최초로 MN1을 경로 테이블에 저장한다.

그 이후에 MN3로부터 전달되는 RREQ 패킷을 수신한 뒤 비 겹침 경로설정 검사를 시도하여 현재 MN2의 경로 테이블 내에 MN3이 보낸 RREQ 패킷 필드의 RFH과 NH 필드의 중복여부가 없으면 경로 테이블에 MN2의 이웃노드인 MN3의 정보를 순차적으로 저장한다.

MN4를 통해 MN2 에 전달된 RREQ을 수신한 MN2는 앞의 과정과 마찬가지로 비 겹침 경로설정 검사를 시도하였으나 이미 MN2의 경로 테이블에는 MN1 에 대한 경로정보가 저장되어있어 경로 테이블의 RFH 필드에 MN4를 통해 수신된 RREQ 패킷의 RFH 필드가 중복되었기 때문에 MN2의 경로 테이블에 저장되지 않고 MN4를 통해 전달된 RREQ 패킷은 폐기해버린다.

그림 10.16에서 살펴보듯이 경로 테이블을 통해 현재 MN2가 관리하고 있는 다중경로는 모두 2개이며, S-MN1-MN2 경로와 S-MN3-MN2 경로의 중간매개체 역할을 수행하고 있다.

한편 경로 테이블의 갱신은 다음의 세 가지 경우를 통해 이루어진다.

첫째 순방향 경로상의 노드가 RREQ 패킷을 수신하였을 때 RREQ 패킷 내 저장되어있는 시퀀스 수와 현재 노드자체의 라우팅 테이블의 시퀀스 수를 비교하여 노드자체의 라우팅 테이블의 시퀀스 수가 RREQ 패킷의 시퀀스 수보다 크다면 RREQ 패킷의 정보가 오래된 정보이기 때문에 수신한 RREQ 패킷을 폐기하며 경로테이블은 변화 없이 유지를 그대로 한다. 만약 RREQ 패킷의 시퀀스 수가 라우팅 테이블의 시퀀스 수보다 크다면 RREQ 패킷이 새로운 정보를 가지고 있기 때문에 경로테이블의 이웃노드들과의 비 겹침 다중경로 정보를 저장하고 있는 RFH과 NH 필드 정보를 모두 삭제한다.

둘째 역방향경로상의 노드가 RREQ 패킷의 응답패킷인 RREP 패킷을 수신하는 경우 RREP 패킷 내 저장되어있는 시퀀스 수와 현재 노드자체의 라우팅 테이블의 시퀀스 수를 비교하여 노드자체의 라우팅 테이블의 시퀀스 수가 RREP 패킷의 시퀀스 수보다 크다면 RREP 패킷의 정보가 오래된 정보이기 때문에 수신한 RREP 패킷을 폐기하며 경로테이블은 변화 없이 유지를 그대로 한다. 만약 RREP 패킷의 시퀀스 수가 라우팅 테이블의 시퀀스 수보다 크다면 RREQ 패킷이 새로운 정보를 가지고 있기 때문에 경로테이블의 이웃노드들과의 비 겹침 다중경로 정보를 저장하고 있는 RFH과 NH 필드 정보를 모두 삭제한다.

셋째 이동 애드 혹 네트워크 과 유선기반 네트워크 호스트간의 인터페이스 역할을 하고 있는 게이트웨이가 주기적으로 자신의 반경 내에 있는 이동노드에게 전송하는 게이트웨이M 메시지를 이동 애드 혹 네트워크 내의 이동노드가 수신하는 경우 게이트웨이M 메시지 내에 저장되어있는 시퀀스 수와 현재 노드자체의 라우팅 테이블의 시퀀스 수를 비교하여 노드자체의 라우팅 테이블의 시퀀스 수가 게이트웨이M 메시지의 시퀀스 수보다 크다면 RREP 패킷의 정보가 오래된 정보이기 때문에 수신한 게이트웨이M 패킷을 폐기하며 경로테이블은 변화 없이 유지를 그대로 한다. 만약 게이트웨이 M 패킷의 시퀀스 수가 라우팅 테이블의 시퀀스 수보다 크다면 게이트웨이 M 패킷이 새로운 정보를 가지고 있기 때문에 경로테이블의 이웃노드들과의 비 겹침 다중경로 정보를 저장하고 있는 RFH과 NH 필드 정보를 모두 삭제한다. 위에서 설명한 각 노드에서 관리하고 있는 경로 테이블의 유지는 RREP 패킷, RREQ 패킷, 게이트웨이M 메시지를 통해 이루어지며 수행과정은 동일하다고 할 수 있다.

3) 경로 테이블을 이용한 비 겹침 다중경로 설정과정

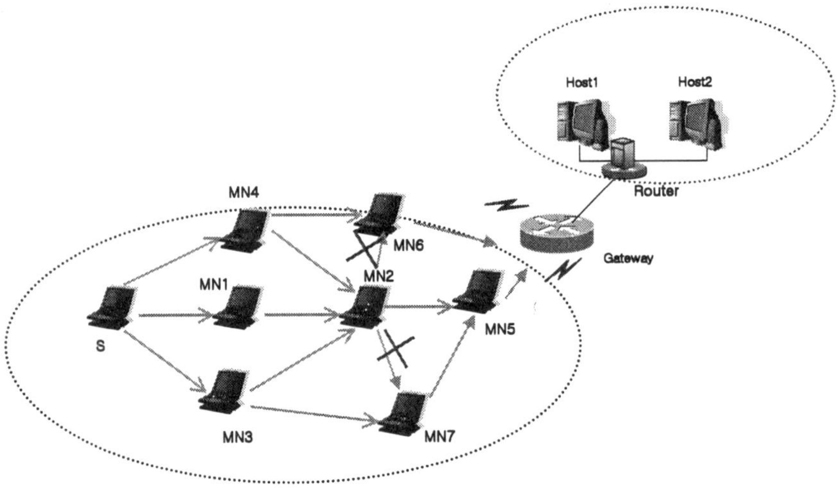

그림 10.17 경로 테이블을 이용한 비 겹침 다중경로 설정과정

그림 10.17은 현재 소스 노드인 S에서 목적인 노드인 유선 기반 네트워크 호스트 2로의 비 겹침 다중 경로설정 과정을 보여주고 있다.

먼저 소스 노드 S가 자신의 라우팅 테이블에 유선 기반 네트워크 호스트노드에 대한 경로정보가 없는 경우에는 RREQ_W 패킷을 자신의 네트워크 반경 내에 있는 이웃노드들에게 브로드캐스트방식으로 전송한다. 한편 S노드가 전송한 RREQ 패킷을 수신한 이웃노드들은 경로테이블을 이용한 비 겹침 경로설정과정을 수행 한 뒤 다시 목적지 노드인 유선기반 네트워크 호스트 노드를 향해 자신의 네트워크 반경 내에 있는 이웃노드에게 RREQ_ W 패킷을 브로드캐스트 방식으로 전송한다.

중간매개체 역할을 수행하고 있는 MN2 노드입장에서 살펴본다면 MN2 노드는 현재 MN4, MN3, MN1 노드로부터 연속적으로 RREQ 패킷을 수신함과 동시에 경로 테이블을 이용한 비 겹침 경로설정을 수행하여 자신의 경로테이블에 총 3개의 비 겹침 경로를 저장하게 된다.

한편 MN2 노드 역시 자신의 라우팅 테이블에 유선기반 네트워크 호스트노드에 대한 경로정보가 없는 경우에는 RREQ_W 패킷을 자신의 네트워크 반경 내에 있는 이웃노드들에게 브로드캐스트방식으로 전송한다.

MN2 노드가 전송한 RREQ 패킷을 수신한 MN6, MN7 노드는 RREQ 패킷을 수신함과 동시에 경로 테이블을 이용한 비 겹침 경로설정을 수행하게 되는데 현재 MN6, MN7 노드의 PAHT 테이블 내에 비 겹침 경로설정에 위반되는 경로의 정보가 이미 경로 테이블에 저장되어져 있기 때문에 뒤늦게 MN2 노드로부터 수신하게 되는 RREQ 정보는 폐기된다.

한편 각 노드에서 경로 테이블을 이용한 순방향 비 겹침 경로설정을 통하여 최종적으로 MN6, MN5, MN7 노드를 통해 게이트웨이에 수신된 RREQ 패킷은 게이트웨이 자체 내에서 마찬가지로 경로 테이블을 이용한 비 겹침 경로설정과정을 수행한 뒤 최종적으로 그림에서 보는바와 같이 소스 노드인 S와 유선 인터넷기반 네트워크 호스트2 노드사이에 최대 세 개의 다중경로를 생성하게 된다.

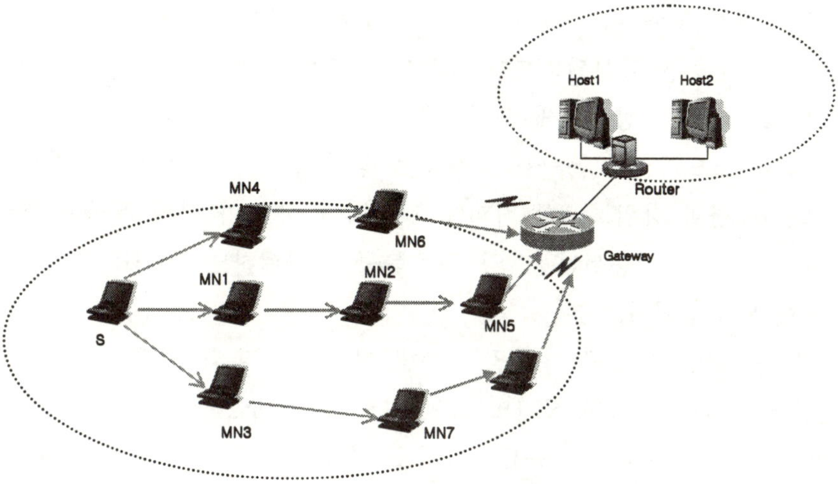

그림 10.18 세 개의 비 겹침 다중경로 설정과정

4) Global 이동 애드 혹 네트워크에서의 지역 복구(local repair)

라우팅 링크가 단절되면 단절된 링크를 발견한 상위 노드는 목적지 노드까지의 라우팅 경로를 지역 경로 탐색과정을 통해 복구하게 된다. 이 과정에서

AODV 제어 메시지가 단절 경로의 상위노드로부터 목적지 노드까지를 반경으로 하는 지역에 퍼지는 플러딩 과정을 수행하게 된다.

글로벌 이동 애드 혹 네트워크 환경에서 이동 애드 혹 네트워크 노드와 유선 기반 네트워크 호스트와의 경로 상에 에러가 발생하였을 때 전체네트워크로 AODV 제어 패킷을 플러딩 하는 횟수를 줄임과 동시에 중간 노드정보를 최대한 활용하여 경로를 재설정하는 시간을 단축할 수 있다.

경로탐색 과정을 통해 생성된 경로는 데이터 전송 중에는 유지되어야한다. 만일 중간 노드들의 이동으로 인해 경로 상에 에러가 중간에서 발생되었을 경우, 경로단절을 발견한 단절 상위 노드(upstream node)는 두 가지 중 한 가지 방식으로 에러발생에 대한 처리과정을 수행한다.

첫째, 경로단절이 목적지 노드로부터 가까운 인접 영역 내에서 발생하였다면, 지역경로복구(Local Repair)를 통해 경로를 복구하게 된다. 이때 지역경로복구가 가능한 범위는 단절 상위노드에서 목적지 노드까지의 TTL(Time To Live)값이 최대 10홉보다 작은 경우인 경우 지역경로 복구 메커니즘을 사용한다.

둘째, 경로단절이 최대 10홉 이상인 영역 외에서 발생하였을 경우 사용되는데, 단절 상위노드는 RERR 메시지를 이용하여 역방향 경로상의 이웃 노드를 통해 소스 노드에게 알린 뒤, 새롭게 재 경로설정을 시작하는 경우이다.

지역 경로 복구는 단절상위노드가 목적지 노드를 향해 RREQ를 인접내의 MN을 향해 브로드캐스트 함으로써 시작된다.

단절된 상위 노드가 경로복구를 실행하는 동안 소스 노드로부터 도착한 모든 데이터 패킷은 단절 상위노드의 버퍼에 저장되며, 경로가 다시 복구된 후에 다시 목적지 노드에게 전송된다. 만약 경로복구가 실패하면, RERR 를 생성하여 소스 노드에게 전송된다.

그림 4.19는 지역경로복구 과정을 나타낸 것이다. MN2와 MN3 사이의 경로가 단절되면, 노드 MN2가 단절 상위노드가 된다. 노드 MN2는 목적지 노드인 MN5의 Sequence 수를 1증가시켜 RREQ 패킷을 생성하여 반경 내에 있는 이웃노드들에게 브로드캐스트 방식으로 전송한다. 이때 MN2와 목적지 노드인 MN5까지의 홉 수를 Local Repair_RREQ_TTL 이라하면 MN2가 전송하는 RREQ 패킷의 전송범위인 Local Repair_RREQ_TTL값은 MAX_Repair_TTL 값보다는 작아야한다.

한편 MN2가 전송한 RREQ 패킷을 수신하는 노드들은 MN2에 대한 정보가 자신의 라우팅 테이블에 저장되어있지 않으면 새롭게 추가하고, 만약 MN2에 대한 정보가 라우팅 테이블에 저장하고 있으면 라우팅 테이블의 시퀀스 수를 비교하여 최신의 정보를 유지할 수 있도록 자신의 라우팅 테이블을 갱신한다.

MN2가 전송한 RREQ 패킷을 수신한 노드가 목적지 노드가 아닌 경우에는 RREQ의 TTL 값을 1만큼 감소하여 RREQ 패킷을 다시 이웃노드로 브로드캐스트하고, 목적지 노드인 경우에는 자신의 시퀀스 수를 MN2가 전송한 시퀀스 수로 갱신한 뒤에 RREP 패킷을 전송하여 MN2노드에게 송신한다.

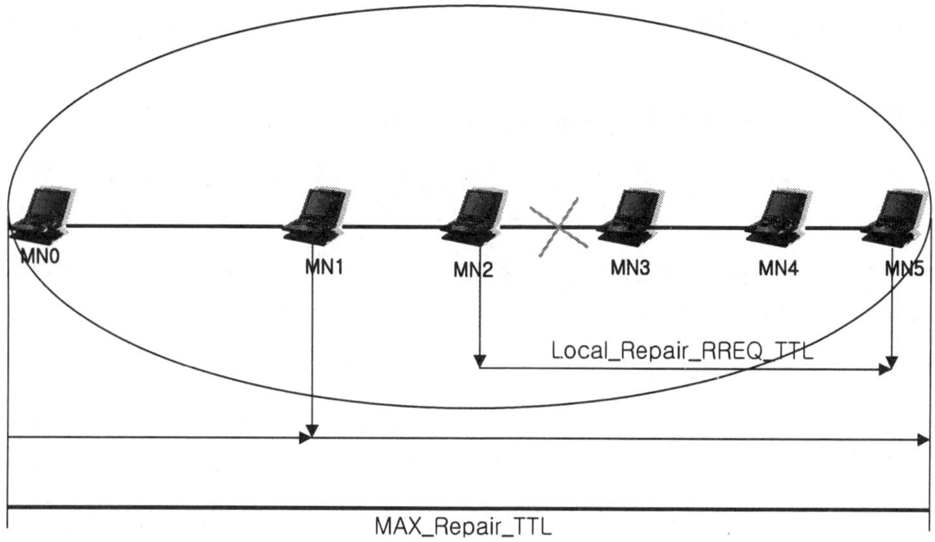

그림 10.19 지역복구 방식을 이용한 경로 재설정과정

한편 목적지 노드로부터 RREP 패킷을 수신한 MN2 노드는 RREP 패킷에 저장된 경로정보를 이용하여 자신의 샌드버퍼(SendBuffer)에 임시적으로 저장된 데이터패킷을 목적지 노드를 향해 이웃노드로 전송함으로써 경로재설정은 이루어진다.

(1) 글로벌 이동 애드 혹 네트워크-M에서의 지역 복구

글로벌 이동 애드 혹 네트워크-M는 글로벌 이동 애드 혹 네트워크 환경에 지역경로 복구방법을 이용한 지역 복구 방식으로써 이동노드 와 유선인터넷 기반 네트워크 호스트 그리고 유선 인터넷 기반 네트워크 호스트와 이동 노드사이의 비 겹침 다중경로를 적용 신뢰성 있는 데이터 전송을 가능하게 하는 알고리즘이다.

다중경로를 지원하는 글로벌 이동 애드 혹 네트워크의 경로에 에러가 발생하

였을 때 각 노드의 라우팅 계층에서의 주기적으로 전송되는 헬로 메시지를 통해 에러를 감지한 노드는 먼저 자신의 경로 테이블을 검사하여 해당경로의 경로정보를 검색한다.

자신의 경로 테이블 내에 에러가 발생한 해당 노드 정보를 삭제한 후 빠른 데이터 전송을 위해 경로 테이블내의 다중경로 정보를 이용하여 데이터 패킷을 이웃노드로 유니 캐스트로 전송한다. 만약 경로 테이블 내에 목적지 노드에 대한 경로정보가 없다면 에러가 발생한 노드의 주소를 에러 패킷에 저장하여 자신의 라우팅 테이블의 역방향 경로를 이용하여 경로 재설정을 위해 소스 노드로 전송한다.

하지만 소스 노드로 에러 패킷을 전송하여 다시 소스 노드가 에러 패킷을 수신한 뒤 경로 재설정을 위해 RREQ 패킷을 Global 이동 애드 혹 네트워크 전체에 플러딩 하여 목적지 노드인 게이트웨이와 이동노드가 이를 수신한 뒤 이에 대한 응답 패킷인 RREP_I 와 RREP 패킷을 소스 노드로 전송하여 경로 재설정을 이루는 데에는 경로설정시간에 많은 시간이 소요될 뿐만 아니라 네트워크에 전체적인 AODV 부하 패킷의 양의 증가를 발생하게 된다.

따라서 경로 재설정 시간을 줄여 데이터 패킷 수신율 높일 수 있으며 네트워크 내에 플러딩 되는 부하패킷의 양을 줄임으로써 전체적인 네트워크 성능 향상을 높일 수 있기 위해서는 에러가 발생하였을 때 에러를 감지한 노드 자체 내에서 경로 테이블을 검색하여 도 경로정보가 없을 경우에 한해 역방향 라우팅 테이블을 이용하여 에러패킷을 소스 노드로 유니 캐스트 방식으로 전송하는 대신에 에러를 감지한 노드자체 내에서 경로 재설정을 위한 RREQ 패킷을 목적지 노드인 이동 애드 혹 네트워크 내 이동노드와 유선기반네트워크의 게이트웨이를 향해 전송한다.

이로 인해서 불필요한 경로 재설정 시간을 줄여 데이터 패킷 수신율 높일 수 있으며 네트워크 내에 플러딩 되는 부하패킷의 양을 줄임으로써 전체적인 네트워크 성능 향상을 올릴 수 있다.

10.5.3 동작원리

1) 경로설정과정

(1) Proactive

주기적으로 게이트웨이 반경 내에 있는 이웃노드들에게 GAM(Gateway Advertisement Message)을 통해 자신의 정보를 주기적으로 전송하는 proactive 방식에서는 게이트웨이가 관리하는 네트워크 반경 크기와 일정시간마다 주기적으로 전송되는 게이트웨이 GAM의 간격이 가장 중요한 요소라고 할 수 있다.

Proactive 방식으로 게이트웨이가 전송한 GAM을 수신한 이동 애드 혹 네트워크 노드는 다중경로 설정을 유지하고 관리하기 위해 다음과 같은 과정을 수행한다.

첫째, GAM 메시지를 수신한 노드는 게이트웨이 GAM의 최신정보의 유무를 판단하기 위해 GAM 패킷내의 시퀀스 수와 현재 노드의 라우팅 테이블의 시퀀스 수를 비교한다.

둘째, GAM 패킷내의 시퀀스 수가 라우팅 테이블의 시퀀스 수보다 큰 경우에는 새로운 정보이기 때문에 현재 노드의 라우팅의 정보를 삭제한 뒤 게이트웨이 GAM의 정보를 이용하여 새로운 게이트웨이를 재설정한다.

만약 GAM 패킷내의 시퀀스 수가 라우팅 테이블의 시퀀스 수와 같은 경우에는 GAM의 홉 카운트(Hop Count) 수와 현재노드의 라우팅 테이블에 저장된 게이트웨이 홉 카운트 수를 비교하여 GAM의 홉 카운트 정보가 현재노드의 라우팅 테이블의 게이트웨이 홉 카운트 정보보다 적은 경우에만 GAM 정보를 이용하여 현재 노드의 라우팅 정보를 갱신한다.

셋째, 첫째, 둘째 과정을 모두 수행한 후 비 겹침(Disjoint)한 다중경로 설정을 위해 GAM 메시지의 RFH와 NH 정보를 이용하여 현재 노드의 경로 테이블을 검색한다. 만약 경로 테이블 내에 GAM 에 저장된 RFH와 NH 중 하나의 정보라도 검색이 되면 비 겹침 경로설정에 위배되기 때문에 현재 노드를 다중경로로 설정하지 않는다. 경로 테이블 내에 GAM 에 저장된 RFH와 NH 정보가 발견되지 않는다면, 비 겹침 경로로 설정되어 경로 테이블 내에 현재 수신된 GAM의 RFH와 NH정보를 저장한다. 경로 테이블 및 비 겹침 다중경로 설정과정은 위에서 자세히 설명하고 있다.

넷째, 한편 GAM의 TTL값 즉 게이트웨이가 관리하는 네트워크 반경 내에 노드에 도달하지 않는 경우에 있는 노드는 현재 수신한 GAM을 반경 내에 있는 이웃 노드를 향해 브로드 캐스트로 전송한다. GAM 의 Network Zone Field 값은 노드를 지날 때마다 1씩 감소되어진다.

위의 4 가지 과정을 통해 노드는 게이트웨이가 주기적으로 전송하는 GAM의 정보를 갱신하며 이동 애드 혹 네트워크 내의 이동노드로부터 경로설정의 요구가 있을 때 신속하게 대응하여 빠른 경로설정을 할 수 있게 된다.

다른 기종 네트워크 간 즉 유선 인터넷 기반 네트워크 호스트 노드와 이동 애드 혹 네트워크와의 인터페이스 역할을 수행하고 있는 proactive 방식에서의 이동 노드는 게이트웨이가 주기적으로 전송하는 GAM 메시지를 수신함과 동시에 자신의 라우팅 테이블에 게이트웨이 정보를 저장한다. 저장된 게이트웨이 정보를 이용하여 목적지가 유선 인터넷 기반 네트워크의 유선 호스트인 다른 이동노드로부터 경로설정 요구가 들어오면 노드의 라우팅 테이블에 저장된 게이트웨이 정보를 이용하여 경로설정이 이루어지기까지 임시적으로 샌드버퍼(Send Buffer)에 저장된 데이터 패킷을 유니 캐스트 방식으로 라우팅 테이블의 이웃 노드를 향해 전송 한다.

(2) Reactive

Reactive 방식은 요구 방식으로 소스 이동노드가 데이터 패킷을 수신 시 데이터 패킷에 대한 경로정보가 자신의 라우팅 테이블에 없는 경우에 동작하는 방식이다. 주기적으로 게이트웨이 정보를 전송하는 proactive 방식과는 달리 경로설정의 요구가 있을 때에만 동작하기 때문에 GAM 메시지의 부하가 전혀 없기 때문에 네트워크 부하 면에서는 큰 이득(효과)을 볼 수 있으나 게이트웨이 정보를 각 이동노드가 신속하게 갱신하지 못하는 단점을 가지고 있다.

이러한 reactive 방식의 특징은 이동 애드 혹 네트워크 이동노드가 유선 인터넷 기반 네트워크 호스트노드와 통신 시 네트워크 전체 평균 경로설정 시간의 증가 및 데이터 수신율의 감소로 나타난다. reactive 방식을 이용하여 이동 애드 혹 네트워크 이동 노드가 링크 비 겹침 다중경로를 설정하는 과정은 다음과 같다.

먼저 경로설정을 원하는 소스 노드는 목적지 노드로 전송할 데이터 패킷의 헤더(Header)의 IP 필드 중 목적지 정보를 검색하여 자신의 라우팅 테이블에 목적지 노드의 경로정보가 있는지 없는지를 확인한다. 목적지 노드는 이동 애드 혹 네트워크에 위치한 이동 노드와 유선 기반 네트워크에 위치한 유선호스트 노드 모두 될 수 있다. 이동 애드 혹 네트워크와 유선 인터넷 기반 네트워크 중 목적지 노드에 대한 정보가 라우팅 테이블에 존재하고 있는 경우에는 자신의 이웃노드를 향해 경로설정이 이루어지기까지 임시적으로 샌드버퍼(Send Buffer)에 저장된 데이터 패킷을 전송 하게 된다.

만약 이동 애드 혹 네트워크와 유선 기반 네트워크 중 목적지 노드에 대한 정보가 라우팅 테이블에 존재하고 있지 않은 경우에는 경로 설정요구패킷인 RREQ(Route Request), RREQ_W(Route Request Wired)패킷을 생성하여 자신의 반경 내에 있는 이웃노드를 향해 전송한다. Reactive 방식에서 경로설정에 사용되는 RREQ(Route Request), RREQ_W(Route Request Wired)패킷은 proactive 방식에서 사용되는 패킷과 동일하다고 할 수 있다.

경로설정 요구패킷인 RREQ 패킷은 목적지 노드의 위치여부에 따라 다음과 같이 2개로 분류할 수 있다. 먼저 RREQ 패킷은 소스 이동노드의 목적지가 이동 애드 혹 네트워크 에 위치한 경우에 전송되며, RREQ_Wired 패킷은 소스이동노드의 목적지가 이동 애드 혹 네트워크가 아닌 유선 기반 네트워크에 위치한 경우에 전송되며 상호간 구별된다고 할 수 있다

한편 소스 이동노드에서 전송한 RREQ, RREQ_Wired 패킷을 수신하는 첫 번째 중간 노드에서는 다음과 같은 과정을 수행한다.

비 겹침 다중경로 설정을 위해 첫 번째 중간 노드에서는 먼저 RREQ, RREQ_Wired 패킷을 수신하게 되면 RREQ, RREQ_Wired패킷에 저장된 Sequence 수 검사를 수행하게 된다.

만약 수신한 RREQ, RREQ_Wired 패킷의 시퀀스 수가 현재 자신의 노드의 라우팅 테이블에 저장되어있는 Sequence 수보다 작은 경우에는 최신 정보가 아닌 구정보이기 때문에 패킷을 폐기해버린다.

수신한 RREQ, RREQ_Wired 패킷의 시퀀스 수가 현재 자신의 노드의 라우팅 테이블에 저장되어있는 시퀀스 수보다 크거나 같은 경우는 다음과 같은 과정을 수행한다.

RREQ, RREQ_Wired 패킷의 시퀀스 수가 큰 경우에는 수신한 RREQ, RREQ_Wired 패킷이 최신정보이기 때문에 다중경로를 위해 생성된 경로 테이블에 저장된 해당 경로정보를 모두 삭제 한 뒤, 현재 새롭게 수신된 RREQ, RREQ_Wired 패킷에 저장된 NHP, RFH정보를 경로 테이블에 저장한다.

RREQ, RREQ_Wired 패킷의 시퀀스 수가 같은 경우에는 RREQ, RREQ_Wired 패킷 저장된 홉 카운트(Hop count) 필드와 현재 노드의 순방향 라우팅 테이블 홉 카운트 필드를 비교하여 수신된 RREQ, RREQ_Wired 패킷의 홉 카운트 필드가 현재 순방향 라우팅 테이블의 홉 카운트 보다 작은 경우에만 허용하고 큰 경우에는 패킷을 폐기한다.

위의 과정을 수행한 후에 노드는 RREQ, RREQ_Wired 패킷에 저장된 소스 노드정보를 이용하여 원천 소스 노드를 향한 역방향 라우팅 테이블을 생성한다.

한편 소스 이동노드에서 전송한 RREQ, RREQ_Wired 패킷을 수신하는 두 번째 중간 노드 이상에서는 다음과 같은 과정을 수행한다.

첫째, RREQ의 IP 필드를 검색하여 목적지 정보의 주소가 자신의 라우팅 테이블에 존재하는지를 조사한 후 현재 노드에서 목적지 노드에 대한 경로정보가 있는 경우에는 RREQ, RREQ_Wired 패킷을 송신한 노드를 향해 경로응답메시지인 RREP(Route Reply)패킷을 전송한다. 이때 만약 게이트웨이(GateWay)에서 유선기반 네트워크 호스트노드에 대한 정보를 RREP_Wired패킷을 생성하여 RREQ 패킷을 생성한 노드를 향해 역방향 라우팅 테이블의 경로정보를 이용하여 역방향 경로로 전송한다.

만약 목적지 노드에 대한 경로정보가 없는 경우에는 목적지 노드를 향해 RREQ, RREQ_Wired 패킷을 전송한다.

한편 소스 노드가 전송한 RREQ, RREQ_Wired 패킷을 수신한 목적지 노드 및 게이트웨이는 다음과 같은 과정을 수행한다.

첫째 RREQ, RREQ_Wired 패킷의 IP 필드를 검색하여 목적지 주소가 자신의 노드정보와 일치하는 지를 검사 한다

둘째 첫 번째 과정이 완료된 후 위 과정에서 설명한 시퀀스 수 검사와 비 겹침 다중경로 설정을 위한 경로테이블 검사 완료 후 순방향 경로상의 소스 노드를 향한 역방향 테이블을 형성한다.

셋째 두 번째 과정까지 모두 완료 후 이동 애드 혹 네트워크 네트워크에 위치한 목적지 노드에서는 RREP, 그리고 유선기반 네트워크 호스트를 관리하는 게이트웨이에서는 RREP_I 패킷을 생성하여 소스 노드를 향해 자신의 역방향 라우팅 테이블을 이용하여 소스 노드를 향해 유니 캐스트 방식으로 전송한다.

한편 목적지 노드에서 전송한 RREP 패킷 및 RREP_I 패킷을 수신한 역방향 경로상의 첫 번째 중간 노드에서는 순방향 경로의 경로설정과 동일하게 다음과

같은 과정을 수행한다.

첫째 목적지 노드나 게이트웨이에서 역방향 라우팅 테이블을 이용하여 전송한 RREP, RREP_I 패킷의 목적지(원천소스)검사를 수행한다.

둘째 RREP, RREP_I 패킷의 목적지가 현재 패킷을 수신한 노드라면 RREP, RREP_I 패킷의 순방향 경로정보를 이용하여 노드의 순방향 라우팅 테이블을 형성한 후 자신의 센드버퍼 내에 저장되어져 있던 데이터 패킷을 순방향 라우팅 테이블의 경로정보를 이용 목적지 노드를 향해 전송한다.

셋째 두 번째 과정 수행종료 후 비 겹침 다중경로 설정을 위해 RREP, RREP_I패킷에 저장된 시퀀스 수를 검사하게 된다.

만약 수신한 RREP, RREP_I패킷의 Sequence 수가 현재 자신의 노드의 라우팅 테이블에 저장되어있는 시퀀스 수보다 작은 경우에는 최신 정보가 아니기 때문에 패킷을 폐기해버린다.

수신한 RREP, RREP_I 패킷의 시퀀스 수가 현재 자신의 노드의 라우팅 테이블에 저장되어있는 시퀀스 수보다 크거나 같은 경우는 다음과 같은 과정을 수행한다.

RREP, RREP_I 패킷의 시퀀스 수가 큰 경우에는 수신한 RREP, RREP_I 패킷이 최신정보이기 때문에 경로테이블에 저장된 경로 정보를 모두 삭제한 뒤, 현재 수신된 RREP, RREP_I패킷의 NHP, RFH 정보를 경로 테이블에 저장한다.

RREP, RREP_I 패킷의 시퀀스 수가 같은 경우에는 RREP, RREP_I 패킷의 소스 노드와의 홉 수를 나타내는 홉 카운트 필드와 노드 라우팅 테이블의 홉 카운트 필드를 비교하여 수신된 RREP, RREP_I 패킷의 홉 카운트 필드가 작은 경우에만 허용하고 큰 경우에는 패킷을 폐기한다.

RREP, RREP_I 패킷의 시퀀스 검사, 경로 테이블 검사를 마친 후에는 역방향 경로상의 첫 번째 중간 노드는 원천목적지 노드를 향한 순방향 라우팅 테이블을 형성한다.

역방향 경로상의 두 번째 이상의 중간 노드에서는 시퀀스 검사, 비 겹침 다중 경로 생성을 위한 경로테이블검사를 모두 수행한 후 역방향 라우팅 테이블 경로 정보를 이용하여 소스 노드를 향해 RREP, RREP_I 패킷을 전송한다.

한편 역방향 경로상의 중간 노드를 거쳐 RREP, RREP_I 패킷을 수신한 소스 노드는 역방향 경로상의 중간 노드가 수행한 시퀀스 검사, 경로테이블검사를 모두 수행한 후 비 겹침 순방향 다중경로를 자신의 경로 테이블에 저장한 뒤 샌드버퍼에 저장된 데이터패킷을 자신의 순방향 라우팅 테이블의 경로정보를 이용하여 목적지 노드를 향해 전송한다.

(3) Hybrid

주기적으로 게이트웨이가 관리하는 일정지역 내의 이동 노드에게 자신의 정보를 GAM를 통해 전송하여 각 노드의 라우팅 테이블의 경로정보를 갱신하는 proactive 방식과 게이트웨이 관리 영역과는 상관없이 통신의 요구가 있을 경우에만 동작하는 reactive 방식을 결합한 hybrid 방식은 각 방식의 장점을 수용함으로써 proactive 방식에서 나타낸 게이트웨이가 주기적으로 전송하는 게이트웨이 GAM 부하의 증가를 낮추며 reactive 방식에서 나타난 게이트웨이와 이동 노드 사이의 경로정보가 주기적으로 갱신되지 못함으로 인해서 생성되는 여러 가지 단점을 보완한 방식이다.

Hybrid 방식에서의 비 겹침 다중 경로 설정과정은 proacvtive 방식에서 게이트웨이가 관리하는 이동 노드의 네트워크 영역(Network Zone)이 적다는 것을 제외하고는 동일하다고 할 수 있다. 즉 게이트웨이가 관리하는 이동 노드의 반경 Zone Area(홉 수)를 proactive 방식과는 조금 더 낮게 설정하여 게이트웨이 관리영역을 줄 일 수 있다.

한편 게이트웨이 관리영역(Network Zone)을 벗어난 지역의 이동 노드들은 요구 방식인 reactive 방식을 사용하여 통신의 요구가 있을 경우에만 RREQ, RREQ_Wired 패킷을 게이트웨이를 향해 브로트 캐스트 방식으로 전송한다.

Hybrid 방식에서의 비 겹침을 고려한 게이트웨이로의 다중경로 설정과정은 proactive와 reactive 방식과 동일하다고 할 수 있다.

2) 경로유지과정

(1) 헬로 메시지를 이용한 경로유지

노드의 빈번한 이동으로 인해 설정된 네트워크 토폴로지가 지속적으로 변화하는 이동 애드 혹 네트워크 환경에서는 기존의 유선 네트워크와는 많은 차이점을 가지고 있다고 할 수 있다. 이동 애드 혹 네트워크에서의 모든 노드들은 무선환경에 의한 요인과 이동성에 기인하여 설정된 경로를 사용하지 못할 경우가 발생한다. 따라서 경로들의 사용 여부는 주기적으로 확인되어야 하며 경로 손실을 감지한 경우, 다시 발견되어야 한다. 이동 노드간의 링크가 양방향임을 가정하는 기존의 AODV에서는 노드들 간에 라우팅 계층에서 주기적인 헬로 메시지를 교환하여 이웃 노드들 간의 링크를 점검한다.

이동 노드사이의 양방향 링크가 존재하는 경우 이동 노드와 이동 노드 사이에는 주기적인 헬로 메시지를 통해 경로유지를 하는 방식을 적용하며, 이동 노드와 유선 인터넷 호스트 노드의 인터페이스 역할을 하는 게이트웨이 사이의 경로 유지는 게이트웨이가 주기적으로 전송되는 게이트웨이 GAM을 통해 이루어진다.

AODV 라우팅 프로토콜에서는 생성된 경로의 유지와 노드의 테이블 관리는 일정시간 간격마다 주기적으로 전송되는 헬로 메시지를 통해 이루어진다. 헬로 메시지는 노드의 3 계층, 즉 라우팅 계층에서 이루어지며 헬로 메시지의 일정시간 내에 수신여부에 따라 각 노드가 관리하는 라우팅 테이블과 이웃 노드 테이블의 생성여부가 결정되어 경로유지에 활용된다.

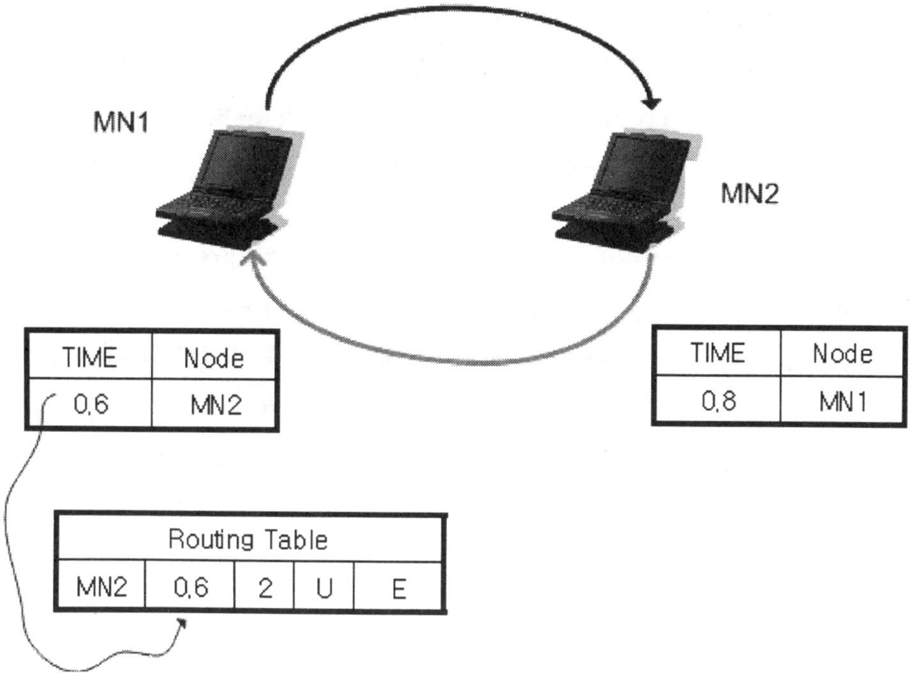

그림 10.20 헬로 메시지를 이용한 경로유지 과정

네트워크 상에 노드는 일정시간 마다 전송되는 헬로 메시지의 수신을 통해 현재 자신의 이웃노드에 있는 노드를 자신의 라우팅 테이블에 있는 이웃노드로 저장하며 이웃노드를 관리하는 이웃노드 리스트의 해당정보를 갱신하게 된다. 한편 이웃노드 리스트는 일정시간마다 수신되어지는 헬로 메시지에 기록된 시간 정보(time information)와 자신의 이웃 노드 리스트에 기록된 시간 정보와 비교하여 이웃 노드와의 경로 정보를 유효성을 판단하게 된다. 일정 시간 안에 헬로 메시지를 경로상의 이웃 노드로부터 전송받지 못한 노드는 먼저 이웃 노드 리스트의 경로 정보를 삭제한 뒤 자신의 라우팅 테이블의 해당되는 노드의 경로정보를 삭제함으로써 경로 에러 메시지인 RERR(Route ERRor)을 소스 노드로 유니캐스트 하여 에러 발생 상황을 알리게 된다.

한편 RERR 패킷을 수신한 노드는 자신의 경로 테이블에서 경로정보를 삭제한 뒤, 라우팅 테이블 정보를 갱신한다.

그림 10.20은 MN1과 MN2 이동 노드사이에 주기적으로 전송되는 헬로 메시지의 Life Time(유효시간)이 1.0초로써 헬로 메시지의 송수신을 통해 자신의 이웃 노드 테이블의 시간 필드를 갱신시킴과 동시에 라우팅 테이블의 시간 필드를 갱신함으로써 자신의 네트워크 반경 내에 있는 이웃 노드와의 경로를 유지시키고 있다. 현재 MN1의 입장에서 자신이 관리하는 이웃 노드는 MN2로써 과거에 MN2로부터 헬로 메시지를 수신한 뒤 0.6초가 지났으며 헬로 메시지 Life Time 인 1초안에 MN2로부터 헬로 메시지를 수신 받으면 MN2와의 경로 정보는 유효하다는 것을 알 수 있다.

또한 MN2도 MN1과 마찬가지로 자신의 네트워크 반경 내에 MN1이 위치하고 있으며 과거에 MN1로부터 헬로 메시지를 수신한 뒤 0.8초가 지났으며 헬로 메시지 Life Time 인 1초안에 MN1로부터 헬로 메시지를 수신 받으면 MN1과의 경로정보는 유효하다는 것을 알 수 있다. 각 노드가 관리하고 있는 이웃노드 테이블의 구성은 위와 같으며 자신의 네트워크 반경 내에 위치하고 있는 이웃노드가 많으면 많을수록 관리되는 이웃노드는 많아지기 때문에 그만큼 이웃노드 테이블의 수도 많이 생성된다고 할 수 있다.

(2) 경로 테이블을 이용한 비 겹침 다중 경로의 유지 및 관리

경로상의 에러가 발생되어 노드에서 에러 패킷을 수신 하게 되면 에러 메시지를 수신함과 동시에 에러 패킷에 저장되어있는 에러가 발생한 노드의 주소가 현재 자신의 라우팅 테이블과 경로 테이블에 검색되는지 검사를 수행한다. 만약 에러 패킷 내 에러가 발생한 노드의 주소가 자신의 라우팅 테이블과 경로 테이

블에서 발견이 된다면 다음과 같은 과정을 순차적으로 수행하게 된다.

첫째, 경로 테이블을 검사하여 현재 수신한 에러 패킷의 정보가 발견이 된다면 경로 테이블의 다중 경로정보를 삭제한다. 경로 테이블의 구조는 링크 리스트(linked list)구조로 되어있으며 에러패킷의 저장되어있는 노드주소에 해당되는 경로정보를 차례로 찾아 삭제한다.

둘째, 경로 테이블에서 해당되는 경로정보를 삭제한 뒤 현재노드의 라우팅 테이블의 시퀀스 수를 증가 시킨 뒤 라우팅 테이블의 해당 경로 정보를 역시 삭제한다.

셋째, 경로 테이블과 라우팅 테이블의 경로 정보를 삭제한 다음 경로상의 에러정보를 소스 노드에게 알려주기 위해 자신의 역방향 라우팅 테이블의 경로정보를 이용하여 에러패킷을 소스 노드를 향해 유니 캐스트 방식으로 전송한다.

한편 경로상의 에러가 발생한 노드는 경로 테이블과 라우팅 테이블에서 에러가 발생한 노드의 경로정보를 삭제한 후 자신의 노드에의 경로 테이블에서 저장하고 있는 경로 테이블의 첫 번째 다중경로를 이용하여 샌드버퍼에 저장되어있는 데이터 패킷을 유니 캐스트 방식으로 목적지 노드를 향해 이웃 노드에게 전송한다.

이웃 노드에게 전송된 데이터 패킷은 동일한 방식으로 이웃 노드의 라우팅 테이블의 경로 정보를 이용하여 목적지 노드에게 전송된다.

만약 목적지 노드가 이동 애드 혹 네트워크 내의 있지 않고 유선 기반 네트워크 호스트 노드라면 전송된 데이터 패킷은 게이트웨이에 전송되어 게이트웨이는 자신의 라우팅 테이블을 이용하여 해당 네트워크의 라우터에게 전송되며 라우터는 자신의 영역 내에 있는 호스트 노드에게 데이터 패킷을 전송함으로써 최종적으로 데이터 패킷이 목적지 노드인 유선 호스트 노드에게 수신된다.

부 록

이동 애드 혹 네트워크 프로그램 예제

1. dsragent.cc

```
/* dsragent.cc
   requires a radio model such that sendPacket returns true
   iff the packet is recieved by the destination node.
   $Id: dsragent.cc,v 1.50 1999/06/08 19:46:22 broch Exp $ */

extern "C" {
#include <assert.h>
#include <math.h>
#include <stdio.h>
#include <signal.h>
#include <float.h>
}
#include <object.h>
#include <agent.h>
#include <trace.h>
#include <packet.h>
#include <scheduler.h>
#include <random.h>
#include <cmu/mac.h>
#include <cmu/ll.h>
#include <cmu/cmu-trace.h>
#include "path.h"
#include "srpacket.h"
#include "routecache.h"
#include "requesttable.h"
#include "dsragent.h"
/*==============================================================
  Declarations and global defintions
==============================================================*/
static const int verbose = 0;
static const int verbose_srr = 0;
```

```
static const int verbose_ssalv = 0;
static const int asym_tr = 1;
static const int asym_sum = 1;
static int node_no = 0;
static int netids = 0;
static float tcn_sent = 0;
static float tcn_recv = 0;
static float tcn_bsent = 0;
static float tcn_brecv = 0;
static float tcn_qsent = 0;
static float tcn_qrecv = 0;
static float t_avg_rt_set = 0;
static float t_avg_trans_time = 0;
// static float frt_set = 0;
static float sum_frt_set = 0;
static float cn_frt_set = 0;

DSRAgent_List DSRAgent::agthead = { 0 };

Time hello_interval =0.1;
Time path_live_time = hello_interval *1.5;
// (sec) time for the path to be alive without renewal
//int sendbuf_cnt = 0;
//int sendbuf_out_cnt = 0;
Time arp_timeout = 30.0e-3;          // (sec) arp request timeout
Time rt_rq_period = 0.5;    // (sec) length of one backoff period
Time rt_rq_max_period = 10.0;        // (sec) maximum time between rt reqs

#if 0
/* used in route reply holdoffs, which are currently disabled -dam 5/98 */
Time rt_rep_holdoff_period = 3.0e-3; // secs (about 2*process_time)
// to determine how long to sit on our rt reply we pick a number
// U(O.0,rt_rep_holdoff_period) + (our route length-1)*rt_rep_holdoff
#endif 0

Time grat_hold_down_time = 1.0;
```

```
Time max_err_hold = 1.0;          // (sec)
/* maximum time between when we recv a route error told to us, and when we
transmit a propagating route request that can carry that data.  used to keep us
from propagating stale route error data */

/*============ selectors ====================*/
bool dsragent_snoop_forwarded_errors = false;
// give errors we forward to our cache?
bool dsragent_snoop_source_routes = false;
// should we snoop on any source routes we see?
bool dsragent_reply_only_to_first_rtreq = false;
// should we only respond to the first route request we receive from a host?
bool dsragent_propagate_last_error = false;
// should we take the data from the last route error msg sent to us
// and propagate it around on the next propagating route request we do?
// this is aka grat route error propagation
bool dsragent_send_grat_replies = false;
// should we send gratuitous replies to effect route shortening?
bool dsragent_salvage_with_cache = false;
// should we consult our cache for a route if we get a xmitfailure
// and salvage the packet using the route if possible
bool dsragent_use_tap = true;
// should we listen to a promiscuous tap?
bool dsragent_reply_from_cache_on_propagating = false;
// should we consult the route cache before propagating rt req's and
// answer if possible?
bool dsragent_ring_zero_search = false;
// should we send a non-propagating route request as the first action
// in each route discovery action?
// NOTE: to completely turn off replying from cache, you should
// set both dsragent_ring_zero_search and
// dsragent_reply_from_cache_on_propagating to false

bool dsragent_dont_salvage_bad_replies = false;
// if we have an xmit failure on a packet, and the packet contains a
// route reply, should we scan the reply to see if contains the dead link?
```

```
// if it does, we won't salvage the packet unless there's something aside
// from a reply in it (in which case we salvage, but cut out the rt reply)
bool dsragent_require_bi_routes = false;
// do we need to have bidirectional source routes?
// [XXX this flag doesn't control all the behaviors and code that assume
// bidirectional links -dam 5/14/98]

#if 0
bool lsnode_holdoff_rt_reply = false;
// if we have a cached route to reply to route_request with, should we
// hold off and not send it for a while?
bool lsnode_require_use = false;
// do we require ourselves to hear a route requestor use a route
// before we withold our route, or is merely hearing another (better)
// route reply enough?
#endif

/* Our strategy is as follows:
 - it's only worth discovering bidirectional routes, since all data
 paths will have to have to be bidirectional for 802.11 ACKs to work
 - reply to all route requests for us that we recv (not just the first one)
 but reply to them by reversing the route and unicasting.  don't do
 a route request (since that will end up returning the requestor lots of
 routes that are potentially unidirectional). By reversing the discovered
 route for the route reply, only routes that are bidirectional will make it
 back the original requestor
 - once a packet goes into the sendbuffer, it can't be piggybacked on a
 route request.  the code assumes that the only thing that removes
 packets from the send buff is the StickPktIn routine, or the route reply
 arrives routine*/

/*===========================================================
  SendBuf management and helpers
===========================================================*/
void
SendBufferTimer::expire(Event *e)
```

```
{
  a_->sendBufferCheck();
  resched(BUFFER_CHECK + BUFFER_CHECK * (double) ((int) e>>5 & 0xff) / 256.0);
}

void
DSRAgent::dropSendBuff(SRPacket &p)
  // log p as being dropped by the sendbuffer in DSR agent
{
  trace("Ssb %.5f _%s_ dropped %s -> %s", Scheduler::instance().clock(),
        net_id.dump(), p.src.dump(), p.dest.dump());
  drop(p.pkt, DROP_RTR_QTIMEOUT);
  p.pkt = 0;
  p.route.reset();
}

void
DSRAgent::stickPacketInSendBuffer(SRPacket& p)
{

/*
sendbuf_cnt++;
printf("\n stickPacketInSendBuffer count : %d", sendbuf_cnt);
*/

  Time min = DBL_MAX;
  int min_index = 0;
  int c;

  if (verbose)
    trace("Sdebug %.5f _%s_ stuck into send buff %s -> %s",
          Scheduler::instance().clock(),
          net_id.dump(), p.src.dump(), p.dest.dump());

  for (c = 0 ; c < SEND_BUF_SIZE ; c ++)
    if (send_buf[c].p.pkt == NULL)
```

```
        {
          send_buf[c].t = Scheduler::instance().clock();
          send_buf[c].p = p;
          return;
        }
      else if (send_buf[c].t < min)
        {
          min = send_buf[c].t;
          min_index = c;
        }

  // kill somebody
  dropSendBuff(send_buf[min_index].p);
  send_buf[min_index].t = Scheduler::instance().clock();
  send_buf[min_index].p = p;
}

void
DSRAgent::sendBufferCheck()
  // see if any packets in send buffer need route requests sent out
  // for them, or need to be expired
{ // this is called about once a second.  run everybody through the
  // get route for pkt routine to see if it's time to do another
  // route request or what not

//printf("\n sendBufferCheck----");
//printf("\n sendBufferCheck----");

   int c;

   for (c  = 0 ; c <SEND_BUF_SIZE ; c++)
     {
       if (send_buf[c].p.pkt == NULL) continue;
       if (Scheduler::instance().clock() - send_buf[c].t > SEND_TIMEOUT)
         {
           dropSendBuff(send_buf[c].p);
```

```
            send_buf[c].p.pkt = 0;
            continue;
          }
#ifdef DEBUG
      trace("Sdebug %.5f _%s_ checking for route for dst %s",
            Scheduler::instance().clock(), net_id.dump(),
            send_buf[c].p.dest.dump());
#endif

      handlePktWithoutSR(send_buf[c].p, true);
#ifdef DEBUG
      if (send_buf[c].p.pkt == NULL)
        trace("Sdebug %.5f _%s_ sendbuf pkt to %s liberated by handlePktWOSR",
            Scheduler::instance().clock(), net_id.dump(),
            send_buf[c].p.dest.dump());
#endif
    }
}

/*===========================================================
  Route Request backoff
============================================================*/
static bool
BackOffTest(Entry *e, Time time)
// look at the entry and decide if we can send another route
// request or not.  update entry as well
{
  Time next = ((Time) (0x1<<(e->rt_reqs_outstanding*2))) * rt_rq_period;
  if (next > rt_rq_max_period) next = rt_rq_max_period;
  if (next + e->last_rt_req > time) return false;
  // don't let rt_reqs_outstanding overflow next on the LogicalShiftsLeft's
  if (e->rt_reqs_outstanding < 15) e->rt_reqs_outstanding++;
  e->last_rt_req = time;
  return true;
}
```

```
/*============================================================
  DSRAgent OTcl linkage
============================================================*/
static class DSRAgentClass : public TclClass {
public:
  DSRAgentClass() : TclClass("Agent/DSRAgent") {}
  TclObject* create(int, const char*const*) {
    return (new DSRAgent);
  }
} class_DSRAgent;

/*============================================================
  Timer
============================================================*/

void
RenewTimer::handle(Event* )
{
  for (int c = 0; c < agent->request_table.getsize() ; c++)
     {
        if (agent->request_table.is_src(c))
           {
              agent->sendHello(c);
           }
     }

  Scheduler::instance().schedule(this, &intr, hello_interval);
}

/*
void
RenewTimer::expire(Event *e)
{
  for (int c = 0; c < a_->request_table.getsize() ; c++)
     {
        if (a_->request_table.is_src(c))
```

```
            {
              a_->sendHello(c);
            }
        }

    resched(hello_interval);
}
*/

void
DSRAgent::sendHello(int index)
{

//printf("\n sendHello----");
//printf("\n sendHello----");

    Path hello_route;

    Time delay = 0.0;

    for (int i = 0; i < request_table.get_len(index); i++)
        {
          int par = 0;
          int rpar = 0;

          if (request_table.get_Route(index, i, hello_route, par))
            {
              SRPacket p;
              p.pkt = allocpkt();
              p.dest = hello_route[hello_route.length() - 1];
              p.src = hello_route[0];
              p.route = hello_route;
              hdr_ip *iph =
                      (hdr_ip*)p.pkt->access(off_ip_);
              iph->dst() = p.dest.addr;
              iph->dport() = RT_PORT;
```

```
                iph->src() = p.src.addr;
                iph->sport() = RT_PORT;
                iph->ttl() = 255;
                hdr_sr *srh =
                        (hdr_sr*)p.pkt->access(off_sr_);
                srh->init();
                srh->PAR() = par;
                srh->RE() = av_re_de();
                //printf("PAR1 : %d",srh->RE());
                //getchar();

                int par1 = 0;
                request_table.get_tRoute(p.dest, i, par1);

                srh->RPAR() = par1;
                srh->RRE() = par1;
                srh->path_id() =  i + 1;
                srh->route_hello() = 1;
                hdr_cmn *cmnh =
                        (hdr_cmn*)p.pkt->access(off_cmn_);
                cmnh->ptype() = PT_ACK;
                cmnh->size() = IP_HDR_LEN;
                route_cache->renewPath(p.route);
                sendOutPacketWithRoute(p, true, delay);
                delay += arp_timeout;
            }
        }
}

void
DSRAgent::sendHelloAck(SRPacket& p)
{
//printf("\n sendHelloAck----");
//printf("\n sendHelloAck----");
   Path hello_ack_route;
   hdr_sr *srh = (hdr_sr*)p.pkt->access(off_sr_);
```

```
  if (request_table.getRoute(p.src, hello_ack_route, srh->RPAR(),
                              srh->path_id() - 1, true))
    {
      SRPacket p_copy;
      p_copy.pkt = allocpkt();
      p_copy.dest = p.src;
      p_copy.src = net_id;
      p_copy.route = hello_ack_route;

      hdr_ip *new_iph =
            (hdr_ip*)p_copy.pkt->access(off_ip_);
      new_iph->dst() = p_copy.dest.addr;
      new_iph->dport() = RT_PORT;
      new_iph->src() = p_copy.src.addr;
      new_iph->sport() = RT_PORT;
      new_iph->ttl() = 255;
      hdr_sr *new_srh =
            (hdr_sr*)p_copy.pkt->access(off_sr_);
      new_srh->init();
      new_srh->PAR() = srh->PAR();
      new_srh->RE() = srh->RE();
      request_table.hgetRoute(p.src,          srh->RRE(),          srh->RE(),
                  srh->path_id()-1);
      new_srh->RPAR() = srh->RPAR();
      new_srh->RRE() = av_re_de();
//    printf("PAR : %d",new_srh->RRE());
//    getchar();
      new_srh->path_id() =  srh->path_id();
      new_srh->route_hello_ack() = 1;
      hdr_cmn *new_cmnh =
             (hdr_cmn*)p_copy.pkt->access(off_cmn_);
      new_cmnh->ptype() = PT_ACK ;//가16
      new_cmnh->size() = IP_HDR_LEN;
      route_cache->renewPath(p_copy.route);
      sendOutPacketWithRoute(p_copy, true, 0.0);
```

```
    }
}


/*==========================================================
  DSRAgent methods
==========================================================*/
DSRAgent::DSRAgent(): Agent(PT_DSR), request_table(128), route_cache(NULL),
  send_buf_timer(this), htimer(this)
{
  fp = 0;
  cn_sent = 0;
  cn_recv = 0;
  cn_bsent = 0;
  cn_brecv = 0;
  cn_qsent = 0;
  cn_qrecv = 0;
  cn_rt_set = 0;
  cn_trans_time = 0;

  char fname[12];
  if (!fp && (asym_sum || asym_tr))
    {
      sprintf(fname, "result%d", netids);
      if ((fp = fopen(fname, "w+")) == 0 )
        {
          printf("Error opening %s\n", fname);
        }
    }

  netids ++;          // only use for file name
  printf("\n netids : %d", netids);

  int c;
  route_request_num = 1;
  route_cache = makeRouteCache();
```

```
  for (c = 0 ; c < RTREP_HOLDOFF_SIZE ; c++)
    rtrep_holdoff[c].requested_dest = invalid_addr;
  num_heldoff_rt_replies = 0;

  target_ = 0;
  logtarget = 0;

  grat_hold_victim = 0;
  for (c = 0; c < RTREP_HOLDOFF_SIZE ; c++)
    grat_hold[c].p.reset();

  bind("off_SR_", &off_sr_);
  bind("off_ll_", &off_ll_);
  bind("off_mac_", &off_mac_);
  bind("off_ip_", &off_ip_);
  LIST_INSERT_HEAD(&agthead, this, link);
  route_error_held = false;
}

DSRAgent::~DSRAgent()
{
  fprintf(stderr,"DFU: Don't do this! I haven't figured out ~DSRAgent\n");
  exit(-1);
}

void
DSRAgent::resultsum(void)
{
  FILE *fp = 0;
  float recvRate, net_avg_rt_set, net_avg_trans_time, net_avg_err_revive;
  float brecvRate, qrecvRate;

  if (tcn_sent == 0)  recvRate = 0;
  else recvRate = tcn_recv / tcn_sent;
  if (tcn_bsent == 0)  brecvRate = 0;
```

```
else brecvRate = tcn_brecv / tcn_bsent;
if (tcn_qsent == 0)  qrecvRate = 0;
else qrecvRate = tcn_qrecv / tcn_qsent;
if (cn_frt_set == 0) net_avg_rt_set = 0;
else net_avg_rt_set = sum_frt_set / cn_frt_set;
if (node_no == 0) net_avg_rt_set = 0;
else net_avg_rt_set = t_avg_rt_set / node_no;
if (node_no == 0) net_avg_err_revive = 0;
else net_avg_err_revive = (1.5*hello_interval+net_avg_rt_set)/3.0;
if (node_no == 0) net_avg_trans_time = 0;
else net_avg_trans_time = t_avg_trans_time / node_no;

if ((fp = fopen("results", "w+")) == 0)
  {
    printf("Error opening results");
  }
float ctime = Scheduler::instance().clock();

fprintf(fp, "\n current time : %f", ctime);
fprintf(fp, "\n totl node number is %d", node_no);
f    p    r    i    n    t    f    (    f    p    ,
"\n-----------+-----------+------------+------------+-----------+--------
-----");
fprintf(fp, "\n TRECV_RATE ¦ AVG_RT_SET ¦ AVG_ERR_REV ¦ AVG_TRANS_T ¦
BRECV_RATE ¦ QRECV_RATE");     fprintf(fp,
"\n-----------+-----------+------------+------------+-------------+-------
------");     if (tcn_sent == 0) fprintf(fp, "\n                  ¦");    else fprintf(fp, "\n
%6.4f  \%                  ¦", recvRate*100);       if (node_no == 0) fprintf(fp, "
¦");   else fprintf(fp, "  %6.4f      ¦", net_avg_rt_set);   if (node_no == 0) fprintf(fp,
"                  ¦");
  else fprintf(fp, "  %6.4f      ¦", net_avg_err_revive);
  if (node_no == 0) fprintf(fp, "                  ¦");
  else fprintf(fp, "  %6.4f      ¦", net_avg_trans_time);
  if (tcn_bsent == 0) fprintf(fp, "                  ¦");
  else fprintf(fp, "  %6.4f \%      ¦", brecvRate*100);
  if (tcn_qsent == 0) fprintf(fp, "                  ¦");
```

```
  else fprintf(fp, "  %6.4f \%     ", qrecvRate*100);

  f      p      r      i      n      t      f      (      f      p      ,
"\n------------+------------+------------+------------+------------+-------
------");

  if (fclose(fp) == EOF)
    {
      printf("Error closing result%d", node_no);
    }
}

void
DSRAgent::Terminate()
{
        node_no ++;
        if (fp && asym_sum)
          {
            fprint_sum(node_no);
            if (fclose(fp) == EOF)
              {
                printf("Error closing result%d", node_no);
              }
          }

        int c;
        for (c  = 0 ; c < SEND_BUF_SIZE ; c++) {
                if (send_buf[c].p.pkt) {
                        drop(send_buf[c].p.pkt, DROP_END_OF_SIMULATION);
                        send_buf[c].p.pkt = 0;
                }
        }
}

void
DSRAgent::testinit()
```

```
{
  struct hdr_sr hsr;

  if (net_id == ID(1,::IP))
    {
      printf("adding route to 1\n");
      hsr.init();
      hsr.append_addr( 1, AF_INET );
      hsr.append_addr( 2, AF_INET );
      hsr.append_addr( 3, AF_INET );
      hsr.append_addr( 4, AF_INET );

      route_cache->addRoute(Path(hsr.addrs_, hsr.num_addrs()), 0.0, ID(1,::IP));
    }

  if (net_id == ID(3,::IP))
    {
      printf("adding route to 3\n");
      hsr.init();
      hsr.append_addr( 3, AF_INET );
      hsr.append_addr( 2, AF_INET );
      hsr.append_addr( 1, AF_INET );

      route_cache->addRoute(Path(hsr.addrs_, hsr.num_addrs()), 0.0, ID(3,::IP));
    }
}

int
DSRAgent::command(int argc, const char*const* argv)
{
  TclObject *obj;

  if (argc == 2)
    {
      if (strcasecmp(argv[1], "testinit") == 0)
        {
```

```
        testinit();
        return TCL_OK;
      }

    if (strcasecmp(argv[1], "sum") == 0)
      {
        resultsum();
        return TCL_OK;
      }

    if (strcasecmp(argv[1], "reset") == 0)
      {
        Terminate();
        return Agent::command(argc, argv);
      }
    if (strcasecmp(argv[1], "check-cache") == 0)
      {
        return route_cache->command(argc, argv);
      }
    if (strcasecmp(argv[1], "startdsr") == 0)
      {
        if (ID(1,::IP) == net_id)
          { // log the configuration parameters of the dsragent
trace("Sconfig %.5f tap: %s snoop: rts? %s errs? %s",
                    Scheduler::instance().clock(),
                    dsragent_use_tap ? "on" : "off",
                    dsragent_snoop_source_routes ? "on" : "off",
                    dsragent_snoop_forwarded_errors ? "on" : "off");
trace("Sconfig %.5f salvage: %s !bd replies? %s",
                    Scheduler::instance().clock(),
                    dsragent_salvage_with_cache ? "on" : "off",
                    dsragent_dont_salvage_bad_replies ? "on" : "off");
trace("Sconfig %.5f grat error: %s grat reply: %s",
                    Scheduler::instance().clock(),
                    dsragent_propagate_last_error ? "on" : "off",
                    dsragent_send_grat_replies ? "on" : "off");
```

```
trace("Sconfig %.5f $reply for props: %s ring 0 search: %s",
        Scheduler::instance().clock(),
        dsragent_reply_from_cache_on_propagating ? "on" : "off",
        dsragent_ring_zero_search ? "on" : "off");
            }
          // cheap source of jitter
            send_buf_timer.sched(BUFFER_CHECK      +      BUFFER_CHECK      *
                 Random::uniform(1.0));
           htimer.handle((Event*) 0);

          return route_cache->command(argc,argv);
        }
    }
  else if(argc == 3)
    {
      if (strcasecmp(argv[1], "ip-addr") == 0)
        {
         net_id = ID(atoi(argv[2]), ::IP);
         route_cache->net_id = net_id;
         return TCL_OK;
        }
      else if(strcasecmp(argv[1], "mac-addr") == 0)
        {
          MAC_id = ID(atoi(argv[2]), ::MAC);
          route_cache->MAC_id = MAC_id;
          return TCL_OK;
        }

      if( (obj = TclObject::lookup(argv[2])) == 0)
        {
          fprintf(stderr, "DSRAgent: %s lookup of %s failed\n", argv[1],
                    argv[2]);
          return TCL_ERROR;
        }

      if (strcasecmp(argv[1], "log-target") == 0)
```

```
        {
          logtarget = (Trace*) obj;
          return route_cache->command(argc, argv);
        }
      else if (strcasecmp(argv[1], "install-tap") == 0)
        {
          Mac *m = (Mac*) obj;
          m->installTap(this);
          return TCL_OK;
        }
    }
  else if (argc == 4)
    {
      if (strcasecmp(argv[1], "add-ll") == 0)
        {
          if( (obj = TclObject::lookup(argv[2])) == 0) {
            fprintf(stderr, "DSRAgent: %s lookup of %s failed\n", argv[1],
                    argv[2]);
            return TCL_ERROR;
          }
          ll = (NsObject*) obj;
          if( (obj = TclObject::lookup(argv[3])) == 0) {
            fprintf(stderr, "DSRAgent: %s lookup of %s failed\n", argv[1],
                    argv[3]);
            return TCL_ERROR;
          }
          ifq = (PriQueue *) obj;
          return TCL_OK;
        }
    }
  return Agent::command(argc, argv);
}

void
DSRAgent::recv(Packet* packet, Handler*)
  /* handle packets with a MAC destination address of this host, or
```

```
        the MAC broadcast addr */
{
//printf("\n recv----");
//printf("\n recv----");
  hdr_sr *srh =  (hdr_sr*)packet->access(off_sr_);
  hdr_ip *iph =  (hdr_ip*)packet->access(off_ip_);
  hdr_cmn *cmh =  (hdr_cmn*)packet->access(off_cmn_);

  assert(cmh->size() >= 0);
  SRPacket p(packet, srh);
  p.dest = ID(iph->dst(),::IP);
  p.src = ID(iph->src(),::IP);

  assert(logtarget != 0);

  if (!srh->valid())
   { // this must be an outgoing packet, it doesn't have a SR header on it
    //    cn_sent ++;
   // increasing count for sent data packet

       srh->init();           // give packet an SR header now

     if(//((p.src==ID( 1,::IP))&&(p.dest==ID( 2,::IP)))||
        ((p.src==ID( 1,::IP))&&(p.dest==ID( 3,::IP)))||
        ((p.src==ID( 2,::IP))&&(p.dest==ID( 3,::IP)))||
        ((p.src==ID( 8,::IP))&&(p.dest==ID( 9,::IP)))||
        ((p.src==ID( 8,::IP))&&(p.dest==ID(10,::IP)))||
        ((p.src==ID( 9,::IP))&&(p.dest==ID(10,::IP)))||
        ((p.src==ID( 9,::IP))&&(p.dest==ID(11,::IP)))||
        ((p.src==ID(10,::IP))&&(p.dest==ID(11,::IP)))||
        ((p.src==ID(11,::IP))&&(p.dest==ID(12,::IP)))||
        ((p.src==ID(11,::IP))&&(p.dest==ID(13,::IP)))||
        ((p.src==ID(12,::IP))&&(p.dest==ID(13,::IP)))||
        ((p.src==ID(12,::IP))&&(p.dest==ID(14,::IP)))||
        ((p.src==ID(13,::IP))&&(p.dest==ID(14,::IP)))||
        ((p.src==ID(14,::IP))&&(p.dest==ID(15,::IP)))||
```

```
        ((p.src==ID(16,::IP))&&(p.dest==ID(17,::IP)))||
        ((p.src==ID(18,::IP))&&(p.dest==ID(19,::IP)))||
        ((p.src==ID(18,::IP))&&(p.dest==ID(20,::IP)))||
        ((p.src==ID(19,::IP))&&(p.dest==ID(20,::IP)))||
        ((p.src==ID(20,::IP))&&(p.dest==ID(21,::IP)))||
        ((p.src==ID(22,::IP))&&(p.dest==ID(23,::IP))))
    {
              srh->RES()  =   0;
              srh->Rmax() =   0;
              srh->Rmin() =  64;

             //printf("\nSOURCE : %d\n",p.src);
             //printf("\nDESTNA : %d\n",p.dest);
             //printf("\nRES: %d\n",srh->RES());
             //getchar();
    }

    else
    {
             srh->RES()   =  1;
              srh->Rmax() =  256;
              srh->Rmin() =  128;
             //printf("\nSOURCE : %d\n",p.src);
             //printf("\nDESTNA : %d\n",p.dest);
             //printf("\nRES: %d\n",srh->RES());
             //getchar();
    }
    srh->data() = 1;    // indicate data packet

/*  if(srh->data())
    {
      if(p.src==net_id)
      {
             cn_sent++;
      }
```

```
            if(srh->RES() && (p.src==net_id))
            {
                    cn_qsent++;
            }
            else if(!(srh->RES()) && (p.src == net_id))
            {
                    cn_bsent++;
            }
        }
*/
        if(srh->data())
        {
            if(p.src == net_id)
            {
                cn_sent++;

                if(//((p.src==ID( 1,::IP))&&(p.dest==ID( 2,::IP)))||
                ((p.src==ID( 1,::IP))&&(p.dest==ID( 3,::IP)))||
                ((p.src==ID( 2,::IP))&&(p.dest==ID( 3,::IP)))||
                ((p.src==ID( 8,::IP))&&(p.dest==ID( 9,::IP)))||
                ((p.src==ID( 8,::IP))&&(p.dest==ID(10,::IP)))||
                ((p.src==ID( 9,::IP))&&(p.dest==ID(10,::IP)))||
                ((p.src==ID( 9,::IP))&&(p.dest==ID(11,::IP)))||
                ((p.src==ID(10,::IP))&&(p.dest==ID(11,::IP)))||
                ((p.src==ID(11,::IP))&&(p.dest==ID(12,::IP)))||
                ((p.src==ID(11,::IP))&&(p.dest==ID(13,::IP)))||
                ((p.src==ID(12,::IP))&&(p.dest==ID(13,::IP)))||
                ((p.src==ID(12,::IP))&&(p.dest==ID(14,::IP)))||
                ((p.src==ID(13,::IP))&&(p.dest==ID(14,::IP)))||
                ((p.src==ID(14,::IP))&&(p.dest==ID(15,::IP)))||
                ((p.src==ID(16,::IP))&&(p.dest==ID(17,::IP)))||
                ((p.src==ID(18,::IP))&&(p.dest==ID(19,::IP)))||
                ((p.src==ID(18,::IP))&&(p.dest==ID(20,::IP)))||
                ((p.src==ID(19,::IP))&&(p.dest==ID(20,::IP)))||
                ((p.src==ID(20,::IP))&&(p.dest==ID(21,::IP)))||
                ((p.src==ID(22,::IP))&&(p.dest==ID(23,::IP))))
```

```
            {
                  cn_bsent++;    // increasing count for sent data packet
            }


            else
            {
                  cn_qsent++;    // increasing count for sent data packet
                  cmh->ptype() = PT_ACK;//성능평가16
             }
            }
      }

      cmh->size() += IP_HDR_LEN; // add on IP header size
      if (verbose)
        trace("S %.9f _%s_ originating %s -> %s",
              Scheduler::instance().clock(), net_id.dump(), p.src.dump(),
              p.dest.dump());
      handlePktWithoutSR(p, false);
      goto done;
    }
  else if (p.dest == net_id || p.dest == IP_broadcast)
    { // this packet is intended for us
      handlePacketReceipt(p);
      goto done;
    }
  // should we check to see if it's an error packet we're handling
  // and if so call processBrokenRouteError to snoop
  if (dsragent_snoop_forwarded_errors && srh->route_error())
    {
      processBrokenRouteError(p);
    }
  if (srh->route_request() == 1 || srh->route_request() == 2)
    { // propagate a route_request that's not for us
      handleRouteRequest(p);
    }
```

```
  else
    { // we're not the intended final recpt, but we're a hop
      handleForwarding(p);
    }

done:
  assert(p.pkt == 0);

  p.pkt = 0;
  return;
}

/*============================================================
  handlers for each class of packet
============================================================*/
void
DSRAgent::handlePktWithoutSR(SRPacket& p, bool retry)
  /* obtain a source route to p's destination and send it off.
     this should be a retry if the packet is already in the sendbuffer */
{
//printf("\n handlePktWithoutSR----");
//printf("\n handlePktWithoutSR----");

  int id;
  hdr_sr *srh =  (hdr_sr*)p.pkt->access(off_sr_);
  assert(srh->valid());

  if (p.dest == net_id)
    { // it doesn't need a source route, 'cause it's for us
      handlePacketReceipt(p);
      return;
    }

  int par = 0;
  id = request_table.findRoute(p.dest, p.route, par, true);
  if (id != -1)
```

```
    { // we've got a route from original request table (i.e. primary cache)

      /*
      if(srh->RES())
      {
          if(par < srh->Rmin())
          {
              getRouteForPacket(p, retry);
              return;
          }
      }
        */
      srh->path_id() = id;

   //  if(srh->RES())
    // {
          srh->PAR() = par;
    // }
    // else
    // {
    //     srh->PAR() = 4;
    // }

     srh->dt_time() = Scheduler::instance().clock();
          // timestamp for data packet
     //printf("\n handlePktWithoutSR----");
     //getchar();
     sendOutPacketWithRoute(p, true, 0.0);
     return;
   } // end if we have a route
 else
   { // we don't have a route...
     if (verbose)
       trace("S$miss %.5f _%s_ %s -> %s",
             Scheduler::instance().clock(), net_id.dump(),
             net_id.dump(), p.dest.dump());
```

```
        getRouteForPacket(p, retry);
        return;
      } // end of we don't have a route
}

void
DSRAgent::handlePacketReceipt(SRPacket& p)
  /* Handle a packet destined to us */
{
//printf("\n handlePacketReceipt----");
//getchar();
//printf("\n handlePacketReceipt----");
  hdr_cmn *cmh =  (hdr_cmn*)p.pkt->access(off_cmn_);
  hdr_sr *srh =  (hdr_sr*)p.pkt->access(off_sr_);

  if ((srh->route_reply() == 1) || (srh->route_reply() == 2))
    { // we got a route_reply piggybacked on a route_request
      // accept the new source route before we do anything else
      // (we'll send off any packet's we have queued and waiting)
      acceptReqReply(p);
      Packet::free(p.pkt);      // drop silently
      p.pkt = 0;
      return;
    }

  if (srh->route_reply() == 3)
    {
      acceptSrcReply(p);
      Packet::free(p.pkt);      // drop silently
      p.pkt = 0;
      return;
    }

  if (srh->route_reply() == 4)
    {
```

```
      acceptDstReply(p);
      Packet::free(p.pkt);        // drop silently
      p.pkt = 0;
      return;
    }

if ((srh->route_reply() == 0) && (srh->route_confirm()))
    {
      acceptConfirm(p);
      Packet::free(p.pkt);        // drop silently
      p.pkt = 0;
      return;
    }


if (srh->route_hello())
    { // we got periodic hello path message,
      // sc, we return hello ack message
      sendHelloAck(p);
      Packet::free(p.pkt);        // drop silently
      p.pkt = 0;
      return;
    }

if (srh->route_hello_ack())
    { // we got hello_ack path message,
      // so, we reflect the fact in originator,s request table
      request_table.recvHello(p.src, srh->RE(), srh->RRE(),srh->path_id());
      route_cache->renewPath(p.route);
      Packet::free(p.pkt);        // drop silently
      p.pkt = 0;
      return;
    }

if ((srh->route_request() == 1) ||
     (srh->route_reply() == 0 && srh->route_request() == 3))
```

```
{
    //printf("\n handlePacketReceipt----");
    //getchar();
   if (ignoreRouteRequestp(p))
   {
    //printf("\n handlePacketReceipt----");
    //getchar();
     Packet::free(p.pkt);      // drop silently
     p.pkt = 0;
     return;
   }
  else
   { // we're going to process this request now, so record the req_num
     if (srh->route_request() == 1)
       {
         //printf("\n handlePacketReceipt----");
         //getchar();
         p.route.appendToPath(net_id);
       }
      if (request_table.insert(p.src, p.route, srh->PAR(), srh->rtreq_seq(), false)
== -1)
       {
        //printf("\n handlePacketReceipt----");
        //getchar();
         Packet::free(p.pkt);      // drop silently
         p.pkt = 0;
         return;
       }
     //printf("\n handlePacketReceipt----");
     //getchar();
     returnSrcRouteToRequestor(p);
     //printf("\n handlePacketReceipt----");
     //getchar();
     request_table.reset_src(p.dest);
     Packet::free(p.pkt);      // drop silently
     p.pkt = 0;
```

```
            return;
          }
      }
    if (srh->route_error())
      { // register the dead route
        processBrokenRouteError(p);
      }
    /* give the data in the packet to our higher layer (our port dmuxer, most
     likely) */

    if (srh->data())
       {
          assert(p.dest == net_id || p.dest == MAC_id);
          float ctime = Scheduler::instance().clock();
          float trans_time = ctime - srh->dt_time();
          sum_trans_time += trans_time;
          cn_trans_time ++;
          cn_recv ++;        // increasing count for received data packet

          if(srh->RES())
          {
            av_re_de_insert(p);
          }

/*
           if(srh->RES())
           {
            cn_qrecv++;
           }
           else
           {
            cn_brecv++;
           }
*/
           if(//((p.src==ID( 1,::IP))&&(p.dest==ID( 2,::IP)))||
              ((p.src==ID( 1,::IP))&&(p.dest==ID( 3,::IP)))||
```

```
((p.src==ID( 2,::IP))&&(p.dest==ID( 3,::IP)))||
((p.src==ID( 8,::IP))&&(p.dest==ID( 9,::IP)))||
((p.src==ID( 8,::IP))&&(p.dest==ID(10,::IP)))||
((p.src==ID( 9,::IP))&&(p.dest==ID(10,::IP)))||
((p.src==ID( 9,::IP))&&(p.dest==ID(11,::IP)))||
((p.src==ID(10,::IP))&&(p.dest==ID(11,::IP)))||
((p.src==ID(11,::IP))&&(p.dest==ID(12,::IP)))||
((p.src==ID(11,::IP))&&(p.dest==ID(13,::IP)))||
((p.src==ID(12,::IP))&&(p.dest==ID(13,::IP)))||
((p.src==ID(12,::IP))&&(p.dest==ID(14,::IP)))||
((p.src==ID(13,::IP))&&(p.dest==ID(14,::IP)))||
((p.src==ID(14,::IP))&&(p.dest==ID(15,::IP)))||
((p.src==ID(16,::IP))&&(p.dest==ID(17,::IP)))||
((p.src==ID(18,::IP))&&(p.dest==ID(19,::IP)))||
((p.src==ID(18,::IP))&&(p.dest==ID(20,::IP)))||
((p.src==ID(19,::IP))&&(p.dest==ID(20,::IP)))||
((p.src==ID(20,::IP))&&(p.dest==ID(21,::IP)))||
((p.src==ID(22,::IP))&&(p.dest==ID(23,::IP))))

 {
         cn_brecv++;
 }
 else
 {
         cn_qrecv++;
 }


if (asym_tr)
 {
   fprintf(fp, "\n current time : %6.6f", ctime);
   fprint_pkt(p.pkt);
   fprintf(fp, "\t dt_time : %6.6f", srh->dt_time());
   fprintf(fp, "\t transmission time for data packet : %6.6f", trans_time);
   fprintf(fp, "\t from %s node", p.src.dump());
 }
```

```
        cmh->size() -= srh->size();   // cut off the SR header 4/7/99 -dam
        srh->valid() = 0;
        cmh->size() -= IP_HDR_LEN;     // cut off IP header size 4/7/99 -dam
        target_->recv(p.pkt, (Handler*)0);
        p.pkt = 0;
      }
}

void
DSRAgent::handleForwarding(SRPacket &p)
  /* forward packet on to next host in source route,
   snooping as appropriate */
{
//printf("\n handleForwarding----");
//printf("\n handleForwarding----");

  hdr_sr *srh =  (hdr_sr*)p.pkt->access(off_sr_);
  hdr_cmn *cmh =  (hdr_cmn*)p.pkt->access(off_cmn_);

  trace("SF %.9f _%s_ --- %d [%s -> %s] %s",
          Scheduler::instance().clock(), net_id.dump(), cmh->uid(),
          p.src.dump(), p.dest.dump(), srh->dump());

  // first make sure we are the ''current'' host along the source route.
  // if we're not, the previous node set up the source route incorrectly.
  assert(p.route[p.route.index()] == net_id
          || p.route[p.route.index()] == MAC_id);

  if (p.route.index() >= p.route.length())
    {
      fprintf(stderr,"dfu: ran off the end of a source route\n");
      trace("SDFU:  ran off the end of a source route\n");
      drop(p.pkt, DROP_RTR_ROUTE_LOOP);
      p.pkt = 0;
      // maybe we should send this packet back as an error...
```

```
        return;
      }

    // if there's a source route, maybe we should snoop it too

    if (srh->route_confirm())
      route_cache->noticeRouteUsed(p.route, Scheduler::instance().clock(),
                                                  net_id);

    if (srh->route_hello() || srh->route_hello_ack())
       {
          route_cache->renewPath(p.route);
       }
    // sendOutPacketWithRoute will add in the size of the src hdr, so
    // we have to subtract it out here
    if (srh->route_hello())
    {
          //printf("\n handleForwarding1----");
          //printf("\n handleForwarding1----");
          //getchar();
          int bpar = 0;
          bpar = av_re_de();

          if(bpar < srh->RE())
          {
              srh->RE() = bpar;
          }
    }

    if (srh->route_hello_ack())
    {
          int bpar = 0;
          bpar = av_re_de();

          if(bpar < srh->RRE())
          {
```

```
            srh->RRE() = bpar;
        }
    }

    struct hdr_cmn *ch = HDR_CMN(p.pkt);
    ch->size() -= srh->size();

    // now forward the packet...
    sendOutPacketWithRoute(p, false, 0.0);
}
void
DSRAgent::handleRouteRequest(SRPacket &p)
    /* process a route request that isn't targeted at us */
{
//printf("\n handleRouteRequest----");
//printf("\n handleRouteRequest----");

    hdr_sr *srh =  (hdr_sr*)p.pkt->access(off_sr_);
//   printf("PAR = %d ",srh->PAR());
    assert (srh->route_request());

    int av_re = av_re_de();

//   printf("PAR = %d ",av_re);
//   getchar();

    /*
    if(av_re < srh->Rmin())
    {
            Packet::free(p.pkt);  // pkt is a route request we've already processed
            p.pkt = 0;
            return; // drop silently
    }
    */

    //modify20
```

```
  if (request_table.get(p.src) == srh->rtreq_seq())
     {
        Packet::free(p.pkt);   // pkt is a route request we've already processed
        p.pkt = 0;
        return; // drop silently
     }
  if (ignoreRouteRequestp(p))
    {
      if (verbose_srr)
        trace("SRR %.5f _%s_ dropped %s #%d (ignored)",
              Scheduler::instance().clock(), net_id.dump(), p.src.dump(),
              srh->rtreq_seq());
      Packet::free(p.pkt);   // pkt is a route request we've already processed
      p.pkt = 0;
      return; // drop silently
    }

  // we're going to process this request now, so record the req_num
/*
  if (request_table.insert(p.src, p.route, srh->rtreq_seq(), false) == -1)
     {
       Packet::free(p.pkt);   // pkt is a route request we've already processed
       p.pkt = 0;
       return; // drop silently
     }

*/

   if (request_table.insert(p.src, p.route, srh->PAR(), srh->rtreq_seq(), false) == -1)
     {
       Packet::free(p.pkt);   // pkt is a route request we've already processed
       p.pkt = 0;
       return; // drop silently
     }

  /*  - if it's a Ring 0 search, check the rt$ for a reply and use it if
```

```
     possible.  There's not much point in doing Ring 0 search if you're
     not going to check the cache.  See the comment about turning off    all
reply from cache behavior near the definition of d_r_f_c_o_p (if      your
workload had really good spatial locality, it might still make
     sense 'cause your target is probably sitting next to you)
      - if reply from cache is on, check the cache and reply if possible
      - otherwise, just propagate if possible. */
/*
  if ((srh->max_propagation() == 0
          ||dsragent_reply_from_cache_on_propagating)
          && replyFromRouteCache(p))
        return;                         // all done
*/

  // does the orginator want us to propagate?
  if (p.route.length() > srh->max_propagation())
    {     // no propagation
      if (verbose_srr)
        trace("SRR %.5f _%s_ dropped %s #%d (prop limit exceeded)",
              Scheduler::instance().clock(), net_id.dump(), p.src.dump(),
              srh->rtreq_seq());
      Packet::free(p.pkt); // pkt isn't for us, and isn't data carrying
      p.pkt = 0;
      return;
    }
  // can we propagate?
  if (p.route.full())
    {     // no propagation
      trace("SRR %.5f _%s_ dropped %s #%d (SR full)",
            Scheduler::instance().clock(), net_id.dump(), p.src.dump(),
            srh->rtreq_seq());
      /* pkt is a rt req, even if data carrying, we don't want to log
         the drop using drop() since many nodes could be dropping the
         packet in this fashion */
      Packet::free(p.pkt);
      p.pkt = 0;
```

```
      return;
    }

  if(av_re < srh->PAR())
  {
        srh->PAR() = av_re;
  }

  // add ourselves to the source route
  p.route.appendToPath(net_id);
  //printf("\n handleRouteRequest----");
  //getchar();
  if (verbose_srr)
    trace("SRR %.5f _%s_ rebroadcast %s #%d ->%s %s",
          Scheduler::instance().clock(), net_id.dump(), p.src.dump(),
          srh->rtreq_seq(), p.dest.dump(), p.route.dump());

  sendOutPacketWithRoute(p, false, 0.0);
  return;
}
/*===========================================================
  Helpers
===========================================================*/
bool
DSRAgent::ignoreRouteRequestp(SRPacket &p)
// should we ignore this route request?
{

//printf("\n ignoreRouteRequestp----");
//printf("\n ignoreRouteRequestp----");

  hdr_sr *srh =  (hdr_sr*)p.pkt->access(off_sr_);

  if (request_table.get(p.src) > srh->rtreq_seq())
    { // we've already processed a copy of this reqest so
      // we should drop the request silently
```

```
        return true;
      }
    if (p.route.member(net_id,MAC_id))
      { // we're already on the route, drop silently
        return true;
      }

    if (p.route.full())
      { // there won't be room for us to put our address into
        // the route
        // so drop silently - sigh, so close, and yet so far...
        // Note that since we don't record the req_id of this message yet,
        // we'll process the request if it gets to us on a shorter path
        return true;
      }
    if (request_table.get(p.src) == srh->rtreq_seq())
       {
         if (request_table.getfull(p.src, false))
            return true;
       }

   return false;
}

void
DSRAgent::sendOutPacketWithRoute(SRPacket& p, bool fresh, Time delay = 0.0)
   /* take packet and send it out, packet must a have a route in it
       return value is not very meaningful
       if fresh is true then reset the path before using it, if fresh
       is false then our caller wants us use a path with the index
       set as it currently is   */
{

//printf("\n sendOutPacketWithRoute----");
//printf("\n sendOutPacketWithRoute----");
```

```
hdr_sr *srh =  (hdr_sr*)p.pkt->access(off_sr_);
hdr_cmn *cmnh = (hdr_cmn*)p.pkt->access(off_cmn_);

assert(srh->valid());
assert(cmnh->size() > 0);

if (p.dest == net_id)
  { // it doesn't need to go on the wire, 'cause it's for us
    recv(p.pkt, (Handler *) 0);
    p.pkt = 0;
    return;
  }

if (fresh)
  {
    p.route.resetIterator();
    if (verbose && !srh->route_request())
      {
        trace("SO %.9f _%s_ originating %s %s",
              Scheduler::instance().clock(),
              net_id.dump(), packet_names[cmnh->ptype()], p.route.dump());
      }
  }
p.route.fillSR(srh);

if((srh->data())&&(srh->RES()))
{
  if(p.src == net_id)
  {
      av_re_de_insert(p);
  }
}

/*
  if(srh->data())
  {
```

```
 if(((p.src==ID(1,:: IP))&&(p.dest==ID(2,::IP))&&(p.src==net_id))||
  ((p.src==ID(1,:: IP))&&(p.dest==ID(3,::IP))&&(p.src==net_id))||
  ((p.src==ID(2,:: IP))&&(p.dest==ID(3,::IP))&&(p.src==net_id))||
  ((p.src==ID(8,::                    IP))&&(p.dest==ID(9,::IP))&&(p.src==net_id))||
((p.src==ID(8,:: IP))&&(p.dest==ID(10,::IP))&&(p.src==net_id))||
  ((p.src==ID(9,:: IP))&&(p.dest==ID(10,::IP))&&(p.src==net_id))||
  ((p.src==ID(9,:: IP))&&(p.dest==ID(11,::IP))&&(p.src==net_id))||
  ((p.src==ID(10,::IP))&&(p.dest==ID(11,::IP))&&(p.src==net_id))||
  ((p.src==ID(11,::IP))&&(p.dest==ID(12,::IP))&&(p.src==net_id))||
  ((p.src==ID(11,::IP))&&(p.dest==ID(13,::IP))&&(p.src==net_id))||
  ((p.src==ID(12,::IP))&&(p.dest==ID(13,::IP))&&(p.src==net_id))||
  ((p.src==ID(12,::IP))&&(p.dest==ID(14,::IP))&&(p.src==net_id))||
  ((p.src==ID(13,::IP))&&(p.dest==ID(14,::IP))&&(p.src==net_id))||
  ((p.src==ID(14,::IP))&&(p.dest==ID(15,::IP))&&(p.src==net_id))||
  ((p.src==ID(16,::IP))&&(p.dest==ID(17,::IP))&&(p.src==net_id))||
  ((p.src==ID(18,::IP))&&(p.dest==ID(19,::IP))&&(p.src==net_id))||
  ((p.src==ID(18,::IP))&&(p.dest==ID(20,::IP))&&(p.src==net_id))||
  ((p.src==ID(19,::IP))&&(p.dest==ID(20,::IP))&&(p.src==net_id))||
  ((p.src==ID(20,::IP))&&(p.dest==ID(21,::IP))&&(p.src==net_id))||
((p.src==ID(22,::IP))&&(p.dest==ID(23,::IP))&&(p.src==net_id)))

 {
     cn_sent++;    // increasing count for sent data packet
 }

 if(srh->data())
 {
  if(((p.src==ID(1,::                    IP))&&(p.dest==ID(2,::IP))&&(p.src==net_id))||
((p.src==ID(1,:: IP))&&(p.dest==ID(3,::IP))&&(p.src==net_id))||
  //((p.src==ID(2,:: IP))&&(p.dest==ID(3,::IP))&&(p.src==net_id))||
  ((p.src==ID(8,::                    IP))&&(p.dest==ID(9,::IP))&&(p.src==net_id))||
((p.src==ID(8,:: IP))&&(p.dest==ID(10,::IP))&&(p.src==net_id))||
  ((p.src==ID(9,:: IP))&&(p.dest==ID(10,::IP))&&(p.src==net_id))||
  ((p.src==ID(9,:: IP))&&(p.dest==ID(11,::IP))&&(p.src==net_id))||
  //((p.src==ID(10,::IP))&&(p.dest==ID(11,::IP))&&(p.src==net_id))||
  ((p.src==ID(11,::IP))&&(p.dest==ID(12,::IP))&&(p.src==net_id))||
```

```
((p.src==ID(11,::IP))&&(p.dest==ID(13,::IP))&&(p.src==net_id))||
((p.src==ID(12,::IP))&&(p.dest==ID(13,::IP))&&(p.src==net_id))||
((p.src==ID(12,::IP))&&(p.dest==ID(14,::IP))&&(p.src==net_id))||
//((p.src==ID(13,::IP))&&(p.dest==ID(14,::IP))&&(p.src==net_id))||
((p.src==ID(14,::IP))&&(p.dest==ID(15,::IP))&&(p.src==net_id))||
//((p.src==ID(16,::IP))&&(p.dest==ID(17,::IP))&&(p.src==net_id))||
((p.src==ID(18,::IP))&&(p.dest==ID(19,::IP))&&(p.src==net_id))||
((p.src==ID(18,::IP))&&(p.dest==ID(20,::IP))&&(p.src==net_id))||
((p.src==ID(19,::IP))&&(p.dest==ID(20,::IP))&&(p.src==net_id)))//||
//((p.src==ID(20,::IP))&&(p.dest==ID(21,::IP))&&(p.src==net_id))||
//((p.src==ID(22,::IP))&&(p.dest==ID(23,::IP))&&(p.src==net_id)))

    {
        cn_bsent++;    // increasing count for sent data packet
    }
}

if(srh->data())
{
  if(//((p.src==ID(1,:: IP))&&(p.dest==ID(2,::IP))&&(p.src==net_id))||
   // ((p.src==ID(1,::IP))&&(p.dest==ID(3,::IP))&&(p.src==net_id))||
   ((p.src==ID(2,::IP))&&(p.dest==ID(3,::IP))&&(p.src==net_id))||
   //((p.src==ID(8,::IP))&&(p.dest==ID(9,::IP))&&(p.src==net_id))||
//((p.src==ID(8,:: IP))&&(p.dest==ID(10,::IP))&&(p.src==net_id))||
//((p.src==ID(9,:: IP))&&(p.dest==ID(10,::IP))&&(p.src==net_id))||
//((p.src==ID(9,:: IP))&&(p.dest==ID(11,::IP))&&(p.src==net_id))||
((p.src==ID(10,::IP))&&(p.dest==ID(11,::IP))&&(p.src==net_id))||
//((p.src==ID(11,::IP))&&(p.dest==ID(12,::IP))&&(p.src==net_id))||
//((p.src==ID(11,::IP))&&(p.dest==ID(13,::IP))&&(p.src==net_id))||
//((p.src==ID(12,::IP))&&(p.dest==ID(13,::IP))&&(p.src==net_id))||
//((p.src==ID(12,::IP))&&(p.dest==ID(14,::IP))&&(p.src==net_id))||
((p.src==ID(13,::IP))&&(p.dest==ID(14,::IP))&&(p.src==net_id))||
//((p.src==ID(14,::IP))&&(p.dest==ID(15,::IP))&&(p.src==net_id))||
((p.src==ID(16,::IP))&&(p.dest==ID(17,::IP))&&(p.src==net_id))||
//((p.src==ID(18,::IP))&&(p.dest==ID(19,::IP))&&(p.src==net_id))||
//((p.src==ID(18,::IP))&&(p.dest==ID(20,::IP))&&(p.src==net_id))||
```

```
//((p.src==ID(19,::IP))&&(p.dest==ID(20,::IP))&&(p.src==net_id))||
((p.src==ID(20,::IP))&&(p.dest==ID(21,::IP))&&(p.src==net_id))||
    ((p.src==ID(22,::IP))&&(p.dest==ID(23,::IP))&&(p.src==net_id)))

            {
              cn_qsent++;     // increasing count for sent data packet
            }
      }
}
*/

/*
    if(srh->data())
    {
            if(p.src==net_id)
            {
                        cn_sent++;
            }
            if(srh->RES() && (p.src==net_id))
            {
                        cn_qsent++;
            }
            else if(!(srh->RES()) && (p.src == net_id))
            {
                        cn_bsent++;
            }
    }

*/

/*
     if(srh->data() && (p.src == net_id))
     {
           if(srh->RES())
           {
                      if(srh->PAR() >= srh->Rmax())
```

```
                        {
                                cmnh->ptype() = PT_MESSAGE;
                                //printf("\nSOURCE : %d\n",p.src);
                                //printf("\nDESTNA : %d\n",p.dest);
                                //printf("\nPTYPE : %d\n",cmnh->ptype());
                        }

                        else if(srh->PAR() >= srh->Rmin())
                        {
                         cmnh->ptype() = PT_ACK;
                        }
                }
        }
*/

  cmnh->size() += srh->size();

  if (srh->route_request() == 1 || srh->route_request() == 2)
    { // broadcast forward
      cmnh->xmit_failure_ = 0;
      cmnh->next_hop() = MAC_BROADCAST;
      cmnh->addr_type() = AF_LINK;
    }
  else
    { // forward according to source route
//      cmnh->xmit_failure_ = XmitFailureCallback;
      cmnh->xmit_failure_ = 0;
      cmnh->xmit_failure_data_ = (void *) this;

      cmnh->next_hop() = srh->get_next_addr();
      cmnh->addr_type() = srh->get_next_type();
      srh->cur_addr() = srh->cur_addr() + 1;
    }

  /* put route errors at the head of the ifq somehow? -dam 4/13/98 */
```

```
  // make sure we aren't cycling packets
  assert(p.pkt->incoming == 0); // this is an outgoing packet

  if (ifq->prq_length() > 25)
    trace("SIFQ %.5f _%s_ len %d",
          Scheduler::instance().clock(), net_id.dump(), ifq->prq_length());

  // off it goes!
  if (srh->route_request())
    { // route requests need to be jittered a bit
      Scheduler::instance().schedule(ll, p.pkt,
                                     Random::uniform(RREQ_JITTER) + delay);
    }
  else
    { // no jitter required
      Scheduler::instance().schedule(ll, p.pkt, delay);
    }
  p.pkt = NULL; /* packet sent off */
}

void
DSRAgent::getRouteForPacket(SRPacket &p, bool retry)
  /* try to obtain a route for packet
     pkt is freed or handed off as needed, unless retry == true
     in which case it is not touched */
{

//printf("\n getRouteForPacket----");
//printf("\n getRouteForPacket----");
//getchar();

  hdr_sr *srh1 = (hdr_sr *)p.pkt->access(off_sr_);

  SRPacket rrp;

  // since we'll commonly be only one hop away, we should
```

```
// arp first before route discovery as an optimization...

Entry *e = request_table.getEntry(p.dest);
Time time = Scheduler::instance().clock();

/* for now, no piggybacking at all, queue all pkts */
if (!retry)
  {
    stickPacketInSendBuffer(p);
    p.pkt = 0; // pkt is handled for now (it's in sendbuffer)
  }
 if (srh1->route_reply() > 0)
   { // on route reply
      rrp = p;
      rrp.pkt = p.pkt->copy();

      srh1->PAR() = av_re_de();

      if(srh1->PAR() < srh1->Rmin())
        {
                Packet::free(rrp.pkt); // dump the route request packet we made
up
                rrp.pkt = 0;
                return;
        }
   }
 else
   { // on route request
      /* make the route request packet */

      rrp.dest = p.dest;
      rrp.src = p.src;
      rrp.pkt = allocpkt();
      hdr_sr *srh =  (hdr_sr*)rrp.pkt->access(off_sr_);
      hdr_ip *iph =  (hdr_ip*)rrp.pkt->access(off_ip_);
      hdr_cmn *cmnh =  (hdr_cmn*)rrp.pkt->access(off_cmn_);
```

```
    iph->dst() = p.dest.getNSAddr_t();
    iph->dport() = RT_PORT;
    iph->src() = p.src.getNSAddr_t();
    iph->sport() = RT_PORT;
    cmnh->ptype() = PT_DSR;
    cmnh->size() = size_ + IP_HDR_LEN; // add in IP header
    cmnh->num_forwards() = 0;
    srh->init();
    srh->rq_time() = Scheduler::instance().clock();
        // set timestamp for request packet
    srh->PAR() = av_re_de();

    if(srh1->RES())
    {
      srh->RES() = srh1->RES();
      srh->Rmin() = srh1->Rmin();
      srh->Rmax() = srh1->Rmax();
    }

    if(srh->PAR() < srh->Rmin())
    {
      Packet::free(rrp.pkt); //dump the route request packet we made up
        rrp.pkt = 0;
        return;
    }

/*
    if(  (rrp.src == ID( 2,::IP))&&(rrp.dest == ID( 3, ::IP))
       ||(rrp.src == ID(10,::IP))&&(rrp.dest == ID(11, ::IP))
       ||(rrp.src == ID(13,::IP))&&(rrp.dest == ID(14, ::IP))
       ||(rrp.src == ID(16,::IP))&&(rrp.dest == ID(17, ::IP))
       ||(rrp.src == ID(20,::IP))&&(rrp.dest == ID(21, ::IP))
       ||(rrp.src == ID(22,::IP))&&(rrp.dest == ID(23, ::IP)))
    {
            srh->RES()  =   1;
            srh->Rmax() = 128;
```

```
                srh->Rmin() =  64;

                if(srh->PAR() < srh->Rmin())
                {
                        Packet::free(rrp.pkt); // dump the route request packet
we made up
                        rrp.pkt = 0;
                        return;
                }

                //printf("\nSOURCE : %d\n",p.src);
                //printf("\nDESTNA : %d\n",p.dest);
                //printf("\nRES: %d\n",srh->RES());
                //getchar();
        }
        else
        {
                srh->RES()  =   0;
                 srh->Rmax() =   0;
                 srh->Rmin() =   0;
        }
*/
      }

  if (BackOffTest(e, time))
    { // it's time to start another route request cycle
      // do a propagating route request right now
      e->last_type = UNLIMIT;
      //printf("\n getRouteForPacket----");
      //getchar();

      sendOutRtReq(rrp, MAX_SR_LEN);

      e->last_arp = time;
    }
  else
```

```
    { // it's not time to send another route request...
      if (!retry && verbose_srr)
        trace("SRR %.5f _%s_ RR-not-sent %s -> %s",
              Scheduler::instance().clock(),
              net_id.dump(), rrp.src.dump(), rrp.dest.dump());
      Packet::free(rrp.pkt); // dump the route request packet we made up
      rrp.pkt = 0;
      return;
    }
}

void
DSRAgent::sendOutRtReq(SRPacket &p, int max_prop)
  // turn p into a route request and launch it, max_prop of request is
  // set as specified
  // p.pkt is freed or handed off
{

//printf("\n sendOutRtReq----");
//printf("\n sendOutRtReq----");

  hdr_sr *srh =  (hdr_sr*)p.pkt->access(off_sr_);
  assert(srh->valid());

  if (srh->route_reply() == 0)
     {
       srh->route_request() = 1;
       srh->rtreq_seq() = route_request_num++;
     }
  else
     {
       srh->route_request() = 2;
       srh->rtreq_seq() = route_request_num++;//modify20
     }

  srh->max_propagation() = max_prop;
```

```
  if (srh->route_reply() != 2)
     {
       p.route.reset();
     }

  p.route.appendToPath(net_id);

/*
  if (dsragent_propagate_last_error && route_error_held
       && Scheduler::instance().clock() - route_error_data_time  < max_err_hold)
    {
      assert(srh->num_route_errors() < MAX_ROUTE_ERRORS);
      srh->route_error() = 1;
      link_down *deadlink = &(srh->down_links()[srh->num_route_errors()]);
      deadlink->addr_type = AF_INET;
      deadlink->from_addr = err_from.getNSAddr_t();
      deadlink->to_addr = err_to.getNSAddr_t();
      deadlink->tell_addr = GRAT_ROUTE_ERROR;
      srh->num_route_errors() += 1;

      // Make sure that the Route Error gets on a propagating request.

      if(max_prop > 0) route_error_held = false;
    }
*/

  if (verbose_srr)
    trace("SRR %.5f _%s_ new-request %d %s #%d -> %s",
          Scheduler::instance().clock(), net_id.dump(),
          max_prop, p.src.dump(), srh->rtreq_seq(), p.dest.dump());
  sendOutPacketWithRoute(p, false);
}

void
DSRAgent::returnSrcRouteToRequestor(SRPacket &p)
```

```
    // take the route in p, add us to the end of it and return the
    // route to the sender of p
    // doesn't free p.pkt
{

//printf("\n returnSrcRouteToRequestor1----");
//getchar();
//printf("\n returnSrcRouteToRequestor----");

    int id;
    hdr_sr *old_srh = (hdr_sr*)p.pkt->access(off_sr_);

    if (p.route.full())
      return; // alas, the route would be to long once we add ourselves

   // modify20
   /*if ((request_table.get_num_reply(p.src, false) > 0) &&
        !(request_table.is_found_route(p.src)))
    {
        //printf("\n returnSrcRouteToRequestor2----");
        //getchar();
        return;
    }*/
    request_table.incr_num_reply(p.src, false);
    SRPacket p_copy = p;
    p_copy.pkt = allocpkt();
    p_copy.dest = p.src;
    p_copy.src = net_id;

    hdr_ip *new_iph =  (hdr_ip*)p_copy.pkt->access(off_ip_);
    new_iph->dst() = p_copy.dest.addr;
    new_iph->dport() = RT_PORT;
    new_iph->src() = p_copy.src.addr;
    new_iph->sport() = RT_PORT;
    new_iph->ttl() = 255;
```

```
hdr_sr *new_srh =  (hdr_sr*)p_copy.pkt->access(off_sr_);
new_srh->init();
for (int i = 0 ; i < p_copy.route.length() ; i++)
{
  p_copy.route[i].fillSRAddr(new_srh->reply_addrs()[i]);
}

new_srh->RPAR() = old_srh->PAR();

new_srh->route_reply_len() = p_copy.route.length();
new_srh->route_reply() = 1;

// propagate the request sequence number in the reply for analysis purposes
new_srh->rtreq_seq() = old_srh->rtreq_seq();
new_srh->rq_time() = old_srh->rq_time();
hdr_cmn *new_cmnh =  (hdr_cmn*)p_copy.pkt->access(off_cmn_);
new_cmnh->ptype() = PT_DSR;
new_cmnh->size() = IP_HDR_LEN;

if (verbose_srr)
  trace("SRR %.9f _%s_ reply-sent %s -> %s #%d (len %d) %s",
        Scheduler::instance().clock(), net_id.dump(),
        p_copy.src.dump(), p_copy.dest.dump(), old_srh->rtreq_seq(),
        p_copy.route.length(), p_copy.route.dump());

// flip the route around for the return to the requestor, and
// cache the route for future use

/*
  id = request_table.findRoute(p_copy.dest, p_copy.route, true);
*/

  id = request_table.findRoute(p_copy.dest, p_copy.route, new_srh->PAR(), true);

  if (request_table.get_num_reply(p_copy.dest, false) == 1)
    {
```

```
        if (id != -1)
          {
            new_srh->path_id() = id;

            new_srh->route_request() = 0;
            request_table.set_found_route(p_copy.dest);
            //printf("\n returnSrcRouteToRequestor----");
            //getchar();
            sendOutPacketWithRoute(p_copy, true);
            return;
          }
        else
          {
            //printf("\n returnSrcRouteToRequestor----");
            //getchar();
            getRouteForPacket(p_copy, true);
            return;
          }
      }
    else
      {
         if (id != -1)
          {
            new_srh->path_id() = id;

            new_srh->route_request() = 0;
            //printf("\n returnSrcRouteToRequestor----");
            //getchar();
            sendOutPacketWithRoute(p_copy, true);
            return;
          }
        else
          {
            request_table.reset_found_route(p_copy.dest);
            //printf("\n returnSrcRouteToRequestor----");
            //getchar();
```

```
                getRouteForPacket(p_copy, true);
                return;
            }
        }
}

void
DSRAgent::acceptReqReply(SRPacket &p)
  /* - enter the packet's source route into our cache
     - see if any packets are waiting to be sent out with this source route
     - doesn't free the pkt */
{

//printf("\n acceptReqReply----");
//printf("\n acceptReqReply----");

   int id;
   int table_len;
   int old_cache_len, cache_len;

   hdr_sr *srh =  (hdr_sr*)p.pkt->access(off_sr_);
   Path reply_route(srh->reply_addrs(), srh->route_reply_len());

   if (srh->route_request() == 2)
      {
         p.route.appendToPath(net_id);
      }

   old_cache_len = request_table.getlen(p.src, true);
   //new rrep:old_cache_len = 0 : consider??????????????

   cache_len = request_table.insert(p.src, reply_route, srh->RPAR(),
                                    srh->rtreq_seq(), true);

   table_len = request_table.insert(p.src, p.route, srh->PAR(),
                                    srh->rtreq_seq(), false);
```

```
  if ((old_cache_len == 0) && (cache_len == 1))
     {  // first forward source route

//printf("\n acceptReqReply---- 1");

        Entry *e = request_table.getEntry(p.src);
        e->rt_reqs_outstanding = 0;
        e->last_rt_req = 0.0;
        request_table.set_src(p.src);
     }

  if (cache_len != -1)  // new forward source route
     {

//printf("\n acceptReqReply---- 2");

        float ctime = Scheduler::instance().clock();
        rt_set_last_time = ctime;
        rt_set = ctime - srh->rq_time();
        sum_rt_set += rt_set;
        cn_rt_set ++;

        printf("\n acceptReqReply.. srh->rq_time() : %6.6f",
                   srh->rq_time());

        if (asym_tr)
          {
           fprintf(fp, "\n current time : %6.6f", ctime);
           fprint_pkt(p.pkt);

           if ((old_cache_len == 0) && (cache_len == 1))
             {
               fprintf(fp, "\t first_rq_time : %6.6f", srh->rq_time());

               sum_frt_set += rt_set;
```

```
        cn_frt_set++;
      }
    else
      {
        fprintf(fp, "\t rq_time : %6.6f", srh->rq_time());
      }
    fprintf(fp, "\t route setting time : %6.6f", rt_set);
    fprintf(fp, "\t from %s node", p.src.dump());
    fprintf(fp, "\t Destination of set route : %s",
                  reply_route[reply_route.length()-1].dump());
  }
route_cache->noticeRouteUsed(reply_route,
      Scheduler::instance().clock(), net_id);
SRPacket p_copy;
p_copy.pkt = allocpkt();
p_copy.dest = p.src;
p_copy.src = net_id;
p_copy.route = reply_route;

hdr_ip *new_iph =
        (hdr_ip*)p_copy.pkt->access(off_ip_);
new_iph->dst() = p_copy.dest.addr;
new_iph->dport() = RT_PORT;
new_iph->src() = p_copy.src.addr;
new_iph->sport() = RT_PORT;
new_iph->ttl() = 255;

hdr_sr *new_srh =
        (hdr_sr*)p_copy.pkt->access(off_sr_);
new_srh->init();

new_srh->PAR() = srh->RPAR();

new_srh->path_id() =  cache_len;

new_srh->route_confirm() = 1;
```

```
        hdr_cmn *new_cmnh =
                (hdr_cmn*)p_copy.pkt->access(off_cmn_);
        new_cmnh->ptype() = PT_DSR;
        new_cmnh->size() = IP_HDR_LEN;

        if (table_len != -1)
          {
            for (int i = 0; i < p.route.length(); i++)
            {
                p.route[i].fillSRAddr(new_srh->reply_addrs()[i]);
            }

            new_srh->RPAR() = srh->PAR();

            new_srh->route_reply_len() = p.route.length();

            new_srh->route_reply() = 3;
          }
        sendOutPacketWithRoute(p_copy, true);

      }
   if ((cache_len == -1) && (table_len != -1))
      {  // new backward source route

//printf("\n acceptReqReply---- 3");

        SRPacket p_copy;
        p_copy.pkt = allocpkt();
        p_copy.dest = p.src;
        p_copy.src = p.dest;

        hdr_sr *new_srh =
              (hdr_sr*)p_copy.pkt->access(off_sr_);

        id = request_table.findRoute(p_copy.dest, p_copy.route, new_srh->PAR(), true);
```

```
        int par = new_srh->PAR();
        hdr_ip *new_iph =
               (hdr_ip*)p_copy.pkt->access(off_ip_);
        new_iph->dst() = p_copy.dest.addr;
        new_iph->dport() = RT_PORT;
        new_iph->src() = p_copy.src.addr;
        new_iph->sport() = RT_PORT;
        new_iph->ttl() = 255;

/*
        hdr_sr *new_srh =
               (hdr_sr*)p_copy.pkt->access(off_sr_);
*/
        new_srh->init();
        new_srh->PAR() = par;
        new_srh->path_id() = id;
        hdr_cmn *new_cmnh =
                (hdr_cmn*)p_copy.pkt->access(off_cmn_);
        new_cmnh->ptype() = PT_DSR;
        new_cmnh->size() = IP_HDR_LEN;

        for (int i = 0; i < p.route.length(); i++)
        {
           p.route[i].fillSRAddr(new_srh->reply_addrs()[i]);
        }
        new_srh->RPAR() = srh->PAR();
        new_srh->route_reply_len() = p.route.length();
        new_srh->route_reply() = 3;
        sendOutPacketWithRoute(p_copy, true);
      }
//printf("\n acceptReqReply---- 4");

if ((old_cache_len == 0) && (cache_len == 1))
   {  // first forward source route
```

```
  Time delay = arp_timeout;

  for (int c = 0; c < SEND_BUF_SIZE; c++)
    {

//printf("\n acceptReqReply---- 5");

        if (send_buf[c].p.pkt == NULL) continue;

        int spar;

        id = request_table.findRoute(send_buf[c].p.dest, send_buf[c].p.route,
                                      spar,true);
//printf("\n found id : %d", id);

        if (id != -1)

          { // we have a route!

/*
sendbuf_out_cnt++;
printf("\n ---packet_sent count : %d  net_id : %s",
          sendbuf_out_cnt, net_id.dump());
*/
            hdr_sr *srh1 =  (hdr_sr*)send_buf[c].p.pkt->access(off_sr_);

            srh1->data() = 1;

            srh1->PAR() = spar;

            srh1->dt_time() = Scheduler::instance().clock();
                // timestamp for data packet

            sendOutPacketWithRoute(send_buf[c].p, true, delay);
            delay += arp_timeout;
```

```
                send_buf[c].p.pkt = NULL;
              }
          }
      }
}
void
DSRAgent::acceptSrcReply(SRPacket &p)
{
//printf("\n acceptSrcReply----");
//printf("\n acceptSrcReply----");

  int old_cache_len, cache_len;
  hdr_sr *srh = (hdr_sr*)p.pkt->access(off_sr_);
  Path reply_route(srh->reply_addrs(), srh->route_reply_len());
  old_cache_len = request_table.getlen(p.src, true);
  cache_len = request_table.insert(p.src, reply_route, srh->RPAR(),
                                        srh->rtreq_seq(), true);

  if (cache_len != -1)  // new forward source route
     {
       route_cache->noticeRouteUsed(reply_route,
             Scheduler::instance().clock(), net_id);
     }

  if ((old_cache_len == 0) && (cache_len == 1))
     {  // first forward source route
       Entry *e = request_table.getEntry(p.src);
       e->rt_reqs_outstanding = 0;
       e->last_rt_req = 0.0;
       Time delay = 0.0;

       if (!request_table.is_found_route(p.src))
          {
            request_table.set_found_route(p.src);

            for (int c = 1; c < request_table.getlen(p.src, false)
```

```
            ; c++)
{
  Path return_route;
  SRPacket p_copy;
  p_copy.pkt = allocpkt();
  p_copy.dest = p.src;
  p_copy.src = p.dest;
  p_copy.route = reply_route;
  hdr_ip *new_iph =
         (hdr_ip*)p_copy.pkt->access(off_ip_);
  new_iph->dst() = p_copy.dest.addr;
  new_iph->dport() = RT_PORT;
  new_iph->src() = p_copy.src.addr;
  new_iph->sport() = RT_PORT;
  new_iph->ttl() = 255;
  hdr_sr *new_srh =
         (hdr_sr*)p_copy.pkt->access(off_sr_);
  new_srh->init();
  new_srh->PAR() = srh->RPAR();
  new_srh->path_id() = 1;

  if (c == 1)
    {
      new_srh->route_confirm() = 1;
    }
  hdr_cmn *new_cmnh =
         (hdr_cmn*)p_copy.pkt->access(off_cmn_);
  new_cmnh->ptype() = PT_DSR;
  new_cmnh->size() = IP_HDR_LEN;

int sparl = 0;
request_table.getRoute(p_copy.dest,    return_route,    sparl,    c,
                 false);

  for (int i = 0; i < return_route.length(); i++)
  {
```

```
                return_route[i].fillSRAddr(new_srh->reply_addrs()[i]);
            }
            new_srh->RPAR() = spar1;
            new_srh->route_reply_len() = return_route.length();
            new_srh->route_reply() = 4;
            sendOutPacketWithRoute(p_copy, true, delay);
            delay += arp_timeout;
          }
        if (srh->route_confirm())
          {
            request_table.inRoute(p.src, p.route, srh->PAR(), srh->path_id());
          }
      }
    else
      {
        if (srh->route_confirm())
          {
            request_table.inRoute(p.src, p.route, srh->PAR(), srh->path_id());
          }

        SRPacket p_copy;
        p_copy.pkt = allocpkt();
        p_copy.dest = p.src;
        p_copy.src = p.dest;
        p_copy.route = reply_route;
        hdr_ip *new_iph = (hdr_ip*)p_copy.pkt->access(off_ip_);
        new_iph->dst() = p_copy.dest.addr;
        new_iph->dport() = RT_PORT;
        new_iph->src() = p_copy.src.addr;
        new_iph->sport() = RT_PORT;
        new_iph->ttl() = 255;
        hdr_sr *new_srh = (hdr_sr*)p_copy.pkt->access(off_sr_);
        new_srh->init();
        new_srh->PAR() = srh->RPAR();
        new_srh->path_id() =  1;
        new_srh->route_confirm() = 1;
```

```
            hdr_cmn *new_cmnh =
                    (hdr_cmn*)p_copy.pkt->access(off_cmn_);
            new_cmnh->ptype() = PT_DSR;
            new_cmnh->size() = IP_HDR_LEN;

            sendOutPacketWithRoute(p_copy, true);

          }
      }
   else
      {
        if (srh->route_confirm())
          {
            request_table.inRoute(p.src, p.route, srh->PAR(), srh->path_id());
          }
        if (cache_len != -1)
          {
            SRPacket p_copy;
            p_copy.pkt = allocpkt();
            p_copy.dest = p.src;
            p_copy.src = p.dest;
            p_copy.route = reply_route;

            hdr_ip *new_iph =
                   (hdr_ip*)p_copy.pkt->access(off_ip_);
            new_iph->dst() = p_copy.dest.addr;
            new_iph->dport() = RT_PORT;
            new_iph->src() = p_copy.src.addr;
            new_iph->sport() = RT_PORT;
            new_iph->ttl() = 255;

            hdr_sr *new_srh =
                   (hdr_sr*)p_copy.pkt->access(off_sr_);
            new_srh->init();
            new_srh->PAR() = srh->RPAR();
            new_srh->path_id() =  cache_len;
```

```
                new_srh->route_confirm() = 1;
                hdr_cmn *new_cmnh =
                        (hdr_cmn*)p_copy.pkt->access(off_cmn_);
                new_cmnh->ptype() = PT_DSR;
                new_cmnh->size() = IP_HDR_LEN;

                sendOutPacketWithRoute(p_copy, true);
            }
        }
}

void
DSRAgent::acceptDstReply(SRPacket &p)
{

//printf("\n acceptDstReply----");
//printf("\n acceptDstReply----");

  int cache_len;

  hdr_sr *srh = (hdr_sr*)p.pkt->access(off_sr_);
  Path reply_route(srh->reply_addrs(), srh->route_reply_len());

  if (srh->route_confirm())
    {
      request_table.inRoute(p.src, p.route, srh->PAR(), srh->path_id());
    }
  cache_len = request_table.insert(p.src, reply_route, srh->RPAR(),
                                   srh->rtreq_seq(), true);
  if (cache_len != -1)
    {
      route_cache->noticeRouteUsed(reply_route,
                    Scheduler::instance().clock(), net_id);

      SRPacket p_copy;
      p_copy.pkt = allocpkt();
```

```
        p_copy.dest = p.src;
        p_copy.src = p.dest;
        p_copy.route = reply_route;

        hdr_ip *new_iph =
                (hdr_ip*)p_copy.pkt->access(off_ip_);
        new_iph->dst() = p_copy.dest.addr;
        new_iph->dport() = RT_PORT;
        new_iph->src() = p_copy.src.addr;
        new_iph->sport() = RT_PORT;
        new_iph->ttl() = 255;
        hdr_sr *new_srh =
                (hdr_sr*)p_copy.pkt->access(off_sr_);
        new_srh->init();
        new_srh->PAR() = srh->RPAR();
        new_srh->path_id() =  cache_len;
        new_srh->route_confirm() = 1;
        hdr_cmn *new_cmnh =
                 (hdr_cmn*)p_copy.pkt->access(off_cmn_);
        new_cmnh->ptype() = PT_DSR;
        new_cmnh->size() = IP_HDR_LEN;

        sendOutPacketWithRoute(p_copy, true);
      }
}


void
DSRAgent::acceptConfirm(SRPacket &p)
{
//printf("\n acceptConfirm----");
//printf("\n acceptConfirm----");

  hdr_sr *srh =  (hdr_sr*)p.pkt->access(off_sr_);

  request_table.inRoute(p.src, p.route, srh->PAR(), srh->path_id());
```

```
}

void
DSRAgent::processBrokenRouteError(SRPacket& p)
// take the error packet and proccess our part of it.
// if needed, send the remainder of the errors to the next person
// doesn't free p.pkt
{
  hdr_sr *srh =  (hdr_sr*)p.pkt->access(off_sr_);

  if (!srh->route_error())
    return; // what happened??

  /* if we hear A->B is dead, should we also run the link B->A through the
     cache as being dead, since 802.11 requires bidirectional links
      XXX -dam 4/23/98 */

  // since CPU time is cheaper than network time, we'll process
  // all the dead links in the error packet
  assert(srh->num_route_errors() > 0);
  for (int c = 0 ; c < srh->num_route_errors() ; c++)
    {
      assert(srh->down_links()[c].addr_type == AF_INET);
      route_cache->noticeDeadLink(ID(srh->down_links()[c].from_addr,::IP),
                                  ID(srh->down_links()[c].to_addr,::IP),
                                  Scheduler::instance().clock());
      // I'll assume everything's of type AF_INET for the printout... XXX
      if (verbose_srr)
        trace("SRR %.9f _%s_ dead-link tell %d  %d -> %d",
              Scheduler::instance().clock(), net_id.dump(),
              srh->down_links()[c].tell_addr,
              srh->down_links()[c].from_addr,
              srh->down_links()[c].to_addr);
    }

  ID who = ID(srh->down_links()[srh->num_route_errors()-1].tell_addr, ::IP);
```

```
if (who != net_id && who != MAC_id)
  { // this error packet wasn't meant for us to deal with
    // since the outer entry doesn't list our name
    return;
  }

// record this route error data for possible propagation on our next
// route request
route_error_held = true;
err_from = ID(srh->down_links()[srh->num_route_errors()-1].from_addr,::IP);
err_to = ID(srh->down_links()[srh->num_route_errors()-1].to_addr,::IP);
route_error_data_time = Scheduler::instance().clock();

if (1 == srh->num_route_errors())
  { // this error packet has done its job
    // it's either for us, in which case we've done what it sez
    // or it's not for us, in which case we still don't have to forward
    // it to whoever it is for
    return;
  }

/* make a copy of the packet and send it to the next tell_addr on the
   error list.  the copy is needed in case there is other data in the
   packet (such as nested route errors) that need to be delivered */
if (verbose)
  trace("Sdebug %.5f _%s_ unwrapping nested route error",
        Scheduler::instance().clock(), net_id.dump());

SRPacket p_copy = p;
p_copy.pkt = p.pkt->copy();

hdr_sr *new_srh = (hdr_sr*)p_copy.pkt->access(off_sr_);
hdr_ip *new_iph = (hdr_ip*)p_copy.pkt->access(off_ip_);
// remove us from the list of errors
new_srh->num_route_errors() -= 1;
```

```
    // send the packet to the person listed in what's now the last entry
    p_copy.dest = ID(new_srh->down_links()[new_srh->num_route_errors()-1].tell_addr,
::IP);
    p_copy.src = net_id;

    new_iph->dst() = p_copy.dest.addr;
    new_iph->dport() = RT_PORT;
    new_iph->src() = p_copy.src.addr;
    new_iph->sport() = RT_PORT;
    new_iph->ttl() = 255;

    // an error packet is a first class citizen, so we'll
    // use handlePktWOSR to obtain a route if needed
    handlePktWithoutSR(p_copy, false);
}

void
DSRAgent::tap(const Packet *packet)
    /* process packets that are promiscously listened to from the MAC layer tap
    *** do not change or free packet *** */
{
    hdr_sr *srh =  (hdr_sr*) ((Packet *)packet)->access(off_sr_);
    hdr_ip *iph =  (hdr_ip*)((Packet *)packet)->access(off_ip_);
    hdr_cmn *cmh =  (hdr_cmn*)((Packet *)packet)->access(off_cmn_);

    if (!dsragent_use_tap) return;

    if (!srh->valid()) return;  // can't do anything with it

    // don't trouble me with packets I'm about to receive anyway
    /* this change added 5/13/98 -dam */
    ID next_hop(srh->addrs_[srh->cur_addr()]);
    if (next_hop == net_id || next_hop == MAC_id) return;

    SRPacket p((Packet *) packet, srh);
    p.dest = ID(iph->dst(),::IP);
```

```
  p.src = ID(iph->src(),::IP);

  // don't trouble me with my own packets
  if (p.src == net_id) return;
  /* snoop on the SR data */
/*
  if (srh->route_error())
    {
      if (verbose)
        trace("Sdebug _%s_ tap saw error %d",  net_id.dump(), cmh->uid());
      processBrokenRouteError(p);
    }
  if (srh->route_reply())
    {
      Path reply_path(srh->reply_addrs(), srh->route_reply_len());
      if(verbose)
        trace("Sdebug _%s_ tap saw route reply %d  %s",
               net_id.dump(), cmh->uid(), reply_path.dump());
      route_cache->noticeRouteUsed(reply_path,
Scheduler::instance().clock(),  p.src);
    }

*/
  /* we can't decide whether we should snoop on the src routes in
     route requests.  We've seen cases where we hear a route req from a node,
but can't complete an arp with that node (and so can't actually
     deliver packets through it if called on to do so) -dam 4/16/98 */

  if (srh->route_request()) return; // don't path shorten route requests
  //the logic is wrong for shortening rtreq's anyway, cur_addr always = 0
/*

  if (dsragent_snoop_source_routes)
    {
      if (verbose)
        trace("Sdebug _%s_ tap saw route use %d %s", net_id.dump(),
```

```
                cmh->uid(), p.route.dump());
        route_cache->noticeRouteUsed(p.route, Scheduler::instance().clock(),
                                     net_id);
    }
*/

  if (PT_DSR == cmh->ptype()) return; //  no route shortening on any
  // DSR packet
  /* I think we ended up sending grat route replies for source routes on
     route replies for route requests that were answered by someone else's
     cache, resulting in the wrong node receiving the route.  For now, I
     outlaw it.
     The root of the problem is that when we salvage a pkt from a failed
     link using a route from our cache, we break what had been an invariant
     that the IP src of a packet was also the first machine listed on the
     source route.  Here's the route of the problem that results in the
     simulator crashing at 8.56135 when 44 recieves a route reply that
     has 24 listed as the first node in the route.

SSendFailure 8.52432 24 [10 |24 46 45 1 40 ]
S$hit 8.52432 salvaging 10 -> 40 with [(24) 44 50 9 40 ]
S$hit 8.52432 salvaging 44 -> 40 with [(24) 44 50 9 40 ]
D 8.52432 [20 42 2e 18 800] 24 DSR 156 -- 10->40 6 [0] [1 9 39] [0 0 0->0]
s 8.52438 [1b 45e 2c 18 0] 24 MAC 20
r 8.52446 [1b 45e 2c 18 0] 44 MAC 20
s 8.52454 [101b 27e 23 1b 0] 27 MAC 20
s 8.52564 [101b 27e 23 1b 0] 27 MAC 20
s 8.52580 [101b 45e 2c 18 0] 24 MAC 20
r 8.52588 [101b 45e 2c 18 0] 44 MAC 20
s 8.52589 [1c 41c 18 0 0] 44 MAC 14
r 8.52595 [1c 41c 18 0 0] 24 MAC 14
s 8.52600 [20 42 2c 18 800] 24 DSR 244 -- 10->40 5 [0] [1 9 39] [0 0 24->46]
r 8.52698 [20 42 2c 18 800] 44 DSR 216 -- 10->40 5 [0] [1 9 39] [0 0 24->46]

s 8.53947 [20 42 2c 18 800] 24 DSR 204 -- 44->40 5 [0] [1 8 39] [0 0 0->0]
r 8.54029 [20 42 2c 18 800] 44 DSR 176 -- 44->40 5 [0] [1 8 39] [0 0 0->0]
```

```
Sdebug 50 consider grat arp for [24 (44) 50 9 40 ]
SRR 8.54029 50 gratuitous-reply-sent 50 -> 44 [24 (50) 9 40 ]
SF 8.54029 44 [44 -> 40] via 0x3200 [24 |44 50 9 40 ]
s 8.54030 [1d 0 18 0 0] 44 MAC 14
r 8.54036 [1d 0 18 0 0] 24 MAC 14
s 8.54044 [101b 54f 32 2c 0] 44 MAC 20
r 8.54053 [101b 54f 32 2c 0] 50 MAC 20
s 8.54054 [1c 50d 2c 0 0] 50 MAC 14
r 8.54059 [1c 50d 2c 0 0] 44 MAC 14
s 8.54064 [20 42 32 2c 800] 44 DSR 304 -- 10->40 5 [0] [1 9 39] [0 0 24->46]
r 8.54186 [20 42 32 2c 800] 50 DSR 276 -- 10->40 5 [0] [1 9 39] [0 0 24->46]
SF 8.54186 50 [10 -> 40] via 0x900 [24 44 |50 9 40 ]

s 8.56101 [20 42 2c 18 800] 24 DSR 84 -- 50->44 2 [0] [1 4 40] [0 0 0->0]
r 8.56135 [20 42 2c 18 800] 44 DSR 56 -- 50->44 2 [0] [1 4 40] [0 0 0->0]

*/
  /* check to see if we can shorten the route being used */
/*

  if (p.route[p.route.index()] != net_id
      && p.route[p.route.index()] != MAC_id)
    { // it's not immeadiately to us
      for (int i = p.route.index() + 1; i < p.route.length(); i++)
        if (p.route[i] == net_id || p.route[i] == MAC_id)
          { // but it'll get here eventually...
            sendRouteShortening(p, p.route.index(), i);
          }
    }
*/
    if((srh->data())&&(srh->RES()))
    {
        av_re_de_insert(p);
    }
}
```

```
static GratReplyHoldDown *
FindGratHoldDown(GratReplyHoldDown *hd, int sz, Path& query)
{
  int c;
  for (c = 0; c < sz; c++)
    if (query == hd[c].p) return &hd[c];
  return NULL;
}

void
DSRAgent::sendRouteShortening(SRPacket &p, int heard_at, int xmit_at)
  // p was overheard at heard_at in it's SR, but we aren't supposed to
  // get it till xmit_at, so all the nodes between heard_at and xmit_at
  // can be elided.  Send originator of p a gratuitous route reply to
  // tell them this.
{
  // this shares code with returnSrcRouteToRequestor - factor them -dam */
  if (!dsragent_send_grat_replies) return;

  if (verbose)
    trace("Sdebug %s consider grat arp for %s", net_id.dump(), p.route.dump());
  GratReplyHoldDown * g = FindGratHoldDown(grat_hold, RTREP_HOLDOFF_SIZE,
p.route);
  if (!g)
    {
      grat_hold[grat_hold_victim].p = p.route;
      grat_hold_victim = (grat_hold_victim + 1) % RTREP_HOLDOFF_SIZE;
      g = &grat_hold[grat_hold_victim];
    }
  else if (Scheduler::instance().clock() - g->t < grat_hold_down_time) return;
  g->t = Scheduler::instance().clock();

  SRPacket p_copy = p;
  p_copy.pkt = allocpkt();
  p_copy.dest = p.route[0];   // tell the originator of this long source route
  p_copy.src = net_id;
```

```
// reverse the route to get the packet back
p_copy.route[p_copy.route.index()] = net_id;
p_copy.route.reverseInPlace();
p_copy.route.removeSection(0,p_copy.route.index());

hdr_ip *new_iph =  (hdr_ip*)p_copy.pkt->access(off_ip_);
new_iph->dst() = p_copy.dest.addr;
new_iph->dport() = RT_PORT;
new_iph->src() = p_copy.src.addr;
new_iph->sport() = RT_PORT;
new_iph->ttl() = 255;

// shorten's p's route
p.route.removeSection(heard_at, xmit_at);
hdr_sr *new_srh =  (hdr_sr*)p_copy.pkt->access(off_sr_);
new_srh->init();
for (int i = 0 ; i < p.route.length() ; i++)
  p.route[i].fillSRAddr(new_srh->reply_addrs()[i]);
new_srh->route_reply_len() = p.route.length();
new_srh->route_reply() = 1;
// grat replies will have a 0 seq num (it's only for trace analysis anyway)
new_srh->rtreq_seq() = 0;

hdr_cmn *new_cmnh =  (hdr_cmn*)p_copy.pkt->access(off_cmn_);
new_cmnh->ptype() = PT_DSR;
new_cmnh->size() += IP_HDR_LEN;

if (verbose_srr)
  trace("SRR %.9f _%s_ gratuitous-reply-sent %s -> %s (len %d) %s",
        Scheduler::instance().clock(), net_id.dump(),
        p_copy.src.dump(), p_copy.dest.dump(), p.route.length(),
        p.route.dump());

// cache the route for future use (we learned the route from p)
route_cache->addRoute(p_copy.route, Scheduler::instance().clock(), p.src);
```

```
    sendOutPacketWithRoute(p_copy, true);
}
/*============================================================
    debug and trace output
============================================================*/
void
DSRAgent::trace(char* fmt, ...)
{
    va_list ap;

    if (!logtarget) return;

    va_start(ap, fmt);
    vsprintf(logtarget->buffer(), fmt, ap);
    logtarget->dump();
    va_end(ap);
}

/*============================================================
    Callback for link layer transmission failures
============================================================*/
struct filterfailuredata {
    nsaddr_t dead_next_hop;
    int off_cmn_;
    DSRAgent *agent;
};

int
FilterFailure(Packet *p, void *data)
{
    struct filterfailuredata *ffd = (filterfailuredata *) data;
    hdr_cmn *cmh = (hdr_cmn*)p->access(ffd->off_cmn_);
    int remove = cmh->next_hop() == ffd->dead_next_hop;
    if (remove) ffd->agent->undeliverablePkt(p,1);
    return remove;
}
```

```
void
DSRAgent::undeliverablePkt(Packet *pkt, int mine)
  /* when we've got a packet we can't deliver, what to do with it?
     frees or hands off p if mine = 1, doesn't hurt it otherwise */
{
  hdr_sr *srh =  (hdr_sr*)pkt->access(off_sr_);
  hdr_ip *iph = (hdr_ip*)pkt->access(off_ip_);
  hdr_cmn *cmh;

  SRPacket p(pkt,srh);
  p.dest = ID(iph->dst(),::IP);
  p.src = ID(iph->src(),::IP);
  p.pkt = mine ? pkt : pkt->copy();

  srh =  (hdr_sr*)p.pkt->access(off_sr_);
  iph = (hdr_ip*)p.pkt->access(off_ip_);
  cmh = (hdr_cmn*)p.pkt->access(off_cmn_);

  if (ID(iph->src(),::IP) == net_id)
    { // it's our packet we couldn't send
      cmh->size() -= srh->size(); // remove size of SR header
      assert(cmh->size() >= 0);

      handlePktWithoutSR(p, false);
    }
  else
    { // it's a packet we're forwarding for someone, save it if we can...
      Path salvage_route;

      if (dsragent_salvage_with_cache
          && route_cache->findRoute(p.dest, salvage_route, 0))
        { // be nice and send the packet out
#if 0
          /* we'd like to create a ''proper'' source route with the
             IP src of the packet as the first node, but we can't actually
```

```
            just append the salvage route onto the route used so far,
            since the append creates routes with loops in them
            like  1 2 3 4 3 5
             If we were to squish the route to remove the loop, then we'd
        be removing ourselves from the route, which is verboten.
            If we did remove ourselves, and our salvage route contained
            a stale link, we might never hear the route error.
            -dam 5/13/98

            Could we perhaps allow SRs with loops in them on the air?
            Since it's still a finite length SR, the pkt can't loop
            forever... -dam 8/5/98 */

          // truncate the route at the bad link and append good bit
          int our_index = p.route.index();
          p.route.setLength(our_index); // yes this cuts us off the route,
          p.route.appendPath(salvage_route);// but we're at the front of s_r
          p.route.setIterator(our_index);
#else
          p.route = salvage_route;
          p.route.resetIterator();
#endif

          if (dsragent_dont_salvage_bad_replies && srh->route_reply())
            { // check to see if we'd be salvaging a packet with the
              // dead link in it
              ID to_id(srh->addrs_[srh->cur_addr()+1].addr,
                       (ID_Type) srh->addrs_[srh->cur_addr()].addr_type);
              bool bad_reply = false;

              for (int i = 0 ; i < srh->route_reply_len()-1 ; i++)
                {
                  if (net_id == ID(srh->reply_addrs()[i])
                      && to_id == ID(srh->reply_addrs()[i+1])
                      || (dsragent_require_bi_routes
                          && to_id == ID(srh->reply_addrs()[i])
```

```
                        && net_id == ID(srh->reply_addrs()[i+1])))
                    {
                      bad_reply = true;
                      break;
                    }
                }
              if (bad_reply)
                { // think about killing this packet
                  srh->route_reply() = 0;
                    if (PT_DSR == cmh->ptype() && !srh->route_request()
      && !srh->route_error())
                    { // this packet has no reason to live
                      if (verbose_srr)
                        trace("SRR %.5f _%s_ --- %d dropping bad-reply
            %s -> %s", Scheduler::instance().clock(),
         net_id.dump(), cmh->uid(), p.src.dump(),
p.dest.dump());
                      if (mine) drop(pkt, DROP_RTR_MAC_CALLBACK);
                      return;
                    }
                }

          }

        if (verbose_ssalv)
          trace("Ssalv %.5f _%s_ salvaging %s -> %s --- %d with %s",
                Scheduler::instance().clock(), net_id.dump(),
                p.src.dump(), p.dest.dump(), cmh->uid(), p.route.dump());

        // remove size of SR header, added back in sendOutPacketWithRoute
        cmh->size() -= srh->size();
        assert(cmh->size() >= 0);
        sendOutPacketWithRoute(p, false);
      }
    else
      { // we don't have a route, and it's not worth us doing a
```

```
            // route request to try to help the originator out, since
            // it might be counter productive
            if (verbose_ssalv)
              trace("Ssalv %.5f _%s_ dropping --- %d %s -> %s",
                    Scheduler::instance().clock(),
                    net_id.dump(), cmh->uid(), p.src.dump(), p.dest.dump());
            if (mine) drop(pkt, DROP_RTR_NO_ROUTE);
          }
     }
}

#ifdef USE_GOD_FEEDBACK
static int linkerr_is_wrong = 0;
#endif

void
DSRAgent::xmitFailed(Packet *pkt)
  /* mark our route cache reflect the failure of the link between
     srh[cur_addr] and srh[next_addr], and then create a route err
     message to send to the orginator of the pkt (srh[0])
     p.pkt freed or handed off */
{
//printf("\n xmitFailed----");
//printf("\n xmitFailed----");

  hdr_sr *srh = (hdr_sr*)pkt->access(off_sr_);
//  hdr_ip *iph = (hdr_ip*)pkt->access(off_ip_);
//  hdr_cmn *cmh = (hdr_cmn*)pkt->access(off_cmn_);

//  assert(cmh->size() >= 0);

  srh->cur_addr() -= 1;            // correct for inc already done on sending

  if (srh->cur_addr() >= srh->num_addrs() - 1)
    {
      trace("SDFU: route error beyond end of source route????");
```

```
      fprintf(stderr,"SDFU: route error beyond end of source route????\n");
      Packet::free(pkt);
      return;
    }

  if (srh->route_request())
    {
      trace("SDFU: route error forwarding route request????");
      fprintf(stderr,"SDFU: route error forwarding route request????\n");
      Packet::free(pkt);
      return;
    }

/*
  ID tell_id(srh->addrs[0].addr,
             (ID_Type) srh->addrs[srh->cur_addr()].addr_type);
*/

  ID from_id(srh->addrs_[srh->cur_addr()].addr,
             (ID_Type) srh->addrs_[srh->cur_addr()].addr_type);
  ID to_id(srh->addrs_[srh->cur_addr()+1].addr,
             (ID_Type) srh->addrs_[srh->cur_addr()].addr_type);

/*
  assert(from_id == net_id || from_id == MAC_id);

  trace("SSendFailure %.9f _%s_ %d %d %d:%d %d:%d %s->%s %d %d %d %d %s",
        Scheduler::instance().clock(), net_id.dump(),
        cmh->uid(), cmh->ptype(),
        iph->src(), iph->sport(),
        iph->dst(), iph->dport(),
        from_id.dump(),to_id.dump(),
        God::instance()->hops(from_id.getNSAddr_t(), to_id.getNSAddr_t()),
        God::instance()->hops(iph->src(),iph->dst()),
        God::instance()->hops(from_id.getNSAddr_t(), iph->dst()),
        srh->num_addrs(), srh->dump());
```

```
*/
// #ifdef USE_GOD_FEEDBACK
  if (God::instance()->hops(from_id.getNSAddr_t(), to_id.getNSAddr_t()) == 1)
    { /* god thinks this link is still valid */
/*


      linkerr_is_wrong++;
      trace("SxmitFailed %.5f _%s_  %d->%d god okays #%d",
            Scheduler::instance().clock(), net_id.dump(),
            from_id.getNSAddr_t(), to_id.getNSAddr_t(), linkerr_is_wrong);
      fprintf(stderr,
                  "xmitFailed on link %d->%d god okays - ignoring & recycling
#%d\n",
               from_id.getNSAddr_t(), to_id.getNSAddr_t(), linkerr_is_wrong);

*/
      /* put packet back on end of ifq for xmission */
      srh->cur_addr() += 1;          // correct for decrement earlier in proc
      // make sure we aren't cycling packets
      assert(p.pkt->incoming == 0); // this is an outgoing packet
      ll->recv(pkt, (Handler*) 0);
      return;
    }
// #endif

  return;
/*

  // kill any routes we have using this link
  route_cache->noticeDeadLink(from_id, to_id,
                              Scheduler::instance().clock());

  // give ourselves a chance to save the packet
  undeliverablePkt(pkt->copy(), 1);

  // now kill all the other packets in the output queue that would
```

```
// use the same next hop.  This is reasonable, since 802.11 has
// already retried the xmission multiple times => a persistent failure.
Packet *r, *nr, *head = 0;                    // pkts to be recycled
while((r = ifq->prq_get_nexthop(to_id.getNSAddr_t()))) {
  r->next_ = head;
  head = r;
}
// the packets are now in the reverse order of how they appeared in the IFQ
// so reverse them again
for(r = head, head = 0; r; r = r->next_) {
  r->next_ = head;
  head = r;
}
// now process them in order
for(r = head; r; r = nr) {
  nr = r->next_;
  undeliverablePkt(r, 1);
}

// warp pkt into a route error message
if (tell_id == net_id || tell_id == MAC_id)
  { // no need to send the route error if it's for us
    if (verbose)
      trace("Sdebug _%s_ not bothering to send route error to ourselves",
            tell_id.dump());
    Packet::free(pkt);    // no drop needed
    pkt = 0;
    return;
  }

if (srh->num_route_errors() >= MAX_ROUTE_ERRORS)
  { // no more room in the error packet to nest an additional error.
    // this pkt's been bouncing around so much, let's just drop and let
    // the originator retry
    // Another possibility is to just strip off the outer error, and
    // launch a Route discovey for the inner error XXX -dam 6/5/98
```

```
      trace("SDFU  %.5f _%s_ dumping maximally nested error %s  %d -> %d",
            Scheduler::instance().clock(), net_id.dump(),
            tell_id.dump(),
            from_id.dump(),
            to_id.dump());
      Packet::free(pkt);     // no drop needed
      pkt = 0;
      return;
    }

  link_down *deadlink = &(srh->down_links()[srh->num_route_errors()]);
  deadlink->addr_type = srh->addrs[srh->cur_addr()].addr_type;
  deadlink->from_addr = srh->addrs[srh->cur_addr()].addr;
  deadlink->to_addr = srh->addrs[srh->cur_addr()+1].addr;
  deadlink->tell_addr = srh->addrs[0].addr;
  srh->num_route_errors() += 1;

  if (verbose)
    trace("Sdebug %.5f _%s_ sending into dead-link (nest %d) tell %d  %d -> %d",
          Scheduler::instance().clock(), net_id.dump(),
          srh->num_route_errors(),
          deadlink->tell_addr,
          deadlink->from_addr,
          deadlink->to_addr);

  srh->route_error() = 1;
  srh->route_reply() = 0;
  srh->route_request() = 0;

  iph->dst() = deadlink->tell_addr;
  iph->dport() = RT_PORT;
  iph->src() = net_id.addr;
  iph->sport() = RT_PORT;
  iph->ttl() = 255;

  cmh->ptype() = PT_DSR;          // cut off data
```

```
    cmh->size() = IP_HDR_LEN;
    cmh->num_forwards() = 0;
    // assign this packet a new uid, since we're sending it
    cmh->uid() = uidcnt_++;

    SRPacket p(pkt, srh);
    p.route.setLength(p.route.index()+1);
    p.route.reverseInPlace();
    p.dest = tell_id;
    p.src = net_id;

    // send out the Route Error message
    sendOutPacketWithRoute(p, true);

*/
}

void
XmitFailureCallback(Packet *pkt, void *data)
{
   DSRAgent *agent = (DSRAgent *)data; // cast of trust
   agent->xmitFailed(pkt);
}

bool
DSRAgent::replyFromRouteCache(SRPacket &p)
   // - see if can reply to this route request from our cache
     // if so, do it and return true, otherwise, return false
      //- frees or hands off p iff returns true
{

printf("\n replyFromRouteCache----");
printf("\n replyFromRouteCache----");

   float tmp_rqtime;
```

```
Path temp_route;
Path rest_of_route;
Path complete_route = p.route;
ID temp_id;
int id;

// we shouldn't yet be on on the pkt's current source route
assert(!p.route.member(net_id, MAC_id));

// do we have a cached route the target?
// XXX what if we have more than 1?  (and one is legal for reply from
  // cache and one isn't?) 1/28/97 -dam

if (request_table.get_num_reply(p.src, false) > 0)
   {
      return false;
   }

int ipar1 = 0;

id = request_table.findRoute(p.dest, rest_of_route, ipar1, true);
if (id == -1)
   {
      if (!route_cache->findRoute(p.dest, rest_of_route, 0))
         { // no route => we're done
            return false;
         }
   }

// but we should be on on the remainder of the route (and should be at
// the start of the route
assert(rest_of_route[0] == net_id || rest_of_route[0] == MAC_id);

if (rest_of_route.length() + p.route.length() > MAX_SR_LEN)
   return false; // too long to work with...
// add our suggested completion to the route so far
```

```
complete_route.appendPath(rest_of_route);

// call compressPath to remove any double backs
::compressPath(complete_route);

if (!complete_route.member(net_id, MAC_id))
  { // we're not on the suggested route, so we can't return it
    return false;
  }

hdr_sr *srh =  (hdr_sr*)p.pkt->access(off_sr_);
int request_seqnum = srh->rtreq_seq();

tmp_rqtime = srh->rq_time();

if (srh->route_request() == 1)  // on route request from source node
   {
      int spar1 = 0;
      if ((id == -1) ||      // Half path found
          ((id != -1) &&
           !(request_table.getRoute(p.dest, rest_of_route, spar1, id - 1, false))))
         {
           temp_route = p.route;
           p.route = complete_route;
           p.route.setIterator(temp_route.length());

           assert(p.route[p.route.index()] == net_id);

           srh->route_request() = 3;
           request_table.incr_num_reply(p.src, false);
           sendOutPacketWithRoute(p, false, arp_timeout);
           return true;
         }
      else  // Full path found
         {
           int ipar2 = 0;
```

```
id = request_table.findRoute(p.src, temp_route, ipar2, true);

if ((id == -1) ||
    ((id != -1) &&
    (rest_of_route.length() + temp_route.length() - 1
       > MAX_SR_LEN)))
   {  // too long to work with...

     if (!route_cache->findRoute(p.src, temp_route, 0))
        {  // use Half path
          temp_route = p.route;
          p.route = complete_route;
          p.route.setIterator(temp_route.length());

          assert(p.route[p.route.index()] == net_id);

          srh->route_request() = 3;
          request_table.incr_num_reply(p.src, false);
          sendOutPacketWithRoute(p, false, arp_timeout);
          return true;
        }
     else
        {
          if (rest_of_route.length() + temp_route.length() - 1
                > MAX_SR_LEN)
             {  // use Half path
                temp_route = p.route;
                p.route = complete_route;
                p.route.setIterator(temp_route.length());

                assert(p.route[p.route.index()] == net_id);

                srh->route_request() = 3;
                request_table.incr_num_reply(p.src, false);
                sendOutPacketWithRoute(p, false, arp_timeout);
                return true;
```

```
    }
  else
    { // use Full path
      temp_id = p.dest;
      p.dest = p.src;
      p.src = temp_id;
      p.pkt = allocpkt();

      hdr_ip *iph =
             (hdr_ip *)p.pkt->access(off_ip_);

      iph->src() = p.src.addr;
      iph->sport() = RT_PORT;
      iph->dst() = p.dest.addr;
      iph->dport() = RT_PORT;
      iph->ttl() = 255;

      hdr_sr *srh1 =
             (hdr_sr *)p.pkt->access(off_sr_);

      srh1->init();

      for (int i = 0; i < complete_route.length()
                    ; i++)
        complete_route[i].fillSRAddr(srh1->reply_addrs()[i]);
      srh1->route_reply_len() = complete_route.length();
      srh1->route_reply() = 2;
      srh1->rtreq_seq() = request_seqnum;

      srh1->rq_time() = tmp_rqtime;

      hdr_cmn *cmnh = (hdr_cmn *)p.pkt->access(off_cmn_);

      cmnh->ptype() = PT_DSR;
      cmnh->size() = IP_HDR_LEN;
```

```
                CopyIntoPath(p.route, rest_of_route, 0,
                        rest_of_route.length()     -      2);


                srh1->route_request() = 0;
                p.route.appendPath(temp_route);
                ::compressPath(p.route);
                if (!p.route.member(net_id, MAC_id))
                  {
                    return false;
                  }
                p.route.setIterator(rest_of_route.length() - 1);
                request_table.incr_num_reply(p.dest, false);
                sendOutPacketWithRoute(p, false,
                          arp_timeout);
                return true;
              }
            }
        }
    else
      {  // use Full path
        temp_id = p.dest;
        p.dest = p.src;
        p.src = temp_id;
        p.pkt = allocpkt();
        hdr_ip *iph =
               (hdr_ip *)p.pkt->access(off_ip_);
        iph->src() = p.src.addr;
        iph->sport() = RT_PORT;
        iph->dst() = p.dest.addr;
        iph->dport() = RT_PORT;
        iph->ttl() = 255;
        hdr_sr *srh1 =
               (hdr_sr *)p.pkt->access(off_sr_);

        srh1->init();
```

```
            for (int i = 0; i < complete_route.length()
                              ; i++)
               complete_route[i].fillSRAddr(srh1->reply_addrs()[i]);
            srh1->route_reply_len() = complete_route.length();
            srh1->route_reply() = 2;
            srh1->rtreq_seq() = request_seqnum;
            srh1->rq_time() = tmp_rqtime;
            hdr_cmn *cmnh = (hdr_cmn *)p.pkt->access(off_cmn_);
            cmnh->ptype() = PT_DSR;
            cmnh->size() = IP_HDR_LEN;

            CopyIntoPath(p.route, rest_of_route, 0,
                              rest_of_route.length()-2);
        srh1->route_request() = 0;
            p.route.appendPath(temp_route);
            ::compressPath(p.route);
            if (!p.route.member(net_id, MAC_id))
               {
                  return false;
               }
            p.route.setIterator(rest_of_route.length() - 1);
            request_table.incr_num_reply(p.dest, false);
            sendOutPacketWithRoute(p, false,
                              arp_timeout);
            return true;
          }
      }
   } // route_request() = 1
else  // on route request for route reply from destination node
   {
      temp_route = p.route;
      p.route = complete_route;
      p.route.setIterator(temp_route.length());

      assert(p.route[p.route.index()] == net_id);
```

```
            srh->route_request() = 3;
            request_table.incr_num_reply(p.src, false);
            sendOutPacketWithRoute(p, false, arp_timeout);
            return true;
        }
}

void
DSRAgent::fprint_pkt(Packet *pkt)
{
  hdr_sr *srh = (hdr_sr*)pkt->access(off_sr_);
  hdr_ip *iph = (hdr_ip*)pkt->access(off_ip_);

  SRPacket p(pkt, srh);
  p.dest = ID(iph->dst(), ::IP);
  p.src = ID(iph->src(), ::IP);

  if (net_id == p.src) fprintf(fp, "\t s : %s", net_id.dump());
  else if (net_id == p.dest) fprintf(fp, "\t d : %s", net_id.dump());
  else fprintf(fp, "\t i : %s", net_id.dump());
}
int
DSRAgent::av_re_de()
{
          /*int rsum = 0;
          request_table.rdfind(rsum);

          return (256 - rsum);*/
          return 256;
}

void
DSRAgent::av_re_de_insert(SRPacket &p)
{
    hdr_sr *srh =  (hdr_sr*)p.pkt->access(off_sr_);
```

```
        request_table.rgetEntry(p.src, p.dest, srh->cur_addr(), srh->PAR(), srh->RES());

}

void
DSRAgent::fprint_sum(int net_no)
{
  float avg_rt_set, avg_err_revive, avg_trans_time;

  printf("\n net_no : %d", net_no);
  fprintf(fp,"\n net_no : %d", net_no);

  if (cn_rt_set == 0) avg_rt_set = 0;
  else avg_rt_set = sum_rt_set / cn_rt_set;
  t_avg_rt_set += avg_rt_set;
  printf(" \n avg_rt_set : %6.2f", avg_rt_set);

  avg_err_revive = (1.5*hello_interval+avg_rt_set)/3.0;

  if (cn_trans_time ==0) avg_trans_time = 0;
  else avg_trans_time = sum_trans_time / cn_trans_time;
  t_avg_trans_time += avg_trans_time;
  printf(" \n avg_trans_time : %6.2f", avg_trans_time);

//  if (cn_recv == 0 || cn_sent == 0) suc_recv_rate = 0;
//  else suc_recv_rate = cn_recv /  ;
  tcn_recv += cn_recv;
  tcn_sent += cn_sent;

//modify3
  tcn_brecv += cn_brecv;
  tcn_bsent += cn_bsent;
  tcn_qrecv += cn_qrecv;
  tcn_qsent += cn_qsent;
//modify3
```

```
printf("\n cn_recv : %6.0f, cn_sent : %6.0f", cn_recv, cn_sent);
printf("\n tcn_recv : %6.0f, tcn_sent  : %6.0f", tcn_recv, tcn_sent);

fprintf(fp,"\n cn_recv : %6.0f, cn_sent : %6.0f", cn_recv, cn_sent);
fprintf(fp,"\n tcn_recv : %6.0f, tcn_sent : %6.0f", tcn_recv, tcn_sent);

//getchar();
fprintf(fp, "\n last route setting time : %6.6f, current time : %6.6f",
                rt_set, rt_set_last_time);

fprintf(fp, "\n----------+------------+---------------+---------------");
fprintf(fp, "\n   NetID  ¦ AVG_RT_SET ¦  AVG_ERR_REV  ¦  AVG_TRANS_T  ");
fprintf(fp, "\n----------+------------+---------------+---------------");
fprintf(fp, "\n     %d   ¦", net_no);
if (cn_rt_set == 0) fprintf(fp, "            ¦");
else fprintf(fp, "  %6.3f    ¦", avg_rt_set);
fprintf(fp, "  %6.3f       ¦", avg_err_revive);
if (cn_trans_time ==0) fprintf(fp, "              ¦");
else fprintf(fp, "  %6.3f        ", avg_trans_time);

//  if (cn_recv == 0) fprintf(fp, "              ¦");
//  else fprintf(fp, "\n  %6.2f ¦", suc_recv_rate);
  fprintf(fp, "\n----------+------------+---------------+---------------");

}

#if 0

/* this is code that implements Route Reply holdoff to prevent route
   reply storms.  It's described in the kluwer paper and was used in
   those simulations, but isn't currently used.  -dam 8/5/98 */

/*==============================================================
  Callback Timers to deal with holding off  route replies

  Basic theory: if we see a node S that has requested a route to D
```

```
  send a packet to D via a route of length <= ours then don't send
  our route.  We record that S has used a good route to D by setting
  the best_length to -1, meaning that our route can't possibly do
  S any good (unless S has been lied to, but we probably can't know
  that).

  NOTE: there is confusion in this code as to whether the requestor
  and requested_dest ID's are MAC or IP... It doesn't matter for now
  but will later when they are not the same.

---------------------------------------------------------------*/
struct RtHoldoffData: public EventData {
  RtHoldoffData(DSRAgent *th, Packet *pa, int ind):t(th), p(pa), index(ind)
  {}
  DSRAgent *t;
  Packet *p;
  int index;
};

void
RouteReplyHoldoffCallback(Node *node, Time time, EventData *data)
// see if the packet inside the data is still in the
// send buffer and expire it if it is
{
  Packet *p = ((RtHoldoffData *)data)->p;
  DSRAgent *t = ((RtHoldoffData *)data)->t;
  int index = ((RtHoldoffData *)data)->index;

  RtRepHoldoff *entry = &(t->rtrep_holdoff[index]);
  assert((entry->requestor == p->dest));

  // if we haven't heard the requestor use a route equal or better
  // than ours then send our reply.
  if ((lsnode_require_use && entry->best_length != -1)
      || (!lsnode_require_use && entry->best_length > entry->our_length))
    { // we send
```

```
        world_statistics.sendingSrcRtFromCache(t,time,p);
        t->sendPacket(t,time,p);
      }
    else
      { // dump our packet
        delete p;
      }
    entry->requestor = invalid_addr;
    entry->requested_dest = invalid_addr;
    delete data;
    t->num_heldoff_rt_replies--;
}

void
DSRAgent::scheduleRouteReply(Time t, Packet *new_p)
  // schedule a time to send new_p if we haven't heard a better
  // answer in the mean time.  Do not modify new_p after calling this
{
  for (int c = 0; c < RTREP_HOLDOFF_SIZE; c ++)
    if (rtrep_holdoff[c].requested_dest == invalid_addr) break;
  assert(c < RTREP_HOLDOFF_SIZE);

  Path *our_route = &(new_p->data.getRoute().source_route);
  rtrep_holdoff[c].requested_dest = (*our_route)[our_route->length() - 1];
  rtrep_holdoff[c].requestor = new_p->dest;
  rtrep_holdoff[c].best_length = MAX_ROUTE_LEN + 1;
  rtrep_holdoff[c].our_length = our_route->length();

  Time send_time = t +
    (Time) (our_route->length() - 1) * rt_rep_holdoff_period
    + U(0.0, rt_rep_holdoff_period);
  RegisterCallback(this,&RouteReplyHoldoffCallback, send_time,
                   new RtHoldoffData(this,new_p,c));
  num_heldoff_rt_replies++;
}
```

```
void
DSRAgent::snoopForRouteReplies(Time t, Packet *p)
  // see if p is a route reply that we're watching for
  // or if it was sent off using a route reply we're watching for
{
  for (int c = 0 ; c <RTREP_HOLDOFF_SIZE ; c ++)
    {
      RtRepHoldoff *entry = &(rtrep_holdoff[c]);

      // there is no point in doing this first check if we're always
      // going to send our route reply unless we hear the requester use one
      // better or equal to ours
      if (entry->requestor == p->dest
          && (p->type == ::route_reply || p->data.sourceRoutep()))
        { // see if this route reply is one we're watching for
          Path *srcrt = &(p->data.getRoute().source_route);
          if (!(entry->requested_dest == (*srcrt)[srcrt->length()-1]))
            continue;                    // it's not ours
          if (entry->best_length > srcrt->length())
            entry->best_length = srcrt->length();
        } // end if we heard a route reply being sent
      else if (entry->requestor == p->src
               && entry->requested_dest == p->dest)
        { // they're using a route reply! see if ours is better
          if (p->route.length() <= entry->our_length)
            { // Oh no! they've used a better path than ours!
              entry->best_length = -1; //there's no point in replying.
            }
        } // end if they used used route reply
      else
        continue;
    }
}
#endif 0
```

2. requesttable.h

```
/* requesttable.h

   implement a table to keep track of the most current request
   number we've heard from a node in terms of that node's id

   $Id: requesttable.cc,v 1.3 1998/05/13 22:21:19 dmaltz Exp $
*/

#include "path.h"
#include "constants.h"
#include "requesttable.h"

static Time live_time = 0.1;
Entry::Entry(int s): size_(s)
{
   size_ = s;
   cache = new Path[size_];
   length_ = 0;
   num_reply = 0;
   found_route = false;
   src_ = false;
}

Entry::~Entry()
{
   delete[] cache;
}


RequestTable::RequestTable(int s): size(s)
{
   size = s;
   table = new Entry[size];
```

```
  ptr = 0;
  origin = new Entry[size];
  ptr_org = 0;
  rese = new Entry[size];
  ptr_res = 0;

}

RequestTable::~RequestTable()
{
  delete[] table;
  delete[] origin;
  delete[] rese;
}

int
RequestTable::find(const ID& net_id, const ID& MAC_id, bool orig) const
{
  if (orig)  // requestor
     {
       for (int c = 0 ; c < size ; c++)
           if (origin[c].net_id == net_id || origin[c].MAC_id == MAC_id)
              return c;
       return size;
     }
  else   // replier or intermediate nodes
     {
       for (int c = 0 ; c < size ; c++)
           if (table[c].net_id == net_id || table[c].MAC_id == MAC_id)
              return c;
       return size;
     }
}

int
RequestTable::get(const ID& id) const
```

```
{
  int existing_entry = find(id, id, false);

  if (existing_entry >= size)
    {
      return 0;
    }
  return table[existing_entry].req_num;
}

Entry*
RequestTable::getEntry(const ID& id)
{

//printf("\n getEntry -------");
//printf("\n getEntry -------");

  int existing_entry = find(id, id, true);

  if (existing_entry >= size)
     {
        origin[ptr_org].length_ = 0;
        origin[ptr_org].MAC_id = id;
        origin[ptr_org].net_id = id;
        origin[ptr_org].req_num = 0;
        origin[ptr_org].last_arp = 0.0;
        origin[ptr_org].rt_reqs_outstanding = 0;
        origin[ptr_org].last_rt_req = -(rt_rq_period + 1.0);
        existing_entry = ptr_org;
        ptr_org = (ptr_org + 1) % size;
     }
  return &(origin[existing_entry]);
}

void
RequestTable::rgetEntry(const ID& id1, const ID& id2, const int& id3, int& par, int&
```

```
res)
{

//printf("\n getEntry -------");
//printf("\n getEntry -------");
  Time current = Scheduler::instance().clock();

  int existing_entry = rfind(id1, id2, id3);

//  printf("SIZE = %d",existing_entry);
//  getchar();

  if (existing_entry >= size)
  {
        rese[ptr_res].rsrc = id1;
        rese[ptr_res].rdest = id2;
        rese[ptr_res].rindex = id3;
        rese[ptr_res].rvalue = par;
        rese[ptr_res].r_time = current;

        ptr_res = (ptr_res + 1) % size;
  }
  else
  {
        rese[existing_entry].r_time = current;
  }
}

int
RequestTable::rfind(const ID& id1,const ID& id2, const int& id3) const
{
        for (int c = 0 ; c < size ; c++)
        {
            //if              ((rese[c].rsrc              ==              id1)&&(rese[c].rdest
//          ==id2)&&(rese[c].rindex == id3))
            if ((rese[c].rsrc == id1)&&(rese[c].rdest ==id2))
```

```
            {
                //printf("SIZE = %d",c);
                //getchar();
                return c;
            }
        }
        return size;
}

void
RequestTable::rdfind(int& rsum) const
{
        Time current = Scheduler::instance().clock();
        Time rlive_time = 0.001;//고찰사항, 성능평가

        for (int c = 0 ; c < size ; c++)
        {
            if (current - rese[c].r_time < rlive_time)
            {
                rsum = rsum + rese[c].rvalue;
            }
        }
}

bool
RequestTable::getfull(const ID& id, bool orig)
{
  int existing_entry = find(id, id, orig);

  if (orig)
    {
      return (origin[existing_entry].length_ >=
                origin[existing_entry].size_);
    }
  else
    {
```

```
        return (table[existing_entry].length_ >=
                table[existing_entry].size_);
      }
}

int
RequestTable::getlen(const ID& id, bool orig)
{
  int existing_entry = find(id, id, orig);

  if (orig)
      {
        return (origin[existing_entry].length_);
      }
  else
      {
        return (table[existing_entry].length_);
      }
}

void
RequestTable::incrlen(const ID& id, bool orig)
{
  int existing_entry = find(id, id, orig);

  if (orig)
      {
        origin[existing_entry].length_++;
        return;
      }
  else
      {
        table[existing_entry].length_++;
        return;
      }
}
```

```
void
RequestTable::set_found_route(const ID& id)
{
  int existing_entry = find(id, id, false);

  table[existing_entry].found_route = true;
  return;
}

void
RequestTable::reset_found_route(const ID& id)
{
  int existing_entry = find(id, id, false);

  table[existing_entry].found_route = false;
  return;
}

bool
RequestTable::is_found_route(const ID& id)
{
  int existing_entry = find(id, id, false);

  return (table[existing_entry].found_route);
}

int
RequestTable::get_num_reply(const ID& id, bool orig)
{
  //printf("test-------");
  int existing_entry = find(id, id, orig);

  if (orig)
     {
```

```
            return (origin[existing_entry].num_reply);
         }
    else
         {
            return (table[existing_entry].num_reply);
         }
}

void
RequestTable::incr_num_reply(const ID& id, bool orig)
{
   int existing_entry = find(id, id, orig);

   if (orig)
         {
            origin[existing_entry].num_reply++;
            return;
         }
   else
         {
            table[existing_entry].num_reply++;
            return;
         }
}

/*
void
RequestTable::insert(const ID& net_id, int req_num, bool origin)
{
   insert(net_id,0,req_num, origin);
}
*/

int
RequestTable::insert(const ID& id, Path& path, int par, int req_num, bool orig)
{
```

```
//printf("\n insert-----------");
//printf("\n insert-----------");

  Time current = Scheduler::instance().clock();

  int existing_entry = find(id, id, orig);

  if (orig)  // requestor
    {
      if (existing_entry < size)
        {
          if (origin[existing_entry].req_num > req_num)
            {
              return -1;
            }

          if(origin[existing_entry].req_num < req_num)
          {
                origin[existing_entry].length_ = 0;
                origin[existing_entry].cache[0].reset();
                CopyIntoPath(origin[existing_entry].cache[0],
                             path, 0, path.length() - 1);

                origin[existing_entry].cache[0].TPAR() = par;

                origin[existing_entry].cache[0].last_time()
                  = current;

                origin[existing_entry].length_++;
                origin[existing_entry].req_num = req_num;

                return 1;
          }
          int max = 257;
          int max_index = 0;
          int index, m, n;
```

```
if (get_len(existing_entry) == 0)
   {
      origin[existing_entry].cache[0].reset();
      CopyIntoPath(origin[existing_entry].cache[0],
                        path, 0, path.length() - 1);

      origin[existing_entry].cache[0].TPAR() = par;
//printf("tpar: %d",origin[existing_entry].cache[0].TPAR());
      origin[existing_entry].cache[0].last_time()
                              = current;
      origin[existing_entry].length_++;
      origin[existing_entry].cache[0].invalid()
          = false;
      return 1;
   }

for (index = 0; index < origin[existing_entry].length_; index++)
   {
      if (origin[existing_entry].cache[index].TPAR() < max)
         {
            max = origin[existing_entry].cache[index].TPAR();
            max_index = index;
         }
      for (m = 1; m < origin[existing_entry].cache[index].length() - 1;
               m++)
         {
            for (n = 1; n < path.length() - 1; n++)
               {
                  if (origin[existing_entry].cache[index][m] == path[n])
                     {
                        if (origin[existing_entry].cache[index].TPAR()
                              < par)
                           {
                              origin[existing_entry].cache[index].reset();
```

```
CopyIntoPath(origin[existing_entry].cache[index],
                path, 0, path.length() - 1);

origin[existing_entry].cache[index].TPAR() = par;

origin[existing_entry].cache[index].last_time()
                                        = current;
                                      origin[existing_entry].cache[index].invalid()    =
false;

/*
printf("\n  insert in origin[%d].cache[%d]",
            existing_entry, index);
*/
                    return (index + 1);

                              }
                         else
                               {
                                 return -1;
                               }
                          }
                       }
                    }
                 }
              if(origin[existing_entry].length_ >= origin[existing_entry].size_)
                 {
                   if (max < par) // replace with new path
                      {
                         origin[existing_entry].cache[max_index].reset();
                         CopyIntoPath(origin[existing_entry].cache[max_index],
                                        path, 0, path.length() - 1);

                 origin[existing_entry].cache[max_index].TPAR() = par;
```

```
                origin[existing_entry].cache[max_index].last_time()
                            = current;
                origin[existing_entry].cache[max_index].invalid() = false;

/*
printf("\n  insert in origin[%d].cache[%d]",
              existing_entry, max_index);
*/
/*
printf("\n  insert in origin[%d].cache[%d]",
              existing_entry, max_index);
*/
                        return (max_index + 1);



                      }
                  else
                      {
                        return -1;
                      }
                }
              else  // make new cache entry
                {
                  origin[existing_entry].cache[index].reset();
                  CopyIntoPath(origin[existing_entry].cache[index],
                               path, 0, path.length() - 1);

                  origin[existing_entry].cache[index].TPAR() = par;

                  origin[existing_entry].cache[index].last_time()
                    = current;

                  origin[existing_entry].length_++;

                  origin[existing_entry].cache[index].invalid()
                    = false;
```

```
/*
printf("\n  insert in origin[%d].cache[%d]",
              existing_entry, index);
*/
/*
printf("\n  insert in origin[%d].cache[%d]",
              existing_entry, index);
*/
                    return (index + 1);
                  }
              }
          else
              {
                return -1;
              }
        }
    else      // replier or intermediate nodes
        {
          if (existing_entry < size)
              {
                if (table[existing_entry].req_num > req_num)
                  {
                    return -1;
                  }
                if (table[existing_entry].req_num == req_num)
                  {
                    if (table[existing_entry].length_ >= table[existing_entry].size_)
                      {
                        return -1;
                      }
                    else
                      {
                        int index, m, n;

                        for (index = 0; index < table[existing_entry].length_;
                                index++)
```

```
                    {
                      for (m = 1;
                           m < table[existing_entry].cache[index].length() - 1
                           ;m++)
                         {
                           for (n = 1; n < path.length() - 1; n++)
                              {

                                 if (table[existing_entry].cache[index][m]
                                       == path[n])
                                    {
                                      return -1;
                                    }
                              }
                         }
                    }
                 table[existing_entry].cache[index].reset();
                 CopyIntoPath(table[existing_entry].cache[index],
                              path, 0, path.length() - 1);
                 table[existing_entry].cache[index].TPAR() = par;

                 table[existing_entry].cache[index].last_time()
                   = current;
/*
printf("\n  insert in table[%d].cache[%d]",
            existing_entry,index);
printf("\n  insert in table[%d].cache[%d]",
            existing_entry, index);
 */
                 table[existing_entry].length_++;
                 return (index + 1);
              }
          }
        else  // table[existing_entry].req_num < req_num
          {
            table[existing_entry].length_ = 0;
```

```
                    table[existing_entry].cache[0].reset();
                    CopyIntoPath(table[existing_entry].cache[0],
                                   path, 0, path.length() - 1);
                    table[existing_entry].cache[0].TPAR() = par;

                    table[existing_entry].cache[0].last_time()
                      = current;

                    table[existing_entry].length_++;
                    table[existing_entry].req_num = req_num;
/*
printf("\n  insert in table[%d].cache[0]",
             existing_entry);
printf("\n  insert in table[%d].cache[0]",
             existing_entry);
*/

                     return 1;
                   }
              }
         else    // make new table entry
              {   // otherwise add it in
                table[ptr].length_ = 0;
                table[ptr].cache[0].reset();
                CopyIntoPath(table[ptr].cache[0], path, 0, path.length() - 1);

                table[ptr].cache[0].TPAR() = par;
//                printf("tpar: %d",table[ptr].cache[0].TPAR());
//                getchar();

                table[ptr].cache[0].last_time() = current;

                table[ptr].length_++;
                table[ptr].MAC_id = id;
                table[ptr].net_id = id;
                table[ptr].req_num = req_num;
```

```
                table[ptr].last_arp = 0.0;
                table[ptr].rt_reqs_outstanding = 0;
                table[ptr].last_rt_req = -(rt_rq_period + 1.0);
                ptr = (ptr + 1) % size;
/*
printf("\n  insert in table[%d].cache[0]",
                ptr);
printf("\n  insert in table[%d].cache[0]",
                ptr);
*/
                return 1;
             }
        }
}

int
RequestTable::findRoute(const ID& id, Path& path, int& par, bool orig)
{

//printf("\n findRoute----------");
//printf("\n findRoute----------");

  Time current = Scheduler::instance().clock();

  int existing_entry = find(id, id, orig);

/*
printf("\n found existing_entry : %d", existing_entry);
*/

  if (existing_entry >= size)
     {
       return -1;
     }

  if (orig)
```

```
        {

/*
printf("\n found entry length : %d", get_len(existing_entry));
*/

            if (origin[existing_entry].length_ == 0)
              {
                return -1;
              }
            else
              {
                int min = -1;
                int min_index = 0;
                int index;

                for (index = 0; index < origin[existing_entry].length_;
                      index++)
                    {
/*
printf("\n pass pass pass ----- 1");
*/

                      if (!(origin[existing_entry].cache[index].invalid()) &&
                         (origin[existing_entry].cache[index].TPAR() > min)
                        && (current - origin[existing_entry].cache[index].last_time()
                            < live_time))
                         {
/*
printf("\n pass pass pass ----- 2");
*/

                            min = origin[existing_entry].cache[index].TPAR();
                            min_index = index;
                         }
                    }
```

```
            //modify20
            if( current - origin[existing_entry].cache[min_index].last_time()
                  > live_time)
            {
                  return -1;
            }
            //modify20
            CopyIntoPath(path,origin[existing_entry].cache[min_index], 0 ,
                      origin[existing_entry].cache[min_index].length() - 1);

            par = origin[existing_entry].cache[min_index].TPAR();

            origin[existing_entry].cache[min_index].last_time()
              = current;
/*
printf("\n  found route in origin[%d].cache[%d]",
            existing_entry, min_index);
printf("\n  found route in origin[%d].cache[%d]",
            existing_entry, min_index);
*/
            return (min_index + 1);
          }
      }

   else
      {
        if (table[existing_entry].length_ == 0)
          {
            return -1;
          }
        else
          {
            int min = -1;
            int min_index = 0;
            int index;
```

```
                for (index = 0; index < table[existing_entry].length_;
                     index++)
                  {
                     if ((table[existing_entry].cache[index].TPAR() > min) &&
                          (current - table[existing_entry].cache[index].last_time()
                            < live_time))
                        {
                          min = table[existing_entry].cache[index].TPAR();
                          min_index = index;
                        }
                  }

                CopyIntoPath(path, table[existing_entry].cache[min_index],
                       0, table[existing_entry].cache[min_index].length() - 1);

                par = table[existing_entry].cache[min_index].TPAR();

                table[existing_entry].cache[min_index].last_time()
                  = current;
/*
printf("\n  found route in table[%d].cache[%d]",
                existing_entry, min_index);
printf("\n  found route in table[%d].cache[%d]",
                existing_entry, min_index);
*/
                return (min_index + 1);
              }
       }
}

bool
RequestTable::getRoute(const ID& id, Path& path, int& par, int index, bool orig)

{

//printf("\n getRoute----------");
//printf("\n getRoute----------");
```

```
    //Time live_time = 30.0;
    Time current = Scheduler::instance().clock();

    int existing_entry = find(id, id, orig);

    if (existing_entry >= size)
      {
        return false;
      }

    if (orig)
      {
        if ((origin[existing_entry].length_ <= index ) ||
             (origin[existing_entry].cache[index].invalid()))
          {
            return false;
          }

        if (current - origin[existing_entry].cache[index].last_time()
              > live_time)
          {
            origin[existing_entry].cache[index].invalid() = 1;
            return false;
          }
        else
          {
            CopyIntoPath(path, origin[existing_entry].cache[index],
                 0, origin[existing_entry].cache[index].length() - 1);

            par = origin[existing_entry].cache[index].TPAR();

            origin[existing_entry].cache[index].last_time() = current;
/*
printf("\n   got route in origin[%d].cache[%d]",
            existing_entry, index);                              printf("\n   got
route in origin[%d].cache[%d]",
```

```
                    existing_entry, index);
*/
                    return true;
                }
            }
        else
            {
            if ((table[existing_entry].length_ <= index) ||
                (current - table[existing_entry].cache[index].last_time()
                  > live_time))
                {
                    return false;
                }
            else
                {
                    CopyIntoPath(path, table[existing_entry].cache[index],
                        0, table[existing_entry].cache[index].length() - 1);

                    par = origin[existing_entry].cache[index].TPAR();

                    table[existing_entry].cache[index].last_time() = current;
/*
printf("\n  got route in table[%d].cache[%d]",
                    existing_entry,index);
printf("\n  got route in table[%d].cache[%d]",
                    existing_entry, index);
*/
                    return true;
                }
            }
}

void
RequestTable::hgetRoute(const ID& id, int par, int rpar, int index)
{
//printf("\n getRoute----------");
//printf("\n getRoute----------");
```

```
    int existing_entry = find(id, id, true);

    origin[existing_entry].cache[index].TPAR() = par;

    existing_entry = find(id, id, false);
    table[existing_entry].cache[index].TPAR() = rpar;
}

void
RequestTable::inRoute(const ID& id, Path& path, int& par, int index)
{
//printf("\n inRoute----------");
//printf("\n inRoute----------");

    Time current = Scheduler::instance().clock();

    int existing_entry = find(id, id, false);

    if (existing_entry < size)
        {
            CopyIntoPath(table[existing_entry].cache[index - 1], path,
                            0, path.length() - 1);

            table[existing_entry].cache[index - 1].TPAR() = par;

            table[existing_entry].cache[index - 1].last_time() = current;
/*
printf("\n   in route in table[%d].cache[%d]",
                existing_entry, index - 1);
printf("\n   in route in table[%d].cache[%d]",
                existing_entry, index - 1);
*/
            return;
        }
}
```

```
bool
RequestTable::is_src(int index)
{
  return (origin[index].src_);
}

void
RequestTable::set_src(const ID& id)
{
  int existing_entry = find(id, id, true);

  if (existing_entry < size)
      {
        origin[existing_entry].src_ = true;
        return;
      }
}

void
RequestTable::reset_src(const ID& id)
{
  int existing_entry = find(id, id, true);

  if (existing_entry < size)
      {
        origin[existing_entry].src_ = false;
        return;
      }
}

int
RequestTable::get_len(int index)
{
  return (origin[index].length_);
}

bool
```

```
RequestTable::get_Route(int index, int i, Path& hello_route, int& par)
{

//printf("\n get_Route----------");
//printf("\n get_Route----------");

  Time current = Scheduler::instance().clock();

  if (!(origin[index].cache[i].hello()) &&
      (origin[index].cache[i].invalid() == 0))
     {
       CopyIntoPath(hello_route, origin[index].cache[i],
                    0, origin[index].cache[i].length() - 1);

       par = origin[index].cache[i].TPAR();

       origin[index].cache[i].hello() = 1;
       origin[index].cache[i].last_time() = current;
/*
printf("\n  get_route in origin[%d].cache[%d]",
            index, i);
printf("\n  get_route in origin[%d].cache[%d]",
            index, i);
*/
       return true;
     }
  else
     {
       if (origin[index].cache[i].invalid() == 0)
          {
            origin[index].cache[i].invalid() = 1;
            return false;
          }
       return false;
     }
}
```

```
void
RequestTable::get_tRoute(const ID& id, int i, int& rpar)
{

//printf("\n get_tRoute----------");
//printf("\n get_tRoute----------");

  int index = find(id, id, false);
  if(index < size)
  {
      rpar = table[index].cache[i].TPAR();
  }

}
void
RequestTable::recvHello(const ID& id, int par, int rpar, int index)
{
  Time current = Scheduler::instance().clock();

  int existing_entry = find(id, id, true);

  origin[existing_entry].cache[index - 1].hello() = 0;
  origin[existing_entry].cache[index - 1].last_time() = current;

  origin[existing_entry].cache[index - 1].TPAR() = par;//수정코드4

  existing_entry = find(id, id, false);

  table[existing_entry].cache[index - 1].last_time() = current;

  table[existing_entry].cache[index - 1].TPAR() = rpar;//수정코드4

}
```

3. dsragent.h

```
/* dsragent.h
   $Id: dsragent.h,v 1.12 1998/08/05 17:21:54 dmaltz Exp $
   */

#ifndef _DSRAgent_h
#define _DSRAgent_h

class DSRAgent;

#include <stdarg.h>
#include <object.h>
#include <agent.h>
#include <trace.h>
#include <packet.h>
#include <cmu/priqueue.h>
#include <cmu/mac.h>
#include <scheduler.h>

#include "path.h"
#include "srpacket.h"
#include "routecache.h"
#include "requesttable.h"

#define BUFFER_CHECK 0.03          // seconds between buffer checks
#define RREQ_JITTER 0.010          // seconds to jitter broadcast route requests
#define SEND_TIMEOUT 30.0          // # seconds a packet can live in sendbuf
#define SEND_BUF_SIZE 64
#define RTREP_HOLDOFF_SIZE 10
#define GRAT_ROUTE_ERROR 0         // tell_addr indicating a grat route err

class ArpCallbackClass;
struct RtRepHoldoff {
  ID requestor;
```

```
  ID requested_dest;
  int best_length;
  int our_length;
};

struct SendBufEntry {
  Time t;                          // insertion time
  SRPacket p;
};

struct GratReplyHoldDown {
  Time t;
  Path p;
};

class SendBufferTimer : public TimerHandler {
public:
  SendBufferTimer(DSRAgent *a) : TimerHandler() { a_ = a;}
  void expire(Event *e);
protected:
  DSRAgent *a_;
};

LIST_HEAD(DSRAgent_List, DSRAgent);

class RenewTimer : public Handler {
public:
  RenewTimer(DSRAgent *a) : Handler() { agent = a; }
  void    handle(Event*);
private:
  DSRAgent *agent;
  Event      intr;
};

/*
class RenewTimer : public TimerHandler {
```

```
public:
  RenewTimer(DSRAgent *a) : TimerHandler() { a_ = a; }
  void   expire(Event *e);
protected:
  DSRAgent *a_;
};
*/

class DSRAgent : public Tap, public Agent {

public:

  virtual int command(int argc, const char*const* argv);
  virtual void recv(Packet*, Handler* callback = 0);

  void tap(const Packet *p);
  // tap out all data packets received at this host and promiscously snoop
  // them for interesting tidbits

  void Terminate(void);
        // called at the end of the simulation to purge all packets

  DSRAgent();
  ~DSRAgent();

  void resultsum(void);  //  total sum for network

private:

  FILE *fp;
  float sum_rt_set;          // sum of route setting time
  float sum_trans_time;    // sum of transmission time
  float rt_set;
  float rt_set_last_time;
```

```
    float cn_sent;       // count for sent packet per node
    float cn_recv;       // count for received packet per node

  //modify
    float cn_bsent;      // count for sent packet per node
    float cn_brecv;      // count for received packet per node
    float cn_qsent;      // count for sent packet per node
    float cn_qrecv;      // count for received packet per node
  //modify

    int cn_rt_set;
    int cn_trans_time;

    Trace *logtarget;
    int off_mac_;
    int off_ll_;
    int off_ip_;
    int off_sr_;

    // will eventually need to handle multiple infs, but this is okay for
    // now 1/28/98 -dam
    ID net_id, MAC_id;                // our IP addr and MAC addr
    NsObject *ll;                     // our link layer output
    PriQueue *ifq;           // output interface queue

    /******** internal state ********/

    RequestTable request_table;
    RouteCache *route_cache;
    SendBufEntry send_buf[SEND_BUF_SIZE];
    SendBufferTimer send_buf_timer;

    RenewTimer htimer;

    int route_request_num;  // number for our next route_request
    int num_heldoff_rt_replies;
```

```
  RtRepHoldoff rtrep_holdoff[RTREP_HOLDOFF_SIZE]; // not used 1/27/98
  GratReplyHoldDown grat_hold[RTREP_HOLDOFF_SIZE];
  int grat_hold_victim;

  bool route_error_held; // are we holding a rt err to propagate?
  ID err_from, err_to;        // data from the last route err sent to us
  Time route_error_data_time; // time err data was filled in

  /****** internal helper functions ******/
public:
  /* all handle<blah> functions either free or hand off the
     p.pkt handed to them */
  void handlePktWithoutSR(SRPacket& p, bool retry);
  /* obtain a source route to p's destination and send it off */
  void handlePacketReceipt(SRPacket& p);
  void handleForwarding(SRPacket& p);
  void handleRouteRequest(SRPacket &p);
  /* process a route request that isn't targeted at us */

  bool ignoreRouteRequestp(SRPacket& p);
  // assumes p is a route_request: answers true if it should be ignored.
  // does not update the request table (you have to do that yourself if
  // you want this packet ignored in the future)

  void sendOutRtReq(SRPacket &p, int max_prop = MAX_SR_LEN);
  // turn p into a route request and launch it, max_prop of request is
  // set as specified
  // p.pkt is freed or handed off

  void sendOutPacketWithRoute(SRPacket& p, bool fresh, Time delay = 0.0);
  // take packet and send it out packet must a have a route in it
  // fresh determines whether route is reset first
  // time at which packet is sent is scheduled delay secs in the future
  // pkt.p is freed or handed off

  void getRouteForPacket(SRPacket &p, bool retry);
```

```
/* try to obtain a route for packet
   pkt is freed or handed off as needed, unless in_buffer == true
   in which case they are not touched */
void acceptReqReply(SRPacket &p);
/* - enter the packet's source route into our cache
   - see if any packets are waiting to be sent out with this source route
   - doesn't free the p.pkt */

void acceptSrcReply(SRPacket &p);

void acceptDstReply(SRPacket &p);

void acceptConfirm(SRPacket &p);

void returnSrcRouteToRequestor(SRPacket &p);
// take the route in p, add us to the end of it and return the
// route to the sender of p
// doesn't free p.pkt
 bool replyFromRouteCache(SRPacket &p);
/* - see if can reply to this route request from our cache
   if so, do it and return true, otherwise, return false
   - frees or hands off p.pkt i ff returns true */
void processBrokenRouteError(SRPacket& p);
// take the error packet and proccess our part of it.
// if needed, send the remainder of the errors to the next person
// doesn't free p.pkt
void xmitFailed(Packet *pkt);
/* mark our route cache reflect the failure of the link between
   srh[cur_addr] and srh[next_addr], and then create a route err
   message to send to the orginator of the pkt (srh[0])
   p.pkt freed or handed off */
void undeliverablePkt(Packet *p, int mine);
/* when we've got a packet we can't deliver, what to do with it?
   frees or hands off p if mine = 1, doesn't hurt it otherwise */

void dropSendBuff(SRPacket &p);
```

```
    // log p as being dropped by the sendbuffer in DSR agent
    void stickPacketInSendBuffer(SRPacket& p);
    void sendBufferCheck();
    // see if any packets in send buffer need route requests sent out
    // for them, or need to be expired

    void sendHello(int index);
    void sendHelloAck(SRPacket& p);

    void sendRouteShortening(SRPacket &p, int heard_at, int xmit_at);
    // p was overheard at heard_at in it's SR, but we aren't supposed to
    // get it till xmit_at, so all the nodes between heard_at and xmit_at
    // can be elided.  Send originator of p a gratuitous route reply to
    // tell them this.

    void testinit();
    void trace(char* fmt, ...);

    void fprint_pkt(Packet *pkt);
    void fprint_sum(int net_no);
    int av_re_de();
    void av_re_de_insert(SRPacket &p);

  protected:
    friend void XmitFailureCallback(Packet *pkt, void *data);
    friend int FilterFailure(Packet *p, void *data);
    friend class SendBufferTimer;
    friend class RenewTimer;

  #if 0
    void scheduleRouteReply(Time t, Packet *new_p);
    // schedule a time to send new_p if we haven't heard a better
    // answer in the mean time.  Do not modify new_p after calling this
    void snoopForRouteReplies(Time t, Packet *p);

  friend void RouteReplyHoldoffCallback(Node *node, Time time, EventData *data);
```

```
#endif 0

  /* the following variables are used to send end-of-sim notices to all objects */
public:
        LIST_ENTRY(DSRAgent) link;
        static DSRAgent_List agthead;
};

#endif // _DSRAgent_h
```

4. requesttable.h

```
/* requesttable.h
   implement a table to keep track of the most current request
   number we've heard from a node in terms of that node's id
   implemented as a circular buffer
   $Id: requesttable.h,v 1.2 1998/02/17 20:27:52 dmaltz Exp $
*/

#ifndef _requesttable_h
#define _requesttable_h
#include "path.h"

class Entry;

enum LastType { LIMIT0, UNLIMIT};

class RequestTable {
public:
  RequestTable(int size = 30);
  ~RequestTable();
//  void insert(const ID& net_id, int req_num, bool orig);

  int insert(const ID& net_id, Path& path, int par, int req_num, bool orig);

  int get(const ID& id) const;
  // rtns 0 if id not found

  Entry* getEntry(const ID& id);


void rgetEntry(const ID& id1, const ID& id2, const int& id3, int& par, int& res);

  int rfind(const ID& id1,const ID& id2, const int& id3) const;
```

```
void rdfind(int& rsum) const;

int findRoute(const ID& id, Path& path, bool orig);
      // find shortest source route from request table
int findRoute(const ID& id, Path& path, int& par, bool orig);
bool getRoute(const ID& id, Path& path, int& par, int index, bool orig);
      // get source route from table(origin)[id].cache[index]
void hgetRoute(const ID& id, int par, int rpar, int index);
void inRoute(const ID& id, Path& path, int& par, int index);
        // update source route 'table[id].cache[index-1]' to 'path'
void recvHello(const ID& id, int par, int rpar, int index);
      // handle hello_ack message with path_id = index & dst = id
int get_num_reply(const ID& id, bool orig); // no. of route reply
                                            //(for forward or reverse path)
void incr_num_reply(const ID& id, bool orig);  // increase no. of route reply
bool is_found_route(const ID& id);    // Is the return path for route reply found?
void set_found_route(const ID& id);  // found_route = true
void reset_found_route(const ID& id); // found_route = false
bool getfull(const ID& id, bool orig);  // cache (for origin or table) is full
int getlen(const ID& id, bool orig); // get the length of cache occupied
void incrlen(const ID& id, bool orig); // increase the length of cache occupied
bool is_src(int index);  // Is this entry data packet originator?
void set_src(const ID& id);      // src_ = true
void reset_src(const ID& id);  // src_ = false
int get_len(int index);  // length of origin[index]
bool get_Route(int index, int i, Path& hello_route, int& par);
     // check if the path origin[index].cache[i] is valid.
     // if valid, put the path into hello_route
void get_tRoute(const ID& id, int i, int& rpar);
inline int getsize() { return size; }

private:
  int size;        // no. of entries
  Entry *origin; // for forward mutipaths from my node (i.e., primary cache)
  int ptr_org;
  Entry *table;  // for reply multipaths to be returned to the requestor from my
```

```
node
  int ptr;          // next position for new entry to be added
  Entry *rese;
  int ptr_res;
  int find(const ID& net_id, const ID& MAC_id, bool orig) const;
};

class Entry {
public:
  Entry(int size_ = 3);
  ~Entry();
  Path *cache;
  int size_;     // 3-multipath route cache for source or destination node
  int length_;  // no. of multipath route cache entries occupied
  int num_reply;  //  no. of route reply from destination node
  bool found_route;  //  Is the return path for route reply
                     //      found from destination node?
  bool src_;   // data packet originator?

  ID MAC_id;
  ID net_id;
  int req_num;
  Time last_arp;
  int rt_reqs_outstanding;
  Time last_rt_req;
  LastType last_type;
  ID rsrc;
  ID rdest;
  int rindex;
  int rvalue;
  Time r_time;
};
#endif //_requesttable_h
```

5. hdr_sr.h

```
/* hdr_sr.h
   source route header
   $Id: hdr_sr.h,v 1.9 1999/06/08 19:46:23 broch Exp $
*/
#ifndef sr_hdr_h
#define sr_hdr_h
#include <assert.h>
#include <packet.h>
#define SR_HDR_SZ 4                 // size of constant part of hdr
#define MAX_SR_LEN 16  // longest source route we can handle
#define MAX_ROUTE_ERRORS 3      // how many route errors can fit in
                                one pkt?

struct sr_addr {
  int addr_type;            /* same as hdr_cmn in packet.h */
  nsaddr_t addr;
};

struct link_down {
  int addr_type;            /* same as hdr_cmn in packet.h */
  nsaddr_t tell_addr;              // tell this host
  nsaddr_t from_addr;              // that from_addr host can no longer
  nsaddr_t to_addr;                // get packets to to_addr host
};

struct hdr_sr {
  int valid_;        /* is this header actually in the packet?
            and initialized? */
  int num_addrs_;
  int cur_addr_;
  struct sr_addr addrs_[MAX_SR_LEN];

  int route_request_;       /* is this a route request? */
```

```
int rtreq_seq_; // route request sequence number
int max_propagation_;    // how many times can RTreq be forwarded?
int route_reply_;                  // is the reply below valid?
int route_reply_len_;
struct sr_addr reply_addrs_[MAX_SR_LEN];

int route_error_;                  // are we carrying a route reply?
int num_route_errors_;
struct link_down down_links_[MAX_ROUTE_ERRORS];

static int offset_;                /* offset for this header */

int RES_   ;
int PAR_   ;
int RE_    ;
int Rmax_ ;
int Rmin_ ;
int RPAR_ ;
int RRE_   ;
int path_id_; // forwarding multipath id
int route_confirm_; // secondary route cache update on source route
int route_hello_;        // periodic source route renewal
int route_hello_ack_; // hello & hello_ack
int data_; // data packet
float rq_time_;    //timestamp for request packet
float dt_time_;    //timestamp for data packet
inline int& path_id() { return path_id_; }
inline int& route_confirm() { return route_confirm_; }
inline int& route_hello() { return route_hello_; }
inline int& route_hello_ack() { return route_hello_ack_; }
inline int & RES() {return RES_;}
inline int & PAR() {return PAR_;}
inline int & RE() {return RE_;}
inline int & Rmax() {return Rmax_;}
inline int & Rmin() {return Rmin_;}
inline int & RPAR() {return RPAR_;}
```

```
inline int & RRE() {return RRE_;}
inline float& rq_time() {return rq_time_;}
inline float& dt_time() {return dt_time_;}
inline int& data() { return data_; }
inline int& offset() { return offset_; }
inline int& valid() {return valid_;}
inline int& num_addrs() {return num_addrs_;}
inline int& cur_addr() {return cur_addr_;}
inline struct sr_addr* addrs() {return addrs_;}
inline int& route_request() {return route_request_;}
inline int& rtreq_seq() {return rtreq_seq_;}
inline int& max_propagation() {return max_propagation_;}

inline int& route_reply() {return route_reply_;}
inline int& route_reply_len() {return route_reply_len_;}
inline struct sr_addr* reply_addrs() {return reply_addrs_;}

inline int& route_error() {return route_error_;}
inline int& num_route_errors() {return num_route_errors_;}
inline struct link_down* down_links() {return down_links_;}

inline nsaddr_t& get_next_addr() {
  assert(cur_addr_ < num_addrs_);
  return (addrs_[cur_addr_ + 1].addr); }

inline int& get_next_type() {
  assert(cur_addr_ < num_addrs_);
  return (addrs_[cur_addr_ + 1].addr_type); }

inline void append_addr(nsaddr_t a, int type) {
  assert(num_addrs_ < MAX_SR_LEN-1);
  addrs_[num_addrs_].addr_type = type;
  addrs_[num_addrs_++].addr = a; }

inline void init()
  {
```

```
        valid_ = 1;
        num_addrs_ = 0;
        cur_addr_ = 0;
        route_request_ = 0;
        route_reply_ = 0;
        route_reply_len_ = 0;
        route_error_ = 0;
        num_route_errors_ = 0;
        path_id_ = 0;
        data_ = 0;
        route_confirm_ = 0;
        route_hello_ = 0;
        route_hello_ack_ = 0;
        PAR_  = 0;
        RE_   = 0;
        RPAR_ = 0;
        RRE_  = 0;
        RES_  = 0;
        Rmin_ = 129;
        Rmax_ = 0;
}

#ifdef DSR_CONST_HDR_SZ
  /* used to estimate the potential benefit of removing the
     src route in every packet */
  inline int size() {
          return SR_HDR_SZ;
  }
#else
  inline int size() {
          int sz = SR_HDR_SZ +
                   4 * (num_addrs_ - 1) +
                   4 * (route_reply_ ? route_reply_len_ : 0) +
                   8 * (route_error_ ? num_route_errors_ : 0);

          assert(sz >= 0);
```

```
            return sz;
    }
#endif DSR_CONST_HDR_SZ

    void dump(char *);
    char* dump();
};
#endif sr_hdr_h
```

6. path.h

```
/* path.h
   handles source routes
   $Id: path.h,v 1.9 1998/05/25 04:17:42 dmaltz Exp $
*/
#ifndef _path_h
#define _path_h

extern "C" {
#include <stdio.h>
#include <assert.h>
}

#include <packet.h>
#include <cmu/dsr/hdr_sr.h>

class Path;           // forward declaration
// state used for tracing the performance of the caches
enum Link_Type {LT_NONE = 0, LT_TESTED = 1, LT_UNTESTED = 2};
enum Log_Status {LS_NONE = 0, LS_UNLOGGED = 1, LS_LOGGED = 2};

// some type conversion between exisiting NS code and old DSR sim
typedef double Time;
enum ID_Type {NONE = AF_NONE, MAC = AF_LINK, IP = AF_INET };

struct ID {
  friend class Path;
  ID() : type(NONE), t(-1), link_type(LT_NONE), log_stat(LS_NONE) {}
  //  ID():addr(0),type(NONE) {}       // remove for speed? -dam 1/23/98
  ID(unsigned long name, ID_Type t):addr(name), type(t), t(-1),
    link_type(LT_NONE),log_stat(LS_NONE)
        {
                assert(type == NONE || type == MAC || type == IP);
        }
```

```
  inline ID(const struct sr_addr &a): addr(a.addr),
    type((enum ID_Type) a.addr_type), t(-1), link_type(LT_NONE),
          log_stat(LS_NONE)
        {
                assert(type == NONE || type == MAC || type == IP);
        }
  inline void fillSRAddr(struct sr_addr& a) {
    a.addr_type = (int) type;
    a.addr = addr;
  }
  inline nsaddr_t getNSAddr_t() const {
    assert(type == IP); return addr;
  }
  inline bool operator == (const ID& id2) const {
    return (type == id2.type) && (addr == id2.addr); }
  inline bool operator != (const ID& id2) const {return !operator==(id2);}
  inline int size() const {return (type == IP ? 4 : 6);}
  void unparse(FILE* out) const;
  char* dump() const;
  unsigned long addr;
  ID_Type type;
  Time t;         // when was this ID added to the route
  Link_Type link_type;
  Log_Status log_stat;
};
extern ID invalid_addr;
extern ID IP_broadcast;

class Path {
friend void compressPath(Path& path);
friend void CopyIntoPath(Path& to, const Path& from, int start, int stop);
public:
  Path();
  Path(int route_len, const ID *route = NULL);
  Path(const struct sr_addr *addrs, int len);
  Path(const struct sr_addr *addrs, int len);
```

```
    Path(const struct hdr_sr *srh);
    ~Path();

  void fillSR(struct hdr_sr *srh);
    inline ID& next() {assert(cur_index < len); return path[cur_index++];}
    inline void resetIterator() {  cur_index = 0;}
    inline void reset() {len = 0; cur_index = 0;}
    inline void setIterator(int i) {assert(i>=0 && i<len); cur_index = i;}
    inline void setLength(int l) {assert(l>=0 && l<=MAX_SR_LEN); len = l;}
    inline ID& operator[] (int n) const {
      assert(n < len && n >= 0);
      return path[n];}
    void operator=(const Path& rhs);
    bool operator==(const Path& rhs);
    inline void appendToPath(const ID& id) {
      assert(len < MAX_SR_LEN);
      path[len++] = id;}
    void appendPath(Path& p);
    bool member(const ID& id) const;
    bool member(const ID& net_id, const ID& MAC_id) const;
    Path copy() const;
    void copyInto(Path& to) const;
    Path reverse() const;
    void reverseInPlace();
    void removeSection(int from, int to);
    // the elements at indices from -> to-1 are removed from the path
    inline bool full() const {return (len >= MAX_SR_LEN);}
    inline int length() const {return len;}
    inline int index() const {return cur_index;}
    int size() const; // # of bytes needed to hold path in packet

  void unparse(FILE *out) const;
    char *dump() const;
    inline ID &owner() {return path_owner;}

  void checkpath(void) const;
```

```
  inline int& hello() { return hello_; }
  inline Time& last_time() { return last_time_; }
  inline int& invalid() { return invalid_; }
  inline int& TPAR() {return TPAR_;}

private:
  int hello_;       // periodic hello message indicator
  Time last_time_;     // last time for this path to be processed
  int invalid_;   // Is this path invalid?
  int len;
  int cur_index;
  ID* path;
  ID path_owner;
  int TPAR_;
};

void compressPath(Path& path);
// take a path and remove any double backs from it
// eg:  A B C B D --> A B D

void CopyIntoPath(Path& to, const Path& from, int start, int stop);
// sets to[0->(stop-start)] = from[start->stop]
#endif // _path_h
```

7. priqueue.cc

```
/* priqueue.cc
   A simple priority queue with a remove packet function
   $Id: priqueue.cc,v 1.19 1999/06/01 17:45:59 ml Exp $
*/
#include <object.h>
#include <packet.h>
#include <cmu/cmu-trace.h>
#include <cmu/priqueue.h>
#define PRIQUEUE_DEBUG 1

PriQueue_List PriQueue::prq_head = { 0 };

static class PriQueueClass : public TclClass {
public:
  PriQueueClass() : TclClass("PriQueue") {}
  TclObject* create(int, const char*const*) {
    return (new PriQueue);
  }
} class_PriQueue;

/*==========================================================
   Priority Queue Handler
========================================================== */
void PriQueueHandler::handle(Event*)
{
        qh_ifq->prq_resume();
}
/*==========================================================
   PriQueue - public routines
========================================================== */
PriQueue::PriQueue() : Connector(), prq_qh(this)
{
        int i;
```

```
        for(i = 0; i < IFQ_MAX; i++) {
                prq_snd[i].ifq_head = prq_snd[i].ifq_tail = 0;
                prq_snd[i].ifq_len = 0;
                prq_snd[i].ifq_maxlen = IFQ_MAXLEN;
                prq_snd[i].ifq_drops = 0;
        }
        prq_logtarget = 0;          // no logging target by default
        prq_ipaddr = 0;
        prq_blocked = 0;
        LIST_INSERT_HEAD(&prq_head, this, prq_link);
}

int PriQueue::command(int argc, const char*const* argv)
{
        if (argc == 2 && strcasecmp(argv[1], "reset") == 0) {
                Terminate();
                //FALL-THROUGH to give parents a chance to reset
        } else if(argc == 3) {
                if(strcmp(argv[1], "logtarget") == 0) {
                prq_logtarget = (Trace*) TclObject::lookup(argv[2]);
                        assert(prq_logtarget);
                        return (TCL_OK);
                }
                else if(strcmp(argv[1], "ipaddr") == 0) {
                        prq_ipaddr = atoi(argv[2]);
                        assert(prq_ipaddr > 0);
                        return (TCL_OK);
                }
        }
        return Connector::command(argc, argv);
}

void
PriQueue::recv(Packet *p, Handler *)
{
#if PRIQUEUE_DEBUG > 0
```

```
        prq_validate();
#endif
        prq_enqueue(p);
#if PRIQUEUE_DEBUG > 0
        prq_validate();
#endif
}

void
PriQueue::prq_resume()
{
        Packet *p;
        assert(prq_blocked);
#if PRIQUEUE_DEBUG > 0
        prq_validate();
#endif
        p = prq_dequeue();
        if (p != 0) {
                target_->recv(p, &prq_qh);
        } else {
                prq_blocked = 0;
        }
}
// Called at the end of the simulation to purge the IFQ.
void
PriQueue::Terminate()
{
        Packet *p;
        while((p = prq_dequeue())) {
                drop(p, DROP_END_OF_SIMULATION);
        }
}
typedef int (*PacketFilter)(Packet *, void *);
#define FILTER_KEEP     0
#define FILTER_REMOVE 1
```

```
void
PriQueue::prq_purge_filter(PacketFilter filter, void * data)
{
        int q;
        Packet *p;

#if PRIQUEUE_DEBUG > 0
        prq_validate();
#endif
        for(q = 0; q < IFQ_MAX; q++) {
                for(p = prq_snd[q].ifq_head; p; ) {
                        Packet *pn = p->next_;
                        if(filter(p, data)) {
                                IF_DROP(&prq_snd[q]);
                                drop(p, DROP_IFQ_FILTER);
                        }
                        p = pn;
                }
        }
#if PRIQUEUE_DEBUG > 0
        prq_validate();
#endif
}

Packet*
PriQueue::prq_get_nexthop(nsaddr_t id)
{
        int q;
        Packet *p, *pprev = 0;
        struct ifqueue *ifq;

#if PRIQUEUE_DEBUG > 0
        prq_validate();
#endif
        for(q = 0; q < IFQ_MAX; q++) {
                ifq = &prq_snd[q];
```

```
				pprev = 0;
				for(p = ifq->ifq_head; p; p = p->next_) {
					struct hdr_cmn *ch = HDR_CMN(p);
					if(ch->next_hop() == id)
						break;
					pprev = p;
				}
		}
		if(p) {
				if(p == ifq->ifq_head) {
					assert(pprev == 0);
					IF_DEQUEUE(ifq, p);
					/* don't increment drop counter */
#if PRIQUEUE_DEBUG > 0
					prq_validate();
#endif
					return p;
				} else {
					assert(pprev);
					pprev->next_ = p->next_;
					if(p == ifq->ifq_tail)
						ifq->ifq_tail = pprev;
					ifq->ifq_len--;

#if PRIQUEUE_DEBUG > 0
					prq_validate();
#endif
					p->next_ = 0;
					return p;
				}
		}
		return (Packet*) 0;
}

int
PriQueue::prq_length()
```

```
{
        int q, tlen = 0;
        for(q = 0; q < IFQ_MAX; q++) {
                tlen += prq_snd[q].ifq_len;
        }
        return tlen;
}

/*============================================================
   PriQueue - private routines
 ============================================================ */
void
PriQueue::prq_enqueue(Packet *p)
{
        int q = prq_assign_queue(p);
        struct ifqueue *ifq = &prq_snd[q];
        if(IF_QFULL(ifq)) {
                IF_DROP(ifq);
                drop(p, DROP_IFQ_QFULL);
                return;
        }
        IF_ENQUEUE(ifq, p);
        /*
         * Start queue if idle...
         */
        if(prq_blocked == 0) {
                p = prq_dequeue();
                prq_blocked = 1;
                target_->recv(p, &prq_qh);
        }
}

Packet*
PriQueue::prq_dequeue(void)
{
        Packet *p;
```

```
	int q;
	for(q = 0; q < IFQ_MAX; q++) {
		if(prq_snd[q].ifq_len > 0) {
			assert(prq_snd[q].ifq_head);
			IF_DEQUEUE(&prq_snd[q], p);
			return p;
		}
	}
	return (Packet*) 0;
}

int
PriQueue::prq_assign_queue(Packet *p)
{
	struct hdr_cmn *ch = HDR_CMN(p);
	switch(ch->ptype()) {
	case PT_AODV:
	case PT_DSR:
	case PT_IMEP:
	//case PT_MESSAGE:		/* used by DSDV */
	case PT_TORA:
		return IFQ_RTPROTO;
	case PT_AUDIO:
	case PT_MESSAGE:
	case PT_VIDEO:
		return IFQ_REALTIME;
	case PT_ACK:
		return IFQ_LOWDELAY;
	default:
		return IFQ_NORMAL;
	}
}

void
PriQueue::prq_validate()
{
```

```
        int q, qlen;
        Packet *p;
        struct ifqueue *ifq;
        for(q = 0; q < IFQ_MAX; q++) {
                ifq = &prq_snd[q];
                qlen = 0;
                if(ifq->ifq_head == 0) {
                        assert(ifq->ifq_len == 0);
                        assert(ifq->ifq_head == ifq->ifq_tail);
                        continue;
                }
                for(p = ifq->ifq_head; p; p = p->next_)
                        qlen++;
                assert(qlen == ifq->ifq_len);
                assert(qlen <= ifq->ifq_maxlen);
        }
}
```

8. priqueue.h

```
/* priqueue.h

   A simple priority queue with a remove packet function
   $Id: priqueue.h,v 1.9 1999/04/12 15:40:26 broch Exp $
   */
#ifndef __priqueue_h__
#define __priqueue_h__
#include <object.h>
#include <queue.h>
#include <drop-tail.h>
#include <packet.h>
#include <cmu/list.h>

/*=============================================================
   The BSD Interface Queues
============================================================= */
struct  ifqueue {
        Packet   *ifq_head;
        Packet   *ifq_tail;
        int      ifq_len;
        int      ifq_maxlen;
        int      ifq_drops;
};
#define IFQ_MAXLEN       50

#define IF_QFULL(ifq)             ((ifq)->ifq_len >= (ifq)->ifq_maxlen)
#define IF_DROP(ifq)              ((ifq)->ifq_drops++)
#define IF_ENQUEUE(ifq, p) {
        (p)->next_ = 0;
        if ((ifq)->ifq_tail == 0)
                (ifq)->ifq_head = p;
        else
                (ifq)->ifq_tail->next_ = (p);
```

```
        (ifq)->ifq_tail = (p);
        (ifq)->ifq_len++;
}
#define IF_DEQUEUE(ifq, p) {
        (p) = (ifq)->ifq_head;
        if (p) {
                if (((ifq)->ifq_head = (p)->next_) == 0)
                        (ifq)->ifq_tail = 0;
                (p)->next_ = 0;
                (ifq)->ifq_len--;
        }
}

/*
 * Control type and number of queues in PriQueue structure.
 */
#define IFQ_RTPROTO   0 /* Routing Protocol Traffic */
#define IFQ_REALTIME      1
#define IFQ_LOWDELAY 2
#define IFQ_NORMAL   3
#define IFQ_MAX   4

typedef int (*PacketFilter)(Packet *, void *);

class PriQueue;

LIST_HEAD(PriQueue_List, PriQueue);

/*=============================================================
   Handles callbacks for Priority Queues
 ============================================================ */
class PriQueueHandler : public Handler {
public:
        inline PriQueueHandler(PriQueue *ifq) : qh_ifq(ifq) {}
        void handle(Event*);
private:
```

```
        PriQueue *qh_ifq;
};

/*===========================================================
   Priority Queues
=========================================================== */
class PriQueue : public Connector {
public:
        PriQueue();

        int      command(int argc, const char*const* argv);
        /* called by upper layers to enque the packet */
        void     recv(Packet *p, Handler*);
        /* called by lower layers to get the next packet */
        void     prq_resume(void);
        void     Terminate(void);  /* called at end of simulation */
        void     prq_purge_filter(PacketFilter filter, void * data);
        Packet* prq_get_nexthop(nsaddr_t id);
        int      prq_length(void);
private:
        int      prq_assign_queue(Packet *p);
        void     prq_enqueue(Packet *p);
        Packet*  prq_dequeue(void);
        void     prq_validate(void);

        struct ifqueue    prq_snd[IFQ_MAX];
        nsaddr_t prq_ipaddr;        /* IP Address of this machine */
        Trace*            prq_logtarget;     /* Used for logging */
        int               prq_blocked;
        PriQueueHandler   prq_qh;

public:
        /*
         * A global list of Interface Queues.  I use this list to iterate
         * over all of the queues at the end of the simulation and flush
         * their contents. - josh
```

```
        */
        LIST_ENTRY(PriQueue) prq_link;
        static struct PriQueue_List prq_head;
};
#endif /* __priqueue_h__ */
```

9. hdr_sr.cc

```
/* hdr_sr.cc
   source route header
   $Id: hdr_sr.cc,v 1.5 1999/06/08 19:46:22 broch Exp $
*/

#include <stdio.h>
#include <cmu/dsr/hdr_sr.h>

int hdr_sr::offset_;

static class SRHeaderClass : public PacketHeaderClass {
public:
        SRHeaderClass() : PacketHeaderClass("PacketHeader/SR",
                                            sizeof(hdr_sr)) {
                offset(&hdr_sr::offset_);

#ifdef DSR_CONST_HDR_SZ
                fprintf(stderr,"WARNING: DSR treating all source route headers\n"
                        "as having length %d. this should be used only to
estimate effect\n"
                        "of no longer needing a src rt in each
packet\n",SR_HDR_SZ);
#endif
        }
        void export_offsets() {
                field_offset("valid_", OFFSET(hdr_sr, valid_));
                field_offset("num_addrs_", OFFSET(hdr_sr, num_addrs_));
                field_offset("cur_addr_", OFFSET(hdr_sr, cur_addr_));
        }
} class_SRhdr;

char *
hdr_sr::dump()
```

```
{
  static char buf[100];
  dump(buf);
  return (buf);
}

void
hdr_sr::dump(char *buf)
{
  char *ptr = buf;
  *ptr++ = '[';
  for (int i = 0; i < num_addrs_; i++)
    {
      ptr += sprintf(ptr, "%s%d ",
                     (i == cur_addr_) ? "|" : "",
                     addrs_[i].addr);
    }
  *ptr++ = ']';
  *ptr = '\0';
}
```

10. mobicache.cc

```
/* mobicache.cc
   $Id: mobicache.cc,v 1.20 1999/06/08 19:46:23 broch Exp $
   cache used in the mobicom 98 submission.  see the paper for a description
*/

extern "C" {
#include <stdio.h>
#include <stdarg.h>
};

#undef DEBUG
#include <god.h>
#include "path.h"
#include "routecache.h"
#ifdef DSR_CACHE_STATS
#include <cmu/dsr/cache_stats.h>
#endif


/* invariants
   - no path contains an id more than once
   - all paths start with the id of our node (MAC_id or net_id)
*/

#define fout stdout

static const int verbose = 0;
static const int verbose_debug = 0;

/*==========================================================
  function selectors
==========================================================*/
bool cache_ignore_hints = false;      // ignore all hints?
```

```
bool cache_use_overheard_routes = false;
// if we are A, and we over hear a rt Z Y (X) W V U, do we add route
// A X W V U to the cache?

/*===========================================================
  Class declaration
============================================================*/
class MobiCache;

class Cache {
friend class MobiCache;

public:
  Cache(char *name, int size, MobiCache *rtcache);
  ~Cache();

  int pickVictim(int exclude = -1);
  // returns the index of a suitable victim in the cache
  // will spare the life of exclude
  bool searchRoute(const ID& dest, int& i, Path &path, int &index);
  // look for dest in cache, starting at index,
  //if found, rtn true with path s.t. cache[index] == path && path[i] == dest
  Path* addRoute(Path &route, int &prefix_len);
  // rtns a pointer the path in the cache that we added
  void noticeDeadLink(const ID&from, const ID& to);
  // the link from->to isn't working anymore, purge routes containing
  // it from the cache

 private:
  Path *cache;
  int size;
  int victim_ptr;              // next victim for eviction
  MobiCache *routecache;
  char *name;
 };
```

```
class MobiCache : public RouteCache {
friend class Cache;
friend class MobiHandler;

public:
  MobiCache(const ID& MAC_id, const ID& net_id,int psize = 30,int ssize = 34 );
  MobiCache();
  ~MobiCache();

  void renewPath(Path& route);
  // renew the route

  void noticeDeadLink(const ID&from, const ID& to, Time t);
  // the link from->to isn't working anymore, purge routes containing
  // it from the cache
  void noticeRouteUsed(const Path& route, Time t,
                       const ID& who_from);
  // tell the cache about a route we saw being used
  void addRoute(const Path& route, Time t, const ID& who_from);
  // add this route to the cache (presumably we did a route request
  // to find this route and don't want to lose it)
  bool findRoute(ID dest, Path& route, int for_use = 0);
  // if there is a cached path from us to dest returns true and fills in
  // the route accordingly. returns false otherwise
  // if for_use, then we assume that the node really wants to keep
  // the returned route so it will be promoted to primary storage if not there
  // already
  int command(int argc, const char*const* argv);

protected:
  Cache *primary_cache;   /* routes that we are using, or that we have reason
                             to believe we really want to hold on to */
  Cache *secondary_cache; /* routes we've learned via a speculative process
                             that might not pan out */

#ifdef DSR_CACHE_STATS
```

```
  void periodic_checkCache(void);
  void checkRoute(Path *p, int action, int prefix_len);
  void checkRoute(Path &p, int&, int&, double&, int&, int&, double &);
#endif
};

RouteCache *
makeRouteCache()
{
  return new MobiCache();
}

/*============================================================
  OTcl definition
============================================================*/
static class MobiCacheClass : public TclClass {
public:
        MobiCacheClass() : TclClass("MobiCache") {}
        TclObject* create(int, const char*const*) {
                return (new MobiCache);
        }
} class_MobiCache;

/*============================================================
  Constructors
============================================================*/
MobiCache::MobiCache(): RouteCache()
{
  primary_cache = new Cache("primary", 30, this);
  secondary_cache = new Cache("secondary", 34, this);
  assert(primary_cache != NULL && secondary_cache != NULL);
#ifdef DSR_CACHE_STATS
        stat.reset();
#endif
}
```

```
MobiCache::~MobiCache()
{
  delete primary_cache;
  delete secondary_cache;
}

int
MobiCache::command(int argc, const char*const* argv)
{
  if(argc == 2 && strcasecmp(argv[1], "startdsr") == 0)
    {
      if (ID(1,::IP) == net_id)
        trace("Sconfig %.5f using MOBICACHE", Scheduler::instance().clock());
      // FALL-THROUGH
    }
  return RouteCache::command(argc, argv);
}

#ifdef DSR_CACHE_STATS

void
MobiCache::periodic_checkCache()
{
  int c;
  int route_count = 0;
  int route_bad_count = 0;
  int subroute_count = 0;
  int subroute_bad_count = 0;
  int link_bad_count = 0;
  double link_bad_time = 0.0;
  int link_bad_tested = 0;
  int link_good_tested = 0;

  for(c = 0; c < primary_cache->size; c++)
    {
      int x = 0;
```

```
        if (primary_cache->cache[c].length() == 0) continue;

        checkRoute(primary_cache->cache[c],
                   x,
                   link_bad_count,
                   link_bad_time,
                   link_bad_tested,
                   link_good_tested,
                    stat.link_good_time);

        route_count += 1;
        route_bad_count += x ? 1 : 0;

        subroute_count += primary_cache->cache[c].length() - 1;
        subroute_bad_count += x;
    }
  for(c = 0; c < secondary_cache->size; c++)
    {
        int x = 0;

        if (secondary_cache->cache[c].length() == 0) continue;

        checkRoute(secondary_cache->cache[c],
                   x,
                   link_bad_count,
                   link_bad_time,
                   link_bad_tested,
                   link_good_tested,
                    stat.link_good_time);

        route_count += 1;
        route_bad_count += x ? 1 : 0;

        subroute_count += secondary_cache->cache[c].length() - 1;
        subroute_bad_count += x;
```

```
    }

  // lifetime of good link is (total time) / (total num links - num bad links)
  stat.link_good_time = stat.link_good_time / (subroute_count - link_bad_count);

  trace("SRC %.9f _%s_ cache-summary %d %d %d %d ¦ %d %.9f %d %d ¦ %d %d
%d %d %d ¦ %d %d %d %d %d ¦ %d %d %d %d %d %d %.9f",
        Scheduler::instance().clock(), net_id.dump(),
        route_count,
        route_bad_count,
        subroute_count,
        subroute_bad_count,

        link_bad_count,
        link_bad_count ? link_bad_time/link_bad_count : 0.0,
        link_bad_tested,
        link_good_tested,

        stat.route_add_count,
        stat.route_add_bad_count,
        stat.subroute_add_count,
        stat.subroute_add_bad_count,
        stat.link_add_tested,
        stat.route_notice_count,
        stat.route_notice_bad_count,
        stat.subroute_notice_count,
        stat.subroute_notice_bad_count,
        stat.link_notice_tested,
        stat.route_find_count,
        stat.route_find_for_me,
        stat.route_find_bad_count,
        stat.route_find_miss_count,
        stat.subroute_find_count,
        stat.subroute_find_bad_count,

        stat.link_good_time);
```

```
  stat.reset();
}

#endif /* DSR_CACHE_STATS */

/*===========================================================
  member functions
===========================================================*/

void
MobiCache::addRoute(const Path& route, Time t, const ID& who_from)
// add this route to the cache (presumably we did a route request
// to find this route and don't want to lose it)
// who_from is the id of the routes provider
{
  Path rt;

  if(pre_addRoute(route, rt, t, who_from) == 0)
    return;

  // must call addRoute before checkRoute
  int prefix_len = 0;

#ifdef DSR_CACHE_STATS
  Path *p = primary_cache->addRoute(rt, prefix_len);
  checkRoute(p, ACTION_ADD_ROUTE, prefix_len);
#else
  (void) primary_cache->addRoute(rt, prefix_len);
#endif
}

void
MobiCache::noticeDeadLink(const ID&from, const ID& to, Time)
  // the link from->to isn't working anymore, purge routes containing
  // it from the cache
{
```

```
  if(verbose_debug)
    trace("SRC %.9f _%s_ dead link %s->%s",
          Scheduler::instance().clock(), net_id.dump(),
          from.dump(), to.dump());

  primary_cache->noticeDeadLink(from, to);
  secondary_cache->noticeDeadLink(from, to);
  return;
}

void
MobiCache::noticeRouteUsed(const Path& p, Time t, const ID& who_from)
// tell the cache about a route we saw being used
{
  Path stub;
  if(pre_noticeRouteUsed(p, stub, t, who_from) == 0)
    return;

  int prefix_len = 0;

#ifdef DSR_CACHE_STATS
  Path *p0 = secondary_cache->addRoute(stub, prefix_len);
  checkRoute(p0, ACTION_NOTICE_ROUTE, prefix_len);
#else
  (void) secondary_cache->addRoute(stub, prefix_len);
#endif
}

void
MobiCache::renewPath(Path& route)
// renew the route
{
  Time current = Scheduler::instance().clock();

  for (int index = 0; index < secondary_cache->size; index++)
    for (int n = 0 ; n < secondary_cache->cache[index].length(); n++)
```

```
        if (secondary_cache->cache[index][n] ==
            route[route.length() - 1])
          {
            secondary_cache->cache[index].last_time() = current;
            break;
          }
    return;
}

bool
MobiCache::findRoute(ID dest, Path& route, int for_me)
// if there is a cached path from us to dest returns true and fills in
// the route accordingly. returns false otherwise
// if for_me, then we assume that the node really wants to keep
// the returned route so it will be promoted to primary storage if not there
// already
{
  Path path;
  int min_index = -1;
  int min_length = MAX_SR_LEN + 1;
  int min_cache = 0;              // 2 == primary, 1 = secondary
  int index;
  int len;

  assert(!(net_id == invalid_addr));

 /*
   index = 0;
   while (primary_cache->searchRoute(dest, len, path, index))
     {
       min_cache = 2;
       if (len < min_length)
         {
           min_length = len;
           route = path;
         }
```

```
      index++;
    }
*/

  index = 0;
  while (secondary_cache->searchRoute(dest, len, path, index))
    {
      if (len < min_length)
        {
          min_index = index;
          min_cache = 1;
          min_length = len;
          route = path;
        }
      index++;
    }

  if (min_cache == 1 && for_me)
    { // promote the found route to the primary cache
      int prefix_len;

      primary_cache->addRoute(secondary_cache->cache[min_index], prefix_len);

      // no need to run checkRoute over the Path* returned from
      // addRoute() because whatever was added was already in
      // the cache.

      //   prefix_len = 0
      //        - victim was selected in primary cache
      //        - data should be "silently" migrated from primary to the
      //          secondary cache
      //   prefix_len > 0
      //        - there were two copies of the first prefix_len routes
      //          in the cache, but after the migration, there will be
      //          only one.
      //        - log the first prefix_len bytes of the secondary cache
```

```
        //              entry as "evicted"
        if(prefix_len > 0)
          {
            secondary_cache->cache[min_index].setLength(prefix_len);
#ifdef DSR_CACHE_STATS
            checkRoute_logall(&secondary_cache->cache[min_index],
                                      ACTION_EVICT, 0);
#endif
          }
        secondary_cache->cache[min_index].setLength(0); // kill route
      }

    if (min_cache)
      {
        route.setLength(min_length + 1);
        if (verbose_debug)
          trace("SRC %.9f _%s_ $hit for %s in %s %s",
                Scheduler::instance().clock(), net_id.dump(),
                dest.dump(), min_cache == 1 ? "secondary" : "primary",
                route.dump());
#ifdef DSR_CACHE_STATS
        int bad = checkRoute_logall(&route, ACTION_FIND_ROUTE, 0);
        stat.route_find_count += 1;
        if (for_me) stat.route_find_for_me += 1;
        stat.route_find_bad_count += bad ? 1 : 0;
        stat.subroute_find_count += route.length() - 1;
        stat.subroute_find_bad_count += bad;
#endif
        return true;
      }
    else
      {
        if (verbose_debug)
          trace("SRC %.9f _%s_ find-route [%d] %s->%s miss %d %.9f",
                Scheduler::instance().clock(), net_id.dump(),
                0, net_id.dump(), dest.dump(), 0, 0.0);
```

```
#ifdef DSR_CACHE_STATS
        stat.route_find_count += 1;
        if (for_me) stat.route_find_for_me += 1;
        stat.route_find_miss_count += 1;
#endif
        return false;
    }
}

/*===========================================================
  class Cache routines
===========================================================*/

Cache::Cache(char *name, int size, MobiCache *rtcache)
{
  this->name = name;
  this->size = size;
  cache = new Path[size];
  routecache = rtcache;
  victim_ptr = 0;
}

Cache::~Cache()
{
  delete[] cache;
}

bool
Cache::searchRoute(const ID& dest, int& i, Path &path, int &index)
  // look for dest in cache, starting at index,
  //if found, return true with path s.t. cache[index] == path && path[i] == dest
{
  Time live_time = 15.0;
  Time current = Scheduler::instance().clock();

  for (; index < size; index++)
```

```
    {
      if (current - cache[index].last_time() < live_time)
        {
          for (int n = 0 ; n < cache[index].length(); n++)
            {
              if (cache[index][n] == dest)
                {
                  i = n;
                  path = cache[index];
                  return true;
                }
            }
        }
    }
  return false;
}

Path*
Cache::addRoute(Path & path, int &common_prefix_len)
{
  int index, m, n;
  int victim;

  Time current = Scheduler::instance().clock();

  // see if this route is already in the cache
  for (index = 0 ; index < size ; index++)
    { // for all paths in the cache
      for (n = 0 ; n < cache[index].length() ; n ++)
        { // for all nodes in the path
          if (n >= path.length()) break;
          if (cache[index][n] != path[n]) break;
        }
      if (n == cache[index].length())
        { // new rt completely contains cache[index] (or cache[index] is empty)
          common_prefix_len = n;
```

```
            for ( ; n < path.length() ; n++)
              cache[index].appendToPath(path[n]);

            cache[index].last_time() = current;

            if (verbose_debug)
              routecache->trace("SRC %.9f _%s_ %s suffix-rule (len %d/%d) %s",
                Scheduler::instance().clock(), routecache->net_id.dump(),
                name, n, path.length(), path.dump());
            goto done;
          }
        else if (n == path.length())
          { // new route already contained in the cache
            common_prefix_len = n;

            cache[index].last_time() = current;

            if (verbose_debug)
              routecache->trace("SRC %.9f _%s_ %s prefix-rule (len %d/%d) %s",
                Scheduler::instance().clock(), routecache->net_id.dump(),
                name, n, cache[index].length(), cache[index].dump());
            goto done;
          }
        else
          { // keep looking at the rest of the cache
          }
      }

    // there are some new goodies in the new route
    victim = pickVictim();
    if(verbose_debug) {
      routecache->trace("SRC %.9f _%s_ %s evicting %s",
                        Scheduler::instance().clock(), routecache->net_id.dump(),
                        name, cache[victim].dump());
      routecache->trace("SRC %.9f _%s_ while adding %s",
                        Scheduler::instance().clock(), routecache->net_id.dump(),
```

```
                    path.dump());
  }
  cache[victim].reset();
  CopyIntoPath(cache[victim], path, 0, path.length() - 1);

  cache[victim].last_time() = current;

  common_prefix_len = 0;
  index = victim; // remember which cache line we stuck the path into

done:

#ifdef DEBUG
  {
    Path &p = path;
    int c;
    char buf[1000];
    char *ptr = buf;
    ptr += sprintf(buf,"Sdebug %.9f _%s_ adding ",
                 Scheduler::instance().clock(), routecache->net_id.dump());
    for (c = 0 ; c < p.length(); c++)
      ptr += sprintf(ptr,"%s [%d %.9f] ",p[c].dump(), p[c].link_type, p[c].t);
    routecache->trace(buf);
  }
#endif DEBUG

  // freshen all the timestamps on the links in the cache
  for (m = 0 ; m < size ; m++)
    { // for all paths in the cache

#ifdef DEBUG
  {
    if (cache[m].length() == 0) continue;

    Path &p = cache[m];
    int c;
```

```
      char buf[1000];
      char *ptr = buf;
      ptr += sprintf(buf,"Sdebug %.9f _%s_ checking ",
                   Scheduler::instance().clock(), routecache->net_id.dump());
      for (c = 0 ; c < p.length(); c++)
        ptr += sprintf(ptr,"%s [%d %.9f] ",p[c].dump(), p[c].link_type, p[c].t);
      routecache->trace(buf);
  }
#endif DEBUG

        for (n = 0 ; n < cache[m].length() - 1 ; n ++)
          { // for all nodes in the path
            if (n >= path.length() - 1) break;
            if (cache[m][n] != path[n]) break;
            if (cache[m][n+1] == path[n+1])
              { // freshen the timestamps and type of the link

#ifdef DEBUG
routecache->trace("Sdebug %.9f _%s_ freshening %s->%s to %d %.9f",
                   Scheduler::instance().clock(), routecache->net_id.dump(),
                   path[n].dump(), path[n+1].dump(), path[n].link_type,
                   path[n].t);
#endif DEBUG

                cache[m][n].t = path[n].t;
                cache[m][n].link_type = path[n].link_type;
                /* NOTE: we don't check to see if we're turning a TESTED
                   into an UNTESTED link.  Last change made rules -dam 5/19/98
*/
              }
          }
      }
    return &cache[index];
}

void
```

```
Cache::noticeDeadLink(const ID&from, const ID& to)
  // the link from->to isn't working anymore, purge routes containing
  // it from the cache
{
  for (int p = 0 ; p < size ; p++)
    { // for all paths in the cache
      for (int n = 0 ; n < (cache[p].length()-1) ; n ++)
        { // for all nodes in the path
          if (cache[p][n] == from && cache[p][n+1] == to)
            {
              if(verbose_debug)
                routecache->trace("SRC %.9f _%s_ %s truncating %s %s",
                                  Scheduler::instance().clock(),
                                  routecache->net_id.dump(),
                                  name, cache[p].dump(),
                                  cache[p].owner().dump());
#ifdef DSR_CACHE_STATS
              routecache->checkRoute(&cache[p], ACTION_CHECK_CACHE, 0);
              routecache->checkRoute_logall(&cache[p], ACTION_DEAD_LINK, n);
#endif
              if (n == 0)
                cache[p].reset();          // kill the whole path
              else {
                cache[p].setLength(n+1); // truncate the path here
               cache[p][n].log_stat = LS_UNLOGGED;
              }

              if(verbose_debug)
                routecache->trace("SRC %.9f _%s_ to %s %s",
                      Scheduler::instance().clock(), routecache->net_id.dump(),
                      cache[p].dump(), cache[p].owner().dump());

              break;
            } // end if this is a dead link
        } // end for all nodes
    } // end for all paths
```

```
  return;
}

int
Cache::pickVictim(int exclude)
// returns the index of a suitable victim in the cache
// never return exclude as the victim, but rather spare their life
{
  for(int c = 0; c < size ; c++)
    if (cache[c].length() == 0) return c;

  int victim = victim_ptr;
  while (victim == exclude)
    {
      victim_ptr = (victim_ptr+1 == size) ? 0 : victim_ptr+1;
      victim = victim_ptr;
    }
  victim_ptr = (victim_ptr+1 == size) ? 0 : victim_ptr+1;

#ifdef DSR_CACHE_STATS
  routecache->checkRoute(&cache[victim], ACTION_CHECK_CACHE, 0);
  int bad = routecache->checkRoute_logall(&cache[victim], ACTION_EVICT, 0);
  routecache->trace("SRC %.9f _%s_ evicting %d %d %s",
                    Scheduler::instance().clock(), routecache->net_id.dump(),
                    cache[victim].length() - 1, bad, name);
#endif
  return victim;
}

#ifdef DSR_CACHE_STATS

/*
 * Called only for the once-per-second cache check.
 */
void
MobiCache::checkRoute(Path & p,
```

```
                    int & subroute_bad_count,
                    int & link_bad_count,
                    double & link_bad_time,
                    int & link_bad_tested,
                    int & link_good_tested,
                     double & link_good_time)
{
  int c;
  int flag = 0;

  if(p.length() == 0)
    return;
  assert(p.length() >= 2);

  for (c = 0; c < p.length() - 1; c++)
    {
      assert(LS_UNLOGGED == p[c].log_stat || LS_LOGGED == p[c].log_stat );
      if (God::instance()->hops(p[c].getNSAddr_t(), p[c+1].getNSAddr_t()) != 1)
        { // the link's dead
          if(p[c].log_stat == LS_UNLOGGED)
            {
              trace("SRC %.9f _%s_ check-cache [%d %d] %s->%s dead %d %.9f",
                    Scheduler::instance().clock(), net_id.dump(),
                    p.length(), c, p[c].dump(), p[c+1].dump(),
                   p[c].link_type, p[c].t);
              p[c].log_stat = LS_LOGGED;
            }
          if(flag == 0)
            {
              subroute_bad_count += p.length() - c - 1;
              flag = 1;
            }
          link_bad_count += 1;
          link_bad_time += Scheduler::instance().clock() - p[c].t;
          link_bad_tested += (p[c].link_type == LT_TESTED) ? 1 : 0;
        }
```

```
        else
          {

            link_good_time += Scheduler::instance().clock() - p[c].t;

            if(p[c].log_stat == LS_LOGGED)
              {
                trace("SRC %.9f _%s_ resurrected-link [%d %d] %s->%s dead %d
%.9f",
                      Scheduler::instance().clock(), net_id.dump(),
                      p.length(), c, p[c].dump(), p[c+1].dump(),
                      p[c].link_type, p[c].t);
                p[c].log_stat = LS_UNLOGGED;
              }
            link_good_tested += (p[c].link_type == LT_TESTED) ? 1 : 0;
          }
      }
}

void
MobiCache::checkRoute(Path *p, int action, int prefix_len)
{
  int c;
  int subroute_bad_count = 0;
  int tested = 0;

  if(p->length() == 0)
    return;
  assert(p->length() >= 2);

  assert(action == ACTION_ADD_ROUTE ||
         action == ACTION_CHECK_CACHE ||
         action == ACTION_NOTICE_ROUTE);

  for (c = 0; c < p->length() - 1; c++)
    {
```

```
if (God::instance()->hops((*p)[c].getNSAddr_t(),
                          (*p)[c+1].getNSAddr_t()) != 1)
  { // the link's dead
    if((*p)[c].log_stat == LS_UNLOGGED)
      {
        trace("SRC %.9f _%s_ %s [%d %d] %s->%s dead %d %.9f",
              Scheduler::instance().clock(), net_id.dump(),
              action_name[action], p->length(), c,
              (*p)[c].dump(), (*p)[c+1].dump(),
              (*p)[c].link_type, (*p)[c].t);

        (*p)[c].log_stat = LS_LOGGED;
      }

    if(subroute_bad_count == 0)
      subroute_bad_count = p->length() - c - 1;
  }
else
  {
    if((*p)[c].log_stat == LS_LOGGED)
      {
        trace("SRC %.9f _%s_ resurrected-link [%d %d] %s->%s dead %d
%.9f",
              Scheduler::instance().clock(), net_id.dump(),
              p->length(), c, (*p)[c].dump(), (*p)[c+1].dump(),
              (*p)[c].link_type, (*p)[c].t);
        (*p)[c].log_stat = LS_UNLOGGED;
      }
  }
tested += (*p)[c].link_type == LT_TESTED ? 1 : 0;
}

/*
 * Add Route or Notice Route actually did something
 */
if(prefix_len < p->length())
```

```
    {
      switch(action)
        {
        case ACTION_ADD_ROUTE:
          stat.route_add_count += 1;
          stat.route_add_bad_count += subroute_bad_count ? 1 : 0;
          stat.subroute_add_count += p->length() - prefix_len - 1;
          stat.subroute_add_bad_count += subroute_bad_count;
          stat.link_add_tested += tested;
          break;

        case ACTION_NOTICE_ROUTE:
          stat.route_notice_count += 1;
          stat.route_notice_bad_count += subroute_bad_count ? 1 : 0;
          stat.subroute_notice_count += p->length() - prefix_len - 1;
          stat.subroute_notice_bad_count += subroute_bad_count;
          stat.link_notice_tested += tested;
          break;
        }
    }
}
#endif /* DSR_CACHE_STATS */
```

11. path.cc

```
/* path.cc
   handles source routes
   $Id: path.cc,v 1.7 1998/05/13 16:17:51 dmaltz Exp $
*/

extern "C" {
#include <assert.h>
#include <stdio.h>
}
#include <packet.h>
#include <ip.h>
#include <cmu/dsr/hdr_sr.h>
#include "path.h"

/*============================================================
  global statics
============================================================*/

ID invalid_addr(0xffffffff,::NONE);
ID IP_broadcast(IP_BROADCAST,::IP);

/*============================================================
  ID methods
============================================================*/
void
ID::unparse(FILE *out) const
{
  fprintf(out,"%d",(int) addr);
}

char *
ID::dump() const
{
```

```
  static char buf[MAX_SR_LEN+1][50];
  static int which = 0;
  char *ptr = buf[which];
  which = (which + 1) % (MAX_SR_LEN+1);
  assert(type == ::NONE || type == ::MAC || type == ::IP);

  if (type == ::IP)
    sprintf(ptr,"%d",(int) addr);
  else if (type == ::NONE)
    sprintf(ptr,"NONE");
  else
    sprintf(ptr,"0x%x",(int) addr);
  return ptr;
}

/*===========================================================
  Path methods
===========================================================*/
/* rep invariants:
    -1 <= cur_index <= len  (neither bound is really hard)
    0 <= len < MAX_SR_LEN
*/
Path::Path(int route_len, const ID *route)
{
  path = new ID[MAX_SR_LEN];
  assert(route_len <= MAX_SR_LEN);
  //  route_len = (route == NULL : 0 ? route_len);
  // a more cute solution, follow the above with the then clause
  if (route != NULL)
    {
      for (int c = 0; c < route_len; c++)
        {
          path[c] = route[c];
        }
      len = route_len;
    }
```

```
  else
    {
      len = 0;
    }
  cur_index = 0;
  hello_ = 0;
  last_time_ = 0.0;
  invalid_ = 0;
}

Path::Path()
{
  path = new ID[MAX_SR_LEN];
  len = 0;
  cur_index = 0;

  hello_ = 0;
  last_time_ = 0.0;
  invalid_ = 0;
}

Path::Path(const struct sr_addr *addrs, int len)
{ /* make a path from the bits of an NS source route header */
  assert(len <= MAX_SR_LEN);
  path = new ID[MAX_SR_LEN];

  for (int i = 0 ; i < len ; i++)
    path[i] = ID(addrs[i]);

  this->len = len;
  cur_index = 0;
  hello_ = 0;
  last_time_ = 0.0;
  invalid_ = 0;
}
```

```
Path::Path(const struct hdr_sr *srh)
{ /* make a path from the bits of an NS source route header */
  path = new ID[MAX_SR_LEN];

  if (!srh->valid_)
    {
      len = 0;
      cur_index = 0;
      return;
    }

  len = srh->num_addrs_;
  cur_index = srh->cur_addr_;
  assert(len <= MAX_SR_LEN);

  for (int i = 0 ; i < len ; i++)
    path[i] = ID(srh->addrs_[i]);

  hello_ = 0;
  last_time_ = 0.0;
  invalid_ = 0;
}

void
Path::fillSR(struct hdr_sr *srh)
{
  for (int i = 0 ; i < len ; i++)
    {
      path[i].fillSRAddr(srh->addrs_[i]);
    }
  srh->num_addrs() = len;
  srh->cur_addr() = cur_index;
}

Path::Path(const Path& old)
{
```

```
  path = new ID[MAX_SR_LEN];
  if (old.path != NULL)
    {
      for (int c = 0; c < old.len; c++)
        path[c] = old.path[c];
      len = old.len;
    }
  else
    {
      len = 0;
    }
  cur_index = old.cur_index;
  path_owner = old.path_owner;
  hello_ = 0;
  last_time_ = 0.0;
  invalid_ = 0;
}

Path::~Path()
{
  delete[] path;
}

void
Path::operator=(const Path &rhs)
     // makes the lhs a copy of the rhs: lhs may share data with
     // the rhs such that changes to one will be seen by the other
     // use the provided copy operation if you don't want this.
{
/* OLD  NOTE:
   we save copying the path by doing a delete[] path; path = rhs.path;
    but then the following code will be fatal (it calls delete[]
    twice on the same address)
      { Path p1();
        { Path p2();
          p2 = p1;
```

```
        }
      }
    you'd have to implement reference counts on the path array to
    save copying the path.
    NEW NOTE: we just copy like everything else
*/
  if (this != &rhs)
    {// beware of path = path (see Stroustrup p. 238)
      cur_index = rhs.cur_index;
      path_owner = rhs.path_owner;
      len = rhs.len;
      for (int c = 0 ; c < len ; c++)
        path[c] = rhs.path[c];
    }
  // note: i don't return *this cause I don't think assignments should
  // be expressions (and it has slightly incorrect semantics: (a=b) should
  // have the value of b, not the new value of a)
}

bool
Path::operator==(const Path &rhs)
{
  int c;
  if (len != rhs.len) return false;
  for (c = 0; c < len; c++)
    if (path[c] != rhs.path[c]) return false;
  return true;
}

void
Path::appendPath(Path& p)
{
  int i;
  for (i = 0; i < p.length() ; i++)
    {
      path[len] = p[i];
```

```
        len++;
        if (len > MAX_SR_LEN)
          {
            fprintf(stderr,"DFU: overflow in appendPath len2 %d\n",
                    p.length());
            len--;
            return;
          }
      }
}

void
Path::removeSection(int from, int to)
  // the elements at indices from -> to-1 are removed from the path
{
  int i,j;

  if (to <= from) return;
  if (cur_index > from) cur_index = cur_index - (to - from);
  for (i = to, j = 0; i < len ; i++, j++)
    path[from + j] = path[i];
  len = from + j;
}

Path
Path::copy() const
{
  Path p(len,path);
  p.cur_index = cur_index;
  p.path_owner = path_owner;
  return p;
}

void
Path::copyInto(Path& to) const
{
```

```
  to.cur_index = cur_index;
  to.len = len;
  for (int c = 0 ; c < len ; c++)
    to.path[c] = path[c];
  to.path_owner = path_owner;
}

Path
Path::reverse() const
      // return an identical path with the index pointing to the same
      // host, but the path in reverse order
{
  if (len == 0) return *this;
  Path p;

  int from, to;
  for (from = 0, to = (len-1) ; from < len ; from++,to--)
    p.path[to] = path[from];
  p.len = len;
  p.cur_index = (len - 1) - cur_index;
  return p;
}

void
Path::reverseInPlace()
{
  if (len == 0) return;
  int fp,bp;              // forward ptr, back ptr
  ID temp;
  for (fp = 0, bp = (len-1) ; fp < bp ; fp++, bp--)
    {
      temp = path[fp];
      path[fp] = path[bp];
      path[bp] = temp;
    }
  cur_index = (len - 1) - cur_index;
```

```
}

int
Path::size() const
{
  // this should be more clever and ask the id's what their sizes are.
  return len*4;
}

bool
Path::member(const ID& id) const
// rtn true iff id is in path
{
  return member(id, invalid_addr);
}

bool
Path::member(const ID& id, const ID& MAC_id) const
// rtn true iff id or MAC_id is in path
{
  for (int c = 0; c < len ; c++)
    if (path[c] == id || path[c] == MAC_id)
      return true;
  return false;
}

void
Path::unparse(FILE *out) const
{
  // change to put ()'s around the cur_index entry?
  if (len==0)
    {
      fprintf(out,"<empty path>");
      return;
    }
  for (int c = 0 ; c < len-1 ; c ++)
```

```
    {
      if (c == cur_index) fprintf(out,"(");
      path[c].unparse(out);
      if (c == cur_index) fprintf(out,")");
      fprintf(out,",");
    }
  if (len-1 == cur_index) fprintf(out,"(");
  path[len-1].unparse(out);
  if (len-1 == cur_index) fprintf(out,")");
}

char *
Path::dump() const
{
  static which = 0;
  static char buf[4][100];
  char *ptr = buf[which];
  char *rtn_buf = ptr;
  which = (which + 1) % 4;

  if (len == 0)
    {
      sprintf(rtn_buf,"[<empty path>]");
      return rtn_buf;
    }
  *ptr++ = '[';
  for (int c = 0 ; c < len ; c ++)
    {
      if (c == cur_index) *ptr++ = '(';
      ptr += sprintf(ptr,"%s%s ",path[c].dump(), c == cur_index ? ")" : "");
    }
  *ptr++ = ']';
  *ptr++ = '\0';
  return rtn_buf;
}
```

```
void
compressPath(Path &path)
// take a path and remove any double backs from it
// eg:  A B C B D --> A B D
{
  // idea: walk one pointer from begining
  //  for each elt1 start at end of path and walk a pointer backwards (elt2)
  //   if forward pointer = backward pointer, go on and walk foward one more
  //   if elt1 = elt2 then append {(elt2 + 1) to end} after forward pointer
  //    update length of path (we just cut out a loopback) and walk forward
  //  when forward walking pointer reaches end of path we're done

  int fp = 0, bp; // the forward walking ptr and the back walking ptr
  while (fp < path.len)
    {
      for (bp = path.len - 1; bp != fp; bp--)
        {
          if (path.path[fp] == path.path[bp])
            { int from, to;
              for (from = bp, to = fp;
                   from < path.len ;
                   from++, to++)
                path.path[to] = path.path[from];
              path.len = to;
              break;
            } // end of removing double back
        } // end of scaning to check for double back
      fp++; // advance the forward moving pointer
    }
}

void
CopyIntoPath(Path& to, const Path& from, int start, int stop)
// sets to[0->(stop-start)] = from[start->stop]
{
  assert(start >= 0 && stop < from.len);
```

```
  int f, t,c ;                       // from and to indices
  for(f = start, t = 0; f <= stop; f++, t++)
    to.path[t] = from.path[f];
  if (to.len < stop - start + 1) to.len = stop - start + 1;
  for (c = to.len - 1; c >= 0; c--)
    {
      if (to.path[c] == to.owner()) break;
      if (to.path[c] == ((Path &)from).owner())
        {
          to.owner() = ((Path &)from).owner();
          break;
        }
    }
}

void
Path::checkpath() const
{
  for(int c = 0; c < MAX_SR_LEN; c++)
    {
      assert(path[c].type == NONE ||
             path[c].type == MAC ||
             path[c].type == IP);
    }
}
```

12. routecache.cc

```
/* routecache.cc
   $Id: routecache.cc,v 1.19 1998/06/10 17:49:01 dmaltz Exp $
   handles routes*/

extern "C" {
#include <stdio.h>
#include <stdarg.h>
};
#undef DEBUG
#include "path.h"
#include "routecache.h"
#include <cmu/god.h>

static const int verbose_debug = 0;

/*==============================================================
  OTcl definition
==============================================================*/
static class RouteCacheClass : public TclClass {
public:
        RouteCacheClass() : TclClass("RouteCache") {}
        TclObject* create(int, const char*const*) {
                return makeRouteCache();
        }
} class_RouteCache;

/*==============================================================
 Constructors
==============================================================*/
RouteCache::RouteCache():
#ifdef DSR_CACHE_STATS
        mh(this),
#endif
```

```
        MAC_id(invalid_addr), net_id(invalid_addr)
{
#ifdef DSR_CACHE_STATS
        stat.reset();
#endif
}

RouteCache::~RouteCache()
{
}

int
RouteCache::command(int argc, const char*const* argv)
{
  if(argc == 2)
    {
      if(strcasecmp(argv[1], "startdsr") == 0)
        {
#ifdef DSR_CACHE_STATS
          mh.start();
#endif
          return TCL_OK;
        }
    }
  else if(argc == 3)
    {
      if (strcasecmp(argv[1], "ip-addr") == 0) {
        net_id = ID(atoi(argv[2]), ::IP);
        return TCL_OK;
      }
      else if(strcasecmp(argv[1], "mac-addr") == 0) {
        MAC_id = ID(atoi(argv[2]), ::MAC);
      return TCL_OK;
      }

      /* must be a looker up */
```

```
        TclObject *obj = (TclObject*) TclObject::lookup(argv[2]);
        if(obj == 0)
          return TCL_ERROR;
        if(strcasecmp(argv[1], "log-target") == 0) {
          logtarget = (Trace*) obj;
          return TCL_OK;
        }
        return TCL_ERROR;
      }
      return TclObject::command(argc, argv);
}

void
RouteCache::trace(char* fmt, ...)
{
  va_list ap;
  if (!logtarget) return;
  va_start(ap, fmt);
  vsprintf(logtarget->buffer(), fmt, ap);
  logtarget->dump();
  va_end(ap);
}
void
RouteCache::dump(FILE *out)
{
  fprintf(out, "Route cache dump unimplemented\n");
  fflush(out);
}
extern bool cache_ignore_hints;
extern bool cache_use_overheard_routes;
#define STOP_PROCESSING 0
#define CONT_PROCESSING 1

int
RouteCache::pre_addRoute(const Path& route, Path& rt,
                         Time t, const ID& who_from)
```

```
{
  assert(!(net_id == invalid_addr));
  if (route.length() < 2)
    return STOP_PROCESSING; // we laugh in your face
  if(verbose_debug)
    trace("SRC %.9f _%s_ adding rt %s from %s",
          Scheduler::instance().clock(), net_id.dump(),
          route.dump(), who_from.dump());

  if (route[0] != net_id && route[0] != MAC_id)
    {
      fprintf(stderr,"%.9f _%s_ adding bad route to cache %s %s\n",
              t, net_id.dump(), who_from.dump(), route.dump());
      return STOP_PROCESSING;
    }

  rt = (Path&) route;        // cast away const Path&
  rt.owner() = who_from;

  Link_Type kind = LT_TESTED;
  for (int c = 0; c < rt.length(); c++)
    {
      rt[c].log_stat = LS_UNLOGGED;
      if (rt[c] == who_from) kind = LT_UNTESTED; // remaining ids came from $
      rt[c].link_type = kind;
      rt[c].t = t;
    }

  return CONT_PROCESSING;
}

int
RouteCache::pre_noticeRouteUsed(const Path& p, Path& stub,
                                Time t, const ID& who_from)
{
  int c;
```

```
bool first_tested = true;

if (p.length() < 2)
        return STOP_PROCESSING;
if (cache_ignore_hints == true)
        return STOP_PROCESSING;

for (c = 0; c < p.length() ; c++) {
        if (p[c] == net_id || p[c] == MAC_id) break;
}

if (c == p.length() - 1)
        return STOP_PROCESSING; // path contains only us

if (c == p.length()) { // we aren't in the path...
        if (cache_use_overheard_routes) {
                // assume a link from us to the person who
                // transmitted the packet
                if (p.index() == 0) {
                        /* must be a route request */
                        return STOP_PROCESSING;
                }

                stub.reset();
                stub.appendToPath(net_id);
                int i = p.index() - 1;
                for ( ; i < p.length() && !stub.full() ; i++) {
                        stub.appendToPath(p[i]);
                }
                // link to xmiter might be unidirectional
                first_tested = false;
        }
        else {
                return STOP_PROCESSING;
        }
}
```

```
  else { // we are in the path, extract the subpath
          CopyIntoPath(stub, p, c, p.length() - 1);
  }

  Link_Type kind = LT_TESTED;
  for (c = 0; c < stub.length(); c++) {
          stub[c].log_stat = LS_UNLOGGED;

           // remaining ids came from $
          if (stub[c] == who_from)
                  kind = LT_UNTESTED;
          stub[c].link_type = kind;
          stub[c].t = t;
  }
  if (first_tested == false)
          stub[0].link_type = LT_UNTESTED;

  return CONT_PROCESSING;
}

#undef STOP_PROCESSING
#undef CONT_PROCESSING
#ifdef DSR_CACHE_STATS

void
MobiHandler::handle(Event *) {
        cache->periodic_checkCache();
        Scheduler::instance().schedule(this, &intr, interval);
}

int
RouteCache::checkRoute_logall(Path *p, int action, int start)
{
  int c;
  int subroute_bad_count = 0;
```

```
  if(p->length() == 0)
    return 0;
  assert(p->length() >= 2);

  assert(action == ACTION_DEAD_LINK ||
         action == ACTION_EVICT ||
         action == ACTION_FIND_ROUTE);

  for (c = start; c < p->length() - 1; c++)
    {
      if (God::instance()->hops((*p)[c].getNSAddr_t(), (*p)[c+1].getNSAddr_t()) != 1)
        {
          trace("SRC %.9f _%s_ %s [%d %d] %s->%s dead %d %.9f",
                Scheduler::instance().clock(), net_id.dump(),
                action_name[action], p->length(), c,
                (*p)[c].dump(), (*p)[c+1].dump(),
                (*p)[c].link_type, (*p)[c].t);

          if(subroute_bad_count == 0)
            subroute_bad_count = p->length() - c - 1;
        }
    }
  return subroute_bad_count;
}

#endif /* DSR_CACHE_STAT */
```

13. routecache.h

```
/* routecache.h
   $Id: routecache.h,v 1.12 1998/06/05 05:14:49 broch Exp $

   Interface all route caches must support
*/

#ifndef _routecache_h
#define _routecache_h

extern "C" {
#include <stdarg.h>
};

#include <object.h>
#include <trace.h>
#include "path.h"
#ifdef DSR_CACHE_STATS
class RouteCache;
#include <cmu/dsr/cache_stats.h>
#endif

class RouteCache : public TclObject {

public:
  RouteCache();
  ~RouteCache();

  virtual void renewPath(Path& route) = 0;
  // renew the route

  virtual void noticeDeadLink(const ID&from, const ID& to, Time t) = 0;
  // the link from->to isn't working anymore, purge routes containing
  // it from the cache
```

```
    virtual void noticeRouteUsed(const Path& route, Time t,
                                 const ID& who_from) = 0;
    // tell the cache about a route we saw being used
    // if first tested is set, then we assume the first link was recently
    // known to work

    virtual void addRoute(const Path& route, Time t, const ID& who_from) = 0;
    // add this route to the cache (presumably we did a route request
    // to find this route and don't want to lose it)

    virtual bool findRoute(ID dest, Path& route, int for_use) = 0;
    // if there is a cached path from us to dest returns true and fills in
    // the route accordingly. returns false otherwise
    // if for_use, then we assume that the node really wants to keep
    // the returned route

    virtual int command(int argc, const char*const* argv);
    void trace(char* fmt, ...);

    int pre_addRoute(const Path& route, Path &rt,
                     Time t, const ID& who_from);
    // returns 1 if the Route should be added to the cache, 0 otherwise.

    int pre_noticeRouteUsed(const Path& p, Path& stub,
                            Time t, const ID& who_from);
    // returns 1 if the Route should be added to the cache, 0 otherwise.

#ifdef DSR_CACHE_STATS
    MobiHandler mh;
    struct cache_stats stat;

    virtual void periodic_checkCache() = 0;
    int checkRoute_logall(Path *p, int action, int start);
#endif
```

```
  ID MAC_id, net_id;
  virtual void dump(FILE *out);

protected:
  Trace *logtarget;
};

RouteCache * makeRouteCache();
// return a ref to the route cache that should be used in this sim

#endif // _routecache_h
```

14. srpacket.h

```
/* srpacket.h
   $Id: srpacket.h,v 1.3 1998/02/23 18:50:00 dmaltz Exp $
   */

#ifndef _SRPACKET_H_
#define _SRPACKET_H_

#include <packet.h>
#include <cmu/dsr/hdr_sr.h>

#include "path.h"

struct SRPacket {

  ID dest;
  ID src;
  Packet *pkt;                    /* the inner NS packet */
  Path route;
  SRPacket(Packet *p, struct hdr_sr *srh) : pkt(p), route(srh) {}
  SRPacket() : pkt(NULL) {}
};

#endif  _SRPACKET_H_
```

이동통신 알고리즘

2009년 8월 19일 초판 발행
2010년 3월 5일 개정판 발행
저 자 강 경 인 저
펴낸이 오 성 결
펴낸곳 오성미디어
주 소 132-916 서울시 도봉구 창 3동 491-1
전 화 02) 997-0136
FAX 02) 997-0137
등 록 2000. 5. 12 제 7-212 호
ISBN 978-89-92583-77-0 값 20,000원